AutoCAD 2020

中文版建筑与室内设计

从入门到精通

■ 杨景秋 姚海彦 编著

人民邮电出版社

北京

图书在版编目（ＣＩＰ）数据

AutoCAD 2020中文版建筑与室内设计从入门到精通 /
杨景秋，姚海彦编著. -- 北京 ：人民邮电出版社，
2021.6
ISBN 978-7-115-54442-1

Ⅰ．①A… Ⅱ．①杨… ②姚… Ⅲ．①建筑设计－计算
机辅助设计－AutoCAD软件②室内装饰设计－计算机辅助
设计－AutoCAD软件 Ⅳ．①TU201.4②TU238-39

中国版本图书馆CIP数据核字(2020)第124379号

内 容 提 要

本书围绕别墅设计实例重点介绍了 AutoCAD 2020 中文版在建筑与室内设计中的应用方法和技巧。全书分为 18 章，分别介绍了 AutoCAD 2020 入门、二维绘图命令、二维编辑命令、辅助绘图工具、建筑设计理论、别墅平面图、别墅装饰平面图、别墅地坪图、别墅顶棚图、别墅立面图、别墅剖面图、建筑结构设计基本知识、别墅建筑结构图、别墅建筑结构详图、建筑电气工程基础、别墅建筑电气设计、建筑给水排水工程图基本知识、别墅建筑水暖设计等内容。全书内容由浅入深，从易到难。本书解说翔实，图文并茂，语言简洁，思路清晰。每一章的知识点都配有案例讲解，使读者对知识点能够有更进一步的了解。

本书除了利用传统的纸面进行讲解之外，还随书配备了多媒体学习资料。资料包含全书案例讲解和练习实例的源文件素材，还包含了全书实例同步讲解的视频文件，适合作为各类院校建筑、室内设计相关专业学生的课堂或自学教材，也可以作为相关行业技术人员的快速入门参考书。

◆ 编　著　杨景秋　姚海彦
　　责任编辑　颜景燕
　　责任印制　王　郁　马振武
◆ 人民邮电出版社出版发行　　北京市丰台区成寿寺路 11 号
　　邮编　100164　　电子邮件　315@ptpress.com.cn
　　网址　https://www.ptpress.com.cn
　　三河市君旺印务有限公司印刷
◆ 开本：787×1092　1/16
　　印张：28
　　字数：812 千字　　　　　　　　2021 年 6 月第 1 版
　　印数：1－2 000 册　　　　　　　2021 年 6 月河北第 1 次印刷

定价：109.80 元
读者服务热线：(010)81055410　印装质量热线：(010)81055316
反盗版热线：(010)81055315
广告经营许可证：京东市监广登字 20170147 号

前　言

CAD技术日新月异、突飞猛进，已经成为人们日常工作和生活中的重要内容，特别是AutoCAD已经成为CAD的世界标准。近年来，网络技术和设计制造业的发展使CAD技术如虎添翼，并且CAD技术也正在飞速向前发展，从而使AutoCAD的羽翼变得更加丰满。同时，AutoCAD技术一直致力于把工业技术与计算机技术融为一体，形成开放式的大型CAD平台，特别是在机械、建筑、电子等领域更是先人一步，发展势头异常迅猛。为了满足不同用户、不同行业技术发展的需求，有必要把网络技术与CAD技术有机地融为一体。

在AutoCAD 2020版本面市之际，作者根据工程应用学习的需要编写了本书。本书处处凝结着教育者的经验与体会，贯彻着他们的教学思想，希望能够引导广大读者学习。

一、本书特色

图书市场上的AutoCAD指导书籍浩如烟海，读者要挑选一本自己中意的书反而很困难，真是"乱花渐欲迷人眼"。那么，本书为什么能够让读者在"众里寻他千百度"之际"蓦然回首"呢？那是因为本书有以下五大特色。

作者权威

本书是作者总结多年的设计经验以及教学的心得体会，精心编著而成的，力求全面细致地展现出AutoCAD在建筑与室内设计应用领域的各种功能和使用方法。

实例专业

本书中有很多实例本身就是工程设计项目案例。这些实例都经过了作者的精心提炼和改编，不仅保证了读者能够学好知识点，更重要的是能帮助读者掌握实际的操作技能。

提升技能

本书从全面提升AutoCAD建筑与室内设计能力的角度出发，结合大量的案例来讲解如何利用AutoCAD进行建筑与室内工程设计，真正让读者懂得计算机辅助设计并能够独立地完成各种建筑与室内工程设计。

内容全面

本书包罗了AutoCAD常用的建筑与室内设计功能的讲解，围绕别墅设计实例全面介绍了AutoCAD 2020中文版在建筑与室内设计中的应用方法和技巧。读者只要读完这本书，就能掌握AutoCAD建筑与室内设计的知识和操作。本书不仅有透彻的讲解，还有丰富的实例，演练这些实例，能够帮助读者找到一条学习AutoCAD的有效途径。

知行合一

本书结合经典别墅设计实例详细讲解了AutoCAD建筑与室内设计的知识要点，让读者在学习案例的过程中潜移默化地掌握AutoCAD软件的操作技巧，同时提升工程设计实践能力。

二、本书的组织结构和主要内容

本书以AutoCAD 2020版本为演示平台，全面介绍AutoCAD软件在建筑与室内设计领域的应用知识，帮助读者从新手成为高手。全书分为18章，分别介绍了AutoCAD 2020入门、二维绘图命令、二维编辑命令、辅助绘图工具、建筑设计理论、别墅平面图、别墅装饰平面图、别墅地坪图、别墅顶棚图、别墅立面图、别墅剖面图、建筑结构设计基本知识、别墅建筑结构图、别墅建筑结构详图、建筑电气工程基础、别墅建筑电气设计、建筑给水排水工程图基本知识、别墅建筑水暖设计等内容。

三、本书的配套资源

本书为读者提供了极为丰富的配套电子资源，以便读者朋友在最短的时间内学会并精通这门技术。

1. 实例配套教学视频

编者针对本书实例专门制作了配套教学视频，读者可以先看视频，像看电影一样轻松愉悦地学习本书内容，然后对照课本加以实践和练习，能大大提高学习效率。

2. 全书实例的源文件

本书附带讲解实例和练习实例的源文件。

3. 其他资源

为了延伸读者的学习范围，电子资料中还收录了AutoCAD官方认证的考试大纲和模拟题、AutoCAD应用技巧大全、AutoCAD常用图块集、AutoCAD疑难问题汇总、AutoCAD典型习题库、AutoCAD设计常用填充图案集、常用快捷键速查手册、常用工具按钮速查手册、常用快捷命令速查手册等超值资源。

四、配套资源使用方式

为了方便读者学习，本书以二维码的形式提供了实例的视频教程。扫描"云课"二维码，即可观看全书视频。

云课

此外，读者可关注"职场研究社"公众号，回复"54442"获取所有配套资源的下载链接；还可以加入福利QQ群【1015838604】，额外获取九大学习资源库。

五、致谢

本书由河北旅投房地产开发有限公司的杨景秋和姚海彦两位老师编著，由于作者水平有限，疏漏之处在所难免。希望广大读者发邮件到yanjingyan@ptpress.com.cn提出宝贵的意见。

读者可以加入三维书屋图书学习交流QQ群（号码为575520269），作者在线提供学习指导等一系列的后续服务，让读者无障碍地快速学习本书。

编者
于2020年7月

目　录

第1章

AutoCAD 2020 入门

在本章中，我们开始循序渐进地学习有关 AutoCAD 2020 绘图的基本知识，了解如何设置图形的系统参数、样板图，熟悉建立新的图形文件、打开已有文件的方法等，为后面的学习准备必要的知识。

知识点

- ➜ 操作界面
- ➜ 配置绘图系统
- ➜ 设置绘图环境
- ➜ 文件管理
- ➜ 基本输入操作
- ➜ 图层
- ➜ 绘图辅助工具

1.1 操作界面

　　AutoCAD 的操作界面是打开软件后显示的第一个画面，也是 AutoCAD 显示、编辑图形的区域。下面先对操作界面进行简要介绍，帮助读者了解 AutoCAD。

　　AutoCAD 的操作界面是 AutoCAD 显示、编辑图形的区域。图 1-1 所示为启动 AutoCAD 2020 后默认显示的界面。

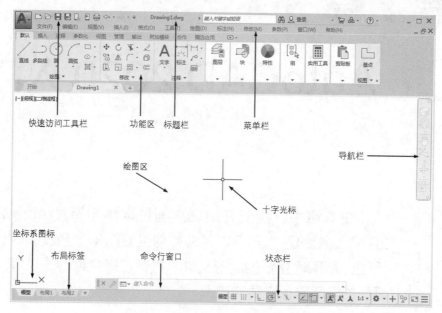

图 1-1　AutoCAD 2020 中文版的操作界面

　　一个完整的草图与注释操作界面包括标题栏、绘图区、十字光标、坐标系图标、命令行窗口、状态栏、布局标签和快速访问工具栏等。

1.1.1 标题栏

　　在 AutoCAD 2020 中文版绘图窗口的最上端是标题栏。标题栏中显示了系统当前正在运行的应用程序（AutoCAD 2020）和用户正在使用的图形文件。在用户第一次启动 AutoCAD 时，AutoCAD 2020 绘图窗口的标题栏将显示 AutoCAD 2020 在启动时创建并打开的图形文件的名字"Drawing1.dwg"，如图 1-1 所示。

1.1.2 绘图区

　　绘图区是指标题栏下方的大片空白区域，是用户使用 AutoCAD 绘制图形的区域。用户完成一幅设计图的主要工作都是在绘图区中完成的。

　　在绘图区中，还有一个作用类似光标的十字线，其交点反映了光标在当前坐标系中的位置。在 AutoCAD 中，该十字线被称为十字光标，如图 1-1 所示。AutoCAD 通过十字光标显示当前点的位置。十字线的方向与当前用户坐标系的 X 轴、Y 轴方向平行，系统预设十字光标的大小为屏幕大小的 5%。

1. 修改绘图窗口中十字光标的大小

　　用户可以根据绘图的实际需要更改十字光标大小。改变十字光标大小的方法为：在绘图窗口中选择菜单栏中的"工具"→"选项"命令，屏幕上将弹出关于系统配置的"选项"对话框；打开"显示"选项卡，在"十字光标大小"区域中的文本框中直接输入数值，或者拖动文本框右侧的滑块，即可以对十字光标的大小进行调整，如图 1-2 所示。

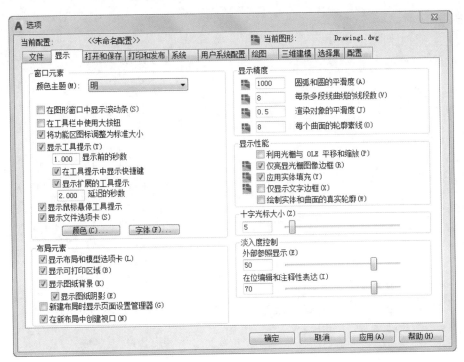

图1-2 "选项"对话框中的"显示"选项卡

此外，还可以设置系统变量CURSORSIZE的值来实现对其大小的更改，其方法是在命令行中输入如下命令。

```
命令：CURSORSIZE ✓
输入 CURSORSIZE 的新值 <5>：✓
```

2．修改绘图窗口的颜色

在默认情况下，AutoCAD的绘图窗口是黑色背景、白色线条，这不符合大多数用户的习惯，因此修改绘图窗口颜色是大多数用户都需要进行的操作。

修改绘图窗口颜色的操作步骤如下。

（1）选择菜单栏中的"工具"→"选项"命令，打开"选项"对话框，选择图1-2所示的"显示"选项卡，单击"窗口元素"区域中的"颜色"按钮，将打开图1-3所示的"图形窗口颜色"对话框。

（2）在"颜色"下拉列表框中，选择需要的窗口颜色，然后单击"应用并关闭"按钮，此时AutoCAD的绘图窗口的颜色变成了刚刚设置的颜色。通常按视觉习惯会选择白色为窗口颜色。

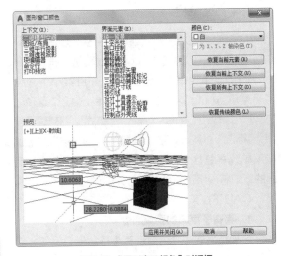

图1-3 "图形窗口颜色"对话框

1.1.3 坐标系图标

在绘图区的左下角为坐标系图标，表示用户绘图时正使用的坐标系形式，如图1-1所示。坐标系图标的作用是为点的坐标确定一个参照系。根据工作需要，用户可以选择将其关闭。让其显示的方法

是：选择菜单栏中的"视图"→"显示"→"UCS
图标"→"开"命令，如图1-4所示。

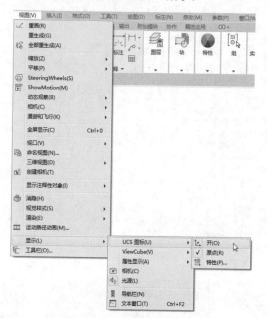

图1-4　"视图"菜单

图1-5　带有子菜单的菜单命令

1.1.4 | 菜单栏

　　在AutoCAD绘图窗口标题栏的下方是Auto-
CAD的菜单栏。同其他Windows程序一样，Au-
toCAD的菜单也是下拉形式的，并且菜单中包含
了子菜单。AutoCAD的菜单栏中包含12个菜单：
"文件""编辑""视图""插入""格式""工具""绘
图""标注""修改""参数""窗口"和"帮助"。这
些菜单几乎包含了AutoCAD的所有绘图命令，后
面的章节将围绕这些菜单进行详细讲解。一般来讲，
AutoCAD下拉菜单中的命令有以下3种。

　　1. 带有子菜单的菜单命令

　　这种类型的命令后面带有小三角形，例如，单
击菜单栏中的"绘图"菜单，选择其下拉菜单中的
"圆弧"命令，屏幕上就会进一步显示出"圆弧"子
菜单中所包含的命令，如图1-5所示。

　　2. 打开对话框的菜单命令

　　这种类型的命令后面带有省略号，例如，单
击菜单栏中的"格式"菜单，选择其下拉菜单中的
"表格样式"命令，如图1-6所示，就会打开对应的
"表格样式"对话框，如图1-7所示。

图1-6　打开对话框的菜单命令

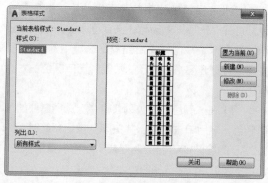

图1-7　"表格样式"对话框

3．直接执行操作的菜单命令

这种类型的命令后面既不带小三角形，也不带省略号，选择该命令将直接进行相应的操作。例如，选择菜单栏中的"视图"→"重画"命令，系统将刷新显示所有视口，如图1-8所示。

图1-8　直接执行操作的菜单命令

1.1.5 工具栏

工具栏是一组图标型工具的集合，选择菜单栏中的"工具"→"工具栏"→"AutoCAD"命令，如图1-9所示。此时，单击图标也可以启动相应命令。

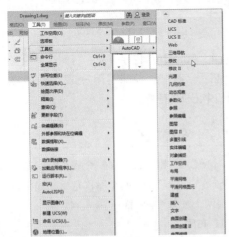

图1-9　调出工具栏

调出一个工具栏后，也可将鼠标指针放在该工具栏上并右击，系统会自动打开工具栏标签，如图1-10所示。单击某一个未在界面中显示的工具栏的名称，系统会自动在界面中打开该工具栏；单击显示的工具栏名称，则关闭工具栏。

图1-10　工具栏标签

工具栏可以在绘图区"浮动"，如图1-11所示。用鼠标可以拖动浮动工具栏到绘图区边界，使其变为固定工具栏。用户也可以把固定工具栏拖出，使其成为浮动工具栏。

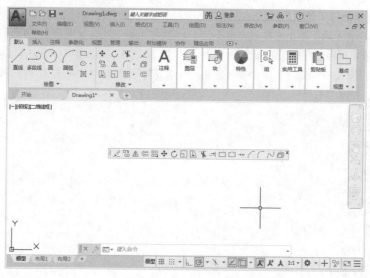

图1-11 浮动工具栏

有些图标的右下角带有一个小三角，将鼠标指针移到小三角上并按住鼠标左键会打开相应的工具栏，再将鼠标指针移到某一图标上然后释放，单击当前图标，即可执行相应命令，如图1-12所示。

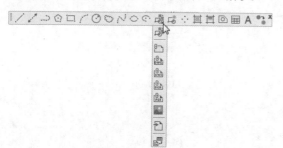

图1-12 打开工具栏

1.1.6 命令行窗口

命令行窗口是输入命令和显示命令提示的区域。命令行窗口默认布置在绘图区下方，如图1-1所示。对命令行窗口，有以下几点需要说明。

（1）移动拆分条可以扩大或缩小命令行窗口。

（2）用户可以拖动命令行窗口将其布置在屏幕上的其他位置。

（3）对于当前命令行窗口中输入的内容，可以按F2键用文本编辑的方法对其进行编辑，如图1-13所示。AutoCAD文本窗口和命令行窗口相似，它可以显示当前AutoCAD进程中命令的输入和执行过程。在执行AutoCAD的某些命令时，系统会自动切换到文本窗口并列出有关信息。

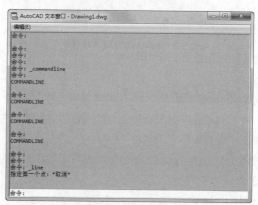

图1-13 文本窗口

（4）AutoCAD将通过命令行窗口反馈各种信息，包括出错信息。因此，用户要时刻关注在命令行窗口中出现的信息。

1.1.7 布局标签

AutoCAD 默认设定了一个模型空间布局标签和"布局1""布局2"两个图样空间布局标签。在这里有两个概念需要解释一下。

1. 布局

布局是系统为绘图设置的一种环境，包括图样大小、尺寸单位、角度设定、数值精确度等环境变量。在系统预设的3个标签中，这些环境变量都为默认设置。用户可根据实际需要改变这些变量的值，具体方法在此暂且省略。用户也可以根据需要设置符合自己要求的新标签。

2. 空间

AutoCAD 的空间分为模型空间和图样空间。模型空间是我们通常绘图的环境，而在图样空间中，用户可以创建叫作"浮动视口"的区域，以不同视图显示所绘图形。用户可以在图样空间中调整浮动视口并决定所包含视图的缩放比例。如果选择图样空间，则可打印多个视图，用户可以打印任意布局的视图。AutoCAD 默认打开模型空间，用户可以单击布局标签来选择需要的布局。

1.1.8 | 状态栏

状态栏在屏幕的底部，依次有"坐标""模型空间""栅格""捕捉模式""推断约束""动态输入""正交模式""极轴追踪""等轴测草图""对象捕捉追踪""二维对象捕捉""线宽""透明度""选择循环""三维对象捕捉""动态 UCS""选择过滤""小控件""注释可见性""自动缩放""注释比例""切换工作空间""注释监视器""单位""快捷特性""锁定用户界面""隔离对象""硬件加速""全屏显示"和"自定义"这30个功能按钮。单击部分开关按钮，可以控制对应功能的开关。单击部分按钮可以控制图形或绘图区的状态。

默认情况下，状态栏不会显示所有工具。单击状态栏上最右侧的"自定义"按钮☰，在打开的快捷菜单中选择要添加到状态栏中的工具即可将工具添加到状态栏中。状态栏上显示的工具可能会发生变化，具体取决于当前的工作空间以及当前选择的是"模型"选项卡还是"布局"选项卡。下面对状态栏上的部分按钮做简单介绍，如图1-14所示。

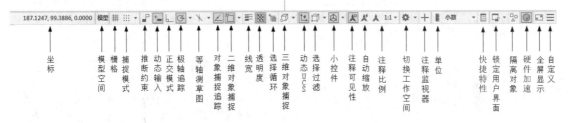

图1-14 状态栏

（1）模型空间。在模型空间与布局空间之间进行转换。

（2）栅格。栅格是覆盖用户坐标系（UCS）整个 xy 平面的直线或点的矩形图案。使用栅格类似于在图形下放置一张坐标纸。利用栅格可以对齐对象并直观显示对象之间的距离。

（3）捕捉模式。对象捕捉对于在对象上指定精确位置非常重要。不论何时提示输入点，都可以指定对象捕捉。默认情况下，当将十字光标移到对象的对象捕捉位置上时，屏幕上将显示标记和工具提示。

（4）正交模式。将十字光标限制在水平或垂直方向上移动，以便于精确地创建和修改对象。当创建或移动对象时，可以使用正交模式将十字光标限制在相对于用户坐标系（UCS）的水平或垂直方向上。

（5）极轴追踪。使用极轴追踪时，十字光标将按指定角度进行移动。创建或修改对象时，可以使用极轴追踪来显示由指定的极轴角度所定义的临时对齐路径。

（6）等轴测草图。通过设定"等轴测捕捉"→"栅格"命令可以很容易地沿3个等轴测平面之一对齐对象。尽管等轴测图形看似是三维图形，但实际上是二维表示，因此不能期望提取三维距离和面积、从不同视点显示对象或自动消除隐藏线。

（7）对象捕捉追踪（显示捕捉参照线）。使用对象捕捉追踪功能可以沿着基于对象捕捉点的对齐路径进行追踪。已获取的追踪点将显示一个小加号（+），一次最多可以获取7个追踪点。获取追踪点之后，当在绘图路径上移动十字光标时，将显示相对于获取点的水平、垂直或极轴对齐路径。例如，可以基于对象的端点、中点或者对象之间的交点，沿着某个路径选择一点。

（8）二维对象捕捉（使用十字光标捕捉二维参照点）。使用执行对象捕捉设置（也称为对象捕捉），可以在对象上的精确位置指定捕捉点。选择多个选项后，AutoCAD将应用选定的捕捉模式，以返回距靶框中心最近的点。按Tab键可在这些选项之间循环。

（9）注释可见性。当图标明亮时，表示显示所有比例的注释性对象；当图标灰暗时，表示仅显示当前比例的注释性对象。

（10）自动缩放。更改注释比例时，AutoCAD将自动把比例应用到注释对象上。

（11）注释比例。单击注释比例右下角小三角符号，弹出注释比例列表，如图1-15所示，用户可以根据需要选择适当的注释比例。

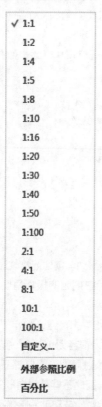

图1-15　注释比例列表

（12）切换工作空间。进行工作空间的切换。

（13）注释监视器。打开仅用于所有事件或模型文档事件的注释监视器。

（14）隔离对象。当选择隔离对象时，当前视图中将显示选定对象，所有其他对象都暂时隐藏；当选择隐藏对象时，当前视图中将暂时隐藏选定对象，所有其他对象都可见。

（15）硬件加速。设定图形卡的驱动程序以及设置硬件加速的选项。

（16）全屏显示。该选项可以清除Windows窗口中的标题栏、功能区和选项板等界面元素，从而使AutoCAD的绘图区全屏显示，如图1-16所示。

（17）自定义。状态栏可以提供重要信息，而无须中断工作流。使用MODEMACRO系统变量可将应用程序所能识别的大多数数据显示在状态栏中。使用该系统变量的计算、判断和编辑功能可以完全按照用户的要求构造状态栏。

图1-16　全屏显示绘图区

1.1.9 | 滚动条

AutoCAD 2020默认界面是不显示滚动条的。如果需要把滚动条调出来，则选择菜单栏中的"工具"→"选项"命令，打开"选项"对话框，选择"显示"选项卡，将"窗口元素"选项组中的"在图形窗口中显示滚动条"复选框选中，如图1-17所示。滚动条包括水平和垂直滚动条，分别用于左右或上下移动绘图区内的图形。用鼠标拖动滚动条中的滑块或单击滚动条两侧的三角按钮，即可移动图形，如图1-18所示。

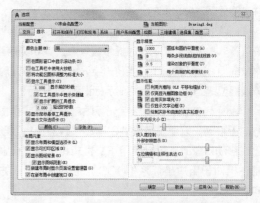

图1-17　"选项"对话框中的"显示"选项卡

图 1-18　显示滚动条

的工具。用户也可以单击本工具栏后面的下拉按钮设置需要的常用工具。

2．交互信息工具栏

该工具栏包括"搜索""Autodesk A 360""Autodesk App Store""保持连接"和"单击此处访问帮助"等几个常用的数据交互访问工具。

1.1.11 | 功能区

功能区包括"默认""插入""注释""参数化""视图""管理""输出""附加模块""协作"以及"精选应用"等选项卡，每个选项卡都集成了相关的操作工具，方便用户的使用。用户可以单击功能区选项后面的 ▲ ▼ 按钮控制功能的展开与收缩。

打开或关闭功能区的操作方式如下。

命令行：RIBBON（或RIBBONCLOSE）。

菜单：工具→选项板→功能区。

1.1.10 | 快速访问工具栏和交互信息工具栏

1．快速访问工具栏

该工具栏包括"新建""打开""保存""另存为""从Web和Mobile中打开""保存到Web和Mobile""放弃""重做"和"打印"等几个最常用

1.2 配置绘图系统

由于每台计算机所使用的显示器、输入设备和输出设备的类型不同，用户喜好的风格及计算机的目录设置也是不同的，所以每台计算机都是独特的。一般来讲，使用AutoCAD 2020的默认配置就可以绘图，但为了使用用户的定点设备或打印机，以及为提高绘图的效率，AutoCAD推荐用户在开始绘图前先进行必要的配置。

执行方式

命令行：PREFERENCES。

菜单：工具→选项。

右键菜单：选项（右击，系统将打开右键菜单，其中包括一些最常用的命令，如图1-19所示）。

图 1-19　右键菜单

操作步骤

执行上述命令后，系统将自动打开"选项"对话框。用户可以在该对话框中选择有关选项，对系统进行配置。下面就其中主要的几个选项卡做简要说明，其他配置选项在后面用到时再做具体说明。

1.2.1 | 显示配置

"选项"对话框中的第二个选项卡为"显示"选项卡，如图1-20所示。该选项卡用于设置AutoCAD窗口的外观。该选项卡可以设定屏幕菜单、滚动条显示与否，固定命令行窗口中的文字行数，设置AutoCAD 2020的版面布局、各实体的显示分辨率以及AutoCAD运行时的其他各项性能参数等。前面已经讲述了设定屏幕菜单、屏幕颜色、十字光标大小等知识，至于其余有关选项的设置，读者可参照"帮助"文件学习。

在设置实体的显示分辨率时，请务必记住：显示质量越高，即分辨率越高，计算机计算的时间就越长，千万不要将其设置得太高。将显示质量设定为一个合理的数值是很重要的。

图 1-20 "显示"选项卡

1.2.2 | 系统配置

"选项"对话框中的第五个选项卡为"系统"选项卡，如图 1-21 所示。该选项卡用来设置 AutoCAD 系统的有关特性。

图 1-21 "系统"选项卡

1.3 设置绘图环境

启动 AutoCAD 2020，在 AutoCAD 中，用户可以利用相关命令对图形单位和图形边界进行具体设置。

1.3.1 | 设置图形单位

执行方式

命令行：DDUNITS（或 UNITS）。

菜单：格式→单位。

操作步骤

执行上述命令后，系统将打开"图形单位"对话框，如图 1-22 所示。该对话框用于设置单位和角度格式等。

图 1-22 "图形单位"对话框

选项说明

1. "长度"与"角度"选项组

指定测量的长度与角度当前单位及当前单位的精度。

2. "插入时的缩放单位"下拉列表框

将使用工具选项板（例如 DesignCenter 或 i-drop）拖入当前图形或块的测量单位。如果块或图形创建时使用的单位与该选项指定的单位不同，则在插入这些块或图形时，将对其按比例缩放。插入比例是源块或图形使用的单位与目标块或图形使用的单位之比。如果插入块时不需要按指定单位缩放，请选择"无单位"。

3. 输出样例

显示用当前单位和角度设置的例子。

4. 光源

控制当前图形中光度控制光源强度的测量单位。

5. "方向"按钮

单击该按钮，系统将打开"方向控制"对话框，如图 1-23 所示。用户可以在该对话框中进行方向控制的设置。

图1-23 "方向控制"对话框

1.3.2 | 设置图形边界

执行方式

命令行：LIMITS。

菜单：格式→图形界限。

操作步骤

```
命令: LIMITS ✓
重新设置模型空间界限:
指定左下角点或 [ 开（ON）/ 关（OFF）] <0.0000,
0.0000>: ✓（输入图形边界左下角的坐标后按Enter 键）
```

指定右上角点 <12.0000，9.0000> : ✓（输入图形边界右上角的坐标后按 Enter 键）

选项说明

1. 开（ON）

使绘图边界有效。系统将在绘图边界以外拾取的点视为无效。

2. 关（OFF）

使绘图边界无效。用户可以在绘图边界以外拾取点或实体。

3. 动态输入角点坐标

AutoCAD 2020的动态输入功能使用户可以直接在屏幕上输入角点坐标，输入水平坐标值后，按"，"键，接着输入竖直坐标值，如图1-24所示。也可以在十字光标所在的位置直接单击来确定角点位置。

图1-24 动态输入角点坐标

1.4 文件管理

本节将介绍有关文件管理的一些基本操作，包括新建文件、打开文件、保存文件、退出软件等，这些都是AutoCAD 2020中最基础的操作。

1.4.1 | 新建文件

执行方式

命令行：NEW或QNEW。

菜单：文件→新建。

工具栏：标准→新建⬚或者单击快速访问工具栏中的"新建"按钮⬚。

操作步骤

执行上述命令后，系统将打开图1-25所示的"选择样板"对话框。在运行快速创建图形功能之前必须进行如下设置。

（1）将FILEDIA系统变量设置为1，将STARTUP系统变量设置为0。

（2）从"工具"→"选项"菜单中选择默认的图形样板文件。具体方法是：在"文件"选项卡下，

单击标记为"样板设置"的节点下的"快速新建的默认样板文件名"分节点，如图1-26所示；单击"浏览"按钮，打开与图1-25类似的"选择样板"对话框，然后选择需要的样板文件即可。

图1-25 "选择样板"对话框

图1-26　"选项"对话框中的"文件"选项卡

1.4.2 打开文件

执行方式

命令行：OPEN。

菜单：文件→打开。

工具栏：标准→打开 或者单击快速访问工具栏中的"打开"按钮 。

操作步骤

执行上述命令后，系统将打开"选择文件"对话框，如图1-27所示。在"文件类型"下拉列表框中，用户可选".dwg"文件、".dwt"文件、".dxf"文件或".dws"文件。".dxf"文件是以文本形式存储的图形文件，能够被其他程序读取，许多第三方应用软件都支持".dxf"格式。

图1-27　"选择文件"对话框

1.4.3 保存文件

执行方式

命令行：QSAVE（或SAVE）。

菜单：文件→保存。

工具栏：标准→保存 或者单击快速访问工具栏中的"保存"按钮 。

操作步骤

执行上述命令后，若文件已命名，则AutoCAD将自动保存文件；若文件未命名（即为默认名"drawing1.dwg"），则系统将打开"图形另存为"对话框，如图1-28所示，用户可以自定义名称并保存。在"保存于"下拉列表框中可以指定保存文件的路径；在"文件类型"下拉列表框中可以指定保存文件的类型。

图1-28　"图形另存为"对话框

为了防止因意外操作或计算机系统故障导致正在绘制的图形文件的丢失，可以对当前图形文件设置自动保存，步骤如下。

（1）利用系统变量SAVEFILEPATH设置所有"自动保存"文件的位置，如C：\HU\。

（2）利用系统变量SAVEFILE存储"自动保存"文件名。该系统变量储存的文件名是只读文件，用户可以从中查询自动保存的文件名。

（3）利用系统变量SAVETIME指定在使用"自动保存"时多长时间保存一次图形文件。

1.4.4 文件另存为

执行方式

命令行：SAVEAS。

菜单：文件→另存为。

操作步骤

执行上述命令后，系统将打开"图形另存为"对话框，如图1-28所示，AutoCAD将用另存名将图形文件保存在新的路径。

1.4.5 | 退出软件

执行方式

命令行：QUIT 或EXIT。

菜单：文件→退出。

按钮：AutoCAD操作界面右上角的"关闭"按钮 ✕。

操作步骤

`命令：QUIT ✓（或 EXIT ✓）`

执行上述命令后，若用户对图形所做的修改尚未保存，则会出现图1-29所示的系统警告对话框。选择"是"按钮，系统将保存文件再退出；选择"否"按钮，系统将不保存文件直接退出。若用户对图形所做的修改已经保存，则系统直接退出。

图1-29 系统警告对话框

1.4.6 | 图形修复

执行方式

命令行：DRAWINGRECOVERY。

菜单：文件→图形实用工具→图形修复管理器。

操作步骤

`命令：DRAWINGRECOVERY ✓`

执行上述命令后，系统将打开图形修复管理器，如图1-30所示，打开"备份文件"列表框中的文件，可以重新保存，从而对图形进行修复。

图1-30 图形修复管理器

1.5 基本输入操作

在AutoCAD中，有一些基本的输入操作，这些输入操作是进行AutoCAD绘图的必备知识基础，也是深入学习AutoCAD功能的前提。

1.5.1 | 命令输入方式

在进行AutoCAD交互绘图时必须输入必要的指令和参数。AutoCAD中有多种命令输入方式（以画直线为例）。

1. 在命令行窗口输入命令名

命令字符不区分大小写，如"命令：LINE↙"。执行命令时，在命令行提示中经常会出现命令选项。例如，输入绘制直线的命令"LINE"后，命令行中的提示如下。

`命令：LINE ✓`
`指定第一个点：✓（在屏幕上指定一点或输入一个点`
`的坐标）`
`指定下一点或 [放弃（U）]：✓`

选项中不带括号的提示为默认选项，因此可以直接输入直线段的起点坐标或在屏幕上指定一点。如果要选择其他选项，则应该首先输入该选项的标识字符，如"放弃"选项的标识字符"U"，然后按系统提示输入数据即可。"命令"选项的后面有时候还带有尖括号，尖括号内的数值为默认数值。

2. 在命令行窗口输入命令缩写字母

在命令行窗口输入命令缩写字母，如L（Line）、C（Circle）、A（Arc）、Z（Zoom）、R（Redraw）、M（More）、CO（Copy）、PL（Pline）、E（Erase）等。

3. 选择绘图菜单中的"直线"选项

选择该选项后，在状态栏中可以看到对应的命令说明及命令名。

4. 选择工具栏中的对应图标

选择图标后，在状态栏中也可以看到对应的命令说明及命令名。

5. 在命令行中打开右键快捷菜单

如果在前面刚使用过要输入的命令，可以在命令行中打开右键快捷菜单，在"最近的输入"子菜单中选择需要的命令，如图1-31所示。"最近的输入"子菜单中包括最近使用的多个命令，如果需要经常重复使用最近使用过的命令，这种方法就比较快捷。

图1-31　在命令行中打开的右键快捷菜单

6. 在绘图区右击

如果用户要重复使用上次使用的命令，可以直接在绘图区右击，选择第一个选项，系统将立即重复执行上次使用的命令。这种方法适用于重复执行某个命令。

1.5.2 命令的重复、撤销、重做

1. 命令的重复

在命令行窗口中按Enter键可重复调用上一个命令，不管上一个命令是完成了还是被取消了。

2. 命令的撤销

在命令执行的任何时刻都可以取消和终止命令的执行。

执行方式

命令行：UNDO。

菜单：编辑→放弃。

快捷键：Esc。

3. 命令的重做

已被撤销的命令还可以恢复重做。

执行方式

命令行：REDO。

菜单：编辑→重做。

该命令可以一次执行多重放弃和重做操作。单击UNDO或REDO列表箭头，可以选择要放弃或重做的操作，如图1-32所示。

图1-32　多重放弃或重做

1.5.3 透明命令

AutoCAD 2020中有些命令不仅可以直接在命令行中使用，而且还可以在其他命令的执行过程中插入并执行，待该命令执行完毕后，系统将继续执行原命令，这种命令被称为透明命令。透明命令一般多为修改图形设置或打开辅助绘图工具的命令。

透明命令的执行举例如下。

```
命令：ARC ✓
指定圆弧的起点或 [圆心（C）]：'ZOOM ✓（透明
使用显示缩放命令 ZOOM）
>>（执行 ZOOM 命令）
正在恢复执行 ARC 命令。
指定圆弧的起点或 [圆心（C）]：✓（继续执行原命令）
```

1.5.4 使用功能键或快捷键

在AutoCAD 2020中，除了可以在命令行窗口输入命令、选择工具栏中的图标或选择菜单项来完成执行命令的操作外，还可以使用键盘上的一组功能键或快捷键，使用这些功能键或快捷键，可以快速实现指定功能。例如，按F1键，系统将打开AutoCAD帮助对话框。

系统使用AutoCAD传统标准（Windows之前）或 Microsoft Windows标准解释功能键或快捷键。有些功能键或快捷键在AutoCAD 的菜单中已经指出，如"粘贴"的快捷键为"CTRL+V"，这些只要用户在使用的过程中多加留意，就能熟练掌握。快捷键的定义见菜单命令后面的说明，如"粘贴（P）/Ctrl+V"。

1.5.5 命令执行方式

有的命令有两种执行方式：通过对话框或通过命令行执行。例如，在指定使用命令行窗口方式时，可以在命令名前加下划线来表示，如"_Layer"表示用命令行方式执行"图层"命令。而如果在命令行中输入"LAYER"，系统则会自动打开"图层特性管理器"对话框。

另外，有些命令同时存在命令行、菜单栏、工具栏和功能区4 种执行方式，这时如果选择菜单栏、工具栏或功能区方式，命令行窗口会显示该命令的名称，并在前面加一下划线。例如，通过菜单栏或工具栏方式执行"直线"命令时，命令行会显示"_line"，命令的执行过程和结果与命令行方式相同。

1.5.6 坐标系与数据的输入方法

坐标系

AutoCAD中 有 两 种 坐 标 系 ：世 界 坐 标 系

（WCS）与用户坐标系（UCS）。用户刚打开AutoCAD时的坐标系就是世界坐标系，是固定的坐标系。世界坐标系也是坐标系中的基准，绘制图形时多数情况下都是在这个坐标系下进行的。打开用户坐标系的方法如下。

命令行：UCS。

菜单：工具→UCS。

工具栏：UCS工具栏中→ UCS ⌐。

AutoCAD有两种视图显示方式：模型空间和图纸空间。模型空间是指单一视图显示法，用户通常使用的都是这种显示方式；图纸空间是指在绘图区创建图形的多视图，用户可以对其中每一个视图进行单独操作。在默认情况下，UCS与WCS重合。图1-33（a）所示为模型空间下的UCS坐标系图标，通常放在绘图区左下角处。用户也可以指定将其放在UCS的实际坐标原点位置，如图1-33（b）所示。图1-33（c）所示为布局空间下的坐标系图标。

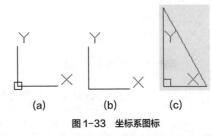

(a)　　　　(b)　　　　(c)

图1-33　坐标系图标

1.6 图层

AutoCAD中的图层就如同在手工绘图中使用的重叠透明图纸，如图1-34所示。用户可以使用图层来组织不同类型的信息。在AutoCAD中，图形的每个对象都位于一个图层上，所有图形对象都具有图层、颜色、线型和线宽这4个基本属性。在绘制的时候，图形对象将创建在当前的图层上。每个CAD文档中图层的数量是不受限制的，每个图层都有自己的名称。

墙壁
电器
家具

全部图层

图1-34　图层示意图

1.6.1 建立新图层

新建的CAD文档中会自动创建一个名为"0"的特殊图层。默认情况下，图层0将被指定使用7号颜色、Continuous 线型、"默认"线宽、图层不关闭、图层不冻结、图层不锁定，以及"NORMAL"打印样式等。不能删除或重命名图层0。用户可以通过创建新的图层将类型相似的对象指定给同一个图层使其相关联。例如，可以将构造线、文字、标注和标题栏置于不同的图层上，并为这些图层指定通用特性。将对象分类放到各自的图层中，可以快速有效地控制对象的显示以及对其进行更改。

执行方式

命令行：LAYER。

菜单：格式→图层。

工具栏：图层→"图层特性"按钮 。

功能区：单击"默认"选项卡"图层"选项组中的"图层特性"按钮 ，如图1-35所示。

图1-35　"图层特性"按钮

操作步骤

执行上述命令后，系统将打开"图层特性管理器"选项板，如图1-36所示。

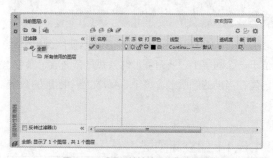

图1-36　"图层特性管理器"选项板

单击"图层特性管理器"选项板中的"新建图层" 按钮建立新图层，默认的图层名为"图层1"。可以根据绘图需要更改图层名，如改为实体层、中心线层或标准层等。

在一个图形中可以创建的图层数以及在每个图层中可以创建的对象数实际上是无限的。用户最多

可使用255个字符为图层命名。图层特性管理器按名称的字母顺序排列图层。

在每个图层的属性设置中，都包括图层名称、关闭或打开图层、冻结或解冻图层、锁定或解锁图层、图层线条颜色、图层线型、图层线宽、图层打印样式以及图层是否打印9个参数。下面将分别讲述如何设置这些图层参数。

> **注意**　要建立不止一个图层，无须重复单击"新建图层"按钮。更方便的方法是：在建立一个新的图层"图层1"后，改变图层名，在其后输入一个逗号"，"，这样系统就会自动建立一个新图层"图层1"；改变图层名，再输入一个逗号，系统又会建立一个新的图层，如此可依次建立各个图层。用户也可以按两次Enter键，建立一个新的图层。图层的名称也可以更改，直接双击图层名称并输入新的名称即可。

1. 设置图层线条颜色

在工程制图中，整个图形包含多种不同功能的图形对象，如实体、剖面线与尺寸标注等。为了便于直观区分它们，有必要针对不同的图形对象使用不同的颜色，如实体层使用白色、剖面线层使用青色等。

要改变图层线条的颜色时，单击图层所对应的颜色图标，弹出"选择颜色"对话框，如图1-37所示。它是一个标准的颜色设置对话框，用户可以使用索引颜色、真彩色和配色系统3个选项卡来选择颜色。系统显示的RGB配比即Red（红）、Green（绿）和Blue（蓝）3种颜色的配比。

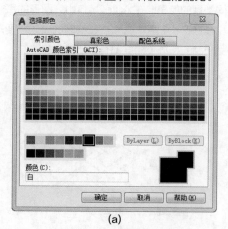

(a)

图1-37　"选择颜色"对话框

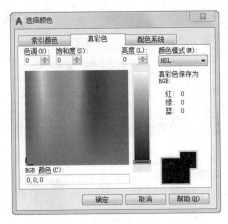

(b)

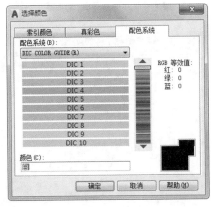

(c)

图1-37 "选择颜色"对话框（续）

2. 设置图层线型

线型是指作为图形基本元素的线条的组成和显示方式，如实线、点画线等。在绘图工作中，常常以线型划分图层。为某一个图层设置适合的线型后，在绘图时只需将该图层设为当前工作层，即可绘制出符合线型要求的图形对象，极大地提高了绘图的效率。

单击图层所对应的线型图标，弹出"选择线型"对话框，如图1-38所示。默认情况下，在"已加载的线型"列表框中，系统中只添加了Continuous线型。单击"加载"按钮，打开"加载或重载线型"对话框，如图1-39所示，可以看到AutoCAD还提供许多其他的线型。选择所需线型，单击"确定"按钮，即可把该线型加载到"已加载的线型"列表框中，还可以按住Ctrl键选择几种线型同时加载。

图1-38 "选择线型"对话框

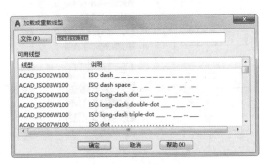

图1-39 "加载或重载线型"对话框

3. 设置图层线宽

线宽设置顾名思义就是设置线条的宽度。用不同宽度的线条表示图形对象的类型，也可以提高图形的表达能力和可读性，如绘制外螺纹时大径使用粗实线，小径使用细实线。

单击图层所对应的线宽图标，弹出"线宽"对话框，如图1-40所示。选择一个线宽，单击"确定"按钮即可完成对图层线宽的设置。

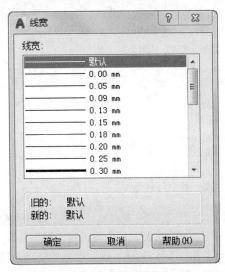

图1-40 "线宽"对话框

图层线宽的默认值为0.25mm。当状态栏为"模型"状态时，显示的线宽与计算机的像素有关。线宽为0时，显示为一个像素的线宽。单击状态栏中的"线宽"按钮，绘图区将显示图形线宽，所显示的线宽与实际线宽成比例，如图1-41所示，但线宽不随着图形的放大和缩小而变化。"线宽"功能关闭时，绘图区将不显示图形的线宽，图形的线宽均为默认宽度值。可以在"线宽"对话框中选择需要的线宽。

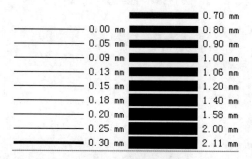

图1-41 线宽显示效果图

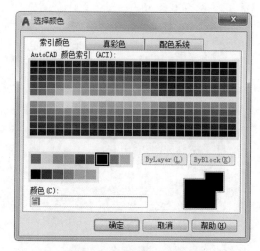

图1-42 "选择颜色"对话框

1.6.2 设置图层

除了前面讲述的通过图层管理器设置图层的方法外，还有其他几种简便的方法可以设置图层的颜色、线宽、线型等参数。

1. 直接设置图层

用户可以直接通过命令行或菜单栏设置图层的颜色、线宽、线型。

执行方式

命令行：COLOR。

菜单：格式→颜色。

操作步骤

执行上述命令后，系统将打开"选择颜色"对话框，如图1-42所示。

执行方式

命令行：LINETYPE。

菜单：格式→线型。

操作步骤

执行上述命令后，系统将打开"线型管理器"对话框，如图1-43所示。该对话框的使用方法与图1-44所示的"选择线型"对话框类似。

图1-43 "线型管理器"对话框

图1-44 "选择线型"对话框

执行方式

命令行：LINEWEIGHT或LWEIGHT。

菜单：格式→线宽。

操作步骤

执行上述命令后，系统将打开"线宽设置"对话框，如图1-45所示。该对话框的使用方法与图1-40所示的"线宽"对话框类似。

图1-45 "线宽设置"对话框

2．利用"特性"工具栏设置图层

AutoCAD 2020提供了一个"特性"工具栏，如图1-46所示。用户能够控制和使用工具栏中的"特性"工具栏快速地查看和改变所选对象的图层、颜色、线型和线宽等属性。"特性"工具栏上的图层、颜色、线型、线宽和打印样式的控制增强了查看和编辑对象属性的功能。在绘图区中选择任何对象，系统都将在"特性"工具栏上自动显示它的图层、颜色、线型等属性。

图1-46 "特性"工具栏

用户也可以在"特性"工具栏上的"颜色""线型""线宽"和"打印样式"下拉列表框中选择需要的参数值。如果在"颜色"下拉列表框中选择"选择颜色"选项，如图1-47所示，系统将打开"选择颜色"对话框；同样，如果在"线型"下拉列表框中选择"其他"选项，如图1-48所示，系统就会打开"线型管理器"对话框，如图1-43所示。

图1-47 "选择颜色"选项   图1-48 "其他"选项

3．在"特性"选项板中设置图层

命令行：DDMODIFY 或 PROPERTIES。

菜单：修改→特性。

工具栏：标准→特性█。

执行上述命令后，系统将打开"特性"选项板，如图1-49所示。在其中可以方便地设置或修改图层、颜色、线型、线宽等属性。

图1-49 "特性"选项板

1.6.3 管理图层

1．切换图层

不同的图形对象需要绘制在不同的图层中，在绘制前，需要将工作图层切换到所需的图层。打开"图层特性管理器"选项板，选择图层，单击"置为当前"█ 按钮即可完成设置。

2．删除图层

在"图层特性管理器"选项板中的图层列表框中选择要删除的图层，单击"删除图层"█按钮即可删除该图层。从图形文件定义中删除选定的图层时，只能删除未参照的图层。参照图层包括图层0及DEFPOINTS、包含对象（包括块定义中的对象）的图层、当前图层和依赖外部参照的图层。不包含对象（包括块定义中的对象）的图层、非当前图层和不依赖外部参照的图层都可以删除。

3．关闭或打开图层

在"图层特性管理器"选项板中单击█图标，可以控制图层的可见性。图层打开时，小灯泡图标呈鲜艳的颜色，该图层上的图形可以显示在屏幕上或绘制在绘图仪上。当单击该属性图标后，小灯泡图标呈灰暗色，该图层上的图形不显示在屏幕上，而且不能被打印输出，但仍然作为图形的一部分保留在文件中。

4. 冻结或解冻图层

在"图层特性管理器"选项板中单击 ☼ 图标可以冻结图层或将图层解冻。图标呈雪花灰暗色时，该图层是冻结状态；图标呈太阳鲜艳色时，该图层是解冻状态。冻结图层上的对象不能显示，也不能打印，同时用户也不能编辑该图层上的图形对象。在冻结图层后，该图层上的对象不影响其他图层上对象的显示和打印。例如，在使用"HIDE"命令消隐的时候，被冻结图层上的对象不会被隐藏。

5. 锁定或解锁图层

在"图层特性管理器"选项板中单击 🔒 图标可以锁定图层。锁定图层后，该图层上的图形依然显示在屏幕上并可打印输出，而且还可以在该图层上绘制新的图形对象，但用户不能对该图层上的图形进行编辑。用户可以对当前图层进行锁定，也可在锁定图层上使用查询和对象捕捉命令。锁定图层可以防止对图形的意外修改。

6. 打印样式

在 AutoCAD 2020 中，用户可以使用一个称为"打印样式"的新的对象特性。打印样式控制对象的打印特性，包括颜色、抖动、灰度、笔号、虚拟笔、淡显、线型、线宽、线条端点样式、线条连接样式和填充样式。打印样式给用户提供了很大的灵活性，用户可以设置打印样式来替代其他对象特性，也可以按用户需要关闭这些替代设置。

7. 打印或不打印

在"图层特性管理器"选项板中单击 🖨 图标，可以设定打印时该图层是否打印，以在保证图形显示可见不变的条件下，控制图形的打印特征。打印功能只对可见的图层起作用，对已经被冻结或被关闭的图层不起作用。

8. 新视口冻结

在"图层特性管理器"选项板中单击 🔲 图标，系统将显示可用的打印样式，包括默认打印样式 NORMAL。打印样式是打印中使用的特性的集合。

1.7 绘图辅助工具

要快速顺利地完成图形绘制工作，有时要借助一些辅助工具，如用于准确确定绘制位置的精确定位工具和调整图形显示范围与方式的图形显示工具等。下面简略介绍一下这两种非常重要的绘图辅助工具。

1.7.1 精确定位工具

在绘制图形时，可以使用直角坐标和极坐标精确定位点。但是有些点（如端点、中心点等）的坐标我们是不知道的，想要精确地指定这些点是很难的，有时甚至是不可能的。幸好 AutoCAD 2020 很好地解决了这个问题。AutoCAD 2020 提供了辅助定位工具，使用这类工具，可以很容易地在屏幕中捕捉到这些点，从而进行精确的绘图。

1. 栅格

AutoCAD 的栅格由有规则的点的矩阵组成，延伸到指定为图形界限的整个区域。使用栅格与使用坐标纸是十分相似的，利用栅格可以对齐对象并直观显示对象之间的距离。如果放大或缩小图形，则可能需要调整栅格间距，使其更适合新的比例。虽然栅格在屏幕上是可见的，但它并不是图形对象，因此它不会被打印成图形中的一部分，也不会影响绘图。可以单击状态栏上的"栅格"按钮或按 F7 键打开或关闭栅格。打开栅格并设置栅格在 x 轴方向和 y 轴方向上的间距的方法如下。

命令行：DSETTINGS（或 DS、SE 或 DDR MODES）。

菜单：工具→绘图设置。

状态栏："栅格"按钮处右击→网格设置。

执行上述命令后，系统将打开"草图设置"对话框，如图 1-50 所示。

如果需要显示栅格，则选中"启用栅格"复选框。在"栅格 X 轴间距"文本框中，输入栅格点之

间的水平距离，单位为毫米。如果要使用相同的间距设置垂直分布的栅格点，则按Tab键。否则，在

"栅格Y轴间距"文本框中输入栅格点之间的垂直距离。

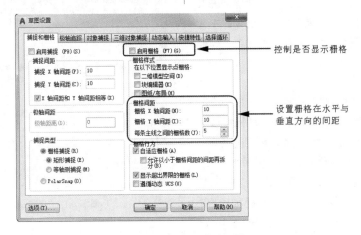

图1-50 "草图设置"对话框

用户可改变栅格与图形界限的相对位置。默认情况下，栅格以图形界限的左下角为起点，沿着与坐标轴平行的方向填充整个由图形界限所确定的区域。在"捕捉"选项区中的"角度"项可决定栅格与相应坐标轴之间的夹角，"x基点"和"y基点"项可决定栅格与图形界限的相对位移。

捕捉可以使用户直接使用鼠标快捷准确地定位目标点。捕捉有几种不同的模式，包括栅格捕捉、对象捕捉、极轴捕捉和自动捕捉，在下文中将详细讲解。

另外，可以使用"GRID"命令通过命令行方式设置栅格，功能与"草图设置"对话框类似，这里不再赘述。

 如果栅格的间距设置得太小，当进行"打开栅格"操作时，AutoCAD将在文本窗口中显示"栅格太密，无法显示"的信息，而不会在屏幕上显示栅格点。或者当使用"缩放"命令将图形缩放得很小时，也会出现同样的提示，且不显示栅格。

2. 捕捉

捕捉是指AutoCAD 2020可以生成一个隐含分布于屏幕上的栅格，这种栅格能够捕捉十字光标，使得十字光标只能落到其中的一个栅格点上。捕捉可分为"矩形捕捉"和"等轴测捕捉"两种类型。默认设置为"矩形捕捉"，即捕捉点的阵列

类似于栅格，如图1-51所示，用户可以指定捕捉模式在x轴方向和y轴方向上的间距，也可改变捕捉模式与图形界限的相对位置。与栅格不同之处在于：捕捉间距的值必须为正实数；捕捉模式不受图形界限的约束。"等轴测捕捉"表示捕捉模式为等轴测模式，此模式是绘制正等轴测图时的工作环境，如图1-52所示。在"等轴测捕捉"模式下，栅格和十字光标的十字线成绘制等轴测图时的特定角度。

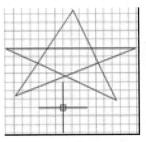

图1-51 "矩形捕捉"实例

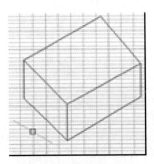

图1-52 "等轴测捕捉"实例

在绘制图1-51和图1-52中的图形时，输入参数点的坐标后十字光标只能落在栅格点上。两种模式的切换方法：打开"草图设置"对话框，进入"捕捉和栅格"选项卡，在"捕捉类型"选项区中选择不同的单选项可切换"矩阵捕捉"模式与"等轴测捕捉"模式。

3. 极轴捕捉

极轴捕捉是在创建或修改对象时，按事先给定的角度增量和距离增量来追踪特征点，即捕捉基于初始点且满足指定的极轴距离和极轴角的目标点。

极轴追踪设置主要是设置追踪的距离增量和角度增量，以及与之相关联的捕捉模式。这些设置可以通过"草图设置"对话框的"捕捉和栅格"选项卡与"极轴追踪"选项卡来实现，如图1-53和图1-54所示。

（1）设置极轴距离。在"草图设置"对话框的"捕捉和栅格"选项卡中，可以设置极轴距离，单位为毫米。绘图时，十字光标将按指定的极轴距离增量进行移动。

（2）设置极轴角度。在"草图设置"对话框的"极轴追踪"选项卡中，可以设置极轴角度。设置时，可以使用"增量角"下拉列表框中的90°、45°、30°、22.5°、18°、15°、10°和5°的极轴角度，也可以直接输入数值来指定其他任意角度。当十字光标移动时，如果接近极轴角，则系统将显示对齐路径和工具栏提示。例如，当极轴角增量设置为30°，十字光标移动90°时，显示的对齐路径，如图1-55所示。

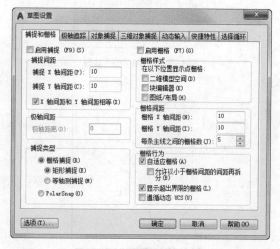

图1-53 "捕捉和栅格"选项卡

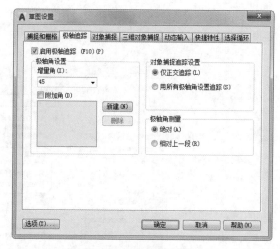

图1-54 "极轴追踪"选项卡

图1-55 设置极轴角度实例

"附加角"用于设置极轴追踪时是否采用附加角度追踪。选中"附加角"复选框，单击"增加"按钮或者"删除"按钮可以增加、删除附加角度值。

（3）设置对象捕捉追踪。用于设置对象捕捉追踪的模式。如果选择"仅正交追踪"选项，则当使用追踪功能时，系统将仅在水平和垂直方向上显示追踪数据；如果选择"用所有极轴角设置追踪"选项，则当使用追踪功能时，系统不仅可以在水平和垂直方向显示追踪数据，还可以在设置的极轴追踪角度与附加角度所确定的一系列方向上显示追踪数据。

（4）极轴角测量。用于设置极轴角的角度测量采用的参考基准，"绝对"是相对水平方向逆时针测量，"相对上一段"则是以上一段对象为基准进行测量。

4. 对象捕捉

AutoCAD 2020给所有的图形对象都定义了特征点，对象捕捉则是指在绘图过程中，通过捕捉这些特征点，迅速准确地将新的图形对象定位在现有对象的确切位置上，如圆的圆心、线段中点或两个对象的交点等。在AutoCAD 2020中，可以单击状态栏中的"对象捕捉"选项，或是在"草图设置"

对话框的"对象捕捉"选项卡中选中"启用对象捕捉"复选框，来完成启用对象捕捉功能。在绘图过程中，对象捕捉功能的调用可以通过以下方式完成。

"对象捕捉"工具栏：在绘图过程中，当系统提示需要指定点位置时，可以单击"对象捕捉"工具栏中相应的特征点按钮，如图1-56所示，再把十字光标移到要捕捉的对象上的特征点附近，AutoCAD会自动提示并捕捉到这些特征点。例如，如果需要用直线连接一系列圆的圆心，可以将"圆心"设置为执行对象捕捉。如果有两个可能的捕捉点落在选择区域，AutoCAD 2020将捕捉离十字光标中心最近的符合条件的点；还有可能指定点时需要检查哪一个对象捕捉有效，如在指定位置有多个对象捕捉符合条件，在指定点之前，按Tab键可以遍历所有可能的点。

图1-56 "对象捕捉"工具栏

"对象捕捉"快捷菜单：在需要指定点位置时，还可以按住Ctrl键或Shift键右击，弹出"对象捕捉"快捷菜单，如图1-57所示。从该菜单上一样可以选择某一种特征点执行对象捕捉，把十字光标移到要捕捉的对象上的特征点附近，即可捕捉到这些特征点。

命令行：当需要指定点位置时，在命令行中输入相应特征点的关键字并把十字光标移到要捕捉的对象上的特征点附近，即可捕捉到这些特征点。对象捕捉特征点的关键字如表1-1所示。

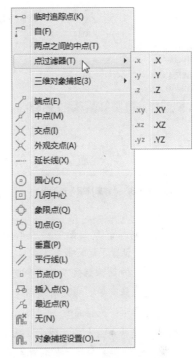

图1-57 "对象捕捉"快捷菜单

表1-1 对象捕捉模式

模式	关键字	模式	关键字	模式	关键字
临时追踪点	TT	捕捉自	FROM	端点	END
中点	MID	交点	INT	外观交点	APP
延长线	EXT	圆心	CEN	象限点	QUA
切点	TAN	垂足	PER	平行线	PAR
节点	NOD	最近点	NEA	无捕捉	NON

注意 1.对象捕捉不可单独使用，必须配合别的绘图命令一起使用。仅当AutoCAD提示输入点时，对象捕捉才生效。如果试图在命令提示下使用对象捕捉，AutoCAD将显示错误信息。

2.对象捕捉只能捕捉屏幕上可见的对象，包括锁定图层、布局视口边界和多段线上的对象，不能捕捉不可见的对象，如未显示的对象、关闭或冻结图层上的对象和虚线的空白部分。

5. 自动对象捕捉

在绘制图形的过程中，使用对象捕捉的频率非常高，如果每次在捕捉时都要先选择捕捉模式，工作效率将大大降低。出于此种考虑，AutoCAD提供了自动对象捕捉模式。如果启用自动捕捉功能，当十字光标距指定的捕捉点较近时，系统会自动精确地捕捉这些特征点，并显示出相应的标记以及该捕捉的提示。选择"草图设置"对话框中的"对象捕捉"选项卡，选中"启用对象捕捉追踪"复选框，即可调用自动对象捕捉，如图1-58所示。

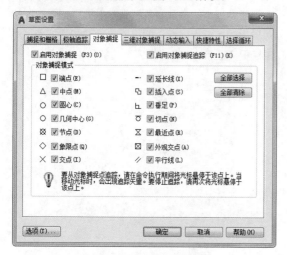

图1-58 "对象捕捉"选项卡

我们可以设置自己经常要用的捕捉方式。一旦设置了运行捕捉方式后，在每次运行时，所设定的目标捕捉方式就会被激活，而不是仅对一次选择有效。当同时使用多种方式时，系统将捕捉距十字光标最近、同时又满足多种目标捕捉方式的点。当十字光标距要获取的点非常近时，按下Shift键将暂时不获取对象点。

6. 正交绘图

正交绘图模式，即在命令的执行过程中，十字光标只能沿x轴或者y轴移动的模式。所有绘制的线段和构造线都将平行于x轴或y轴，因此它们相互垂直，即正交。正交绘图对于绘制水平线和垂直线非常有用，特别是绘制构造线。而且当捕捉模式为等轴测模式时，它还迫使直线平行于3个等轴测中的一个。

设置正交绘图可以直接单击状态栏中的"正交"按钮或按F8键，相应地会在文本窗口中显示开或关提示信息。用户也可以在命令行中输入"ORTHO"命令，开启或关闭正交绘图。

"正交"模式将十字光标限制在水平或垂直（正交）轴上。由于不能同时打开"正交"模式和极轴追踪，因此"正交"模式打开时，AutoCAD会关闭极轴追踪。如果再次打开极轴追踪，AutoCAD将关闭"正交"模式。

1.7.2 图形显示工具

对于一个较为复杂的图形来说，在观察整幅图形时往往无法对其局部细节进行查看和操作，而当在屏幕上显示一个细节时又看不到其他部分。为解决这类问题，AutoCAD提供了缩放、平移、视图、鸟瞰视图和视口等一系列图形显示控制命令，这些命令可以用来任意放大、缩小或移动屏幕上的图形显示，或者同时从不同的角度、不同的部位来显示图形。AutoCAD 2020还提供了重画和重新生成命令来刷新屏幕、重新生成图形。

1. 图形缩放

图形缩放命令类似于照相机的镜头，可以放大或缩小屏幕所显示的范围，只改变视图的比例，但是对象的实际尺寸并不发生变化。当放大图形一部分的显示尺寸时，可以更清楚地查看这个区域的细节；相反，如果缩小图形的显示尺寸，则可以查看更大的区域，如整体浏览。

图形缩放功能在绘制大幅面建筑图纸、尤其是大型建筑的平面图时非常有用，是使用频率较高的命令之一。这个命令可以透明地使用，也就是说，该命令可以在其他命令执行时运行。用户在绘制过程中涉及透明命令时，AutoCAD会自动返回在用户调用透明命令前正在运行的命令。执行图形缩放的方法如下。

执行方式

命令行：ZOOM。

菜单：视图→缩放。

工具栏：标准→缩放或缩放。

功能区：单击"视图"选项卡的"导航"选项组中的"实时"按钮±ᵛ，如图1-59所示。

图1-59 "实时"按钮

操作步骤

执行上述命令后，系统将提示以下信息。

指定窗口的角点，输入比例因子（nX 或 nXP），或者 [全部（A）/ 中心（C）/ 动态（D）/ 范围（E）/ 上一个（P）/ 比例（S）/ 窗口（W）/ 对象（O）]< 实时 >：

选项说明

（1）实时缩放。这是"缩放"命令的默认操作，即在输入"ZOOM"命令后，直接按Enter键，系统将自动调用实时缩放操作。实时缩放就是可以通过上下移动鼠标交替进行放大和缩小。在使用实时缩放时，系统会显示一个"＋"号或"－"号。当缩放比例接近极限时，AutoCAD 将不再与十字光标一起显示"＋"号或"－"号。需要从实时缩放操作中退出时，可按Enter键、Esc键或是从右键菜单中选择"退出"。

（2）全部（A）。执行"ZOOM"命令后，在提示文字后键入"A"，即可执行"全部（A）"缩放操作。不论图形有多大，执行该操作都将显示图形的边界或范围，即使对象不包括在边界以内，它们也将被显示。因此，使用"全部（A）"缩放选项，可查看当前视口中的整个图形。

（3）中心（C）。该选项可以通过确定一个中心点定义一个新的显示窗口，操作过程中需要指定中心点以及输入比例或高度。默认新的中心点就是视图的中心点，默认的输入高度就是当前视图的高度，直接按Enter键后，图形将不会被放大。输入比例越大，则数值越大，图形放大倍数也将越大。也可以在数值后面紧跟一个"X"，如"3X"，表示在放大时不是按绝对值变化，而是按相对于当前视图的相对值缩放。

（4）动态（D）。操作一个表示视口的视图框，可以确定所需显示的区域。选择该选项，在绘图窗口中会出现一个小的视图框，按住鼠标左键并左右移动可以改变该视图框的大小，定形后释放鼠标左键，再按住鼠标左键移动视图框，确定图形中的放大位置，系统将清除当前视口并显示一个特定的视图选择屏幕。这个特定屏幕由有关当前视图及有效视图的信息所构成。

（5）范围（E）。"范围（E）"选项可以使图形缩放至整个显示范围。图形的范围由图形所在的区域构成，剩余的空白区域将被忽略。应用这个选项，图形中所有的对象都将被尽可能地放大。

 注意 在绘图时，有时会出现无论怎样拖动鼠标也无法缩小图形的情形，这时，只要应用"范围（E）"选项，就可以把图形显示在绘图界面范围内，然后继续拖动鼠标，就可以正常缩小图形了。

（6）上一个（P）。在绘制一个复杂的图形时，有时需要放大图形的一部分以进行细节的编辑。当编辑完成后，有时希望回到前一个视图。这种操作可以使用"上一个（P）"选项来实现。当前视口由"缩放"命令的各种选项、"移动"视图、视图恢复、平行投影和透视命令引起的任何变化，系统都将做保存。每一个视口最多可以保存 10 个视图。连续使用"上一个（P）"选项可以恢复前10个视图。

（7）比例（S）。"比例（S）"选项提供了3种使用方法。在提示信息下，直接输入比例因子，AutoCAD 将按照此比例因子放大或缩小图形的尺寸。如果在比例因子后面加一个"X"，则表示相对于当前视图计算的比例因子。使用比例因子的第三种方法是相对于图形空间，例如，可以在图纸空间阵列排布或打印出模型的不同视图。为了使每一张视图都与图纸空间单位成比例，可以使用"比例（S）"选项，从而让每一个视图都可以有单独的比例。

（8）窗口（W）。"窗口（W）"选项是最常使用的选项。用户可以通过确定一个矩形窗口的两个对角来指定所需缩放的区域，对角点可以由鼠标指定，也可以输入坐标确定。指定窗口的中心点将成为新的显示屏幕的中心点。窗口中的区域将被放大或缩小。调用"ZOOM"命令时，可以在没有选择任何选项的情况下，利用鼠标在绘图窗口中直接指定缩放窗口的两个对角点。

（9）对象（O）。"对象（O）"选项的功能是放大对象，以便尽可能大地显示一个或多个选定的对象并使其位于视图的中心。可以在启动"ZOOM"命令前后选择对象。

 注意 这里所提到的诸如放大、缩小或移动的操作，仅仅是对图形在屏幕上的显示进行控制，图形本身并没有任何改变。

2. 图形平移

当图形幅面大于当前视口时，如使用图形缩放命令将图形放大至超过当前视口，如果需要在当前视口之外观察或绘制一个特定区域，可以使用图形平移命令来实现。平移命令能将在当前视口以外的图形的一部分移进来查看或编辑，但不会改变图形的缩放比例。执行图形平移命令的方法如下。

执行方式

命令行：PAN。

菜单：视图→平移→实时。

工具栏：标准→平移 🖑。

功能区：单击"视图"选项卡的"导航"选项组中的"平移"按钮 🖑，如图1-59所示。

快捷菜单：在绘图区中右击，选择"平移"选项。

选项说明

激活平移命令之后，鼠标指针将变成一只"小手"，可以在绘图区中任意移动图形，以表示当前正处于平移模式。按住鼠标左键将鼠标指针锁定在当前位置，即"小手"已经抓住图形，然后，拖动图形将其移动到所需位置上。松开鼠标左键将停止平移图形。可以反复按下鼠标左键、拖动图形、松开鼠标左键，将图形平移到其他位置上。

平移命令预先定义了一些不同的菜单选项与按钮，它们可用于在特定方向上平移图形。在激活平移命令后，可以从菜单栏"视图"→"平移"中调用这些选项。

（1）实时。该选项是平移命令中最常用的选项，也是默认选项。前面提到的平移操作都是指实时平移，通过鼠标的拖动来实现任意方向上的平移。

（2）点。这个选项要求确定位移量，这就需要确定图形移动的方向和距离。用户可以通过输入点的坐标或用鼠标指定点的坐标来确定位移。

（3）左。使用该选项移动图形可以使屏幕左部的图形进入显示窗口。

（4）右。使用该选项移动图形可以使屏幕右部的图形进入显示窗口。

（5）上。使用该选项向底部平移图形后，可以使屏幕顶部的图形进入显示窗口。

（6）下。使用该选项向顶部平移图形后，可以使屏幕底部的图形进入显示窗口。

第2章

二维绘图命令

二维图形是指在二维平面空间绘制的图形，主要由一些图形元素组成，如点、直线、圆弧、圆、椭圆、矩形、多边形、多段线、样条曲线、多线等。AutoCAD 提供了大量的绘图工具，以帮助用户完成二维图形的绘制。本章主要内容包括直线、圆和圆弧、椭圆和椭圆弧、平面图形、点、多段线、样条曲线、多线的绘制和图案填充等。

知识点

- ➲ 直线类图形
- ➲ 圆类图形
- ➲ 平面图形
- ➲ 点
- ➲ 多段线
- ➲ 样条曲线
- ➲ 多线
- ➲ 图案填充

2.1 直线类图形

直线类命令包括直线、射线和构造线等命令。这几个命令是AutoCAD中最简单的绘图命令。

2.1.1 绘制直线段

执行方式

命令行：LINE。

菜单：绘图→直线。

工具栏：绘图→直线✎。

功能区：单击"默认"选项卡"绘图"选项组中的"直线"按钮✎。

操作步骤

命令：LINE ✓
指定第一个点：✓（输入直线段的起点，用鼠标指定点或者给定点的坐标）
指定下一点或［放弃（U）］：✓（输入直线段的端点，也可以用鼠标指定一定角度后，直接输入直线段的长度）
指定下一点或［放弃（U）］：✓（输入下一直线段的端点。输入选项U表示放弃前面的输入；右击或按Enter键，结束命令）
指定下一点或［闭合（C）/放弃（U）］：✓（输入下一直线段的端点，或输入选项C使图形闭合，结束命令）

选项说明

（1）若按Enter键响应"指定第一个点"的提示，则系统会把上次绘线（或弧）的终点作为本次操作的起始点。若上次操作为绘制圆弧，按Enter键响应后，用户可以绘出通过圆弧终点并与该圆弧相切的直线段，该线段的长度由鼠标在屏幕上指定的一点与切点之间的距离确定。

（2）在"指定下一点"的提示下，用户可以指定多个端点，从而绘出多条直线段。每一条直线段都是一个独立的对象，都可以进行单独的编辑操作。

（3）绘制两条以上的直线段后，若用选项"C"响应"指定下一点"的提示，系统会自动连接起始点和最后一个端点，从而绘出封闭的图形。

（4）若用选项"U"响应提示，则会擦除最近一次绘制的直线段。

（5）若设置了正交方式（单击状态栏上的"正交"按钮），则只能绘制水平直线段或垂直直线段。

（6）若设置了动态数据输入方式（单击状态栏中的"动态输入"按钮𝄪），则可以动态输入坐标或长度值。其余二维绘图命令，同样可以设置动态数据输入方式，效果与非动态数据输入方式类似。除非特别需要，否则只按非动态数据输入方式输入相关数据。

2.1.2 实例——绘制标高符号

绘制图2-1所示的标高符号，具体操作步骤如下。

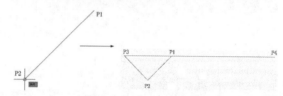

图2-1 绘制标高符号的流程图

STEP 绘制步骤

单击状态栏中的"动态输入"按钮𝄪，关闭动态输入。单击"默认"选项卡"绘图"选项组中的"直线"按钮✎，命令行提示与操作如下。

命令：_line ✓
指定第一个点：100,100 ✓（P1 点）
指定下一点或［放弃（U）］：@40,-135 ✓
指定下一点或［放弃（U）］：u✓（输入错误，取消上次操作）
指定下一点或［放弃（U）］：@40<-135 ✓（P2 点，如图 2-2 所示）
指定下一点或［放弃（U）］：@40<135 ✓（P3 点）
指定下一点或［闭合(C)/放弃(U)］:@180,0✓（P4点）
指定下一点或［闭合(C)/放弃(U)］: ✓（按Enter 键结束"直线"命令）

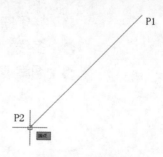

图2-2 确定 P2 点

一般每个命令有4种执行方式，这里只给出了命令行执行方式，其他3种执行方式的操作方法与命令行执行方式相同。

2.1.3 | 数据的输入方法

在AutoCAD 2020中，点的坐标可以用直角坐标、极坐标、球面坐标和柱面坐标表示，每一种坐标又分别具有两种坐标输入方式：绝对坐标和相对坐标。其中直角坐标和极坐标最为常用。下面主要介绍一下数据的输入方法。

（1）直角坐标法。用点的x、y坐标值表示的坐标。

例如，在命令行中输入点的坐标的提示下，输入"15，18"，则表示输入了一个x、y坐标值分别为15、18的点，此为绝对坐标输入方式，表示该点的坐标值是相对于当前坐标原点的坐标值，如图2-3（a）所示。如果输入"@10，20"，则为相对坐标输入方式，表示该点的坐标值是相对于前一点的坐标值，如图2-3（b）所示。

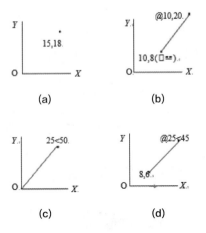

图 2-3 数据的输入方法

（2）极坐标法。用长度和角度表示的坐标，只能用来表示二维点的坐标。

在绝对坐标输入方式下，表示为"长度＜角度"，如"25＜50"，其中长度为该点到坐标原点的距离，角度为该点至原点的连线与x轴正向的夹角，如图2-3（c）所示。

在相对坐标输入方式下，表示为"@长度＜角度"，如"@25＜45"，其中长度为该点到前一点的距离，角度为该点至前一点的连线与x轴正向的夹

角，如图2-3（d）所示。

（3）动态数据输入。

单击状态栏中的"动态输入"按钮 ，系统将打开动态输入功能，用户可以在屏幕上动态地输入某些参数数据。例如，绘制直线时，在十字光标附近会动态地显示"指定第一点"，以及后面的坐标框，当前显示的是十字光标所在位置，可以输入数据，如图2-4所示。指定第一点后，系统会动态显示直线的角度，同时要求输入线段长度值，如图2-5所示，其输入效果与"@长度＜角度"方式相同。

图 2-4 动态输入坐标值

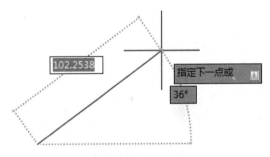

图 2-5 动态输入长度值

（4）点与距离值的输入方法。

① 点的输入。绘图过程中，常需要输入点的位置，AutoCAD提供了如下几种输入点的位置的方式。

a.用键盘直接在命令行窗口中输入点的坐标。直角坐标有两种输入方式：x，y（点的绝对坐标值，如100，50）和@x，y（相对于上一点的相对坐标值，如@50，-30）。坐标值均相对于当前的用户坐标系。

极坐标的输入方式为：长度＜角度（其中，长度为点到坐标原点的距离，角度为原点至该点连线与x轴的正向夹角，如20＜45）和@长度＜角度（相对于上一点的相对极坐标，如@50＜-30）。

b.用鼠标等定标设备移动十字光标并单击，在屏幕上直接取点。

c.用目标捕捉方式捕捉屏幕上已有图形的特殊点（如端点、中点、中心点、插入点、交点、切点、

垂足点等）。

d.直接距离输入。先用十字光标拖拉出橡筋线确定方向，然后用键盘输入距离。这样有利于准确控制对象的长度等参数，如要绘制一条10mm长的线段，方法如下。

```
命令：LINE ✓
指定第一个点：✓（在屏幕上指定一点）
指定下一点或 [ 放弃（U）]：✓
```

这时在屏幕上移动十字光标指明线段的方向，但不要单击确认，如图2-6所示。然后在命令行输入10，这样就在指定方向上准确地绘制了长度为10mm的线段。

②距离值的输入。在AutoCAD命令中，有时需要提供高度、宽度、半径、长度等距离值。AutoCAD 提供了两种输入距离值的方式：一种是用键盘在命令行窗口中直接输入数值；另一种是在屏幕上拾取两点，以两点的距离值定出所需数值。

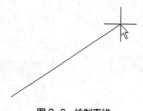

图2-6　绘制直线

| 2.1.4 | **实例——利用动态输入绘制标高符号** |

本实例主要练习执行"直线"命令后，在动态输入功能下绘制标高符号，如图2-7所示。

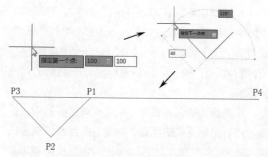

图2-7　绘制标高符号的流程图

STEP　绘制步骤

（1）系统默认打开动态输入，如果动态输入没有打开，单击状态栏中的"动态输入"按钮打开

动态输入。单击"默认"选项卡"绘图"选项组中的"直线"按钮，在动态输入框中输入第一个点的坐标为（100,100），如图2-8所示。按Enter键确认P1点。

图2-8　确定P1点

（2）拖动鼠标，然后在动态输入框中输入长度为"40"，按Tab键切换到角度输入框，输入角度为"135"，如图2-9所示，按Enter键确认P2点。

（3）拖动鼠标，在十字光标位置为135°处，动态输入"40"，如图2-10所示，按Enter键确认P3点。

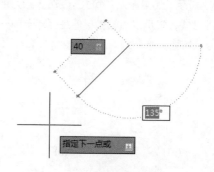

图2-9　确定P2点

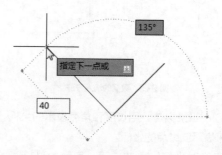

图2-10　确定P3点

（4）拖动鼠标，然后在动态输入框中输入相对直角坐标（@180，0），按Enter键确认P4点，如图2-11所示。也可以拖动鼠标，在十字光标位置为0°处，动态输入"180"，如图2-12所示，按Enter键确认P4点，完成绘制。

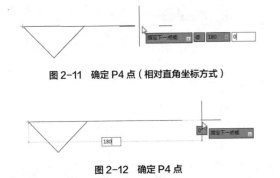

图2-11 确定P4点（相对直角坐标方式）

图2-12 确定P4点

2.1.5 | 绘制构造线

执行方式

命令行：XLINE。

菜单：绘图→构造线。

工具栏：绘图→构造线 ✗ 。

功能区：单击"默认"选项卡"绘图"选项组

中的"构造线"按钮✗。

操作步骤

命令：XLINE ✓
指定点或 [水平（H）/ 垂直（V）/ 角度（A）/
二等分（B）/ 偏移（O）]：（给出点）
指定通过点：（给定通过点 2，画一条双向的无限长
直线）
指定通过点：（继续给定点，继续画线，按Enter键，
结束命令）

选项说明

（1）执行选项中有"指定点""水平""垂直""角度""二等分"和"偏移"6种方式绘制构造线。

（2）这种线可以模拟手工绘图中的辅助绘图线，用特殊的线型显示，在绘图输出时，可不作输出。常用于辅助绘图。

2.2 圆类图形

圆类命令主要包括"圆""圆弧""椭圆""椭圆弧"以及"圆环"等命令，这几个命令是AutoCAD中比较简单的圆类命令。

2.2.1 | 绘制圆

执行方式

命令行：CIRCLE 。

菜单：绘图→圆。

工具栏：绘图→圆 ⊙ 。

功能区：单击"默认"选项卡"绘图"选项组中的"圆"下拉菜单。

操作步骤

命令：CIRCLE ✓
指定圆的圆心或 [三点（3P）/ 两点（2P）/ 切点、
切点、半径（T）]：✓（指定圆心）
指定圆的半径或 [直径（D）]：✓（直接输入半径
数值或用鼠标指定半径长度）
指定圆的直径 < 默认值 >：✓（输入直径数值或用
鼠标指定直径长度）

选项说明

（1）三点（3P）：按指定圆周上三点的方法画圆。

（2）两点（2P）：按指定直径的两端点的方法

画圆。

（3）切点、切点、半径（T）：按先指定两个相切对象后给出半径的方法画圆。

（4）相切、相切、相切（A）：依次拾取相切的第一个圆弧、第二个圆弧和第三个圆弧画圆。

2.2.2 | 实例——绘制锚具端视图

绘制图2-13所示的锚具端视图，具体操作步骤如下。

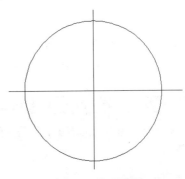

图2-13 锚具端视图

STEP 绘制步骤

（1）单击"默认"选项卡"绘图"选项组中的"直线"按钮 ╱，绘制两条十字交叉线，结果如图2-14所示。

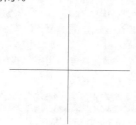

图 2-14　绘制十字交叉线

（2）单击"默认"选项卡"绘图"选项组中的"圆"按钮 ⊙，绘制圆，命令行提示如下。

```
命令: _circle ↙
指定圆的圆心或 [三点（3P）/两点（2P）/切点、
切点、半径（T）]: ↙（指定十字交叉线交点）
指定圆的半径或 [直径（D）]: ↙（适当指定半径
大小）
```

结果如图2-13所示。

2.2.3 | 绘制圆弧

执行方式

命令行：ARC（缩写名：A）。

菜单：绘图→弧。

工具栏：绘图→圆弧 ╱。

功能区：单击"默认"选项卡"绘图"选项组中的"圆弧"下拉菜单。

操作步骤

```
命令: ARC ↙
指定圆弧的起点或 [圆心（C）]:（指定起点）
指定圆弧的第二个点或 [圆心（C）/端点（E）]:
（指定第二点）
指定圆弧的端点:（指定端点）
```

选项说明

（1）用命令行方式绘制圆弧时，可以根据系统提示单击不同的选项，具体功能和菜单栏中的"绘图"→"圆弧"子菜单中提供的11种方式相似。这11种方式绘制的圆弧如图2-15所示。

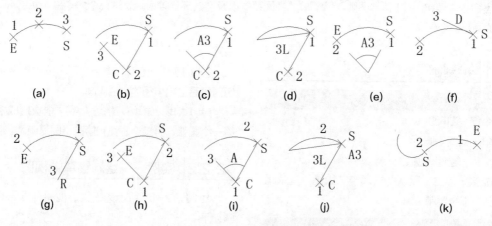

(a)　　　　(b)　　　　(c)　　　　(d)　　　　(e)　　　　(f)

(g)　　　　(h)　　　　(i)　　　　(j)　　　　(k)

图 2-15　11种圆弧绘制方式

（2）需要强调的是"连续"方式，该方式绘制的圆弧与上一线段或圆弧相切，因此提供端点即可。

2.2.4 | 实例——绘制楼板开圆孔符号

绘制图2-16所示的楼板开圆孔符号，具体操作步骤如下。

STEP 绘制步骤

（1）单击"默认"选项卡"绘图"选项组中的

"圆"按钮 ⊙，绘制一个大小适当的圆。

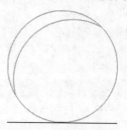

图 2-16　楼板开圆孔符号

（2）单击"默认"选项卡"绘图"选项组中的"圆弧"按钮 ⌒，绘制圆弧，命令行提示与操作如下。

命令：ARC ✓
指定圆弧的起点或 ［ 圆心（C）］：✓（用鼠标指定圆周上右上方适当位置一点）
指定圆弧的第二个点或 ［ 圆心（C）/ 端点（E）］：✓（用鼠标向左下方适当位置指定一点）
指定圆弧的端点：✓（用鼠标指定圆周上左下方适当位置一点）

绘制结果如图2-16所示。

 注意 绘制圆弧时，注意圆弧的曲率是遵循逆时针方向的，所以在指定圆弧的两个端点和半径模式时，需要注意端点的指定顺序，否则有可能导致圆弧的凹凸形状与预期的相反。

2.2.5 绘制圆环

执行方式

命令行：DONUT 。

菜单：绘图→圆环。

功能区：单击"默认"选项卡"绘图"选项组中的"圆环"按钮 ◎。

操作步骤

命令：DONUT ✓
指定圆环的内径 < 默认值 >：✓（指定圆环内径）
指定圆环的外径 < 默认值 >：✓（指定圆环外径）
指定圆环的中心点或 < 退出 >：✓（指定圆环的中心点）
指定圆环的中心点或 < 退出 >：✓（继续指定圆环的中心点，则继续绘制具有相同内外径的圆环。按Enter 键、空格键或右击，结束命令）

选项说明

（1）若指定内径为0，则画出实心填充圆。

（2）用命令"FILL"可以控制圆环是否填充。

命令：FILL ✓
输入模式 ［ 开（ON）/ 关（OFF）］ < 开 >：✓（选择 ON 表示填充，选择 OFF 表示不填充）

2.2.6 绘制椭圆与椭圆弧

执行方式

命令行：ELLIPSE。

菜单：绘图→椭圆→圆弧。

工具栏：绘图→椭圆 ⬭ 或绘图→椭圆弧 ⬭ 。

功能区：单击"默认"选项卡"绘图"选项组中的"椭圆"下拉菜单。

操作步骤

命令：ELLIPSE ✓
指定椭圆的轴端点或 ［ 圆弧（A）/ 中心点（C）］：✓
指定轴的另一个端点：✓
指定另一条半轴长度或 ［ 旋转（R）］：✓

选项说明

（1）指定椭圆的轴端点。根据两个端点，定义椭圆的第一条轴。第一条轴的角度确定了整个椭圆的角度。第一条轴既可定义为椭圆的长轴也可定义为椭圆的短轴。

（2）旋转（R）。绕第一条轴旋转圆来创建椭圆，相当于将一个圆绕椭圆轴翻转一个角度后的投影视图。

（3）中心点（C）。系统将通过指定的中心点创建椭圆。

（4）椭圆弧（A）。该选项用于创建一段椭圆弧，与单击"默认"选项卡"绘图"选项组中的"椭圆弧"按钮 ⬭ 功能相同。其中第一条轴的角度确定了椭圆弧的角度。第一条轴既可定义为椭圆弧的长轴也可定义为椭圆弧的短轴。选择该选项，命令行提示如下。

指定椭圆的轴端点或 ［ 圆弧（A）/ 中心点（C）］：（指定端点或输入 C）
指定轴的另一个端点：（指定另一端点）
指定另一条半轴长度或 ［ 旋转（R）］：（指定另一条半轴长度或输入 R）
指定起点角度或 ［ 参数（P）］：（指定起始角度或输入P）
指定端点角度或 ［ 参数（P）/ 夹角（I）］：

其中各选项含义如下。

（1）起始角度。指定椭圆弧端点的两种方式之一，十字光标与椭圆中心点连线的夹角为椭圆弧端点位置的角度。

（2）参数（P）。指定椭圆弧端点的另一种方式，该方式同样是指定椭圆弧端点的角度，并通过以下矢量参数方程式创建椭圆弧。

$$P(u) = c + a \times \cos(u) + b \times \sin(u)$$

式中，c 为椭圆的中心点；a、b 分别为椭圆的长轴和短轴；u 为十字光标与椭圆中心点连线的夹角。

（3）夹角（I）。定义从起始角度开始的包含角度。

2.2.7 | 实例——绘制洗脸盆

绘制图2-17所示的洗脸盆，具体操作步骤如下。

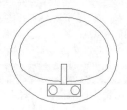

图2-17　洗脸盆

STEP 绘制步骤

（1）单击"默认"选项卡"绘图"选项组中的"直线"按钮 ，绘制水龙头图形，绘制结果如图2-18所示。

（2）单击"默认"选项卡"绘图"选项组中的"圆"按钮 ，绘制两个水龙头旋钮，绘制结果如图2-19所示。

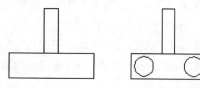

图2-18　绘制水龙头　　　　图2-19　绘制旋钮

（3）单击"默认"选项卡"绘图"选项组中的"椭圆"按钮 ，绘制洗脸盆外沿，命令行中的提示与操作如下。

命令：_ellipse ✓
指定椭圆的轴端点或 [圆弧（A）/ 中心点（C）]：✓（用鼠标指定椭圆轴端点）
指定轴的另一个端点：✓（用鼠标指定另一端点）
指定另一条半轴长度或 [旋转（R）]：✓（用鼠标在屏幕上拉出另一半轴长度）
结果如图2-20所示。

（4）单击"默认"选项卡"绘图"选项组中的"椭圆弧"按钮 ，绘制洗脸盆部分内沿，命令行中的提示与操作如下。

命令：_ellipse ✓
指定椭圆的轴端点或 [圆弧（A）/ 中心点（C）]：A ✓
指定椭圆弧的轴端点或 [中心点（C）]：C ✓
指定椭圆弧的中心点：✓（捕捉上步绘制的椭圆中心点）
指定轴的端点：✓（适当指定一点）
指定另一条半轴长度或 [旋转（R）]：R ✓
指定绕长轴旋转的角度：✓（用鼠标指定椭圆轴端点）
指定起点角度或 [参数（P）]：✓（用鼠标拉出起始角度）
指定端点角度或 [参数（P）/ 夹角（I）]：✓（用鼠标拉出终止角度）
结果如图2-21所示。

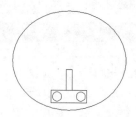

图2-20　绘制洗脸盆外沿

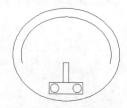

图2-21　绘制洗脸盆部分内沿

（5）单击"默认"选项卡"绘图"选项组中的"圆弧"按钮 ，绘制洗脸盆内沿其他部分，最终结果如图2-17所示。

2.3 平面图形

2.3.1 | 绘制矩形

命令行：RECTANG（缩写名为REC）。
菜单：绘图→矩形。
工具栏：绘图→矩形 。
功能区：单击"默认"选项卡"绘图"选项组中的"矩形"按钮 。

操作步骤

命令：RECTANG ✓
指定第一个角点或 [倒角（C）/ 标高（E）/ 圆角（F）/ 厚度（T）/ 宽度（W）]：✓
指定另一个角点或 [面积（A）/ 尺寸（D）/ 旋转（R）]：✓

选项说明

（1）第一个角点：指定两个角点来确定矩形，如图2-22（a）所示。

（2）倒角（C）：指定倒角距离，绘制带倒角的矩形，如图2-22（b）所示，每一个角点的逆时针和顺时针方向的倒角可以相同也可以不同；其中第一个倒角距离是指角点逆时针方向的倒角距离，第二个倒角距离是指角点顺时针方向的倒角距离。

（3）标高（E）：指定矩形标高（z坐标），即把矩形画在标高为z，与xOy坐标平面平行的平面上，并作为后续矩形的标高值。

（4）圆角（F）：指定圆角半径，绘制带圆角的矩形，如图2-22（c）所示。

（5）厚度（T）：指定矩形的厚度，如图2-22（d）所示。

（6）宽度（W）：指定线宽，如图2-22（e）所示。

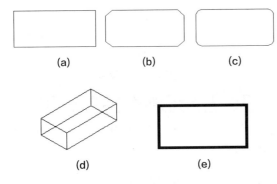

| (a) | (b) | (c) |

| (d) | (e) |

图 2-22 绘制矩形

（7）面积（A）：指定面积和长或宽来创建矩形。选择该选项，系统提示如下。

> 输入以当前单位计算的矩形面积 <20.0000>：（输入面积值）
> 计算矩形标注时依据 [长度（L）/ 宽度（W）] <长度 >：（按 Enter 键或输入 W）
> 输入矩形长度 <4.0000>：（指定长度或宽度）

指定长度或宽度后，系统将自动计算另一个维度并绘制出矩形。如果矩形设置了倒角或圆角，则在长度或宽度计算中，会考虑此设置，如图2-23所示。

（8）尺寸（D）：使用长和宽创建矩形，第二个指定点将矩形定位在与第一个角点相关的4个位置之一内。

（9）旋转（R）：旋转所绘制矩形的角度。选择该项，系统提示如下。

> 指定旋转角度或 [拾取点（P）] <135>：（指定角度）
> 指定另一个角点或 [面积（A）/ 尺寸（D）/ 旋转（R）]：（指定另一个角点或选择其他选项）

指定旋转角度后，系统将按指定旋转角度创建矩形，如图2-24所示。

倒角距离（1，1）；圆角半径为1.0；
面积为 20；长度为 6；面积为 20；宽度为 6

图 2-23 按面积绘制矩形

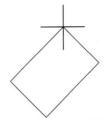

图 2-24 按指定旋转角度创建矩形

2.3.2 实例——绘制办公桌

绘制图2-25所示的办公桌，具体操作步骤如下。

图 2-25 办公桌

STEP 绘制步骤

（1）单击"默认"选项卡"绘图"选项组中的"矩形"按钮 □，在合适的位置绘制一个矩形，命令行操作如下。

> 指定第一个角点或 [倒角（C）/ 标高（E）/ 圆角（F）/ 厚度（T）/ 宽度（W）]：✓（在适当位置指定一点）
> 指定另一个角点或 [面积（A）/ 尺寸（D）/ 旋转（R）]：✓（在适当位置指定另一点）

结果如图2-26所示。

（2）单击"默认"选项卡"绘图"选项组中的"矩形"按钮 □，在合适的位置绘制一系列的矩形，结果如图2-27所示。

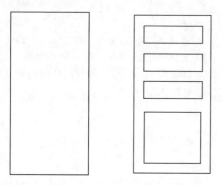

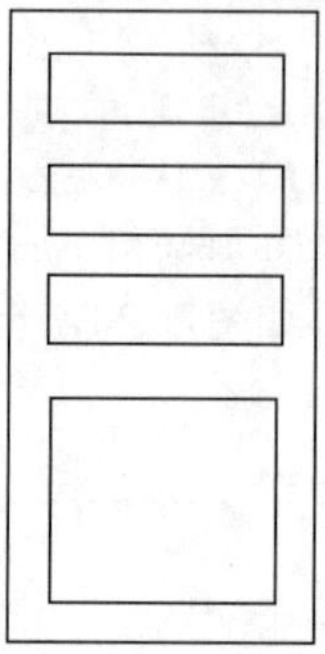

图 2-26 绘制矩形（1） 图 2-27 绘制矩形（2）

（3）单击"默认"选项卡"绘图"选项组中的"矩形"按钮 □，在合适的位置绘制一系列的矩形，结果如图2-28所示。

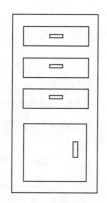

图 2-28 绘制矩形（3）

（4）单击"默认"选项卡"绘图"选项组中的"矩形"按钮 □；在合适的位置绘制一个矩形，结果如图2-29所示。

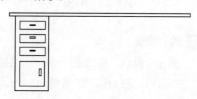

图 2-29 绘制矩形（4）

（5）同样，利用"矩形"命令绘制右边的抽屉，完成办公桌的绘制。结果如图2-25所示。

2.3.3 | 绘制多边形

执行方式

命令行：POLYGON 。

菜单：绘图→多边形。

工具栏：绘图→多边形 ⬠。

功能区：单击"默认"选项卡"绘图"选项组中的"多边形"按钮 ⬠。

操作步骤

命令：POLYGON ✓
输入侧面数 <4>：✓（指定多边形的边数，默认值为4）
指定正多边形的中心点或 [边（E）]：✓（指定中心点）
输入选项 [内接于 圆（I）/ 外切于 圆（C）]<I>：
✓ [指定是内接于圆或外切于圆。I 表示内接于圆，如图2-20（a）所示；C 表示外切于圆，如图2-20（b）所示]
指定圆的半径：✓（指定外接圆或内切圆的半径）

选项说明

上述操作步骤中，如果选择"边"选项，则只需要指定多边形的一条边，系统就会按逆时针方向创建该正多边形，如图2-30（c）所示。

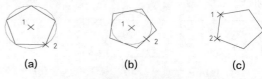

(a)　　　　　　(b)　　　　　　(c)

图 2-30 绘制多边形

2.3.4 | 实例——绘制楼板开方孔符号

绘制图2-31所示的楼板开方孔符号，具体操作步骤如下：

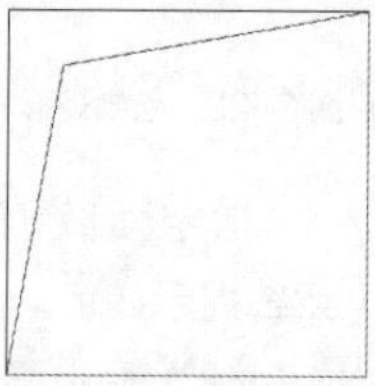

图 2-31 楼板开方孔符号

STEP 绘制步骤

（1）单击"默认"选项卡"绘图"选项组中的"多边形"按钮 ⬠，绘制外轮廓线。命令行提示与操作如下。

命令：polygon ✓
输入侧面数 <8>：4 ✓
指定正多边形的中心点或 [边（E）]：0,0 ✓
输入选项 [内接于圆（I）/ 外切于圆（C）]<I>：C
✓
指定圆的半径：100 ✓

绘制结果如图2-32所示。

图 2-32　绘制外轮廓线

（2）单击"默认"选项卡"绘图"选项组中的

"直线"按钮 ╱，绘制内轮廓线。命令行提示与操作如下。

```
命令：LINE ↙
指定第一个点：-100,-100 ↙
指定下一点或 [放弃(U)]：-70,70 ↙
指定下一点或 [放弃(U)]：100,100 ↙
指定下一点或 [闭合(C)/放弃(U)]：↙
```

绘制结果如图2-31所示。

2.4 点

点在AutoCAD中有多种不同的表示方式，用户可以根据需要进行设置，也可以设置等分点和测量点。

2.4.1 绘制点

执行方式

命令行：POINT。

菜单：绘图→点→单点或多点。

工具栏：绘图→多点 ∴。

功能区：单击"默认"选项卡中"绘图"选项组中的"多点"按钮 ∴。

操作步骤

```
命令：POINT ↙
当前点模式：PDMODE =0 PDSIZE=0.0000
指定点：↙（指定点所在的位置）
```

选项说明

（1）使用菜单方法进行操作时，如图2-33所示，"单点"命令表示只输入一个点，"多点"命令表示可输入多个点。

图 2-33　"点"子菜单

（2）单击状态栏中的"对象捕捉"开关按钮，可以设置点的捕捉模式，帮助用户拾取点。

（3）点在图形中的表示样式共有20种。用户可通过命令"DDPTYPE"或拾取菜单（"格式"→"点样式"）打开"点样式"对话框来设置点样式，如图2-34所示。

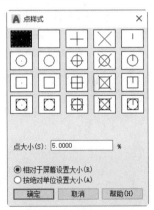

图 2-34　"点样式"对话框

2.4.2 绘制等分点

执行方式

命令行：DIVIDE（缩写名为DIV）。

菜单：绘图→点→定数等分。

功能区：单击"默认"选项卡"绘图"选项组中的"定数等分"按钮 ⚡。

操作步骤

```
命令：DIVIDE ↙
选择要定数等分的对象：（选择要等分的实体）
输入线段数目或 [块(B)]：（指定实体的等分数）
```

（1）等分数范围为2～32767。

（2）在等分点处，按当前的点样式设置画出等分点。

（3）在第二个提示行选择"块（B）"选项时，表示在等分点处插入指定的块（BLOCK）。

2.4.3 绘制测量点

命令行：MEASURE（缩写名为ME）。

菜单：绘图→点→定距等分。

功能区：单击"默认"选项卡"绘图"选项组中的"定距等分"按钮。

命令：MEASURE ✓
选择要定距等分的对象：（选择要设置测量点的实体）
指定线段长度或 [块（B）]：（指定分段长度）

（1）设置的起点一般是指定线段的绘制起点。

（2）在第二个提示行选择"块（B）"选项时，表示在测量点处插入指定的块，后续操作与上小节中等分点的绘制类似。

（3）在测量点处，按当前的点样式设置画出测量点。

（4）最后一个测量段的长度不一定等于指定分段的长度。

2.4.4 实例——绘制楼梯

绘制图2-35所示的楼梯，具体操作步骤如下。

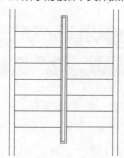

图2-35 楼梯

（1）单击"默认"选项卡"绘图"选项组中的"直线"按钮，绘制墙体与扶手，如图2-36所示。

（2）设置点样式。选择菜单栏中"格式"→"点样式"命令，在打开的"点样式"对话框中选择"X"样式。

（3）单击"默认"选项卡"绘图"选项组中的"定数等分"按钮，以左边扶手的外面线段为对象，数目为"8"，绘制等分点，如图2-37所示。

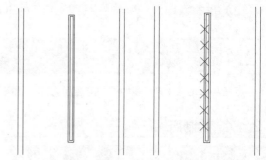

图2-36 绘制墙体与扶手　　图2-37 绘制等分点

（4）分别以等分点为起点，以左边墙体上的点为终点绘制水平线段，如图2-38所示。

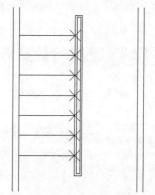

图2-38 绘制水平线段

（5）删除绘制的等分点，如图2-39所示。

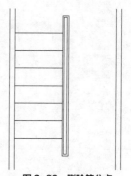

图2-39 删除等分点

（6）用相同方法绘制另一侧楼梯，最终结果如图2-35所示。

2.5 多段线

多段线是一种由线段和圆弧组合而成的、不同线宽的线。这种线由于其组合形式多样和线宽不同，弥补了直线或圆弧功能的不足，适合绘制各种复杂的图形轮廓，因而得到了广泛的应用。

2.5.1 绘制多段线

执行方式

命令行：PLINE（缩写名为 PL）。

菜单：绘图→多段线。

工具栏：绘图→多段线 ⊃ 。

功能区：单击"默认"选项卡"绘图"选项组中的"多段线"按钮 ⊃ 。

操作步骤

命令：PLINE ✓
指定起点：✓（指定多段线的起点）
当前线宽为 0.0000
指定下一个点或 [圆弧（A）/ 半宽（H）/ 长度（L）/ 放弃（U）/ 宽度（W）]：✓（指定多段线的下一点）

选项说明

多段线主要由不同长度的、连续的线段或圆弧组成，如果在上述提示中选择"圆弧"选项，则命令行提示如下。

[角度（A）/圆心（CE）/方向（D）/半宽（H）/直线（L）/半径（R）/第二个点（S）/放弃（U）/宽度（W）]：

2.5.2 编辑多段线

执行方式

命令行：PEDIT（缩写名为 PE）。

菜单：修改→对象→多段线。

工具栏：修改Ⅱ→编辑多段线 ⌒ 。

功能区：单击"默认"选项卡"修改"选项组中的"编辑多段线"按钮 ⌒ 。

快捷菜单：选择要编辑的多段线，在绘图区右击，在打开的右键快捷菜单上选择"多段线"→"编辑多段线"命令。

操作步骤

命令：PEDIT ✓
选择多段线或 [多条（M）]：✓（选择一条要编辑的多段线）
输入选项 [闭合（C）/合并（J）/宽度（W）/编辑

顶点（E）/ 拟合（F）/ 样条曲线（S）/ 非曲线化（D）/ 线型生成（L）/ 反转（R）/ 放弃（U）]：✓

选项说明

（1）闭合（C）。如果选择的是闭合多段线，则"打开"会替换提示中的"闭合"选项。如果二维多段线的法线与当前用户坐标系的 Z 轴平行且同向，则可以编辑二维多段线。

（2）合并（J）。以选中的多段线为主体，合并其他直线段、圆弧或多段线，使其成为一条多段线。能合并的条件是各段线的端点首尾相连，如图 2-40 所示。

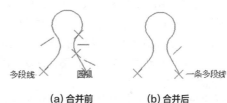

(a) 合并前　　　　　(b) 合并后

图 2-40　合并多段线

（3）宽度（W）。修改整条多段线的线宽，使其具有同一线宽，如图 2-41 所示。

(a) 修改前　　　　　(b) 修改后

图 2-41　修改整条多段线的线宽

（4）编辑顶点（E）。选择该项后，在多段线起点处会出现一个斜的十字叉"×"，它为当前顶点的标记，并在命令行出现进行后续操作的提示。

[下一个（N）/ 上一个（P）/ 打断（B）/ 插入（I）/ 移动（M）/ 重生成（R）/ 拉直（S）/ 切向（T）/ 宽度（W）/ 退出（X）] <N>：

这些选项允许用户进行移动、插入顶点和修改任意两点间的线的线宽等操作。

（5）拟合（F）。从指定的多段线生成由光滑圆弧连接而成的圆弧拟合曲线，该曲线经过多段线的各顶点，如图 2-42 所示。

(a) 修改前　　　　　(b) 修改后

图2-42　生成圆弧拟合曲线

（6）样条曲线（S）。以指定的多段线的各顶点作为控制点生成B样条曲线，如图2-43所示。

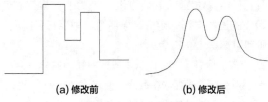

(a) 修改前　　　　　(b) 修改后

图2-43　生成B样条曲线

（7）非曲线化（D）。用直线代替指定的多段线中的圆弧。对于选择"拟合（F）"选项或"样条曲线（S）"选项后生成的圆弧拟合曲线或样条曲线，删去其生成曲线时新插入的顶点，则会恢复成由直线段组成的多段线。

（8）线型生成（L）。当多段线的线型为点画线时，控制多段线的线型生成方式的开关。选择此选项，系统提示如下。

输入多段线线型生成选项[开（ON）/关（OFF）]<关>:

选择"ON"时，将在每个顶点处允许以短画线开始或结束生成线型；选择"OFF"时，将在每个顶点处允许以长画线开始或结束生成线型。"线型生成"不能用于包含带变宽的线段的多段线，其效果如图2-44所示。

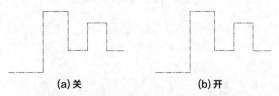

(a) 关　　　　　　　(b) 开

图2-44　控制多段线的线型（线型为点画线时）

（9）反转（R）。反转多段线顶点的顺序。使用此选项可反转包含文字线型的对象的方向。例如，根据多段线的创建方向，线型中的文字可能会倒置显示。

2.5.3 | 实例——绘制圈椅

绘制图2-45所示的圈椅，具体操作步骤如下。

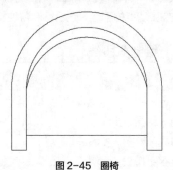

图2-45　圈椅

STEP 绘制步骤

（1）单击"默认"选项卡"绘图"选项组中的"多段线"按钮 ，绘制外部轮廓，命令行提示如下。

```
命令:_pline ✓
指定起点: ✓（适当指定一点）
当前线宽为 0.0000
指定下一个点或 [ 圆弧（A）/ 半宽（H）/ 长度（L）
/ 放弃（U）/ 宽度（W）]:@0,-600 ✓
指定下一点或 [ 圆弧（A）/ 闭合（C）/ 半宽（H）
/ 长度（L）/ 放弃（U）/ 宽度（W）]:@150,0
✓
指定下一点或 [ 圆弧（A）/ 闭合（C）/ 半宽（H）
/ 长度（L）/ 放弃（U）/ 宽度（W）]:0,600
✓
指定下一点或 [ 圆弧（A）/ 闭合（C）/ 半宽（H）
/ 长度（L）/ 放弃（U）/ 宽度（W）]:U ✓（
放弃，表示上步操作出错）
指定下一点或 [圆弧（A）/ 闭合（C）/ 半宽（H）/
长度（L）/ 放弃（U）/ 宽度（W）]:@0,600 ✓
指定下一点或 [ 圆弧（A）/ 闭合（C）/ 半宽（H）
/ 长度（L）/ 放弃（U）/ 宽度（W）]:A ✓
指定圆弧的端点或 [ 角度（A）/ 圆心（CE）/ 闭
合（CL）/ 方向（D）/ 半宽（H）/ 直线（L）/
半径（R）/ 第二个点（S）/ 放弃（U）/ 宽度
（W）]:r ✓
指定圆弧的半径: 750 ✓
指定圆弧的端点（按住 Ctrl 键以切换方向）或 [
角度（A）]: A ✓
指定夹角: 180 ✓
指定圆弧的弦方向（按住 Ctrl 键以切换方向）
<90>: 180 ✓
指定圆弧的端点（按住 Ctrl 键以切换方向）或 [
角度（A）/ 圆心（CE）/ 闭合（CL）/ 方向（D）
```

/ 半宽（H）/ 直线（L）/ 半径（R）/ 第二个点（S）
/ 放弃（U）/ 宽度（W）]：L ✓
指定下一点或 [圆弧（A）/ 闭合（C）/ 半宽（H）/
长度（L）/ 放弃（U）/ 宽度（W）]：@0,-600 ✓
指定下一点或 [圆弧（A）/ 闭合（C）/ 半宽（H）
/ 长度（L）/ 放弃（U）/ 宽度（W）]：@150,0 ✓
指定下一点或 [圆弧（A）/ 闭合（C）/ 半宽（H）
/ 长度（L）/ 放弃（U）/ 宽度（W）]：@0,600 ✓

绘制结果如图2-46所示。

图 2-46　绘制外部轮廓

（2）单击状态栏上的"对象捕捉"按钮，单击"默认"选项卡"绘图"选项组中的"圆弧"按钮，绘制内圈。命令行提示如下。

命令：_arc ✓
指定圆弧的起点或 [圆心（C）]：✓（捕捉右边竖线上端点）
指定圆弧的第二个点或 [圆心（C）/ 端点（E）]：E
指定圆弧的端点：✓（捕捉左边竖线上端点）
指定圆弧的中心点（按住 Ctrl 键以切换方向）或 [角度（A）/ 方向（D）/ 半径（R）]：D ✓
指定圆弧起点的相切切向（按住 Ctrl 键以切换方向）：90 ✓

绘制结果如图2-47所示。

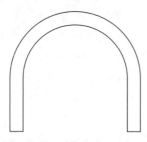

图 2-47　绘制内圈

（3）单击"默认"选项卡"修改"选项组中的"编辑多段线"按钮，合并多段线，命令行提示如下。

命令：_pedit ✓
选择多段线或 [多条（M）]：✓（选择刚绘制的多段线）

输入选项 [闭合（C）/ 合并（J）/ 宽度（W）/ 编辑顶点（E）/ 拟合（F）/ 样条曲线（S）/ 非曲线化（D）/ 线型生成（L）/ 反转（R）/ 放弃（U）]：J ✓
选择对象：✓（选择刚绘制的圆弧）
选择对象：多段线已增加 1 条线段
输入选项 [打开（O）/ 合并（J）/ 宽度（W）/ 编辑顶点（E）/ 拟合（F）/ 样条曲线（S）/ 非曲线化（D）/ 线型生成（L）/ 反转（R）/ 放弃（U）]：✓

系统会将圆弧和原来的多段线合并成一条新的多段线。选择该多段线，可以看出所有线条都被选中，说明已经合并了，如图2-48所示。

（4）单击状态栏上的"对象捕捉"按钮，单击"默认"选项卡"绘图"选项组中的"圆弧"按钮，绘制椅垫。命令行提示如下。

命令：_arc ✓
指定圆弧的起点或 [圆心（C）]：✓（捕捉多段线左边竖线上适当一点）
指定圆弧的第二个点或 [圆心（C）/ 端点（E）]：✓（向右上方适当指定一点）
指定圆弧的端点：✓（捕捉多段线右边竖线上适当一点，与左边点位置大约平齐）

绘制结果如图2-49所示。

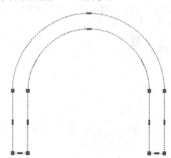

图 2-48　合并多段线

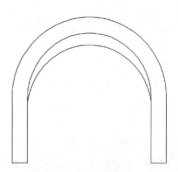

图 2-49　绘制椅垫

（5）单击"默认"选项卡"绘图"选项组中的"直线"按钮，捕捉适当的点为端点，绘制一条水平直线，最终结果如图2-45所示。

2.6 样条曲线

AutoCAD 2020有一种被称为非一致有理B样条（NURBS）曲线的特殊样条曲线类型。NURBS 曲线会在控制点之间产生一条光滑的样条曲线，如图2-50所示。样条曲线可用于创建形状不规则的曲线，例如，为地理信息系统（GIS）或汽车设计绘制轮廓线。

样条曲线

图 2-50　样条曲线

2.6.1　绘制样条曲线

执行方式

命令行：SPLINE。

菜单：绘图→样条曲线。

工具栏：绘图→样条曲线 。

功能区：单击"默认"选项卡"绘图"选项组中的"样条曲线拟合"按钮 。

操作步骤

命令：SPLINE ✓
当前设置：方式 = 拟合 节点 = 弦
指定第一个点或 [方式(M)/ 节点(K)/ 对象(O)]：（指定一点或选择"对象（O）"选项）
输入下一个点或 [起点切向（T）/ 公差（L）]：（指定一点）
输入下一个点或 [端点相切（T）/ 公差（L）/ 放弃（U）]：（指定第三点）
输入下一个点或 [端点相切（T）/ 公差（L）/ 放弃（U）/ 闭合（C）]：

选项说明

（1）方式（M）。控制是使用拟合点还是使用控制点来创建样条曲线。

（2）节点（K）。指定节点参数化，它会影响曲线在通过拟合点时的形状（SPLKNOTS 系统变量）。

（3）对象（O）。将二维或三维的二次或三次样条曲线拟合多段线转换为等价的样条曲线，然后（根据 DELOBJ 系统变量的设置）删除该多段线。

（4）起点切向（T）。基于切向创建样条曲线。

（5）公差（L）。指定样条曲线必须经过的指定拟合点的距离。公差可应用于除起点和端点外的所有拟合点。

（6）端点相切（T）。停止基于切向创建样条曲线，可通过指定拟合点继续创建样条曲线。选择"端点相切"后，系统将提示指定最后一个输入拟合点的切线方向。

（7）闭合（C）。将最后一点定义为与第一点一致，并使它在连接处相切，这样可以闭合样条曲线。选择该选项，系统的提示如下。

指定切向：（指定点或按 Enter 键）

用户可以指定一点来定义切向矢量，或者使用"切点"和"垂足"对象捕捉模式使样条曲线与现有对象相切或垂直。

2.6.2　编辑样条曲线

执行方式

命令行：SPLINEDIT。

菜单：修改→对象→样条曲线。

快捷菜单：选择要编辑的样条曲线，在绘图区右击，在弹出的右键快捷菜单中选择"样条曲线"命令下拉菜单中的选项进行编辑。

工具栏：修改Ⅱ→编辑样条曲线 。

功能区：单击"默认"选项卡"修改"选项组中的"编辑样条曲线"按钮 。

操作步骤

命令：SPLINEDIT ✓
选择样条曲线：✓（选择要编辑的样条曲线。若选择的样条曲线是用SPLINE命令创建的，其近似点以夹点的颜色显示出来；若选择的样条曲线是用PLINE命令创建的，其控制点以夹点的颜色显示出来）
输入选项 [闭合（C）/ 合并（J）/ 拟合数据（F）/ 编辑顶点（E）/ 转换为多段线（P）/ 反转（R）/ 放弃（U）/ 退出（X）] < 退出 >：✓

选项说明

（1）拟合数据（F）。编辑近似数据。选择该选项后，在创建该样条曲线时，指定的各点将以小方格的形式显示出来。

（2）编辑顶点（E）。编辑样条曲线上的当前点。

（3）反转（R）。反转样条曲线的方向。

（4）转换为多段线（P）。将样条曲线转换为多段线。

2.6.3 实例——绘制雨伞

绘制图2-51所示的雨伞，具体操作步骤如下。

图 2-51　雨伞

STEP　绘制步骤

（1）绘制伞的外框。

命令：ARC ✓
指定圆弧的起点或［圆心（C）］：C ✓
指定圆弧的圆心：✓（在屏幕上指定圆心）
指定圆弧的起点：✓（在屏幕上圆心位置的右边指定圆弧的起点）
指定圆弧的端点或［角度（A）/弦长（L）］：A ✓
指定包含角：180 ✓（注意角度的逆时针转向）

（2）绘制伞边。

命令：SPLINE ✓（或者选择"绘图"→"样条曲线"菜单命令，或单击"默认"选项卡"绘图"选项组中的"样条曲线拟合"按钮 ）
指定第一个点或［对象（O）］：✓（指定样条曲线的第一个点1，如图2-52 所示）
指定下一点：（指定样条曲线的下一个点 2）
指定下一点或［闭合（C）/拟合公差（F）］＜起点切向 ＞：（指定样条曲线的下一个点 3）
指定下一点或［闭合（C）/拟合公差（F）］＜起点切向 ＞：（指定样条曲线的下一个点 4）
指定下一点或［闭合（C）/拟合公差（F）］＜起点切向 ＞：（指定样条曲线的下一个点 5）
指定下一点或［闭合（C）/拟合公差（F）］＜起点切向 ＞：（指定样条曲线的下一个点 6）

指定下一点或［闭合（C）/拟合公差（F）］＜起点切向 ＞：（指定样条曲线的下一个点 7）
指定下一点或［闭合（C）/拟合公差（F）］＜起点切向 ＞：✓
指定起点切向：（在点1左边顺着曲线往外指定一点并右击确认）
指定端点切向：（在点7右边顺着曲线往外指定一点并右击确认）

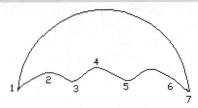

图 2-52　绘制伞边

（3）绘制伞面辐条。

命令：ARC ✓
指定圆弧的起点或［圆心（C）］：✓（在圆弧大约正中点 8 位置指定圆弧的起点，如图2-53 所示）
指定圆弧的第二个点或［圆心（C）/端点（E）］：✓（在点 9 位置指定圆弧的第二个点）
指定圆弧的端点：✓（在点 2 位置指定圆弧的端点）

利用圆弧命令用同样方法绘制其他的伞面辐条，绘制结果如图2-54所示。

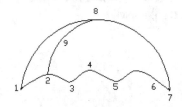

图 2-53　绘制伞面辐条

图 2-54　绘制其他的伞面辐条

（4）绘制伞顶和伞把。

命令：PLINE ✓
指定起点：✓（在图2-53 所示的点 8 位置指定伞顶起点）
当前线宽为 3.0000
指定下一个点或［圆弧（A）/半宽（H）/长度（L）/放弃（U）/宽度（W）］：W ✓✓ 指定起点宽度
＜3.0000＞：4 ✓
指定端点宽度 ＜4.0000＞：2 ✓

指定下一个点或 [圆弧（A）/ 半宽（H）/ 长度（L）
/ 放弃（U）/ 宽度（W）]：✓（指定伞顶终点）
指定下一点或 [圆弧（A）/ 闭合（C）/ 半宽（H）
/ 长度（L）/ 放弃（U）/ 宽度（W）]：U✓（位
置不合适，取消）
指定下一个点或 [圆弧（A）/ 半宽（H）/ 长度（L）
/ 放弃（U）/ 宽度（W）]：✓（重新在往上适当位
置指定伞顶终点）
指定下一点或 [圆弧（A）/ 闭合（C）/ 半宽（H）
/ 长度（L）/ 放弃（U）/ 宽度（W）]：✓（右击
确认）命令：PLINE ✓
指定起点：✓（在图2-54 所示的点 8 的正下方点
4位置附近，指定伞把起点）
当前线宽为 2.0000
指定下一个点或 [圆弧（A）/ 半宽（H）/ 长度（L）
/ 放弃（U）/ 宽度（W）]：H ✓

指定起点半宽 <1.0000>：1.5 ✓
指定端点半宽 <1.5000>：1.5 ✓
指定下一个点或 [圆弧（A）/半宽（H）/长度（L）
/ 放弃（U）/宽度（W）]：✓（往下适当位置指定
下一点）
指定下一点或 [圆弧（A）/ 闭合（C）/ 半宽（H）
/ 长度（L）/ 放弃（U）/ 宽度（W）]：A ✓
指定圆弧的端点（按住 Ctrl 键以切换方向）或 [角
度（A）/ 圆心（CE）/ 闭合（CL）/ 方向（D）/
半宽（H）/ 直线（L）/ 半径（R）/ 第二个点（S）
/ 放弃（U）/ 宽度（W）]：✓（指定圆弧的端点）
指定圆弧的端点（按住 Ctrl 键以切换方向）或
[角度（A）/ 圆心（CE）/ 闭合（CL）/ 方向（D）
/ 半宽（H）/ 直线（L）/ 半径（R）/ 第二个点（S）
/ 放弃（U）/ 宽度（W）]：✓（右击确认）

最终绘制的图形如图2-51所示。

2.7 多线

多线是一种复合线，由连续的直线段复合而成。多线的一个突出优点是能够提高绘图效率，保证图线之间的统一性。

2.7.1 绘制多线

执行方式

命令行：MLINE。
菜单：绘图→多线。

操作步骤

命令：MLINE ✓✓
当前设置：对正 = 上，比例 = 20.00，样式 =
STANDARD
指定起点或 [对正（J）/ 比例（S）/ 样式（ST）]：
✓（指定起点）
指定下一点：✓（给定下一点）
指定下一点或 [放弃（U）]：✓（继续给定下一点，
绘制线段。输入"U"，则放弃前一段的绘制；右击或
按Enter 键，结束命令）
指定下一点或 [闭合（C）/ 放弃（U）]：✓（继
续给定下一点，绘制线段。输入"C"，则闭合线段，
结束命令）

选项说明

（1）对正（J）。该选项用于给定绘制多线的基准。共有3 种对正类型："上""无"和"下"。其中，"上（T）"表示以多线上侧的线为基准，以此类推。

（2）比例（S）。选择该选项后，系统会要求用户设置平行线的间距。输入值为0时，平行线重合；输入值为负时，多线的排列倒置。

（3）样式（ST）。该选项用于设置当前使用的多线样式。

2.7.2 定义多线样式

执行方式

命令行：MLSTYLE。
菜单：格式→多线样式。

操作步骤

命令：MLSTYLE ✓

系统自动执行该命令后，会打开图2-55所示的"多线样式"对话框。在该对话框中，用户可以对多线样式进行定义、保存和加载等操作。

图2-55 "多线样式"对话框

2.7.3 | 编辑多线

执行方式

命令行：MLEDIT。

菜单：修改→对象→多线。

操作步骤

调用该命令后，系统会打开"多线编辑工具"对话框，如图2-56所示。

利用该对话框，可以创建或修改多线的模式。对话框中分4列显示了示例图形。其中，第一列管理十字交叉形式的多线；第二列管理T形多线；第三列管理拐角结合点和节点形式的多线；第四列管理多线被剪切或连接的形式。

单击某个示例图形，然后单击"关闭"按钮，就可以调用该项编辑功能。

图 2-56 "多线编辑工具"对话框

2.7.4 | 实例——绘制墙体

绘制图2-57所示的墙体，具体操作步骤如下。

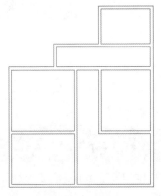

图 2-57 墙体

STEP 绘制步骤

（1）利用"构造线"命令绘制出一条水平构造线和一条竖直构造线，组成"十"字形辅助线，如图2-58所示。继续绘制辅助线，命令行提示如下。

```
命令：XLINE ↙
指定点或 [ 水平（H）/ 垂直（V）/ 角度（A）/
二等分（B）/ 偏移（O）]：O ↙
选择直线对象：↙（选择刚绘制的水平构造线）  指
定向哪侧偏移：↙（指定右边一点）
选择直线对象：↙（继续选择刚绘制的水平构造线）
```

用相同方法将绘制得到的水平构造线依次向上偏移"5100""1800"和"3000"，偏移得到的水平构造线如图2-59所示。用同样方法绘制垂直构造线，并依次向右偏移"3900""1800""2100"和"4500"，结果如图2-60所示。

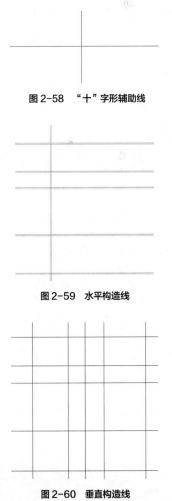

图 2-58 "十"字形辅助线

图 2-59 水平构造线

图 2-60 垂直构造线

（2）定义多线样式。选择菜单栏中的"格式"→"多线样式"命令，弹出"多线样式"对话框，在该对话框中单击"新建"按钮，系统打开"创建新的多线样式"对话框，在该对话框的"新样式名"文本框中输入"墙体线"，单击"继续"按钮。

（3）系统打开"新建多线样式：墙体线"对话框，进行图2-61所示的设置。

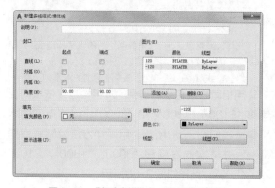

图2-61 "新建多线样式：墙体线"对话框

（4）绘制多线墙体，命令行提示如下。

命令：MLINE ✓
当前设置：对正 = 上，比例 = 20.00，样式 = STANDARD
指定起点或 [对 正(J)/ 比 例(S)/ 样式（ST）]：S ✓✓
输入多线比例 <20.00>：1 ✓
当前设置：对正 = 上，比例 = 1.00，样式 = STANDARD
指 定 起 点 或 [对 正（J）/ 比 例（S）/ 样式（ST）]：J ✓✓
输入对正类型 [上（T）/ 无（Z）/ 下（B）] <上>：Z ✓✓
当前设置：对正 = 无，比例 = 1.00，样式 = STANDARD
指定起点或 [对正（J）/ 比例（S）/ 样式（ST）]：✓（在绘制的辅助线交点上指定一点）
指定下一点：✓（在绘制的辅助线交点上指定下一点）
指定下一点或 [放弃（U）]：✓（在绘制的辅助线交点上指定下一点）
指定下一点或 [闭合（C）/ 放弃（U）]：✓（在绘制的辅助线交点上指定下一点）
指定下一点或 [闭合（C）/ 放弃（U）]：C ✓✓

根据辅助线网格，用相同方法绘制多线，绘制结果如图2-62所示。

（5）编辑多线。单击菜单栏中的"修改"→"对象"→"多线"命令，系统打开"多线编辑工具"对话框，如图2-63所示。单击其中的"T 形合并"选项，单击"关闭"按钮后，命令行提示如下。

命令：MLEDIT ✓
选择第一条多线：✓（选择多线）   选择第二条多线：✓（选择多线）
选择第一条多线或 [放弃（U）]：✓（选择多线）
选择第一条多线或 [放弃（U）]：✓

用同样方法继续进行多线编辑，编辑的最终结果如图2-57所示。

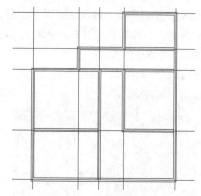

图2-62 全部多线绘制结果

图2-63 "多线编辑工具"对话框

2.8 图案填充

当用户需要用一个重复的图案（pattern）填充某个区域时，可以使用"BHATCH"命令建立一个相关联的填充阴影对象，即所谓的图案填充。

2.8.1 基本概念

1. 图案边界

当进行图案填充时,首先要确定图案填充的边界。定义边界的对象只能是直线、双向射线、单向射线、多段线、样条曲线、圆弧、圆、椭圆、椭圆弧、面域等对象或用这些对象定义的块,而且作为边界的对象在当前屏幕上必须全部可见。

2. 孤岛

在进行图案填充时,我们把位于总填充域内的封闭区域称为孤岛,如图2-64所示。在用"BHATCH"命令进行图案填充时,AutoCAD允许用户以拾取点的方式确定填充边界,即在希望填充的区域内任意拾取一点,AutoCAD会自动确定填充边界,同时确定该边界内的孤岛。如果用户是以点取对象的方式确定填充边界的,则必须确切地点取这些孤岛。有关知识将在2.8.2小节中介绍。

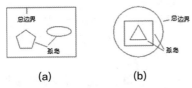

(a)   (b)

图2-64 孤岛

3. 填充方式

在进行图案填充时,需要控制填充的范围。AutoCAD 系统为用户设置了以下3种填充方式,以实现对填充范围的控制。

(1)普通方式。该方式从边界开始,从每条填充线或每个剖面符号的两端向里画,遇到内部对象与之相交时,填充线或剖面符号断开,直到遇到下一次相交时再继续画,如图2-65(a)所示。采用这种方式时,要避免填充线或剖面符号与内部对象的相交次数为奇数。该方式为系统内部的默认方式。

(2)最外层方式。该方式从边界开始,向里画剖面符号,只要在边界内部与对象相交,则剖面符号由此断开,不再继续画,如图2-65(b)所示。

(3)忽略方式。该方式将忽略边界内部的对象,即所有内部结构都会被剖面符号覆盖,如图2-65(c)所示。

(a)   (b)   (c)

图2-65 填充方式

2.8.2 图案填充的操作

执行方式

命令行:BHATCH。

菜单:绘图→图案填充。

工具栏:绘图→图案填充▨ 。

功能区:单击"默认"选项卡"绘图"选项组中的"图案填充"按钮▨ 。

操作步骤

执行上述命令后,系统将打开图2-66所示的"图案填充创建"选项卡,各选项组和按钮含义如下。

图2-66 "图案填充创建"选项卡

1. "边界"选项组

(1)拾取点。选择由一个或多个对象形成的封闭区域内的点来确定图案填充边界,如图2-67所示。指定内部点时,可以随时在绘图区域中右击以显示包含多个选项的快捷菜单。

选择一点   填充区域   填充结果

图2-67 边界确定

（2）选择边界对象。指定基于选定对象的图案填充边界。使用该选项时，系统不会自动检测内部对象，必须选择选定边界内的对象，以按照当前孤岛检测样式填充这些对象，如图2-68所示。

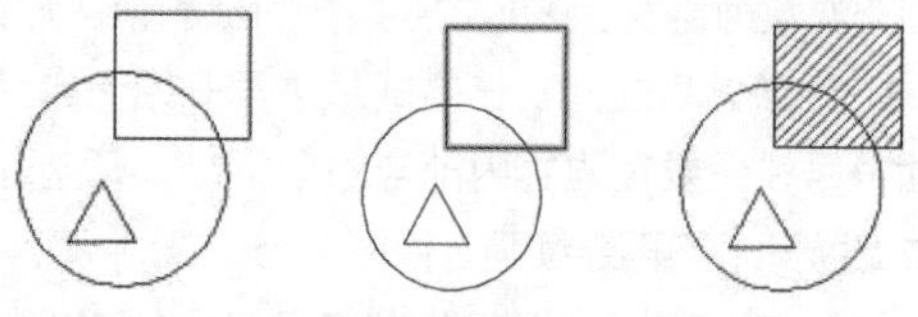

原始图形　　　选取边界对象　　　填充结果

图2-68　选取边界对象

（3）删除边界对象。从边界定义中删除之前添加的任何对象，如图2-69所示。

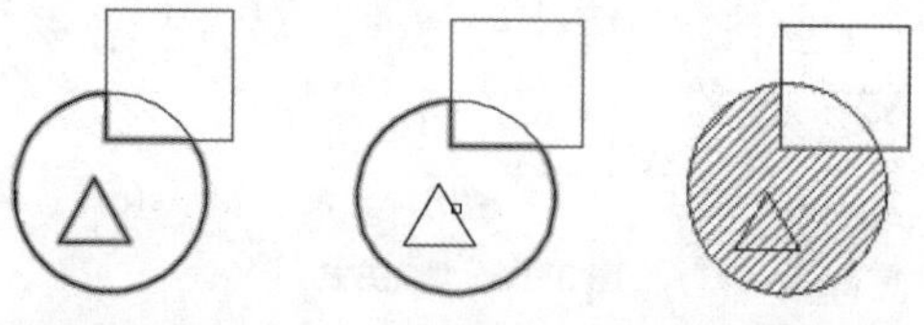

选取边界对象　　　删除边　　　填充结果

图2-69　删除边界对象

（4）重新创建边界。围绕选定的图案填充或填充对象创建多段线或面域，并使其与图案填充对象相关联（可选）。

（5）显示边界对象。选择构成选定关联图案填充对象的边界的对象，使用显示的夹点可修改图案填充边界。

（6）保留边界对象。指定如何处理图案填充边界对象。选项包括以下几项。

① 不保留边界（仅在图案填充创建期间可用）。不创建独立的图案填充边界对象。

② 保留边界——多段线（仅在图案填充创建期间可用）。创建封闭图案填充对象的多段线。

③ 保留边界——面域（仅在图案填充创建期间可用）。创建封闭图案填充对象的面域对象。

④ 选择新边界集。指定对象的有限集（又被称为边界集），以便通过创建图案填充时的拾取点进行计算。

2.“图案”选项组

显示所有预定义和自定义图案的预览图像。

3.“特性”选项组

（1）图案填充类型。指定是使用纯色、渐变色、图案填充还是用户自定义的填充。

（2）图案填充颜色。替代实体填充和填充图案的当前颜色。

（3）背景色。指定填充图案背景的颜色。

（4）图案填充透明度。设定新图案填充或填充的透明度，以替代当前对象的透明度。

（5）图案填充角度。指定图案填充或填充的角度。

（6）填充图案比例。放大或缩小预定义或自定义的填充图案。

（7）相对图纸空间。相对于图纸空间单位缩放填充图案（仅在布局中可用）。使用此选项，可以很容易地做到以适合于布局的比例显示填充图案。

（8）双向。将绘制第二组直线，与原始直线成90°角，从而构成交叉线（仅当“图案填充类型”设定为“用户定义”时可用）。

（9）ISO笔宽。基于选定的笔宽缩放ISO图案（仅对于预定义的ISO图案可用）。

4.“原点”选项组

（1）设定原点。直接指定新的图案填充原点。

（2）左下。将图案填充原点设定在图案填充边界矩形范围的左下角。

（3）右下。将图案填充原点设定在图案填充边界矩形范围的右下角。

（4）左上。将图案填充原点设定在图案填充边界矩形范围的左上角。

（5）右上。将图案填充原点设定在图案填充边界矩形范围的右上角。

（6）中心。将图案填充原点设定在图案填充边界矩形范围的中心。

（7）使用当前原点。将图案填充原点设定在HPORIGIN系统变量中存储的默认位置。

（8）存储为默认原点。将新图案填充原点的值存储在HPORIGIN系统变量中。

5.“选项”选项组

（1）关联。指定图案填充或填充为关联图案填充。关联的图案填充或填充在用户修改其边界对象时将会更新。

（2）注释性。指定图案填充为注释性。此选项会自动完成缩放注释过程，从而使注释能够以正确的大小在图纸上打印或显示。

（3）特性匹配。包括以下两个选项。

① 使用当前原点。使用选定图案填充对象（除图案填充原点外）设定图案填充的特性。

② 使用源图案填充的原点。使用选定图案填充对象（包括图案填充原点）设定图案填充的特性。

（4）允许的间隙。设定将对象用作图案填充边界时可以忽略的最大间隙，默认值为0。此选项指定对象必须为封闭区域而没有间隙。

（5）创建独立的图案填充。当指定了几个单独的闭合边界时，控制是创建单个图案填充对象，还是创建多个图案填充对象。

（6）孤岛检测。包括以下3个选项。

① 普通孤岛检测。从外部边界向内填充。如果遇到内部孤岛，填充将关闭，直到遇到孤岛中的另一个孤岛。

② 外部孤岛检测。从外部边界向内填充。此选项仅填充指定的区域，不会影响内部孤岛。

③ 忽略孤岛检测。此选项将忽略所有内部的对象，填充图案时将覆盖这些对象。

（7）绘图次序。为图案填充或填充指定绘图次序。选项包括不更改、后置、前置、置于边界之后和置于边界之前。

6."关闭"选项组

关闭图案填充创建。退出BHATCH并关闭上下文选项卡。也可以按Enter键或Esc键退出BHATCH。

2.8.3 | 渐变色的操作

执行方式

命令行：GRADIENT。

菜单：绘图→渐变色。

工具栏：绘图→渐变色▦。

功能区：单击"默认"选项卡"绘图"选项组中的"渐变色"按钮▦。

操作步骤

执行上述操作后，系统将打开图2-70所示的"图案填充创建"选项卡，各选项组中的按钮含义与图案填充的类似，这里不再赘述。

图2-70 "图案填充创建"选项卡

2.8.4 | 编辑填充的图案

利用HATCHEDIT命令，编辑已经填充的图案。

执行方式

命令行：HATCHEDIT。

菜单：修改→对象→图案填充。

工具栏：修改Ⅱ→编辑图案填充。

功能区：单击"默认"选项卡"修改"选项组中的"编辑图案填充"按钮▨。

选中填充的图案并右击，在弹出的快捷菜单中选择"图案填充编辑"命令，如图2-71所示。

直接选择填充的图案，打开"图案填充编辑器"选项卡，如图2-72所示。

图2-71 快捷菜单

图 2-72 "图案填充编辑器"选项卡

2.8.5 实例——绘制剪力墙

绘制图 2-73 所示的剪力墙，具体操作步骤如下。

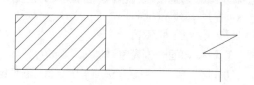

图 2-73 剪力墙

STEP 绘制步骤

（1）单击"默认"选项卡"绘图"选项组中的"直线"按钮 ／，绘制连续线段，如图 2-74 所示。

图 2-74 绘制连续线段

（2）单击"默认"选项卡"绘图"选项组中的"直线"按钮 ／，绘制折断线，如图 2-75 所示。

图 2-75 绘制折断线

（3）同理，在内侧绘制竖向直线，完成剪力墙轮廓线的绘制，如图 2-76 所示。

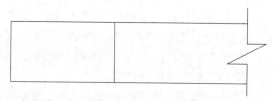

图 2-76 绘制竖向直线

（4）单击"默认"选项卡"绘图"选项组中的"图案填充"按钮 ▨，打开"图案填充创建"选项卡，将类型设置为"预定义"，图案设置成"ANSI31"，如图 2-77 所示。用鼠标指定将要填充的区域，按 Enter 键，即可生成图 2-73 所示的图形。

图 2-77 "图案填充创建"选项卡

第 3 章

二维编辑命令

二维图形的编辑操作配合绘图命令的使用可以进一步完成复杂图形的绘制工作,并可使用户合理安排和组织图形,以保证绘图准确、减少重复。因此,对编辑命令的熟练掌握和使用有助于提高设计和绘图的效率。本章主要内容包括选择对象、删除及恢复类命令、复制类命令、改变位置类命令、改变几何特性类命令和编辑对象等。

知识点

- ➲ 选择对象
- ➲ 删除及恢复类命令
- ➲ 复制类命令
- ➲ 改变位置类命令
- ➲ 改变几何特征类命令
- ➲ 编辑对象

3.1 选择对象

AutoCAD 2020提供了以下两种编辑对象的方式。

（1）执行编辑命令，然后选择要编辑的对象。

（2）选择要编辑的对象，然后执行编辑命令。

这两种方式的执行效果是相同的，但选择对象是进行编辑的前提。AutoCAD 2020提供了多种对象选择方法，如点取、用选择窗口选择对象、用选择线选择对象、用对话框选择对象等。

AutoCAD可以把选择的多个对象组成整体（如选择集和对象组），进行整体编辑与修改。

3.1.1 构造选择集

选择集可以仅由一个对象构成，也可以是一个复杂的对象组，如位于某一特定图层上的具有某种特定颜色的一组对象。选择集的构造可以在调用编辑命令之前或之后进行。AutoCAD提供了以下几种方法来构造选择集。

（1）选择一个编辑命令，然后选择对象，按Enter键，结束操作。

（2）使用"SELECT"命令。在命令提示行输入"SELECT"，然后根据选择的选项，出现选择对象提示，按Enter键，结束操作。

（3）用点取设备选择对象，然后调用编辑命令。

（4）定义对象组。

无论使用哪种方法，AutoCAD 2020都将提示用户选择对象，并且鼠标指针的形状会由十字光标变为拾取框。

下面结合"SELECT"命令说明选择对象的方法。

"SELECT"命令可以单独使用，也可以在执行其他编辑命令时被自动调用。此时屏幕提示如下。

选择对象：

等待用户以某种方式选择对象作为回答。AutoCAD 2020提供多种选择方式，可以输入"？"查看这些选择方式。选择选项后，出现如下提示。

需要点或窗口（W）/ 上一个（L）/ 窗交（C）/ 框（BOX）/ 全部（ALL）/ 栏选（F）/ 圈围（WP）/ 圈交（CP）/ 编组（G）/ 添加（A）/ 删除（R）/ 多个（M）/ 前一个（P）/ 放弃（U）/ 自动（AU）/ 单个（SI）/ 子对象（SU）/ 对象（O）。选择对象：

上面各选项的含义如下。

（1）点。该选项表示直接通过点取的方式选择对象。用鼠标或键盘移动拾取框，使其框住要选取的

对象，然后单击，就会选中该对象并以高亮度显示。

（2）窗口（W）。用由两个对角顶点确定的矩形窗口选取位于其范围内部的所有图形，与边界相交的对象不会被选中，如图3-1所示。在指定对角顶点时，应该按照从左向右的顺序。

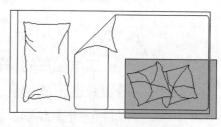

(a) 图中深色覆盖部分为选择窗口

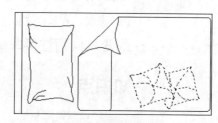

(b) 选择后的图形

图3-1 "窗口"对象选择方式

（3）上一个（L）。在"选择对象："提示下输入"L"后，按Enter键，系统会自动选取最后绘出的对象。

（4）窗交（C）。该方式与上述"窗口"方式类似，区别在于：它不但会选中矩形窗口内部的对象，也会选中与矩形窗口边界相交的对象。选择的对象如图3-2所示。

（5）框（BOX）。使用时，系统会根据用户在屏幕上给出的两个对角点的位置而自动引用"窗口"或"窗交"方式。若从左向右指定对角点，则引用"窗口"方式；反之，则引用"窗交"方式。

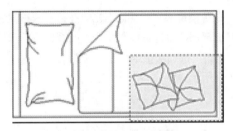

（a）图中深色覆盖部分为选择窗口

（b）选择后的图形

图 3-2 "窗交"对象选择方式

（6）全部（ALL）。选取屏幕上的所有对象。

（7）栏选（F）。用户临时绘制一些直线，这些直线不必构成封闭图形，凡是与这些直线相交的对象均会被选中。执行结果如图3-3所示。

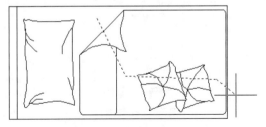

（a）图中虚线为选择栏

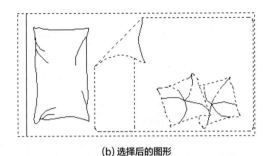

（b）选择后的图形

图 3-3 "栏选"对象选择方式

（8）圈围（WP）。使用一个不规则的多边形作为选项框选择对象。根据提示，用户顺次输入构成多边形的所有顶点的坐标，按Enter键结束操作，

系统将自动连接从第一个顶点到最后一个顶点的所有顶点，从而形成封闭的多边形。凡是被多边形围住的对象均会被选中（不包括边界）。执行结果如图3-4所示。

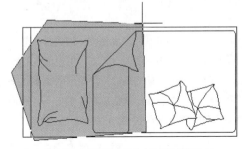

（a）图中十字线所拉出深色多边形为选择窗口

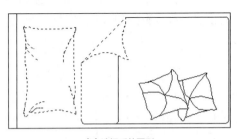

（b）选择后的图形

图 3-4 "圈围"对象选择方式

（9）圈交（CP）。类似于"圈围"方式，在"选择对象："提示后输入"CP"，后续操作与"圈围"方式相同。区别在于：与多边形边界相交的对象也会被选中。

（10）编组（G）。使用预先定义的对象组作为选择集。事先将若干个对象组成对象组，用组名引用。

（11）添加（A）。添加下一个对象到选择集，也可用于从移走模式（Remove）到选择模式的切换。

（12）删除（R）。按住Shift键选择对象，可以从当前选择集中移走该对象。对象由高亮度显示状态变为正常显示状态。

（13）多个（M）。指定多个点，显示对象。这种方法可以加快在复杂图形上选择对象的过程。若两个对象交叉，指定两次交叉点，则可以选中这两个对象。

（14）前一个（P）。用关键字P回应"选择对象："的提示，则系统会将上次编辑命令中的

最后一次构造的选择集或最后一次使用"Select（DDSELECT）"命令预置的选择集作为当前选择集。这种方法适用于对同一选择集进行多种编辑操作的情况。

（15）放弃（U）。用于取消加入选择集的对象。

> **注意** 若矩形框从左向右定义，即选择的第一个对角点为左侧的对角点，矩形框内部的对象会被选中，矩形框外部的及与矩形框边界相交的对象不会被选中。若矩形框从右向左定义，矩形框内部及与矩形框边界相交的对象都会被选中。

（16）自动（AU）。选择结果视用户在屏幕上的选择操作而定。如果选中单个对象，则该对象为自动选择的结果；如果选择点落在对象内部或外部的空白处，系统提示如下。

　指定对角点：

此时，系统会采取一种窗口的选择方式。对象被选中后会变为虚线形式，并以高亮度显示。

（17）单个（SI）。选择指定的第一个对象或对象集，而不继续提示进行下一步的选择。

（18）子对象（SU）。使用户可以逐个选择原始形状，这些形状是复合实体的一部分或三维实体上的顶点、边和面。可以选择这些子对象的其中之一，也可以创建多个子对象的选择集。选择集可以包含多种类型的子对象。

（19）对象（O）。结束选择子对象的功能，使用户可以使用对象选择方法。

3.1.2 | 快速选择

有时用户需要选择具有某些共同属性的对象来构造选择集，如选择具有相同颜色、线型或线宽的对象。用户当然可以使用前面介绍的方法来选择这些对象，但如果要选择的对象数量较多且分布在较复杂的图形中，则会导致很大的工作量。AutoCAD 2020提供了"QSELECT"命令来解决这个问题。调用"QSELECT"命令后，系统将打开"快速选择"对话框，利用该对话框可以根据用户指定的过滤标准快速创建选择集。"快速选择"对话框如图3-5所示。

执行方式

命令行：QSELECT。

菜单：工具→快速选择。

快捷菜单：在绘图区右击，在打开的右键快捷菜单上单击"快速选择"命令，如图3-6所示，或在"特性"选项板上单击"快速选择"按钮 ，如图3-7所示。

图3-5　"快速选择"对话框

图3-6　右键快捷菜单

图3-7　"特性"选项板

操作步骤

执行上述命令后，系统将打开"快速选择"对话框。在该对话框中，用户可以选择符合条件的对象或对象组。

3.1.3 构造对象组

对象组与选择集并没有本质的区别，当我们把若干个对象定义为选择集并想让它们在以后的操作中始终作为一个整体时，为操作简捷，可以给这个选择集命名并保存起来。这个被命名了的选择集就是对象组，它被称为组名。

如果对象组可以被选择（位于锁定层上的对象组不能被选择），那么就可以通过它的组名引用该对象组，并且一旦组中任何一个对象被选中，组中的全部对象就都会被选中。

执行方式

命令行：GROUP。

操作步骤

执行上述命令后，系统将打开"对象编组"对话框。利用该对话框可以查看或修改存在的对象组的属性，也可以创建新的对象组。

3.2 删除及恢复类命令

这一类命令主要用于删除图形的某部分或对已被删除的部分进行恢复，包括删除、恢复、清除等命令。

3.2.1 删除命令

执行方式

命令行：ERASE。

菜单：修改→删除。

快捷菜单：选择要删除的对象，在绘图区右击，在打开的右键快捷菜单上选择"删除"命令。

工具栏：修改→删除 。

功能区：单击"默认"选项卡"修改"选项组中的"删除"按钮 。

操作步骤

用户可以先选择对象，再调用删除命令；也可以先调用删除命令，再选择对象。选择对象时，可以使用前面介绍的各种选择对象的方法。

当选择多个对象时，多个对象都被删除；若选择的对象属于某个对象组，则该对象组中的所有对象都会被删除。

3.2.2 恢复命令

若误删除了对象，则可以使用恢复命令

"OOPS"恢复误删除的对象。

执行方式

命令行：OOPS 或 U。

工具栏：单击快速访问工具栏中的"放弃"按钮 。

快捷键：Ctrl+Z。

操作步骤

在命令行窗口中输入"OOPS"，按Enter键。

3.2.3 清除命令

此命令的功能与删除命令的功能完全相同。

执行方式

菜单：编辑→删除。

快捷键：Del。

操作步骤

用菜单或快捷键执行上述命令后，系统提示如下。

选择对象：（选择要清除的对象，按 Enter 键执行清除命令）

3.3 复制类命令

本节将详细介绍AutoCAD 2020的复制类命令。利用这些复制类命令可以方便地编辑和绘制图形。

3.3.1 复制命令

执行方式

命令行：COPY。

菜单：修改→复制。

工具栏：修改→复制 ⅽ。

快捷菜单：选择要复制的对象，在绘图区右击，在打开的右键快捷菜单上选择"复制选择"命令。

功能区：单击"默认"选项卡"修改"选项组中的"复制"按钮 ⅽ。

操作步骤

命令：COPY ✓
选择对象：✓（选择要复制的对象）

用前面介绍的对象选择方法选择一个或多个对象，按Enter键，结束选择操作。系统继续提示如下。

当前设置：复制模式 = 多个
指定基点或 [位移（D）/ 模式（O）] < 位移 >：
✓ 指定第二个点或 [阵列（A）] < 使用第一个点作为位移 >：✓
指定第二个点或 [阵列（A）/ 退出（E）/ 放弃（U）]< 退出 >：✓

选项说明

（1）指定基点。

指定一个坐标点后，AutoCAD 2020 会把该点作为复制对象的基点，并提示如下。

指定位移的第二个点或 < 用第一点作位移 >：

指定第二个点后，系统将根据这两点确定的位移矢量把选择的对象复制到第二点处。如果此时直接按Enter键，即选择默认的"用第一点作位移"，则第一个点会被当作相对于x、y、z的位移。例如，如果指定基点为（2，3）并在下一个提示时直接按Enter键，则该对象从它当前的位置开始，在x轴正方向上移动2 个单位，在y轴正方向上移动3个单位。复制完成后，系统会继续提示如下。

指定位移的第二点：

这时，可以不断指定新的第二点，从而实现多重复制。

（2）位移。

直接输入位移值，表示以选择对象时的拾取点为基准，以拾取点坐标为移动方向，沿该方向移动指定位移后所确定的点为基点。例如，选择对象时的拾取点坐标为（2，3），输入位移为"5"，则表示以（2，3）点为基准，沿该方向移动5个单位所

确定的点为基点。

（3）模式。

控制是否自动重复该命令。确定复制模式是单个还是多个。

3.3.2 实例——绘制办公桌

绘制图3-8所示的办公桌，具体操作步骤如下。

图3-8　办公桌

STEP 绘制步骤

（1）单击"默认"选项卡"绘图"选项组中的"矩形"按钮 ⬜，在合适位置绘制一系列矩形，具体方法参照2.3.2小节，结果如图3-9所示。

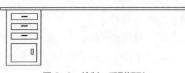

图3-9　绘制一系列矩形

（2）单击"默认"选项卡"修改"选项组中的"复制"按钮ⅽ，将办公桌左边的一系列矩形复制到右边，完成办公桌的绘制。命令行中的提示与操作如下。

命令：COPY ✓
选择对象：✓（选取左边的一系列矩形）　选择对象：✓✓
当前设置：复制模式 = 多个
指定基点或 [位移（D）] < 位移 >：✓（选取左边的一系列矩形并任意指定一点）
指定第二个点或 [阵列（A）]< 使用第一个点作为位移>：✓（打开状态栏上的"正交"开关，指定适当位置一点）
指定第二个点或 [阵列（A）/ 退出（E）/ 放弃（U）]< 退出 >：✓
结果如图3-8所示。

3.3.3 镜像命令

镜像对象是指把选择的对象以一条镜像线为对称轴进行镜像复制。镜像操作完成后，可以保留原

对象，也可以将其删除。

执行方式

命令行：MIRROR 。

菜单：修改→镜像。

工具栏：修改→镜像 ⚠️ 。

功能区：单击"默认"选项卡"修改"选项组中的"镜像"按钮 ⚠️ 。

操作步骤

命令：MIRROR ✓

选择对象：✓（选择要镜像的对象）

指定镜像线的第一点：✓（指定镜像线的第一个点）

指定镜像线的第二点：✓（指定镜像线的第二个点）

要删除源对象？［是（Y）/ 否（N）］< 否 >：✓（确定是否删除原对象）

这两点确定一条镜像线，被选择的对象以该线为对称轴进行镜像复制。包含该线的镜像平面与用户坐标系统的 xy 平面垂直，即镜像操作工作在与用户坐标系统的 xy 平面平行的平面上。

3.3.4 实例——绘制门平面图

绘制图 3-10 所示的门平面图，具体操作步骤如下。

图 3-10 门平面图

STEP 绘制步骤

（1）绘制门扇。单击"默认"选项卡"绘图"选项组中的"矩形"按钮 ⬜，输入相对坐标"@50,1000"，在绘图区域的适当位置绘制一个 50mm×1000mm 的矩形作为门扇，如图 3-11（a）所示。

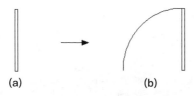

(a)   (b)

图 3-11 绘制单扇平开门

（2）绘制开启弧线。单击"默认"选项卡"绘

图"选项组中的"圆弧"按钮 ⌒，按命令行提示进行操作。

命令：_arc 指定圆弧的起点或［圆心（C）］：C ✓

指定圆弧的圆心：✓（鼠标捕捉矩形右下角点） 指定圆弧的起点：✓（鼠标捕捉矩形右上角点）

指定圆弧的端点或［角度（A）/ 弦长（L）］：✓（鼠标向左在水平线上拾取一点，绘制完毕）

这样，单扇平开门的图形就绘制好了，如图 3-11（b）所示。

（3）绘制双扇门。使用"复制""镜像"命令对上述单扇门进行处理后即可得到。单击"默认"选项卡"修改"选项组中的"复制"按钮 ⅋，将单扇门复制一个到其他位置，如图 3-12 所示。单击"默认"选项卡"修改"选项组中的"镜像"按钮 ⚠️，选中复制出的单扇门，点取图中弧线的端点为镜像线的第一个点，然后在垂直方向上点取第二个点，右击确认退出，即可完成绘制。注意事先按 F8 键调整到正交绘图模式下。命令行提示如下。

命令：_mirror ✓

选择对象：指定对角点：找到 2 个（框选单扇门）

选择对象：✓

指定镜像线的第一点：✓（捕捉 A 点）

指定镜像线的第二点：✓（捕捉 B 点）

要删除源对象吗？［是（Y）/ 否（N）］< 否 >：✓

采用类似的方法还可以绘出双扇弹簧门，如图 3-13 所示，请读者自己完成。

原单扇门   复制出的单扇门

图 3-12 双扇门操作示意图

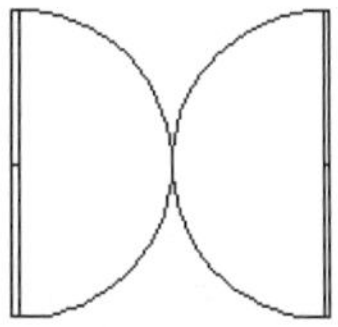

图 3-13 双扇弹簧门

3.3.5 偏移命令

偏移对象是指保持选择的对象的形状、在不同的位置以不同的尺寸大小新建的一个对象。

执行方式

命令行：OFFSET。

菜单：修改→偏移。

工具栏：修改→偏移⊏。

功能区：单击"默认"选项卡"修改"选项组中的"偏移"按钮⊏。

操作步骤

命令：OFFSET ✓
当前设置：删除源 = 否图层 = 源 OFFSETGAPTYPE=0
指定偏移距离或 [通过（T）/ 删除（E）/ 图层（L）]<
通过 >：✓（指定距离值）
选择要偏移的对象，或 [退出（E）/ 放弃（U）]
<退出>：✓（选择要偏移的对象。按Enter 键，结束操作）
指定要偏移的那一侧上的点，或 [退出（E）/ 多个（M）/ 放弃（U）] < 退出 >：✓（指定偏移方向）

选项说明

（1）指定偏移距离。输入一个距离值，或按Enter 键使用当前的距离值，系统会把该距离值作为偏移距离，如图3-14所示。

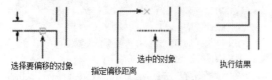

图 3-14　指定偏移对象的距离

（2）通过（T）。指定偏移对象的通过点。选择该选项后系统将出现如下提示。

选择要偏移的对象或 < 退出 >：（选择要偏移的对象，按 Enter 键，结束操作）
指定通过点：（指定偏移对象的一个通过点）

操作完毕后，系统会根据指定的通过点绘制出偏移对象，如图3-15所示。

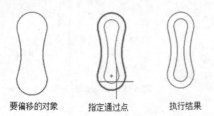

图 3-15　指定偏移对象的通过点

（3）删除（E）。偏移后，将源对象删除。选择该选项后系统将出现如下提示。

要在偏移后删除源对象吗？ [是（Y）/ 否（N）]<
否 >：

（4）图层（L）。确定将偏移对象创建在当前图层上还是源对象所在的图层上。选择该选项后出现如下提示。

输入偏移对象的图层选项 [当前（C）/ 源（S）]
< 当前 >：

3.3.6 | 实例——绘制会议桌

绘制图3-16所示的会议桌，具体操作步骤如下。

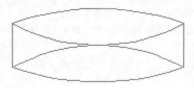

图 3-16　会议桌

STEP 绘制步骤

（1）绘制出两条长度为"1500"的竖直直线1、2，它们之间的距离为"6000"，然后绘制直线3连接它们的中点，如图3-17所示。

（2）由直线3分别向上、向下偏移"1500"绘制出直线4、5，然后单击"默认"选项卡"绘图"选项组中的"圆弧"按钮⌒，依次捕捉ABC、DEF绘制出两条弧线，如图3-18所示。

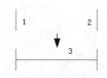

图 3-17　绘制直线

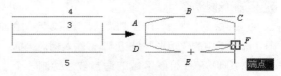

图 3-18　偏移直线并绘制弧线

（3）单击"默认"选项卡"绘图"选项组中的"圆弧"按钮⌒，绘制出内部的两条圆弧，最后将辅助线删除，完成会议桌的绘制，如图3-19所示。

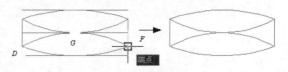

图 3-19　绘制圆弧

3.3.7 阵列命令

阵列是指多重复制选择的对象并把这些副本按矩形或环形排列。将副本按矩形排列称为建立矩形阵列，按环形排列称为建立极阵列。建立极阵列时，需要控制复制对象的次数并确定对象是否被旋转；建立矩形阵列时，需要控制行和列的数量以及对象副本之间的距离。

用该命令可以建立矩形阵列、极阵列和旋转的矩形阵列。

执行方式

命令行：ARRAY 。

菜单：修改→阵列。

工具栏：单击"修改"工具栏中的"矩形阵列"按钮 、"路径阵列"按钮 或"环形阵列"按钮 。

功能区：单击"默认"选项卡"修改"选项组中的"矩形阵列"按钮 、"路径阵列"按钮 或"环形阵列"按钮 。

操作步骤

命令：ARRAY ✓
选择对象：✓（使用对象选择方法）
输入阵列类型 [矩形(R)/ 路径(PA)/ 极轴(PO)]<矩形 >：✓

选项说明

（1）矩形（R）。将选定对象的副本分布到行数、列数和层数的任意组合。选择该选项后出现的提示如下。

选择夹点以编辑阵列或 [关联（AS）/ 基点（B）/ 计数（COU）/ 间距（S）/ 列数（COL）/ 行数（R）/ 层数（L）/ 退出（X）] < 退出 >：（通过夹点，调整阵列间距，列数，行数和层数；也可以分别选择各选项输入数值）

（2）路径（PA）。沿路径或部分路径均匀分布选定对象的副本。选择该选项后出现的提示如下。

选择路径曲线：（选择一条曲线作为阵列路径） 选择夹点以编辑阵列或 [关联（AS）/ 方法（M）/ 基点（B）/ 切向（T）/ 项目（I）/ 行（R）/ 层（L）/ 对齐项目（A）/Z 方向（Z）/ 退出（X）] < 退出 >：通过夹点，调整阵列行数和层数；也可以分别选择各选项输入数值）

（3）极轴（PO）。在绕中心点或旋转轴的环形阵列中均匀分布对象副本。选择该选项后出现的提

示如下。

指定阵列的中心点或 [基点（B）/ 旋转轴（A）]：（选择中心点、基点或旋转轴）
选择夹点以编辑阵列或 [关联（AS）/ 基点（B）/ 项目（I）/ 项目间角度（A）/ 填充角度（F）/ 行（ROW）/ 层（L）/ 旋转项目（ROT）/ 退出（X）] < 退出 >：（通过夹点，调整角度，填充角度；也可以分别选择各选项输入数值）

3.3.8 实例——绘制窗棂

绘制图3-20所示的窗棂，具体操作步骤如下。

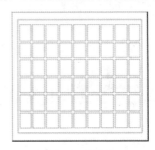

图 3-20 窗棂

STEP 绘制步骤

（1）单击"默认"选项卡"绘图"选项组中的"矩形"按钮 。命令行提示与操作如下。

命令：_rectang ✓
指定第一个角点或 [倒角（C）/ 标高（E）/ 圆角（F）/ 厚度（T）/ 宽度（W）]：0,0 ✓
指定另一个角点或 [面积（A）/ 尺寸（D）/ 旋转（R）]：@657, 482 ✓

用同样的方法绘制另外两个矩形，角点坐标分别为{（30,30）、（@597,422）}，{（40,50）、（@57,57）}，绘制结果如图3-21所示。

（2）单击"默认"选项卡"修改"选项组中的"矩形阵列"按钮 ，根据命令行提示选择步骤（1）中绘制矩形为阵列对象，设置行数为"6"，列数为"9"，行偏移和列偏移均为"65"，绘制结果如图3-20所示。

图 3-21 绘制矩形

3.4 改变位置类命令

这一类编辑命令的功能是改变当前图形或图形的某部分的位置，主要包括移动、旋转和缩放等命令。

3.4.1 移动命令

执行方式

命令行：MOVE。

菜单：修改→移动。

快捷菜单：选择要复制的对象，在绘图区右击，在打开的右键快捷菜单上选择"移动"命令。

工具栏：修改→移动 ✛ 。

功能区：单击"默认"选项卡"修改"选项组中的"移动"按钮 ✛ 。

操作步骤

命令：MOVE ✓
选择对象：（选择对象）

用前面介绍的对象选择方法选择要移动的对象，按Enter键，完成选择。系统继续提示如下。

指定基点或 [位移（D）] < 位移 >：（指定基点或位移）
指定第二个点或 < 使用第一个点作为位移 >：

命令的选项功能与"复制"命令类似。

3.4.2 旋转命令

执行方式

命令行：ROTATE。

菜单：修改→旋转。

快捷菜单：选择要旋转的对象，在绘图区右击，在打开的右键快捷菜单上选择"旋转"命令。

工具栏：修改→旋转 ⟳ 。

功能区：单击"默认"选项卡"修改"选项组中的"旋转"按钮 ⟳ 。

操作步骤

命令：ROTATE ✓
UCS 当前的正角方向：ANGDIR= 逆时针 ANGBASE=0
选择对象：（选择要旋转的对象）
指定基点：（指定旋转的基点，在对象内部指定一个坐标点）
指定旋转角度或 [复制（C）/ 参照（R）] <0>：（指定旋转角度或其他选项）

选项说明

（1）复制（C）。选择该选项后，系统在旋转对象的同时会保留原对象，如图3-22所示。

(a) 旋转前　　　　　　　　　　**(b) 旋转后**

图 3-22　复制旋转

（2）参照（R）。采用参照方式旋转对象时，系统提示如下。

指定参照角 <0>：（指定要参考的角度，默认值为 0）
指定新角度或 [点 (P)] <0>：（输入旋转后的角度）

操作完毕后，对象会被旋转至指定的角度位置。

> 用户可以用拖动鼠标的方法旋转对象。
> 选择对象并指定基点后，从基点到当前十字光标位置会出现一条连线，选择的对象会动态地随着该连线与水平方向的夹角的变化而旋转，按Enter键确认旋转操作，如图3-23所示。

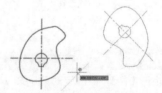

图 3-23　拖动鼠标旋转对象

3.4.3 缩放命令

执行方式

命令行：SCALE 。

菜单：修改→缩放。

快捷菜单：选择要缩放的对象，在绘图区右击，从打开的右键快捷菜单中选择"缩放"命令。

工具栏：修改→缩放 ⬜ 。

功能区：单击"默认"选项卡"修改"选项组中的"缩放"按钮 ⬜ 。

操作步骤

命令：SCALE ✓

选择对象：✓（选择要缩放的对象） 指定基点：✓（指定缩放操作的基点）

指定比例因子或 [复制（C）/ 参照（R）]1.0000>：✓

选项说明

（1）参照（R）。采用参考方向缩放对象时，系统提示如下。

指定参照长度 <L>：（指定参考长度值）

指定新的长度或 [点（P）] <1.0000>：（指定新长度值）

若新长度值大于参考长度值，则放大对象；小于则缩小对象。操作完毕后，系统以指定的基点按指定的比例缩放对象。如果选择"点（P）"选项，则需要指定两点来定义新的长度。

（2）指定比例尺寸。选择对象并指定基点后，从基点到当前十字光标位置会出现一条线段，线段的长度即为比例尺寸。鼠标选择的对象会动态地随着该连线长度的变化而缩放，按Enter键确认缩放操作。

（3）复制（C）。选择"复制（C）"选项时，可以复制缩放对象，即缩放对象时保留原对象，如图3-24所示。

(a) 缩放前　　　　　　　　(b) 缩放后

图 3-24　复制缩放

3.4.4 实例——绘制装饰盘

绘制图3-25所示的装饰盘，具体操作步骤如下。

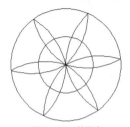

图 3-25　装饰盘

STEP 绘制步骤

（1）单击"默认"选项卡"绘图"选项组中的"圆"按钮⊙，绘制装饰盘外轮廓线，如图3-26所示。命令行提示如下。

命令：_circle ✓

指定圆的圆心或 [三点（3P）/ 两点（2P）/ 切点、切点、半径（T）]：100,100 ✓

指定圆的半径或 [直径（D）] <10.0000>：200 ✓

（2）单击"默认"选项卡"绘图"选项组中的"圆弧"按钮⌒，绘制花瓣线，如图3-27所示。命令行提示如下。

命令：_arc ✓

指定圆弧的起点或 [圆心（C）]：✓（选取圆中心点）

指定圆弧的第二个点或 [圆心（C）/ 端点（E）]：✓（圆内一点）

指定圆弧的端点：✓（圆边）

图 3-26　绘制装饰盘外轮廓线　　图 3-27　绘制花瓣线

（3）单击"默认"选项卡"修改"选项组中的"镜像"按钮⚠，镜像花瓣线，如图3-28所示。命令行提示如下。

命令：_mirror ✓

选择对象：找到 1 个（选择图3-27 中的圆弧线）

选择对象：✓

指定镜像线的第一点：✓（指定圆弧的一个端点） 指定镜像线的第二点：✓（指定圆弧的另一个端点） 要删除源对象吗？ [是（Y）/ 否（N）] < 否 >：✓

（4）调用阵列命令进行圆形阵列，选择花瓣为源对象，以圆心为阵列中心点阵列花瓣，如图3-29所示。

图 3-28　镜像花瓣线　　图 3-29　阵列花瓣

（5）单击"默认"选项卡"修改"选项组中的"缩放"按钮□，缩放外轮廓线作为装饰盘的内装饰圆。

命令：_scale ✓

选择对象：✓（选择圆） 选择对象：✓

指定基点：✓（捕捉圆心）

指定比例因子或 [复制（C）/ 参照（R）] <1.0000>：C ✓

缩放一组选定对象：

指定比例因子或 [复制（C）/ 参照（R）] <1.0000>：0.5 ✓

绘制结果如图3-25所示。

3.5 改变几何特性类命令

这一类编辑命令在对指定对象进行编辑后，可以使编辑对象的几何特性发生改变，包括修剪、延伸、拉伸、拉长、圆角、倒角、打断、打断于点、分解、合并等命令。

3.5.1 修剪命令

执行方式

命令行：TRIM。

菜单：修改→修剪。

工具栏：修改→修剪 ✂ 。

功能区：单击"默认"选项卡"修改"选项组中的"修剪"按钮 ✂ 。

操作步骤

命令：TRIM ✓
当前设置：投影 =UCS，边 = 无选择剪切边 ...
选择对象或 < 全部选择 >：✓（选择用作修剪边界的对象）

按Enter键，结束对象选择，系统提示如下。

选择要修剪的对象，或按住 Shift 键选择要延伸的对象，或 [栏选（F）/ 窗交（C）/ 投影（P）/ 边（E）/ 删除（R）/ 放弃（U）]：

选项说明

（1）按住Shift键。在选择对象时，如果按住Shift 键，系统就会自动将"修剪"命令转换成"延伸"命令，"延伸"命令将在3.5.3 小节中介绍。

（2）边（E）。选择此选项时，可以选择对象的修剪方式：延伸和不延伸。

① 延伸（E）。延伸边界进行修剪。在此方式下，如果剪切边没有与要修剪的对象相交，系统会延伸剪切边直至与要修剪的对象相交，然后再修剪，如图3-30所示。

(a) 选择剪切边　　(b) 选择要修剪的对象　　(c) 修剪后结果

图 3-30　以延伸方式修剪对象

② 不延伸（N）。不延伸边界修剪对象，只修剪与剪切边相交的对象。

（3）栏选（F）。选择此选项时，系统会以栏选的方式选择被修剪对象，如图3-31所示。

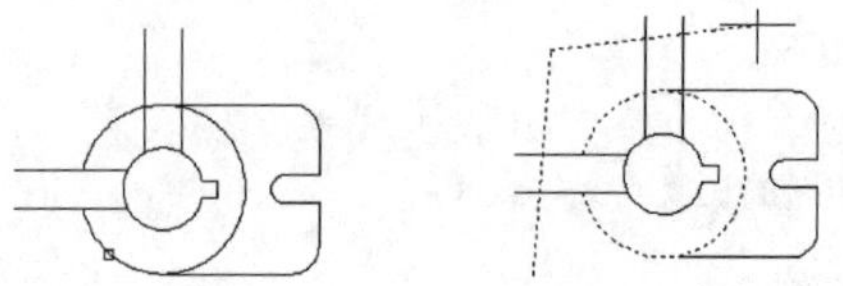

(a) 选定剪切边　　(b) 使用栏选选定要修剪的对象

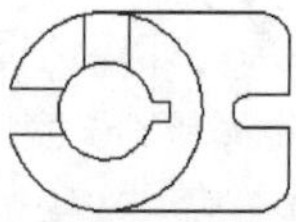

(c) 修剪结果

图 3-31　以栏选方式选择被修剪对象

（4）窗交（C）。选择此选项时，系统会以窗交的方式选择被修剪对象，如图3-32所示。

被选择的对象可以互为边界和被修剪对象，此时系统会在选择的对象中自动判断边界，如图3-32所示。

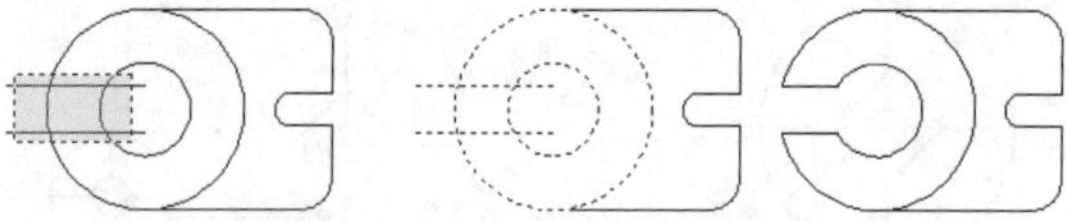

(a) 使用窗交选择选定的边　(b) 选定要修剪的对象　(c) 结果

图 3-32　以窗交方式选择被修剪对象

3.5.2 实例——绘制落地灯

绘制图3-33所示的落地灯，具体操作步骤如下。

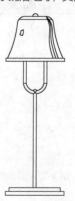

图 3-33　落地灯

STEP 绘制步骤

（1）单击"默认"选项卡"绘图"选项组中的

"矩形"按钮 ▭ ，绘制轮廓线。单击"默认"选项卡"修改"选项组中的"镜像"按钮 ◢◣ ，使轮廓线左右对称，如图3-34所示。

（2）单击"默认"选项卡"绘图"选项组中的"圆弧"按钮 ⌒ 和单击"默认"选项卡"修改"选项组中的"偏移"按钮 ⊜ ，绘制两条圆弧，端点分别捕捉到矩形的角点，其中绘制的下面的圆弧中间一点捕捉到中间矩形上边的中点，如图3-35所示。

（3）单击"默认"选项卡"绘图"选项组中的"直线"按钮 ／、"圆弧"按钮 ⌒ ，绘制灯柱上的结合点。

图 3-34 绘制轮廓线　　**图 3-35 绘制圆弧**

（4）单击"默认"选项卡"修改"选项组中的"修剪"按钮 ✂ ，修剪多余图线。命令行中的提示与操作如下。

```
命令：_trim ✓✓
当前设置：投影 =UCS，边 = 延伸选择修剪边 ...
选择对象或 < 全部选择 >：✓（选择修剪边界对象，
如图3-36所示）
选择对象：✓（选择修剪边界对象）
选择对象：选择要修剪的对象，或按住 Shift 键
选择要延伸的对象，或 [ 投影（P）/ 边（E）/ 放
弃（U）]：（选择修剪对象，如图3-36所示）✓
```

修剪结果如图3-37所示。

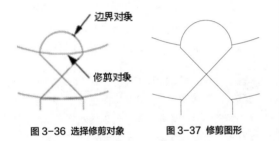

图 3-36 选择修剪对象　　**图 3-37 修剪图形**

（5）单击"默认"选项卡"绘图"选项组中的"样条曲线拟合"按钮 ∿ 和单击"默认"选项卡"修改"选项组中的"镜像"按钮 ◢◣ ，绘制灯罩的轮廓线，如图3-38所示。

（6）单击"默认"选项卡"绘图"选项组中的"直线"按钮 ／ ，补齐灯罩的轮廓线，直线端点捕捉对应样条曲线端点，如图3-39所示。

图 3-38 绘制灯罩的轮廓线　　**图 3-39 补齐灯罩的轮廓线**

（7）单击"默认"选项卡"绘图"选项组中的"圆弧"按钮 ⌒ ，绘制灯罩顶端的突起，如图3-40所示。

（8）单击"默认"选项卡"绘图"选项组中的"样条曲线拟合"按钮 ∿ ，绘制灯罩上的装饰线，最终结果如图3-41所示。

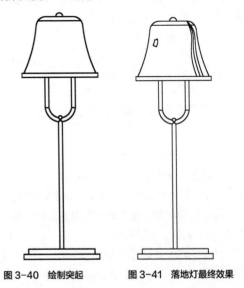

图 3-40 绘制突起　　**图 3-41 落地灯最终效果**

3.5.3 延伸命令

延伸对象是指延伸要延伸的对象直至另一个对象的边界线，如图3-42所示。

(a) 选择边界　　　(b) 选择要延伸的对象　　　(c) 执行结果

图3-42　延伸对象（1）

命令行：EXTEND。

菜单：修改→延伸。

工具栏：修改→延伸 →|。

功能区：单击"默认"选项卡"修改"选项组中的"延伸"按钮→|。

操作步骤

命令：EXTEND ✓
当前设置：投影 =UCS，边 = 无选择边界的边 …
选择对象或 < 全部选择 >：✓（选择边界对象）

此时可以选择对象来定义边界。若直接按Enter键，则系统会选择所有对象作为可能的边界对象。系统规定可以用作边界对象的有直线段、射线、双向无限长线、圆弧、圆、椭圆、二维和三维多段线、样条曲线、文本、浮动的视口、区域。如果选择二维多段线作为边界对象，系统会忽略其宽度而把对象延伸至多段线的中心线上。选择边界对象后，命令行提示如下。

选择要延伸的对象，或按住 Shift 键选择要修剪的对象，或 [栏选（F）/窗交（C）/投影（P）/边（E）/ 放弃（U）]：

选项说明

（1）如果要延伸的对象是适配样条多段线，则延伸后会在多段线的控制框上增加新节点。如果要延伸的对象是锥形的多段线，系统会修正延伸端的宽度，使多段线从起始端平滑地延伸至新的终止端。如果延伸操作导致新终止端的宽度为负值，则取宽度值为0，如图3-43所示。

（2）选择对象时，如果按住Shift键，系统就会自动将"延伸"命令转换成"修剪"命令。

(a) 选择边界对象　　(b) 选择要延伸的多段线　(c) 延伸后的结果

图3-43　延伸对象（2）

3.5.4 拉伸命令

拉伸对象是指拖拉选择的对象，使其形状发生改变，如图3-44所示。拉伸对象时，应指定拉伸的基点和移置点。利用一些辅助工具如捕捉、钳夹功能及相对坐标等可以提高拉伸的精度。

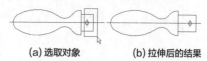

(a) 选取对象　　　　　(b) 拉伸后的结果

图3-44　拉伸对象

命令行：STRETCH。

菜单：修改→拉伸。

工具栏：修改→拉伸 ▯。

功能区：单击"默认"选项卡"修改"选项组中的"拉伸"按钮 ▯。

操作步骤

命令：STRETCH ✓
以交叉窗口或交叉多边形选择要拉伸的对象 …
选择对象：C ✓ 指定第一个角点：
指定对角点：找到 2 个（采用交叉窗口的方式选择要拉伸的对象）
指定基点或 [位移（D）] < 位移 >：✓（指定拉伸的基点）
指定第二个点或 < 使用第一个点作为位移 >：✓（指定拉伸的移至点）

此时，若指定第二个点，系统将根据这两点决定的矢量将对象拉伸。若直接按Enter键，系统会把第一个点作为x轴和y轴的分量值。

"STRETCH"命令仅移动位于交叉选择内的顶点和端点，不更改那些位于交叉选择外的顶点和端点。部分包含在交叉选择窗口内的对象将被拉伸。

 执行"STRETCH"命令时，必须采用交叉窗口（C）或交叉多边形（CP）方式选择对象。用交叉窗口选择拉伸对象时，落在交叉窗口内的端点被拉伸，落在外部的端点保持不动。

3.5.5 拉长命令

命令行：LENGTHEN。

菜单：修改→拉长。

功能区：单击"默认"选项卡"修改"选项组中的"拉长"按钮 ╱。

命令：LENGTHEN ↙
选择要测量的对象或 [增量（DE）/ 百分比（P）/ 总计（T）/ 动态（DY）]：↙（选定对象）
当前长度：30.5001（给出选定对象的长度，如果选择圆弧，则还将给出圆弧的包含角）
选择要测量的对象或 [增量（DE）/ 百分比（P）/ 总计（T）/ 动态（DY）]：DE ↙（选择拉长或缩短的方式，如选择"增量（DE）"方式）
输入长度增量或 [角度（A）] <0.0000>：10 ↙（输入长度增量数值。如果选择圆弧段，则可输入选项"A"给定角度增量）
选择要修改的对象或 [放弃（U）]：↙（选定要修改的对象，进行拉长操作）

（1）增量（DE）：用指定增加量的方法来改变对象的长度或角度。

（2）百分比（P）：用指定要修改对象的长度占总长度的百分比的方法来改变圆弧或直线段的长度。

（3）总计（T）：用指定新的总长度或总角度值的方法来改变对象的长度或角度。

（4）动态（DY）：在这种模式下，可以拖拉鼠标来动态地改变操作对象的长度或角度。

3.5.6 实例——绘制箍筋

绘制图3-45所示的箍筋，具体操作步骤如下。

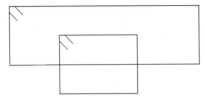

图3-45　箍筋

STEP 绘制步骤

（1）绘制矩形。单击"默认"选项卡"绘图"选项组中的"矩形"按钮 ▭，绘制一个矩形，如图3-46所示。

图3-46　绘制矩形

（2）在状态栏的"对象捕捉"按钮 ▭ 上右击，打开右键快捷菜单，如图3-47所示，选择其中的"对象捕捉设置"命令。打开"草图设置"对话框，如图3-48所示，选中"启用对象捕捉"复选框，单击"全部选择"按钮，选择所有的对象捕捉模式。再单击"极轴追踪"选项卡，如图3-49所示，选中"启用极轴追踪"复选框，将下面的增量角设置成默认的45°。

图3-47　右键快捷菜单

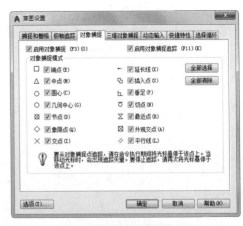

图3-48　"草图设置"对话框

图3-49 "极轴追踪"选项卡

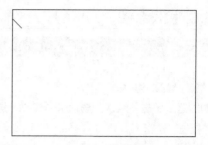

图3-52 绘制线段

（3）单击"默认"选项卡"绘图"选项组中的"直线"按钮 ╱，捕捉矩形左上角一点为线段起点，如图3-50所示。利用极轴追踪功能，在315°极轴追踪线上适当指定一点为线段终点，如图3-51所示。完成线段绘制，结果如图3-52所示。

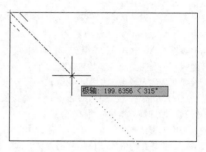

图3-53 指定对称线终点

（4）单击"默认"选项卡"修改"选项组中的"镜像"按钮 ⚠，选择刚绘制的线段为对象，捕捉矩形左上顶点为对称线起点，在315°极轴追踪线上适当指定一点为对称线终点，如图3-53所示。

完成线段的镜像绘制，如图3-54所示。

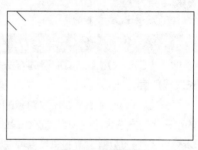

图3-54 镜像绘制

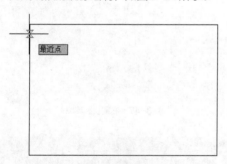

图3-50 捕捉起点

（5）单击"默认"选项卡"修改"选项组中的"复制"按钮 ⅛，将刚绘制的图形复制到右下方适当位置，结果如图3-55所示。

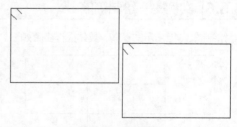

图3-55 复制图形

（6）单击"默认"选项卡"修改"选项组中的"拉伸"按钮 ⅄，命令行提示和操作如下。

```
命令：_stretch ✓
以交叉窗口或交叉多边形选择要拉伸的对象 ...
选择对象：c ✓ ✓
```

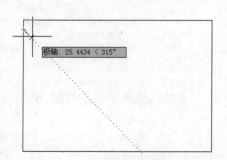

图3-51 指定线段终点

指定第一个角点：✓（在第一个矩形左上方适当位置指定一点）

指定对角点：✓（往右下方适当位置指定一点，注意不要包含第二个矩形任何图线，如图3-56所示）

选择对象：✓（完成对象选择，选中的对象高亮度显示，如图3-57所示）

指定基点或 [位移（D）] < 位移 >：✓（适当指定一点）指定第二个点或 < 使用第一个点作为位移 >：✓（水平向右适当位置指定一点，如图3-58所示）

结果如图3-45所示。

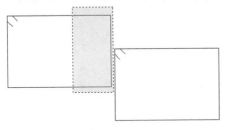

图 3-56　选择对象

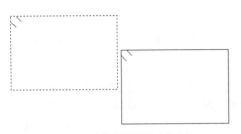

图 3-57　高亮度显示被选中的对象

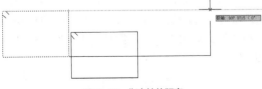

图 3-58　指定拉伸距离

3.5.7 | 圆角命令

圆角是指用指定半径的圆弧光滑地连接两个对象。系统规定可以圆角连接一对直线段、非圆弧的多段线段、样条曲线、双向无限长线、射线、圆、圆弧和椭圆。用户可以在任何时刻用圆角命令连接非圆弧多段线的每个节点。

执行方式

命令行：FILLET。

菜单：修改→圆角。

工具栏：修改→圆角。

功能区：单击"默认"选项卡"修改"选项组中的"圆角"按钮。

操作步骤

命令：FILLET ✓

当前设置：模式 = 修剪，半径 = 0.0000

选择第一个对象或 [放弃（U）/ 多段线（P）/ 半径（R）/ 修剪（T）/ 多个（M）]：✓（选择第一个对象或别的选项）

选择第二个对象，或按住 Shift 键选择对象以应用角点或 [半径（R）]：

选项说明

（1）多段线（P）。在一条二维多段线的两段直线段的节点处插入圆弧。选择多段线后，系统会根据指定的圆弧的半径把多段线各顶点用圆弧连接起来。

（2）修剪（T）。决定在用圆角连接两条边时，是否修剪这两条边，如图3-59所示。

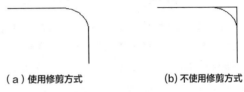

（a）使用修剪方式　　　　（b）不使用修剪方式

图 3-59　圆角连接

（3）多个（M）。可以同时对多个对象进行圆角编辑，而不必重新启用命令。

（4）快速创建零距离倒角或零半径圆角。按住Shift键并选择两条直线，可以快速创建零距离倒角或零半径圆角。

3.5.8 | 实例——绘制坐便器

绘制图3-60所示的坐便器，具体操作步骤如下。

图 3-60　坐便器

STEP 绘制步骤

（1）单击"默认"选项卡"绘图"选项组中的

"直线"按钮 ╱，在图中绘制一条长度为"50"的水平直线，重复执行"直线"命令，单击状态栏上的"对象捕捉"按钮 ▢，寻找水平直线的中点，此时水平直线的中点处会出现一个绿色的小三角，提示此点即为中点。绘制一条垂直的直线，并移到合适的位置，作为绘图的辅助线，如图3-61所示。

（2）单击"默认"选项卡"绘图"选项组中的"直线"按钮 ╱，单击水平直线的左端点，输入坐标点（@6，-60）绘制直线，如图3-62所示。

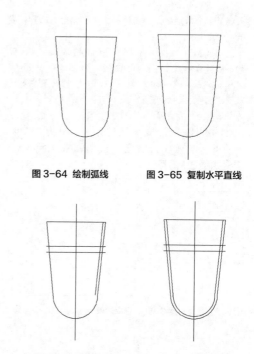

图 3-64　绘制弧线　　　图 3-65　复制水平直线

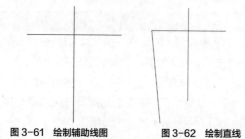

图 3-61　绘制辅助线图　　　图 3-62　绘制直线

（3）单击"默认"选项卡"修改"选项组中的"镜像"按钮 ⚠，以垂直直线的两个端点为镜像点，将刚刚绘制的斜向直线镜像到另外一侧，如图3-63所示。

图3-66　偏移右斜线　　　图3-67　偏移其他图形

（7）单击"默认"选项卡"绘图"选项组中的"直线"按钮 ╱，将中间的水平线与内侧斜线的交点和外侧斜线的下端点连接起来，如图3-68所示。

（8）单击"默认"选项卡"修改"选项组中的"圆角"按钮 ╭，指定倒角半径为"10"，依次选择最下面的水平线和左半部分内侧的斜向直线，将其交点设置为倒圆角，如图3-69所示。依照此方法，将右侧的交点也设置为倒圆角，半径也是"10"，如图3-70所示。

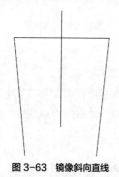

图 3-63　镜像斜向直线

（4）单击"默认"选项卡"绘图"选项组中的"圆弧"按钮 ╭，以斜线下端的端点为起点，以垂直辅助线上的一点为第二点，以右侧斜线的端点为终点，绘制弧线，如图3-64所示。

（5）在图中选择水平直线，然后单击"默认"选项卡"修改"选项组中的"复制"按钮 ⬚，选择其与垂直直线的交点为基点，然后输入坐标点（@0，-20）；再次复制水平直线，输入坐标点（@0，-25），如图3-65所示。

（6）单击"默认"选项卡"修改"选项组中的"偏移"按钮 ⊂，将右侧斜向直线向左偏移"2"，如图3-66所示。重复执行"偏移"命令，将圆弧和左侧斜向直线复制到内侧，如图3-67所示。

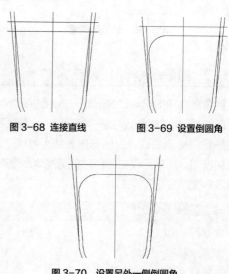

图 3-68　连接直线　　　图 3-69　设置倒圆角

图 3-70　设置另外一侧倒圆角

（9）单击"默认"选项卡"修改"选项组中的"偏移"按钮 ⊆，将椭圆部分向内侧偏移"1"，如图3-71所示。

（10）在上侧添加弧线和斜向直线。再在左侧添加冲水按钮，即完成坐便器的绘制，结果如图3-60所示。

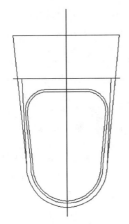

图 3-71 偏移内侧椭圆

3.5.9 倒角命令

倒角是指用斜线连接两个不平行的线型对象。用户可以用斜线连接直线段、双向无限长线、射线和多段线。

执行方式

命令行：CHAMFER。
菜单：修改→倒角。
工具栏：修改→倒角 ⟋。
功能区：单击"默认"选项卡"修改"选项组中的"倒角"按钮 ⟋。

操作步骤

命令：CHAMFER ↙
（"不修剪"模式）当前倒角距离 1 = 0.0000，距离 2 = 0.0000
选择第一条直线或 [放弃（U）/ 多段线（P）/ 距离（D）/ 角度（A）/ 修剪（T）/ 方式（E）/ 多个（M）]：选择第一条直线或别的选项）
选择第二条直线，或按住 Shift 键选择直线以应用角点或 [距离（D）/ 角度（A）/ 方法（M）]：（选择第二条直线）

选项说明

（1）距离（D）。选择倒角的两个斜线距离。斜

线距离是指从被连接的对象与斜线的交点到被连接的两对象的可能的交点之间的距离，如图3-72所示。这两个斜线距离可以相同也可以不相同，若二者均为0，则系统不绘制连接的斜线，而是把两个对象延伸至相交，并修剪超出的部分。

图 3-72 斜线距离

（2）角度（A）。选择第一条直线的斜线距离和角度。采用这种方法连接对象时，需要输入两个参数：斜线与一个对象的斜线距离和斜线与该对象的夹角，如图3-73所示。

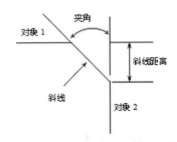

图 3-73 斜线距离与夹角

（3）多段线（P）。对多段线的各个交叉点进行倒角编辑。为了得到最好的连接效果，一般设置斜线距离为相等的值。系统根据指定的斜线距离把多段线的每个交叉点都作斜线连接，连接的斜线成为多段线新添加的构成部分，如图3-74所示。

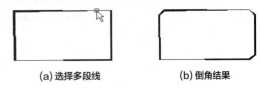

(a) 选择多段线　　　　(b) 倒角结果

图 3-74 斜线连接多段线

（4）修剪（T）。与圆角连接命令"FILLET"相同，该选项决定连接对象后是否剪切原对象。

（5）方式（E）。控制CHAMFER使用两个距离还是一个距离和一个角度来创建倒角。

（6）多个（M）。为多组对象的边倒角。

注意 有时用户在执行圆角和倒角命令时，发现命令不执行或执行后没什么变化，那是因为系统默认圆角半径和斜线距离均为0。如果不事先设定圆角半径或斜线距离，系统就将以默认值执行命令，所以看起来好像没有执行命令。

3.5.10 实例——绘制吧台

绘制图3-75所示的吧台，具体操作步骤如下。

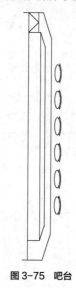

图 3-75 吧台

STEP 绘制步骤

（1）选择菜单栏中的"格式"→"图形界限"命令，设置图幅为 297mm×210mm。

（2）单击"默认"选项卡"绘图"选项组中的"直线"按钮／，绘制一条水平直线和一条竖直直线，结果如图3-76所示。单击"默认"选项卡"修改"选项组中的"偏移"按钮⫶，将竖直直线分别向右偏移"8""4""6"，将水平直线向上偏移"6"，结果如图3-77所示。

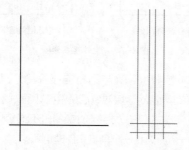

图 3-76　绘制直线　　图 3-77　偏移处理

（3）单击"默认"选项卡"修改"选项组中的"倒角"按钮／，将图形进行倒角处理，命令行中的提示与操作如下。

```
命令：Chamfer ✓
（"修剪"模式）当前倒角距离 1 = 0.0000，距离 2 = 0.0000
选择第一条直线或［放弃（U）/ 多段线（P）/ 距离（D）/ 角度（A）/ 修剪（T）/ 方式（E）/ 多个（M）]：D ✓
指定第一个倒角距离 <0.0000>：6 ✓
指定第二个倒角距离 <6.0000>：✓
选择第一条直线或［放弃（U）/ 多段线（P）/ 距离（D）/ 角度（A）/ 修剪（T）/ 方式（E）/ 多个（M）]：（选择最右侧的线）
选择第二条直线，或按住 Shift 键
选择直线以应用角点或 ［距离（D）/ 角度（A）/ 方法（M）]：✓（选择最下侧的水平线）
```

重复执行"倒角"命令，将其他交线进行倒角处理，结果如图3-78所示。

（4）单击"默认"选项卡"修改"选项组中的"镜像"按钮⚠，将图形进行镜像处理，结果如图3-79所示。

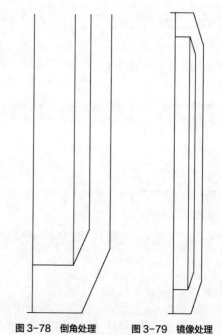

图 3-78　倒角处理　　　图 3-79　镜像处理

（5）单击"默认"选项卡"绘图"选项组中的"直线"按钮／，绘制吧台门，结果如图3-80所示。

（6）单击"默认"选项卡"绘图"选项组中的"圆"按钮⊙、"圆弧"按钮／和"多段线"按钮⤵，绘制座椅，结果如图3-81所示。

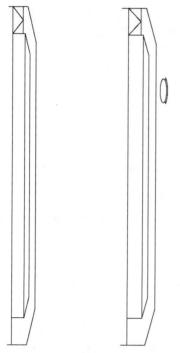

图 3-80　绘制吧台门　　**图 3-81　绘制吧台的座椅**

（7）单击"默认"选项卡"修改"选项组中的"矩形阵列"按钮 品 ，选择座椅为阵列对象，设置阵列行数为"6"，列数为"1"，行间距为"-360"，结果如图3-75所示。

（8）选择菜单栏中的"文件"→"另存为"命令，保存图形。

3.5.11　打断命令

执行方式

命令行：BREAK。

菜单：修改→打断。

工具栏：修改→打断 凹 。

功能区：单击"默认"选项卡"修改"选项组中的"打断"按钮 凹 。

操作步骤

命令：BREAK ✓
选择对象：✓（选择要打断的对象）
指定第二个打断点或 [第一点（F）] ：✓（指定第二个断开点或键入 F）

选项说明

如果选择"第一点（F）"选项，系统将丢弃前面的第一个选择点，重新提示用户指定两个打断点。

3.5.12　打断于点命令

执行方式

工具栏：修改→打断于点 凹 。

功能区：单击"默认"选项卡"修改"选项组中的"打断于点"按钮 凹 。

操作步骤

输入此命令后，命令行提示如下。

选择对象：（选择要打断的对象）
指定第二个打断点或 [第一点（F）] ：_f ✓（系统自动执行"第一点（F）"选项）
指定第一个打断点：（选择打断点）
指定第二个打断点：@（系统自动忽略此提示）

3.5.13　分解命令

执行方式

命令行：EXPLODE。

菜单：修改→分解。

工具栏：修改→分解 闷 。

功能区：单击"默认"选项卡"修改"选项组中的"分解"按钮 闷 。

操作步骤

命令：EXPLODE ✓
选择对象：（选择要分解的对象）

选择一个对象后，该对象会被分解。系统继续提示该行信息，允许分解多个对象。

3.5.14　合并命令

用户可以利用该命令将直线、圆弧、椭圆弧和样条曲线等独立的对象合并为一个对象，如图3-82所示。

执行方式

命令行：JOIN。

菜单：修改→合并。

工具栏：修改→合并 ✦✦ 。

功能区：单击"默认"选项卡"修改"选项组中的"合并"按钮 ✦✦ 。

操作步骤

命令：JOIN ✓
选择源对象或要一次合并的多个对象：（选择一个对象）
找到 1 个
选择要合并的对象：（选择另一个对象） 找到 1 个，总计 2 个

选择要合并的对象：✓
2 条直线已合并为 1 条直线

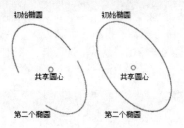

图 3-82　合并对象

3.5.15 ｜ 实例——绘制花篮螺丝钢筋接头

绘制图3-83所示的花篮螺丝钢筋接头，具体操作步骤如下。

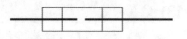

图 3-83　花篮螺丝钢筋接头

STEP 绘制步骤

（1）单击"默认"选项卡"绘图"选项组中的"矩形"按钮 囗，绘制一个矩形，如图3-84所示。

图 3-84　绘制矩形

（2）单击"默认"选项卡"绘图"选项组中的"直线"按钮 ╱，在矩形内绘制两条竖向直线，如图3-85所示。

图 3-85　绘制竖向直线

（3）单击"默认"选项卡"绘图"选项组中的"多段线"按钮 ⊃，绘制钢筋，如图3-86所示。

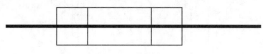

图 3-86　绘制钢筋

（4）单击"默认"选项卡"修改"选项组中的"打断"按钮 凵，将多段线打断，结果如图3-83所示，命令行提示与操作如下。

命令：_break ✓
选择对象：✓
指定第二个打断点 或 [第一点（F）]：✓

3.6 编辑对象

在对对象进行编辑时，还可以对对象本身的某些特性进行编辑，从而能够方便地进行图形绘制。

3.6.1 ｜ 钳夹功能

利用钳夹功能可以快速方便地编辑对象。AutoCAD在对象上定义了一些特殊点，这些特殊点被称为夹点，利用夹点可以灵活地控制对象，如图3-87所示。在使用"先选择后编辑"方式选择对象时，可点取欲编辑的对象，或按住鼠标左键拖出一个矩形框，框选欲编辑的对象。松开鼠标左键后，所选择的对象上就出现若干个小正方形，同时高亮显示。这些小正方形被称为夹点，夹点表示对象的控制位置。夹点的大小及颜色可以在"选项"对话框中调整。若要移去夹点，可按Esc键。要从夹点选择集中移去指定对象，可在选择对象时按住Shift键。

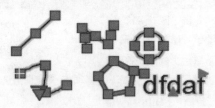

图 3-87　夹点

使用夹点功能编辑对象需要选择一个夹点作为基点，方法是将十字光标的中心对准夹点并单击，此时夹点即成为基点，并且显示为红色小方块。可利用夹点进行编辑的模式有"拉伸""移动""旋转""缩放"和"镜像"，可以用Space键、Enter键或快捷菜单（右击弹出的快捷菜单）循环切换这些模式。

3.6.2 | 修改对象属性

执行方式

命令行：DDMODIFY 或 PROPERTIES。

菜单：修改→特性。

工具栏：标准→特性████。

功能区：单击"默认"选项卡"特性"选项组中的"对话框启动器"按钮 ██ 。

操作步骤

命令：DDMODIFY ✓

打开"特性"选项板，如图3-88所示。利用它可以方便地设置或修改对象的各种属性。不同的对象属性的种类和值不同，修改属性值后，对象将改变为新的属性。

图 3-88　"特性"选项板

3.6.3 | 特性匹配

利用特性匹配功能可以将目标对象的属性与源对象的属性进行匹配，使目标对象的属性与源对象属性相同。利用特性匹配功能可以方便快捷地修改对象属性，并保持不同对象的属性相同。

执行方式

命令行：MATCHPROP 。

菜单：修改→特性匹配。

功能区：单击"默认"选项卡"特性"选项组中的"特性匹配"按钮 ██ 。

操作步骤

命令：MATCHPROP ✓

选择源对象：✓（选择源对象）

选择目标对象或 [设置（S）]：✓（选择目标对象）

图3-89（a）所示为两个属性不同的对象，以左边的圆为源对象对右边的矩形进行特性匹配，结果如图3-89（b）所示。

(a) 特性匹配之前　　　　　　　(b) 特性匹配结果

图 3-89　特性匹配

3.7 综合实例——绘制单人床

绘制图3-90所示的单人床，具体操作步骤如下。

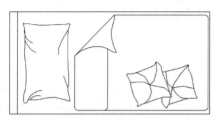

图 3-90　单人床

STEP 绘制步骤

（1）绘制床的外轮廓。

① 单击"默认"选项卡"绘图"选项组中的"矩形"按钮 ▢，绘制长边为"300"、短边为"150"的矩形，作为床的外轮廓，如图3-91所示。

② 单击"默认"选项卡"绘图"选项组中的"直线"按钮 ╱，在床左侧绘制一条竖直的直线作为床头，如图3-92所示。

③ 单击"默认"选项卡"绘图"选项组中的"矩形"按钮 ▢，绘制一个长为"200"、宽为"140"的矩形。然后，单击"默认"选项卡"修改"选项组中的"移动"按钮 ✛，将其移到床的右侧（注意上下两边的间距要尽量相等，右侧距床轮廓的边缘

稍稍近一些），作为被子的轮廓，如图3-93所示。

图3-91　绘制床的外轮廓

图3-92　绘制床头

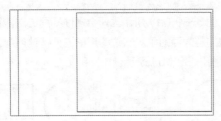

图3-93　绘制被子的轮廓

④ 单击"默认"选项卡"绘图"选项组中的"矩形"按钮 ▭，在被子左顶端绘制一水平方向为"30"、竖直方向为"140"的矩形，如图3-94所示。然后，单击"倒圆角"按钮，修改矩形的角部，如图3-95所示。

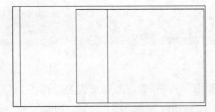

图3-94　绘制矩形

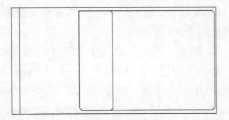

图3-95　对矩形角部进行倒圆角处理

（2）在被子轮廓的左侧绘制一条45°的斜线。绘制方法为：单击"默认"选项卡"绘图"选项组中的"直线"按钮 ╱，绘制一条水平直线；然后单击"默认"选项卡"修改"选项组中的"旋转"按钮 ↺，选择线段一端为旋转基点，在角度提示行后面输入"45"，按Enter键，旋转直线，如图3-96所示；再将其移到适当的位置，单击"默认"选项卡"修改"选项组中的"修剪"按钮 ✂，将多余线段删除，如图3-97所示。

（3）单击"默认"选项卡"修改"选项组中的"删除"按钮 ✎，删除直线左上侧的多余线段，如图3-98所示。

（4）单击"默认"选项卡"绘图"选项组中的"样条曲线拟合"按钮 ⁀，然后单击刚刚绘制的斜线的端点，再依次单击A、B、C点，按Enter键或空格键确认；接下来，单击D点，设置起点的切线方向；最后单击E点，设置端点的切线方向，结果如图3-99所示。

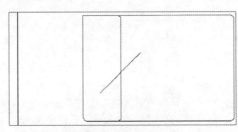

图3-96　绘制斜线

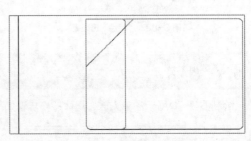

图3-97　移动并修剪多余线段

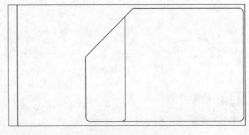

图3-98　删除多余线段

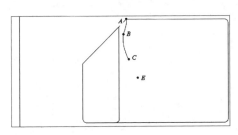

图 3-99　绘制样条曲线 1

（5）同理，依次单击A、B、C点，然后按Enter键，以E点为终点切线方向，绘制另外一侧的样条曲线，如图3-100所示。

（6）单击"默认"选项卡"绘图"选项组中的"样条曲线拟合"按钮，绘制样条曲线，命令行提示与操作如下。

```
命令：_spline ✓
当前设置：方式 = 拟合节点 = 弦
指定第一个点或 [ 方式（M）/ 节点（K）/ 对
象（O）]：✓ < 对象捕捉追踪 开> < 对象捕捉
开> < 对象捕捉追踪 关>（选择A 点）
输入下一个点或 [ 起点切向(T)/ 公差(L)]：✓（选
择B 点）
输入下一个点或 [ 端点相切（T）/ 公差（L）/ 放弃
（U）]：✓（选择C 点）
输入下一个点或 [ 端点相切（T）/ 公差（L）/ 放
弃（U）/ 闭合（C）]：T ✓
指定端点切向：（选择E 点）
```

此为被子的掀开角。绘制完成后删除角内的多余直线，如图3-101所示。

（7）单击"默认"选项卡"绘图"选项组中的"样条曲线拟合"按钮，绘制枕头和垫子的图形，如图3-90所示。绘制完成后保存即可。

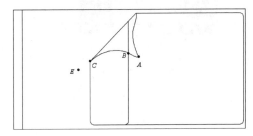

图 3-100　绘制样条曲线 2

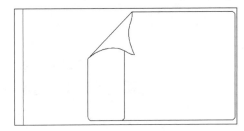

图 3-101　绘制被子的掀开角

第4章

辅助绘图工具

文字注释是图形中很重要的一部分内容。用户在进行各种设计时，通常不仅要绘制出图形，还要在图形中标注一些文字，如技术要求、注释说明等，对图形加以解释。AutoCAD 提供了多种写入文字的方法，本章将介绍文本的注释和编辑功能。图表在 AutoCAD 图形中也有大量的应用，如明细表、参数表和标题栏等，AutoCAD 新增的图表功能使绘制图表变得方便快捷。尺寸标注是绘图设计过程当中相当重要的一个环节，AutoCAD 2020 提供了方便、准确的尺寸标注功能。图块、设计中心和工具选项板等则为快速绘图提供了帮助。本章将简要介绍这些知识。

知识点

- ⊃ 标注文本
- ⊃ 表格
- ⊃ 尺寸标注
- ⊃ 图块及其属性
- ⊃ 设计中心与工具选项板

4.1 标注文本

文本是建筑图形的基本组成部分，在图签、说明、图纸目录等地方都要用到文本。本节讲解文本标注的基本方法。

4.1.1 设置文本样式

执行方式

命令行：STYLE 或 DDSTYLE。

菜单：格式→文字样式。

工具栏：文字→文字样式 **A**。

功能区：单击"默认"选项卡"注释"选项组中的"文字样式"按钮 **A**，或"注释"选项卡"文字"选项组中的"对话框启动器"按钮 ⇘。

操作步骤

执行上述命令后，系统将打开"文字样式"对话框，如图 4-1 所示。

图 4-1 "文字样式"对话框

利用该对话框可以新建文字样式或修改当前文字样式。图 4-2、图 4-3 所示为各种文字样式。

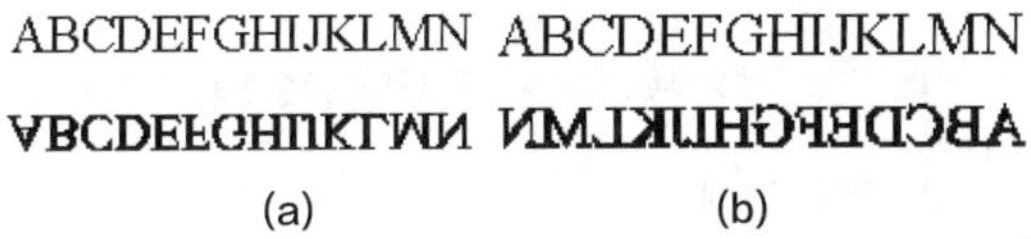

ABCDEFGHIJKLMN ABCDEFGHIJKLMN

ABCDEFGHIJKLMN ИМГЛИНЭЖИГНЭДОВА

(a)   (b)

图 4-2 文字倒置标注与反向标注

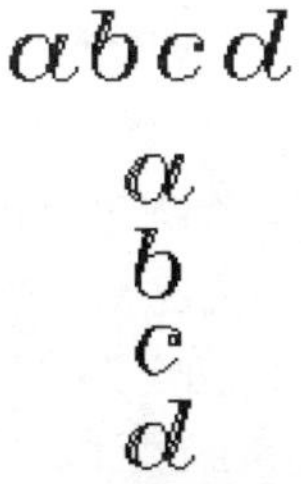

abcd

a
b
c
d

图 4-3 垂直标注文字

4.1.2 标注单行文本

执行方式

命令行：TEXT 或 DTEXT。

菜单：绘图→文字→单行文字。

工具栏：文字→单行文字 **A**。

功能区：单击"默认"选项卡"注释"选项组中的"单行文字"按钮 **A** 或"注释"选项卡"文字"选项组中的"单行文字"按钮 **A**。

操作步骤

```
命令：TEXT ✓
当前文字样式：Standard
当前文字高度：0.2000
注释性：否
对正：左
指定文字的起点或 [对正（J）/样式（S）]：✓
```

选项说明

（1）指定文字的起点。在此提示下可以直接在作图屏幕上点取一点作为文本的起始点，AutoCAD 提示如下。

```
指定高度 <0.2000>：（确定字符的高度）
指定文字的旋转角度 <0>：（确定文本行的倾斜角度）
输入文字：（输入文本）
输入文字：（输入文本或回车）
```

（2）对正（J）。在上面的提示下输入"J"，用来确定文本的对齐方式，对齐方式决定文本的哪一部分与所选的插入点对齐。执行此选项后，AutoCAD 提示如下。

```
输入选项 [左（L）/居中（C）/右（R）/对齐（A）/中间（M）/布满（F）/左上（TL）/中上（TC）/右上（TR）/左中（ML）/正中（MC）/右中（MR）/左下（BL）/中下（BC）/右下（BR）]：
```

在此提示下选择一个选项作为文本的对齐方式。

当文本串水平排列时，AutoCAD 为标注文本串定义了图 4-4 所示的底线、基线、中线和顶线。各种对齐方式如图 4-5 所示，图中大写字母对应上述提示中不同命令。

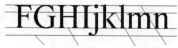

底线　基线　中线　顶线

图4-4　文本行的底线、基线、中线和顶线

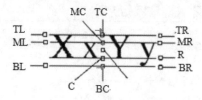

图4-5　文本的对齐方式

　　实际绘图时，有时需要标注一些特殊字符，如直径符号、上划线或下划线、温度符号等。由于这些符号不能直接从键盘上输入，AutoCAD 提供了一些控制码来实现这些命令。常用的控制码如表4-1所示。

表4-1　AutoCAD 常用控制码

符号	功能
%%O	上划线
%%U	下划线
%%D	"度"符号
%%P	正负符号
%%C	直径符号
%%%	百分号%
\u+2248	几乎相等
\u+2220	角度
\u+E100	边界线
\u+2104	中心线
\u+0394	差值
\u+0278	电相位
\u+E101	流线
\u+2261	标识
\u+E102	界碑线
\u+2260	不相等
\u+2126	欧姆
\u+03A9	欧米加
\u+214A	低界线
\u+2082	下标2
\u+00B2	上标2

4.1.3 标注多行文本

执行方式

命令行：MTEXT。

菜单：绘图→文字→多行文字。

工具栏：绘图→多行文字 **A** 或文字→多行文字 **A**。

功能区：单击"默认"选项卡"注释"选项组中的"多行文字"按钮 **A** 或"注释"选项卡"文字"选项组中的"多行文字"按钮 **A**。

操作步骤

命令：MTEXT ↙
当前文字样式："Standard"
当前文字高度：1.9122
注释性：否
指定第一角点：↙（指定矩形框的第一个角点）
指定对角点或 [高度（H）/ 对正（J）/ 行距（L）/ 旋转（R）/ 样式（S）/ 宽度（W）/ 栏（C）]：↙

选项说明

1. 指定对角点

　　指定对角点后，系统将打开图4-6所示的多行文字编辑器。用户可利用"文字格式"对话框与多行文字编辑器输入多行文本并对其格式进行设置。该对话框与 Word 软件类似，不再赘述。

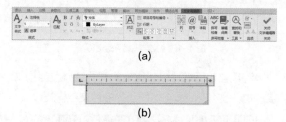

(a)

(b)

图4-6　"文字编辑器"选项卡和多行文字编辑器

2. 其他选项

　　（1）对正（J）。确定所标注文本的对齐方式。

　　（2）行距（L）。确定多行文本的行间距，这里所说的行间距是指相邻两文本行的基线之间的垂直距离。

　　（3）旋转（R）。确定文本行的倾斜角度。

　　（4）样式（S）。确定当前的文本样式。

　　（5）宽度（W）。指定多行文本的宽度。

　　（6）在多行文字绘制区域右击，系统将打开右键快捷菜单，如图4-7所示。该快捷菜单提供了标准编辑选项和多行文字特有的选项。在多行文字编辑器中右击以显示快捷菜单。菜单顶层的选项是基本编辑选项，包括剪切、复制和粘贴。后面的选项是多行文字编辑器特有的选项。

① 插入字段。"字段"对话框如图4-8所示，从中可以选择要插入文字中的字段。关闭该对话框后，字段的当前值将显示在文字中。

图 4-7　右键快捷菜单

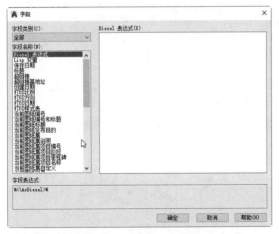

图 4-8　"字段"对话框

② 符号。在光标位置插入符号或不间断空格。用户也可以手动插入符号。

③ 输入文字。显示"选择文件"对话框（标准文件选择对话框）。选择任意ASCII或RTF格式的文件。

④ 段落对齐。设置多行文字对象的对正和对齐方式。"左上"选项是默认设置。在一行的末尾输入的空格也是文字的一部分，并会影响该行文字的对正。文字根据其左右边界进行置中对正、左对正或右对正。文字根据其上下边界进行中央对齐、顶对齐或底对齐。各种对齐方式与前面所述类似，不再赘述。

⑤ 段落。为段落和段落的第一行设置缩进。指定制表位和缩进，控制段落对齐方式、段落间距和段落行距，如图4-9所示。

图 4-9　"段落"对话框

⑥ 项目符号和列表。显示用于编号列表的选项。

⑦ 分栏。为当前多行文字对象指定"不分栏"。

⑧ 改变大小写。改变选定文字的大小写，可以选择"大写"或"小写"。

⑨全部大写。将所有新输入的文字转换成大写。自动大写不影响已有的文字。要改变已有文字的大小写，请选择文字并右击，然后在快捷菜单上单击"改变大小写"。

⑩ 字符集。显示代码页菜单。用户可以选择一个代码页并将其应用到选定的文字。

⑪ 合并段落。将选定的段落合并为一段并用空格替换每段的回车。

⑫ 删除格式。清除选定文字的粗体、斜体或下划线等格式。

⑬ 背景遮罩。用设定的背景对标注的文字进行遮罩。单击该命令后，系统将打开"背景遮罩"对话框，如图4-10所示。

图4-10 "背景遮罩"对话框

⑭ 编辑器设置。显示"文字格式"工具栏中的选项列表。详细信息请参见编辑器设置。

4.1.4 | 编辑多行文本

执行方式

命令行：DDEDIT。

菜单：修改→对象→文字→编辑。

工具栏：文字→编辑 A。

快捷菜单：在快捷菜单中选择"修改多行文字"或"编辑文字"命令。

操作步骤

命令：DDEDIT ✓
选择注释对象或 [放弃（U）]：✓

要求选择想要修改的文本，同时鼠标指针变为拾取框。用拾取框单击对象，如果选取的文本是用TEXT命令创建的单行文本，可对其直接进行修改。如果选取的文本是用MTEXT命令创建的多行文本，选取后系统则会打开多行文字编辑器，如图4-6所示，可根据前面的介绍对各项设置或内容进行修改。

4.2 表格

在以前的版本中，要绘制表格必须采用绘制图线或者图线结合偏移或复制等编辑命令来完成，这样的操作过程烦琐而复杂，绘图效率低下。从AutoCAD 2005开始，新增加了"表格"绘图功能，有了该功能，创建表格就变得非常容易。用户可以直接插入已设置好样式的表格，而不用绘制由单独的图线组成的栅格。

4.2.1 | 设置表格样式

执行方式

命令行：TABLESTYLE。

菜单：格式→表格样式。

工具栏：样式→表格样式管理器 畺。

功能区：单击"默认"选项卡"注释"选项组中的"表格样式"按钮 畺 或"注释"选项卡"表格"选项组中的"对话框启动器"按钮 ⊻。

操作步骤

执行上述命令，系统将打开"表格样式"对话框，如图4-11所示。

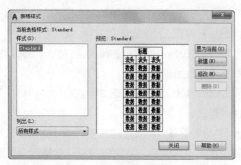

图4-11 "表格样式"对话框

选项说明

1. 新建

单击该按钮，系统将打开"创建新的表格样式"对话框，如图4-12所示。输入新的表格样式名。

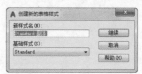

图4-12 "创建新的表格样式"对话框

单击"继续"按钮，系统将打开"新建表格样式"对话框，如图4-13所示。从中可以定义新的表格样式，控制表格中数据、列标题和总标题的有关参数，如图4-14所示。

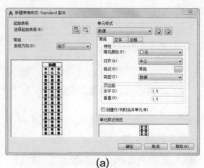

(a)

图4-13 "新建表格样式"对话框

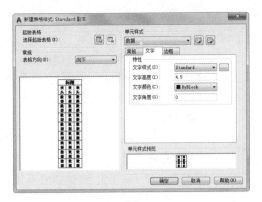

(b)

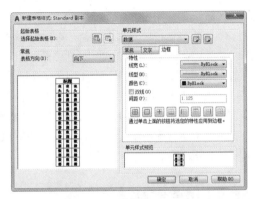

(c)

图 4-13 "新建表格样式"对话框（续）

图 4-15 中"数据"文字样式为"Standard"，文字高度为"4.5"，文字颜色为"红色"，填充颜色为"黄色"，对齐方式为"右下"；没有列标题行，"标题"文字样式为"Standard"，文字高度为"6"，文字颜色为"蓝色"，填充颜色为"无"，对齐方式为"正中"；表格方向为"上"，水平单元边距和垂直单元边距都为"1.5"。

标题		
页眉	页眉	页眉
数据	数据	数据
数据	数据	数据
数据	数据	数据
数据	数据	数据
数据	数据	数据
数据	数据	数据
数据	数据	数据
数据	数据	数据

图 4-14 表格样式

数据	数据	数据
数据	数据	数据
数据	数据	数据
数据	数据	数据
数据	数据	数据
数据	数据	数据
数据	数据	数据
数据	数据	数据
数据	数据	数据
标题		

图 4-15 表格示例

2. 修改

对当前表格样式进行修改，方式与新建表格样式相同。

4.2.2 | 创建表格

执行方式

命令行：TABLE 。

菜单：绘图→表格。

工具栏：绘图→表格▦。

功能区：单击"默认"选项卡"注释"选项组中的"表格"按钮▦或"注释"选项卡"表格"选项组中的"表格"按钮▦。

操作步骤

执行上述命令，系统将打开"插入表格"对话框，如图 4-16 所示。

图 4-16 "插入表格"对话框

选项说明

1. 表格样式

在要从中创建表格的当前图形中选择表格样式。单击打开下拉列表框，用户可以创建新的表格样式。

2. 插入选项：指定表格位置

（1）从空表格开始。创建可以手动填充数据的空表格。

（2）自数据链接。从外部电子表格中的数据创建表格。

（3）自图形中的对象数据（数据提取）。启动"数据提取"向导。

（4）预览。显示当前表格样式的样例。

3. 插入方式：指定插入表格的方式

（1）指定插入点。指定表格左上角的位置。可以使用定点设备，也可以在命令提示下输入坐标值。如果将表格的方向设置为由下而上读取，则插入点位于表格的左下角。

（2）指定窗口。指定表格的大小和位置。可以使用定点设备，也可以在命令提示下输入坐标值。选择此选项时，行数、列数、列宽和行高取决于窗口的大小以及列和行设置。

4. 列和行设置：设置列和行的数目和大小

（1）列数。选定"指定窗口"选项并指定列宽时，"自动"选项将被选定，且列数由表格的宽度控制。如果已指定包含起始表格的表格样式，则可以选择要添加到此起始表格的其他列的数量。

（2）列宽。指定列的宽度。选定"指定窗口"选项并指定列数时，则选定了"自动"选项，且列宽由表格的宽度控制。最小列宽为一个字符。

（3）数据行数。指定行数。选定"指定窗口"选项并指定行高时，则选定了"自动"选项，且行数由表格的高度控制。带有标题行和表格头行的表格样式最少应有3行。最小行高为一个文字行高。如果已指定包含起始表格的表格样式，则可以选择要添加到此起始表格的其他数据行的数量。

（4）行高。按照行数指定行高。文字行高基于文字高度和单元边距，这两项均在表格样式中设置。选定"指定窗口"选项并指定行数时，则选定了"自动"选项，且行高由表格的高度控制。

5. 设置单元样式

对于那些不包含起始表格的表格样式，需要指定新表格中行的单元格式。

（1）第一行单元样式。指定表格中第一行的单元样式，默认情况下使用标题单元样式。

（2）第二行单元样式。指定表格中第二行的单元样式，默认情况下使用表头单元样式。

（3）所有其他行单元样式。指定表格中所有其他行的单元样式，默认情况下使用数据单元样式。

在上面的"插入表格"对话框中进行相应设置后，单击"确定"按钮，系统会在指定的插入点或窗口自动插入一个空表格，并显示多行文字编辑器，用户可以逐行逐列输入相应的文字或数据，如图4-17所示。

4.2.3 | 编辑表格文字

执行方式

命令行：TABLEDIT。

菜单：表格内双击。

工具栏：编辑单元文字。

操作步骤

执行上述命令，系统将打开图4-17所示的多行文字编辑器，用户可以对表格单元中的文字进行编辑。

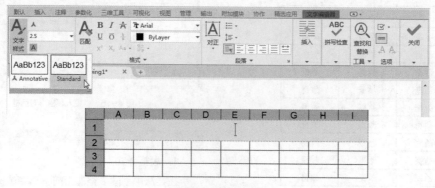

图4-17 文字编辑器

4.3 尺寸标注

在本节中，与尺寸标注相关的命令的菜单方式集中在"标注"菜单中，工具栏方式集中在"标注"工具栏中，如图4-18和图4-19所示。

图4-18 "标注"菜单　图4-19 "标注"工具栏

4.3.1 设置尺寸样式

执行方式

命令行：DIMSTYLE。

菜单：格式→标注样式或标注→标注样式。

工具栏：标注→标注样式。

功能区：单击"默认"选项卡"注释"选项组中的"标注样式"按钮或"注释"选项卡"标注"选项组中的"对话框启动器"按钮。

操作步骤

执行上述命令，系统将打开"标注样式管理器"对话框，如图4-20所示。利用此对话框可方便直观地定制和浏览尺寸标注样式，包括产生新的标注样式、修改已存在的样式、设置当前尺寸标注样式、重命名样式以及删除已有样式等。

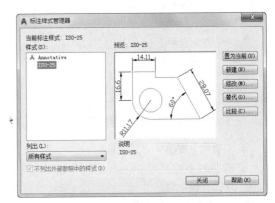

图4-20 "标注样式管理器"对话框

选项说明

1. "置为当前"按钮

单击此按钮，系统会把在"样式"列表框中选中的样式设置为当前样式。

2. "新建"按钮

定义一个新的尺寸标注样式。单击此按钮，AutoCAD将打开"创建新标注样式"对话框，如图4-21所示，利用此对话框可创建一个新的尺寸标注样式。单击"继续"按钮，系统将打开"新建标注样式"对话框，如图4-22所示，利用此对话框可对新样式的各项特性进行设置。该对话框中各部分的含义和功能将在后面介绍。

3. "修改"按钮

修改一个已存在的尺寸标注样式。单击此按钮，AutoCAD弹出将"修改标注样式"对话框，该对话框中的各选项与"新建标注样式"对话框中的选项完全相同，可以对已有标注样式进行修改。

图4-21 "创建新标注样式"对话框

图 4-22　"新建标注样式"对话框

4."替代"按钮

设置临时覆盖尺寸标注样式。单击此按钮，AutoCAD 将打开"替代当前样式"对话框，该对话框中各选项与"新建标注样式"对话框完全相同。用户可改变选项的设置覆盖原来的设置，但这种修改只对指定的尺寸标注起作用，而不影响当前尺寸变量的设置。

5."比较"按钮

比较两个尺寸标注样式在参数上的区别或浏览一个尺寸标注样式的参数设置。单击此按钮，AutoCAD 将打开"比较标注样式"对话框，如图 4-23 所示。用户可以把比较结果复制到剪贴板上，然后再粘贴到其他的 Windows 应用软件上。在图 4-22 所示的"新建标注样式"对话框中，有 7 个选项卡，分别说明如下。

（1）线。在"新建标注样式"对话框中，第一个选项卡就是"线"选项卡，如图 4-22 所示。该选项卡用于设置尺寸线、尺寸界线的形式和特性。

（2）符号和箭头。该选项卡用于对箭头、圆心标记、弧长符号和半径标注折弯的各个参数进行设置，如图 4-24 所示。具体包括箭头的大小、引线、形状等参数，圆心标记的类型大小等参数，弧长符号位置，半径折弯标注的折弯角度、线性折弯标注的折弯高度因子以及折断标注的折断大小等参数。

（3）文字。该选项卡用于对文字的外观、位置、对齐方式等各个参数进行设置，如图 4-25 所示，包括文字外观的文字样式、文字颜色、填充颜色、文字高度、分数高度比例、是否绘制文字边框，文字位置的垂直、水平和从尺寸线偏移等参数。对齐方式有水平、与尺寸线对齐以及 ISO 标准这 3 种方式。图

4-26 为尺寸文本在垂直方向放置的 4 种不同情形，图 4-27 为尺寸文本在水平方向放置的 5 种不同情形。

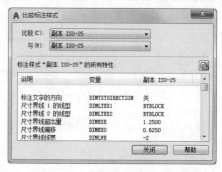

图 4-23　"比较标注样式"对话框

图 4-24　"新建标注样式"对话框中的"符号和箭头"选项卡

（4）调整。该选项卡用于对调整选项、文字位置、标注特征比例、优化等各个参数进行设置，如图 4-28 所示，包括调整选项选择、文字不在默认位置时的放置位置、标注特征比例选择以及调整尺寸要素位置等参数。图 4-29 为文字不在默认位置时放置位置的 3 种不同情形。

图 4-25　"新建标注样式"对话框中的"文字"选项卡

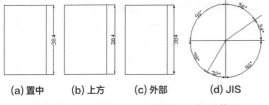

(a) 置中　　(b) 上方　　(c) 外部　　(d) JIS

图4-26　尺寸文本在垂直方向放置的 4 种不同情形

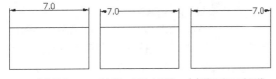

(a) 置中　　(b) 第一条尺寸界线　　(c) 第二条尺寸界线

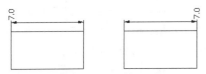

(d) 第一条尺寸界线上方　　(e) 第二条尺寸界线上方

图4-27　尺寸文本在水平方向放置的 5 种不同情形

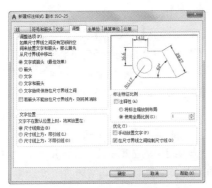

图4-28　"调整"选项卡

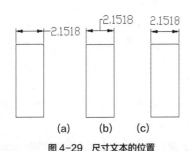

(a)　　(b)　　(c)

图4-29　尺寸文本的位置

（5）主单位。该选项卡用来设置尺寸标注的主单位和精度，以及给尺寸文本添加固定的前缀或后缀。用户可以分别对长度型标注和角度型标注进行设置，如图4-30所示。

（6）换算单位。该选项卡用于对替换单位进行

设置，如图4-31所示。

（7）公差。该选项卡用于对尺寸公差进行设置，如图4-32所示。其中"方式"下拉列表框列出了AutoCAD提供的5种标注公差的形式，用户可从中选择。这 5 种形式分别是"无""对称""极限偏差""极限尺寸"和"基本尺寸"，其中"无"表示不标注公差，即我们上面的通常标注形式。其余4种标注形式如图4-33所示。在"上偏差""下偏差""高度比例"等文本框中输入或选择相应的参数值，在"精度""垂直位置"等下拉列表框中选择相应的参数值。

图4-30　"新建标注样式"对话框中的"主单位"选项卡

图4-31　"新建标注样式"对话框中的"换算单位"选项卡

> **注意**　系统自动在上偏差数值前加了一"+"号，在下偏差数值前加了一"-"号。如果上偏差是负值或下偏差是正值，则需要在输入的偏差值前加负号。例如，下偏差是"+0.005"，则需要在"下偏差"文本框中输入"-0.005"。

图 4-32　"新建标注样式"对话框中的"公差"选项卡

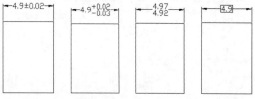

(a) 对称　　(b) 极限偏差　　(c) 极限尺寸　　(d) 基本尺寸

图 4-33　公差标注的形式

4.3.2　标注尺寸

1. 线性标注

执行方式

命令行：DIMLINEAR ✐。

菜单：标注→线性。

工具栏：标注→线性 ⊢。

功能区：单击"默认"选项卡"注释"选项组中的"线性"按钮 ⊢ 或"注释"选项卡"标注"选项组中的"线性"按钮 ⊢。

操作步骤

命令：DIMLINEAR ✐

指定第一条尺寸界线原点或 < 选择对象 >：

在此提示下有两种选择，直接按 Enter 键并选择要标注的对象或指定两条尺寸界线的起始点。按 Enter 键并选择要标注的对象或指定两条尺寸界线的起始点后，系统继续提示如下。

指定尺寸线位置或 [多行文字（M）/ 文字（T）/ 角度（A）/ 水平（H）/ 垂直（V）/ 旋转（R）]：

选项说明

（1）指定尺寸线位置。确定尺寸线的位置。

用户可移动鼠标选择合适的尺寸线位置，然后按 Enter 键或单击，AutoCAD 会自动测量所标注线段的长度并标注出相应的尺寸。

（2）多行文字（M）。用多行文本编辑器确定尺寸文本。

（3）文字（T）。在命令行提示下输入或编辑尺寸文本。选择此选项后，AutoCAD 提示如下。

输入标注文字 < 默认值 >：

其中的默认值是 AutoCAD 自动测量得到的被标注线段的长度，直接按 Enter 键即可采用此长度值，也可输入其他数值代替默认值。当尺寸文本中包含默认值时，可使用尖括号 "<>" 表示默认值。

（4）角度（A）。确定尺寸文本的倾斜角度。

（5）水平（H）。水平标注尺寸。不论标注什么方向的线段，尺寸线均水平放置。

（6）垂直（V）。垂直标注尺寸。不论被标注线段沿什么方向，尺寸线总保持垂直。

（7）旋转（R）。输入尺寸线旋转的角度值，旋转标注尺寸。

对齐标注的尺寸线与所标注的轮廓线平行；坐标尺寸用来标注点的纵坐标或横坐标；角度标注用来标注两个对象之间的角度；直径或半径标注用来标注圆或圆弧的直径或半径；圆心标记用来标注圆或圆弧的中心或中心线，具体由"新建（修改）标注样式"对话框"尺寸与箭头"选项卡中的"圆心标记"选项组中的选项决定。上面所述这几种尺寸标注与线性标注类似，不再赘述。

2. 基线标注

基线标注用于产生一系列基于同一条尺寸界线的尺寸标注，适用于长度尺寸标注、角度标注和坐标标注等。在使用基线标注方式之前，应该先标注出一个相关的尺寸，如图 4-34 所示。基线标注两平行尺寸线的间距由"新建（修改）标注样式"对话框"符号和箭头"选项卡"尺寸线"选项组中"基线间距"文本框中的值决定。

执行方式

命令行：DIMBASELINE。

菜单：标注→基线。

工具栏：标注→基线标注 ⊢。

功能区：单击"注释"选项卡"标注"选项组中的"基线"按钮 ⊢。

操作步骤

命令：DIMBASELINE ✓
指定第二个尺寸界线原点或 [放弃（U）/ 选择（S）]
< 选择 >：

直接确定另一个尺寸的第二条尺寸界线的起点，
AutoCAD 将以上次标注的尺寸为基准标注，标注
出相应尺寸。直接按 Enter 键，系统提示如下。

选择基准标注：（选取作为基准的尺寸标注）

连续标注又叫尺寸链标注，用于产生一系列连
续的尺寸标注，后一个尺寸标注均把前一个标注的
第二条尺寸界线作为它的第一条尺寸界线。与基线
标注一样，在使用连续标注方式之前，应该先标注
出一个相关的尺寸。其标注过程与基线标注类似，
如图 4-35 所示。

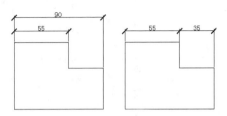

图 4-34　基线标注　　　图 4-35　连续标注

3. 快速标注

快速尺寸标注命令"QDIM"使用户可以交
互、动态、自动化地进行尺寸标注。在"QDIM"
命令中可以同时选择多个圆或圆弧标注直径或半
径，也可同时选择多个对象进行基线标注和连续标
注。选择一次即可完成多个标注，因此可节省时
间，提高工作效率。

执行方式

命令行：QDIM。

菜单：标注→快速标注。

工具栏：标注→快速标注 ⊡。

功能区：单击"注释"选项卡"标注"选项
组中的"快速标注"按钮 ⊡。

操作步骤

命令：QDIM ✓
关联标注优先级 = 端点
选择要标注的几何图形：✓（选择要标注尺寸的多个
对象后回车）
指定尺寸线位置或 [连续（C）/并列（S）/基线（B）
/ 坐标（O）/ 半径（R）/ 直径（D）/ 基准点（P）
/ 编辑（E）/ 设置（T）] < 连续 >：✓

选项说明

（1）指定尺寸线位置。直接确定尺寸线的位
置，按默认尺寸标注类型标注出相应尺寸。

（2）连续（C）。产生一系列连续标注的尺寸。

（3）并列（S）。产生一系列交错的尺寸标注，
如图 4-36 所示。

（4）基线（B）。产生一系列基线标注的尺寸。
后面的"坐标（O）""半径（R）""直径（D）"含
义与此类似。

（5）基准点（P）。为基线标注和连续标注指
定一个新的基准点。

（6）编辑（E）。对多个尺寸标注进行编辑。
系统允许对已存在的尺寸标注添加或移去尺寸点。
选择此选项，AutoCAD 将提示如下。

指定要删除的标注点或 [添加（A）/ 退出（X）]
< 退出 >：

在此提示下确定要移去的点之后按 Enter 键，
AutoCAD 将对尺寸标注进行更新。图 4-37 所示为
删除中间 4 个标注点后的尺寸标注。

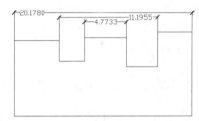

图 4-36　交错的尺寸标注

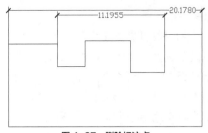

图 4-37　删除标注点

4. 引线标注

执行方式

命令行：QLEADER。

操作步骤

命令：QLEADER ✓
指定第一个引线点或 [设置（S）] < 设置 >：✓
指定下一点：✓（输入指引线的第二点）

指定下一点：✓（输入指引线的第三点）

指定文字宽度 <0.0000>：✓（输入多行文本的宽度）输入注释文字的第一行 < 多行文字（M）>：✓（输入单行文本或回车打开多行文字编辑器输入多行文本）

输入注释文字的下一行：✓（输入另一行文本）

输入注释文字的下一行：✓（输入另一行文本或回车

用户也可以在上面操作过程中选择"设置（S）"项打开"引线设置"对话框进行相关参数设置，如图4-38所示。

图4-38 "引线设置"对话框

另外还有一个名为"LEADER"的命令行命令也可以进行引线标注，与"QLEADER"命令类似，不再赘述。

4.3.3 | 实例——为户型平面图标注尺寸

标注出图4-39所示的户型平面图的尺寸，具体操作步骤如下。

STEP 绘制步骤

（1）打开文件并新建图层。打开"源文件/第4章/户型平面图"文件，单击"默认"选项卡"图层"选项组中的"图层特性"按钮，弹出"图层特性管理器"对话框，建立"尺寸"图层，其参数设置如图4-40所示，并将该图层置为当前层。

（2）设置标注样式。标注样式的设置应该与绘图比例相匹配。如前面所述，该平面图以实际尺寸绘制，并以1：100的比例输出，故其标注样式设置如下。

① 选择菜单栏中的"格式"→"标注样式"命令，在打开的"标注样式管理器"对话框中单击"新建"按钮，打开"创建新标注样式"对话框，如图4-41所示。在该对话框中，将新建标注样式命名为"建筑"，然后单击"继续"按钮。

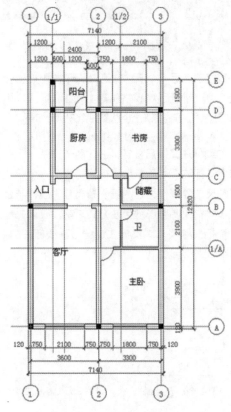

图4-39 为户型平面图标注尺寸

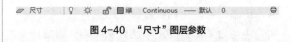

图4-40 "尺寸"图层参数

图4-41 "创建新标注样式"对话框中的参数设置

② 打开"新建标注样式：建筑"对话框，按照图4-42所示的参数逐项进行设置，然后单击"确定"按钮。返回"标注样式管理器"对话框后，在"样式"列表框中选择"建筑"，单击"置为当前"按钮，将其设为当前标注样式，如图4-43所示。

(a)"符号和箭头"选项卡

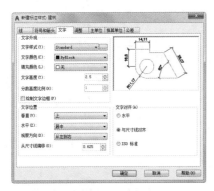

(b)"文字"选项卡

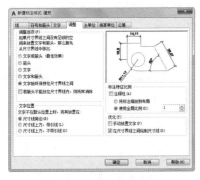

(c)"调整"选项卡

(d)"主单位"选项卡

图 4-42 "新建标注样式: 建筑"对话框参数设置

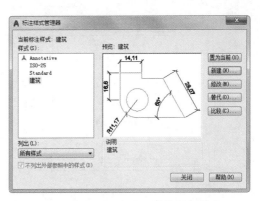

图 4-43 将"建筑"样式设为当前标注样式

（3）标注尺寸。

在此以图 4-39 所示底部的尺寸标注为例进行介绍。该部分尺寸分为 3 道：第一道为墙体宽度及门窗宽度；第二道为轴线间距；第三道为总尺寸。

① 第一道尺寸的绘制。

a.单击"默认"选项卡"注释"选项组中的"线性"按钮├─┤，标注尺寸。

```
命令：_dimlinear ✓
指定第一条尺寸界线原点或 < 选择对象 >：✓（打
开"对象捕捉"功能，单击图 4-44 中的 A 点）
指定第二条尺寸界线原点：✓（捕捉 B 点）
指定尺寸线位置或 [ 多行文字（M）/ 文字（T）/
角 度（A）/ 水 平（H）/ 垂 直（V）/ 旋 转
（R）]：@0，-1200 ✓
```

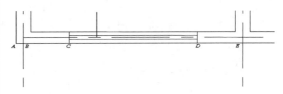

图 4-44 捕捉点示意图

结果如图 4-45 所示。

b.重复执行"线性标注"命令，标注尺寸。命令行提示与操作如下。

```
命令：_dimlinear ✓
指定第一条尺寸界线原点或 < 选择对象 >：✓（单
击图 4-44 中的 B 点）
指定第二条尺寸界线原点：✓（捕捉 C 点）
指定尺寸线位置或 [ 多行文字（M）/ 文字（T）/
角 度（A）/ 水 平（H）/ 垂 直（V）/ 旋 转
（R）]：@0，-1200 ✓（按 Enter 键；也可以直接
捕捉上一道尺寸线位置）
```

结果如图 4-46 所示。

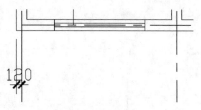

图 4-45　尺寸 1

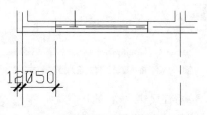

图 4-46　尺寸 2

c.采用同样的方法依次标注出第一道尺寸的全部尺寸，结果如图 4-47 所示。此时发现图 4-46 中的尺寸"120"跟"750"字样出现重叠，需要将其分开。单击"120"，使该尺寸处于选中状态；再单击中间的蓝色方块标记，将"120"字样移至外侧适当位置后，单击"确定"按钮。采用同样的办法处理右侧的"120"字样，结果如图 4-48 所示。

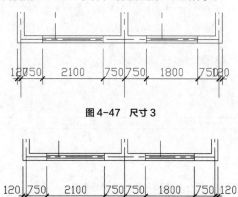

图 4-47　尺寸 3

　字样重叠的问题也可以在标注样式中进行相关设置，这样计算机会自动处理，但处理效果有时不太理想。此外，还可以单击"标注"工具栏中的"编辑标注文字"按钮来调整文字位置，读者可以试一试。

②第二道尺寸的绘制。

单击"默认"选项卡"注释"选项组中的"线性标注"按钮├┤，命令行提示与操作如下。

结果如图 4-50 所示。

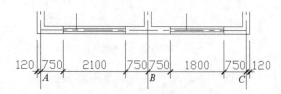

图 4-49　捕捉点示意图

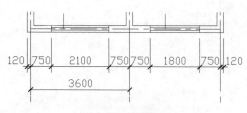

图 4-50　轴线尺寸 1

重复执行上述命令，分别捕捉 B 、C 点，完成第二道尺寸的绘制，结果如图 4-51 所示。

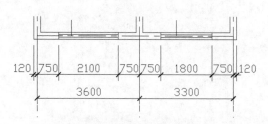

图 4-51　第二道尺寸

③第三道尺寸的绘制。

单击"默认"选项卡"注释"选项组中的"线性标注"按钮├┤，命令行提示与操作如下。

结果如图 4-52 所示。

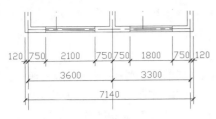

图 4-52　第三道尺寸

（4）轴号标注。

根据规范要求，横向轴号一般用阿拉伯数字 1、2、3……标注，纵向轴号一般用字母 A、B、C……标注。

① 在轴线端绘制一个直径为 "800" 的圆，在其中央标注一个数字 "1"，字高为 "300"，如图 4-53 所示。将该轴号图例复制到其他轴线端，并修改圆内的数字。

② 双击数字，打开多行文字编辑器，如图 4-54 所示，输入修改的数字，然后单击 "确定" 按钮。

③ 轴号标注结束后，下方尺寸标注结果如图 4-55 所示。

④ 采用上述整套的尺寸标注方法，将其他方向的尺寸标注完成，最终结果如图 4-39 所示。

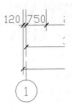

图 4-53　轴号 1

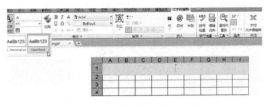

图 4-54　"文字编辑器" 选项卡

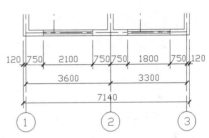

图 4-55　下方尺寸标注结果

4.4 图块及其属性

把一组图形对象组合成图块加以保存，需要的时候可以把图块作为一个整体以任意比例和旋转角度插入图中任意位置。这样不仅避免了大量的重复工作，提高了绘图速度和工作效率，而且还大大节省了磁盘空间。

4.4.1 图块的操作

1. 图块定义

执行方式

命令行：BLOCK。

菜单：绘图→块→创建。

工具栏：绘图→创建块 ⊡ 。

功能区：单击 "插入" 选项卡 "块定义" 选项组中的 "创建块" 按钮 ⊡。

操作步骤

执行上述命令，系统将打开图 4-56 所示的 "块定义" 对话框。用户可以利用该对话框指定对象和基点以及其他参数，还可以定义图块并命名。

图 4-56　"块定义" 对话框

2. 图块保存

执行方式

命令行：WBLOCK。

操作步骤

执行上述命令，系统将打开图4-57所示的"写块"对话框。利用此对话框可把图形对象保存为图块或把图块转换成图形文件。以"BLOCK"命令定义的图块只能插入当前图形。以"WBLOCK"保存的图块则既可以插入当前图形，也可以插入其他图形。

图4-57 "写块"对话框

3．图块插入

执行方式

命令行：INSERT。

菜单：插入→块。

工具栏：插入→插入块 或绘图→插入块 。

功能区：单击"插入"选项卡"块"选项组中的"插入"按钮打开下拉菜单，如图4-58所示。

图4-58 "插入"下拉菜单

操作步骤

执行上述命令，在下拉菜单中选择"其他图形中的块"，打开"块"选项板，如图4-59所示。用户可以利用此选项板设置插入点位置、插入比例、旋转角度，并在绘图区域指定要插入的图块以及插入位置。

4．动态块

动态块具有灵活性和智能性。用户在操作时可以轻松地更改图形中的动态块参照，也可以通过自定义夹点或自定义特性来操作动态块参照中的几何图形。这使得用户可以根据需要调整块的位置，而不用搜索另一个块插入或重新定义现有的块。

用户可以使用块编辑器创建动态块。块编辑器是一个专门的编写区域，用于添加能够使块成为动态块的元素。用户可以从头创建块，可以向现有的块定义中添加动态行为，也可以像在绘图区域中一样创建几何图形。

执行方式

命令行：BEDIT。

菜单：工具→块编辑器。

工具栏：标准→块编辑器 。

功能区：单击"默认"选项卡"块"选项组中的"块编辑器"按钮 。

操作步骤

执行上述命令，系统将打开"编辑块定义"对话框，如图4-60所示。在"要创建或编辑的块"文本框中输入块名或在列表框中选择已定义的块或当前图形。确认后系统将打开"块编写"选项板和"块编辑器"工具栏，如图4-61所示。

图4-59 "块"选项板

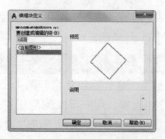

图4-60 "编辑块定义"对话框

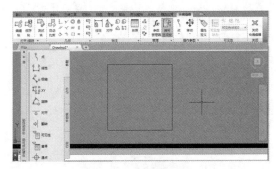

图 4-61　块编辑状态绘图区

选项说明

"块编写"选项板有 4 个选项卡。

（1）"参数"选项卡。提供用于向块编辑器中的动态块定义中添加参数的工具。参数用于指定几何图形在块参照中的位置、距离和角度。将参数添加到动态块定义中时，该参数将定义块的一个或多个自定义特性。此选项卡也可以使用命令"BPARAMETER"来打开。

① 点参数。将向动态块定义中添加一个点参数，并定义块参照的自定义 x 和 y 特性。点参数定义图形中的 x 和 y 位置。在块编辑器中，点参数类似于一个坐标标注。

② 可见性参数。向动态块定义中添加一个可见性参数，并定义块参照的自定义可见性特性。可见性参数允许用户创建可见性状态并控制对象在块中的可见性。可见性参数总是应用于整个块，并且无须与任何动作相关联。在图形中单击夹点可以显示块参照中所有可见性状态的列表。在块编辑器中，可见性参数显示为带有关联夹点的文字。

③ 查寻参数。向动态块定义中添加一个查寻参数，并定义块参照的自定义查寻特性。查寻参数用于定义自定义特性，用户可以指定或设置该特性，以便从定义的列表或表格中计算出某个值。该参数可以与单个查寻夹点相关联。在块参照中单击该夹点可以显示可用值的列表。在块编辑器中，查寻参数显示为文字。

④ 基点参数。向动态块定义中添加一个基点参数。基点参数用于定义动态块参照相对于块中的几何图形的基点。基点参数无法与任何动作相关联，但可以属于某个动作的选择集。在块编辑器中，基点参数显示为带有十字光标的圆。其他参数与上面

各项类似，不再赘述。

（2）"动作"选项卡。提供用于向块编辑器中的动态块定义中添加动作的工具。动作定义了在图形中操作块参照的自定义特性时，动态块参照的几何图形将如何移动或变化。用户应将动作与参数相关联。此选项卡也可以通过命令"BACTIONTOOL"来打开。

① 移动动作。在用户将移动动作与点参数、线性参数、极轴参数或 xy 参数关联时，系统会将该动作添加到动态块定义中。移动动作类似于"MOVE"命令。在动态块参照中，移动动作可以使对象移动指定的距离和角度。

② 查寻动作。向动态块定义中添加一个查寻动作。将查寻动作添加到动态块定义中并将其与查寻参数相关联。系统将创建一个查寻表，用户可以使用查寻表指定动态块的自定义特性和值。其他动作与上面各项类似。

（3）"参数集"选项卡。提供用于在块编辑器中向动态块定义中添加一个参数和至少一个动作的工具。将参数集添加到动态块中时，动作将自动与参数相关联。将参数集添加到动态块中后，双击黄色警示图标（或使用"BACTIONSET"命令），然后按照命令行上的提示将动作与几何图形选择集相关联。此选项卡也可以通过命令"BPARAMETER"来打开。

① 点移动。向动态块定义中添加一个点参数。系统会自动添加与该点参数相关联的移动动作。

② 线性移动。向动态块定义中添加一个线性参数。系统会自动添加与该线性参数的端点相关联的移动动作。

③ 可见性集。向动态块定义中添加一个可见性参数并允许定义可见性状态。无须添加与可见性参数相关联的动作。

④ 查寻集。向动态块定义中添加一个查寻参数。系统会自动添加与该查寻参数相关联的查寻动作。其他参数集与上面各项类似，不再赘述。

（4）"约束"选项卡。几何约束可将几何对象关联在一起，或者指定固定的位置或角度。例如，用户可以指定某条直线应始终与另一条垂直、某个圆弧应始终与某个圆保持同心，或者某条直线应始终与某个圆弧相切。

① 水平。使直线或点对位于与当前坐标系的 x 轴平行的位置。默认选择类型为对象。

② 垂直。约束两条直线或多段线线段，使其夹角始终保持为90°。

③ 竖直。选择两个约束点而非一个对象。

④ 相切。约束两条曲线，使其彼此相切或其延长线彼此相切。

⑤ 平行。使选定的直线位于彼此平行的位置。平行约束在两个对象之间应用。

⑥ 平滑。将样条曲线约束为连续，并与其他样条曲线、直线、圆弧或多段线保持G2连续性。

⑦ 重合。约束两个点使其重合，或者约束一个点使其位于曲线（或曲线的延长线）上。用户可以使对象上的约束点与某个对象重合，也可以使其与另一对象上的约束点重合。

⑧ 同心。将两个圆弧、圆或椭圆约束到同一个中心点。结果与将重合约束应用于曲线的中心点所产生的结果相同。

⑨ 共线。使两条或多条直线段沿同一直线方向。

⑩ 对称。使选定对象受对称约束，相对于选定直线对称。

⑪ 相等。约束两条直线或多段线线段使其具有相同长度，或约束圆弧和圆使其具有相同半径值。

⑫ 固定。约束一个点或一条曲线，使其固定在相对于世界坐标系的特定位置和方向上。

4.4.2 图块的属性

1. 属性定义

执行方式

命令行：ATTDEF。

菜单：绘图→块→定义属性。

功能区：单击"默认"选项卡"块"选项组中的"定义属性"按钮 。

操作步骤

执行上述命令，系统将打开"属性定义"对话框，如图4-62所示。

选项说明

（1）"模式"选项组。

①"不可见"复选框。选中此复选框，属性被设置为不可见显示方式，即插入图块并输入属性值

后，属性值在图中并不会显示出来。

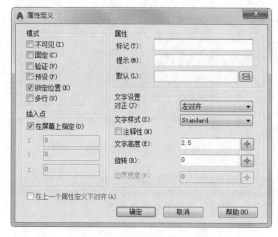

图4-62 "属性定义"对话框

②"固定"复选框。选中此复选框，属性值被设置为常量，即属性值在属性定义时给定，在插入图块时，AutoCAD不再提示输入属性值。

③"验证"复选框。选中此复选框，当插入图块时，AutoCAD将重新显示属性值，让用户验证该值是否正确。

④"预设"复选框。选中此复选框，当插入图块时，AutoCAD会自动把事先设置好的默认值赋予属性，而不再提示输入属性值。

⑤"锁定位置"复选框。选中此复选框，当插入图块时，AutoCAD会锁定块参照中属性的位置。解锁后，属性可以相对于使用夹点编辑的块的其他部分移动，并且可以调整多行属性的大小。

⑥"多行"复选框。指定属性值可以包含多行文字。选中此复选框后，可以指定属性的边界宽度。

（2）"属性"选项组。

①"标记"文本框。输入属性标签。属性标签可由除空格和感叹号以外的所有字符组成。AutoCAD会自动把小写字母改为大写字母。

②"提示"文本框。输入属性提示。属性提示是插入图块时AutoCAD要求输入属性值的提示。如果不在此文本框内输入文本，则系统会以属性标签作为提示。如果在"模式"选项组选中"固定"复选框，即设置属性为常量，则不需设置属性提示。

③"默认"文本框。设置默认的属性值。可把使用次数较多的属性值作为默认值。其他各选项组比较简单，不再赘述。

2. 修改属性定义

命令行：DDEDIT。

菜单：修改→对象→文字→编辑。

命令：DDEDIT ✓

选择注释对象或 [放弃（U）]：✓

在此提示下选择要修改的属性定义，AutoCAD 将打开"编辑属性定义"对话框，如图4-63所示。用户可以在该对话框中修改属性定义。

图4-63 "编辑属性定义"对话框

3. 编辑图块属性

命令行：ATTEDIT。

菜单：修改→对象→属性→单个。

工具栏：修改Ⅱ→编辑属性 📝。

命令：ATTEDIT ✓

选择块：✓

选择块后，系统将打开"增强属性编辑器"对话框，如图4-64所示。该对话框不仅可以编辑属性值，还可以编辑属性的文字选项和图层、线型、颜色等特性值。

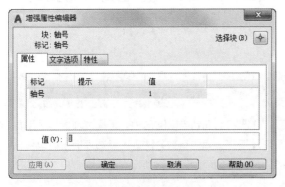

图4-64 "增强属性编辑器"对话框

4. 提取属性数据

提取属性信息可以方便地直接从图形数据中生成日程表或BOM（Bill of Material 物料清单）表。新的向导使得此过程更加简单。

命令行：EATTEXT。

菜单：工具→数据提取。

执行上述命令后，系统将打开"数据提取—开始"对话框，如图4-65所示。单击"下一步"按钮，依次打开"数据提取—定义数据源"，如图4-66所示；"数据提取—选择对象"，如图4-67所示；"数据提取—选择特性"，如图4-68所示；"数据提取—优化数据"，如图4-69所示；"数据提取—选择输出"，如图4-70所示；"数据提取—表格样式"，如图4-71所示；"数据提取— 完成"对话框，如图4-72所示；并依次在各对话框中对提取属性的各选项进行设置。其中在"数据提取— 表格样式"对话框中可以设置或更改表格样式。设置完成后，系统会自动生成包含提取数据的BOM表。

图4-65 "数据提取—开始"对话框

图4-66 "数据提取—定义数据源"对话框

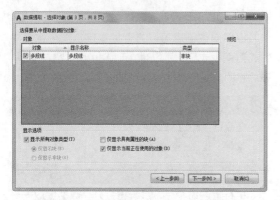

图 4-67　"数据提取—选择对象"对话框

图 4-70　"数据提取—选择输出"对话框

图 4-68　"数据提取—选择特性"对话框

图 4-71　"数据提取—表格样式"对话框

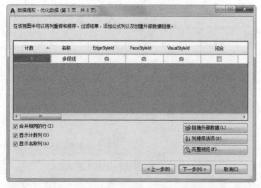

图 4-69　"数据提取—优化数据"对话框

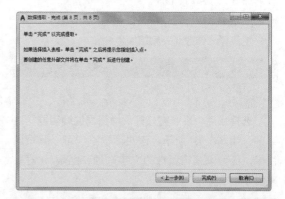

图 4-72　"数据提取—完成"对话框

4.5　设计中心与工具选项板

　　使用 AutoCAD 设计中心可以很容易地组织设计内容，并把它们拖到当前图形中。工具选项板是"工具选项板"窗口中选项卡形式的区域，是组织、共享和放置块及填充图案的有效方法。工具选项板还可以包含由第三方开发人员提供的自定义工具，也可以将设计中的组织内容创建为工具选项板。设计中心与工具选项板大大方便了绘图，提高了绘图的效率。

4.5.1 设计中心

1. 启动设计中心

执行方式

命令行：ADCENTER。

菜单：工具→选项板→设计中心。

工具栏：标准→设计中心▦。

快捷键：CTRL+2。

功能区：单击"视图"选项卡"选项板"选项组中的"设计中心"按钮▦。

操作步骤

执行上述命令，系统将打开设计中心。第一次启动设计中心时，它默认打开的选项卡为"文件夹"。内容显示区采用大图标显示，左边的资源管理器采用tree view 显示方式显示系统的树形结构。用户在浏览资源的同时，内容显示区会显示所浏览资源的有关细目或内容，如图4-73所示。用户也可以搜索资源，方法与Windows 资源管理器类似。

图4-73　AutoCAD 2020 设计中心的资源管理器和内容显示区

2. 利用设计中心插入图形

设计中心一个最大的优点是，它可以将系统文件夹中的DWG 图形当成图块插入当前图形中。具体方法如下。

（1）从文件夹列表或查找结果列表框中选择要插入的对象，拖动对象到打开的图形中。

（2）在相应的命令行提示下输入比例和旋转角度等数值，被选择的对象会根据指定的参数插入图形当中。

4.5.2 工具选项板

1. 打开工具选项板

执行方式

命令行：TOOLPALETTES。

菜单：工具→选项板→工具选项板。

工具栏：标准→工具选项板▤。

快捷键：CTRL+3。

功能区：单击"视图"选项卡"选项板"选项组中的"工具选项板"按钮▦。

操作步骤

执行上述命令，系统将自动打开工具选项板窗口，如图4-74所示。该工具选项板上有系统预设置的3 个选项卡。右击，在系统打开的快捷菜单中选择"新建选项板"命令，如图4-75所示。系统会新建一个空白选项板，用户可以命名该选项板，如图4-76所示。

2. 将设计中心内容添加到工具选项板

在"DesignCenter"文件夹上右击，打开右键快捷菜单，从中选择"创建块的工具选项板"命令，如图4-77所示。设计中心储存的图形单元将出现在工具选项板中新建的"DesignCenter"选项卡上，如图4-78所示。这样就可以将设计中心与工具选项板结合起来，建立一个快捷方便的工具选项板。

图 4-74　工具选项板窗口　　图 4-75　快捷菜单

图 4-76 新建选项板

图 4-77 快捷菜单

图 4-78 创建工具选项板

3. 利用工具选项板绘图

只需要将工具选项板中的图形单元拖到当前图形中，该图形单元就会以图块的形式插入当前图形中。图 4-79 所示为将工具选项板中"办公室样例"选项卡中的图形单元拖到当前图形中绘制的办公室布置图。

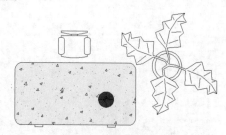

图 4-79 办公室布置图

4.6 综合实例——绘制 A2 图框

绘制图 4-80 所示的 A2 图框，具体操作步骤如下。

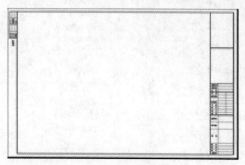

图 4-80 A2 图框

STEP 绘制步骤

（1）设置单位和图形边界。

① 打开 AutoCAD 程序，系统会自动建立新图形文件。

② 选择菜单栏中的"格式"→"单位"命令，打开"图形单位"对话框，如图 4-81 所示。设置"长度"的类型为"小数"，"精度"为"0"；"角度"的类型为"十进制度数"，"精度"为"0"，系统默认逆时针方向为正，单击"确定"按钮。

图4-81 "图形单位"对话框

③ 设置图形边界。国家标准对图纸的幅面大小做了严格规定，在这里，不妨按国标A2图纸的幅面设置图形边界。A2图纸的幅面为594mm×420mm，选择菜单栏中的"格式"→"图层界限"命令，命令行中的提示与操作如下。

```
命令：LIMITS ✓
重新设置模型空间界限：
指定左下角点或 [ 开（ON）/ 关（OFF）] 
<0.0000, 0.0000>：✓
指定右上角点 <12.0000,9.0000>：594，420 ✓
```

（2）设置文本样式。选择菜单栏中的"格式"→"文字样式"命令，打开"文字样式"对话框，如图4-82 所示。单击"新建"按钮，打开"新建文字样式"对话框，如图4-83所示，设置样式后再将字体和高度分别进行设置。

图4-82 "文字样式"对话框

图4-83 "新建文字样式"对话框

（3）绘制图框。单击"默认"选项卡"绘图"选项组中的"多段线"按钮，将线宽设置为"100"，绘制长为"56000"、宽为"40000"的矩形，如图4-84所示。

图4-84 绘制矩形

 注意 国家标准规定A2图纸的幅面大小是594mm×420mm，这里留出了带装订边的图框到图纸边界的距离。

（4）单击"默认"选项卡"修改"选项组中的"偏移"按钮，将右侧竖直直线向左偏移，偏移距离为6000，如图4-85所示。

（5）单击"默认"选项卡"修改"选项组中的"偏移"按钮，将上侧水平直线向下偏移，偏移距离为"9950""10050""800""800""800""800""800""800""800""800""800""800""800""2000""2000""4000""800""800""800"和"800"。然后单击"默认"选项卡"绘图"选项组中的"直线"按钮和"修改"选项组中的"分解"按钮，绘制竖直直线，并将部分多段线分解，如图4-86所示。

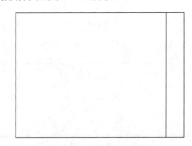

图4-85 偏移竖直直线

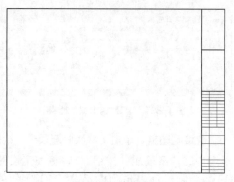

图4-86　偏移直线

（6）单击"默认"选项卡"注释"选项组中的"多行文字"按钮 **A**，在合适的位置处绘制文字，如图4-87所示。

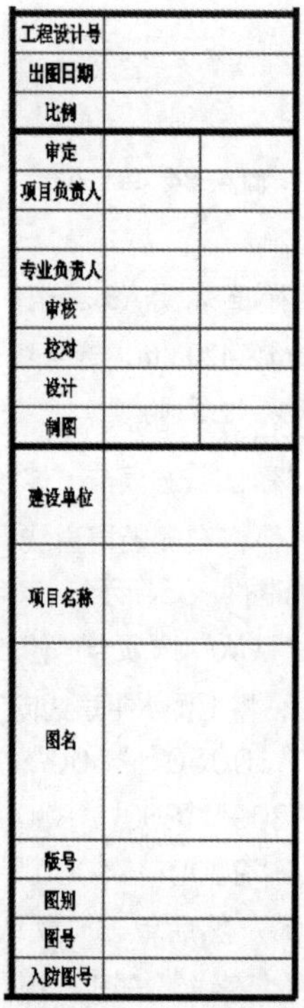

工程设计号	
出图日期	
比例	
审定	
项目负责人	
专业负责人	
审核	
校对	
设计	
制图	
建设单位	
项目名称	
图名	
版号	
图别	
图号	
入防图号	

图4-87　绘制文字

（7）绘制会签栏。单击"默认"选项卡"绘图"选项组中的"多段线"按钮，绘制长为"7500"、宽为"2100"的矩形，如图4-88所示。

图4-88　绘制会签栏

（8）单击"默认"选项卡"修改"选项组中的"偏移"按钮 ，将左侧竖直直线向右偏移"1875""1875""1875"和"1875"，将上侧水平直线向下偏移"700""700"和"700"，单击"默认"选项卡"修改"选项组中的"分解"按钮 ，将偏移的多段线分解，如图4-89所示。

（9）单击"默认"选项卡"注释"选项组中的"多行文字"按钮 **A**，在单元格内输入文字，如图4-90所示。

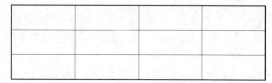

图4-89　偏移直线

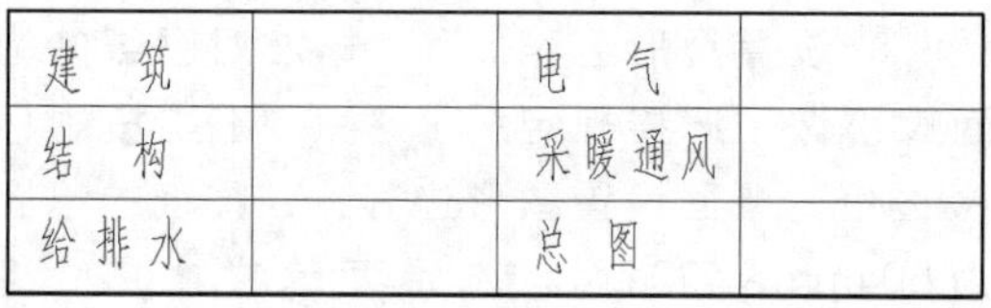

建 筑		电 气	
结 构		采暖通风	
给排水		总 图	

图4-90　输入文字

（10）单击"默认"选项卡"块"选项组中的"创建块"按钮 ，打开"块定义"对话框，将会签栏创建为块，如图4-91所示。

图4-91　创建块

（11）单击"默认"选项卡"块"选项组中的"插入"按钮 ，打开"插入"下拉菜单，如图4-92所示，在下拉菜单中选择"其他图形中的块"，打开"块"选项板，将角度设置为90°，并将其插入到图中合适的位置，如图4-93所示。

图4-92 "插入"下拉菜单

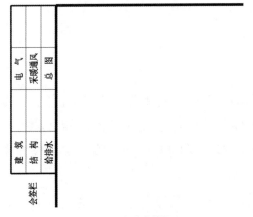

图4-93 插入会签栏

（12）单击"绘图"工具栏中的"矩形"按钮 ⬜，在外侧绘制一个矩形。在命令行中输入"WBLOCK"命令，打开"写块"对话框，将A2图框保存为块，以便以后调用，如图4-94所示。

图4-94 保存为块

第 5 章

建筑设计理论

建筑设计是指建筑物在建造之前，设计者按照建设任务，对施工过程和使用过程中所存在的或可能发生的问题事先做好全盘的设想，拟定好解决这些问题的办法、方案，并用图纸和文件表达出来。

本章将简要介绍建筑设计的一些基本知识，包括建筑设计的特点、建筑设计的要求与规范、建筑设计的内容等。

重点与难点

- ➲ 建筑设计的基本知识
- ➲ 建筑设计的基本方法
- ➲ 建筑制图的基本知识

5.1 建筑设计的基本知识

本节将简要介绍有关建筑设计的基本概念、规范和特点。

（1）了解建筑设计的概念。

（2）了解建筑设计的特点。

5.1.1 建筑设计概述

建筑设计是为人类建立生活环境的综合艺术和科学，涉及许多方面的知识。建筑设计一般从总体上说由三大阶段构成，即方案设计、初步设计和施工图设计。方案设计主要是构思建筑的总体布局，包括各个功能空间的设计、高度、层高、外观造型等内容；初步设计是对方案设计的进一步细化，确定建筑的具体尺寸，包括绘制建筑平面图、建筑剖面图和建筑立面图等；施工图设计则是将建筑构思变成图纸的重要阶段，是建造建筑的主要依据，除包括绘制建筑平面图、建筑剖面图和建筑立面图等外，还包括绘制各个建筑大样图、建筑构造节点图，以及其他专业设计图纸，如结构施工图、电气设备施工图、暖通空调设备施工图等。总的来说，建筑施工图越详细越好，要准确无误。

在建筑设计中，需按照国家规范及标准进行设计，以确保建筑的安全、经济、适用等。需遵守的国家建筑设计规范主要有以下这些。

（1）《房屋建筑制图统一标准》GB/T 50001—2017。

（2）《建筑制图标准》GB/T 50104—2010。

（3）《建筑内部装修设计防火规范》GB 50222—2017。

（4）《建筑工程建筑面积计算规范》GB/T 50353—2013。

（5）《民用建筑设计通则》GB 50352—2005。

（6）《建筑设计防火规范》GB 50016—2014。

（7）《建筑采光设计标准》GB/T 50033—2013。

（8）《高层民用建筑设计防火规范》GB 50016—2014。

（9）《建筑照明设计标准》GB 50034—2013。

（10）《汽车库、修车库、停车场设计防火规范》GB 50067—2014。

（11）《普通混凝土力学性能试验方法标准》GB 50081—2002。

（12）《公共建筑节能设计标准》GB 50189—2015。

 建筑设计规范中的"GB"代表国家标准，此外还有行业规范、地方标准等。

建筑设计是为人们工作、生活与休闲提供环境空间的综合艺术和科学。建筑设计与人们的日常生活息息相关，从住宅到商场大楼，从写字楼到酒店，从教学楼到体育馆，无处不与建筑设计有着紧密联系。图5-1和图5-2所示是两种不同风格的建筑。

图 5-1　高层商业建筑

图 5-2　别墅建筑

5.1.2 建筑设计的特点

建筑设计是根据建筑物的使用性质、所处的环境和相应标准，运用物质技术手段和建筑美学原理，营造功能合理、舒适优美、满足人们物质和精神生活需要的室内外空间环境。设计构思时，需要运用物质技术手段，如各类装饰材料和设施设备等，还需要遵循建筑美学原理，综合考虑使用功能、结构施工、材料设备、造价标准等多种因素。

从设计者的角度来分析建筑设计的方法，主要有以下几点。

（1）总体推敲与细处着手。总体推敲是建筑设计应考虑的几个基本观点之一，是指有设计的全局观念。细处着手是指进行具体设计时，必须根据建筑的使用性质，深入调查、搜集信息，掌握必要的资料和数据，从最基本的人体尺度、人流动线、活动范围和特点、家具与设备的尺寸，以及使用它们必需的空间等着手。

（2）里外、局部与整体协调统一。建筑室内外空间环境需要与建筑整体的性质、标准、风格，以及室外环境相协调统一，它们之间有着相互依存的密切关系。设计时需要从里到外、从外到里多次反复协调，从而使设计更趋完善合理。

（3）立意与构思。设计的构思、立意至关重要。可以说，一项设计没有立意就等于没有"灵魂"，设计的难度也往往在于有一个好的构思。一个较为成熟的构思，往往需要足够多的信息量，需要商讨和思考的时间。设计者要在设计前期和出方案过程中使构思逐步明确，形成一个好的构思。

> **注意** 对于建筑设计者来说，正确、完整又有表现力地表达出建筑室内外空间环境设计的构思和意图，使建设者和评审人员能够通过图纸、模型、说明等全面地了解设计意图，也是非常重要的。

建筑设计根据设计的进程，通常可以分为4个阶段，即准备阶段、方案阶段、施工图阶段和实施阶段。

（1）准备阶段。设计准备阶段主要是接受委托任务书、签订合同，或者根据标书要求参加投标；明确设计任务和要求，如建筑的使用性质、功能特点、设计规模、等级标准、总造价，以及根据使用性质所需创造的建筑室内外空间环境氛围、文化内涵或艺术风格等。

（2）方案阶段。方案阶段是在准备阶段的基础上，进一步搜集、分析、运用与设计任务有关的资料与信息，构思立意，进行初步方案设计；进而深入设计，进行方案的分析与比较，确定初步设计方

案，提供设计文件，如平面图、立面图、透视效果图等。图5-3所示是某个项目的建筑设计方案效果图。

（3）施工图阶段。施工图设计阶段是提供有关平面、立面、构造节点大样，以及设备管线图等施工图纸，以满足施工的需要。图5-4所示是某个项目的建筑平面施工图（局部）。

图 5-3　某项目建筑设计方案效果图

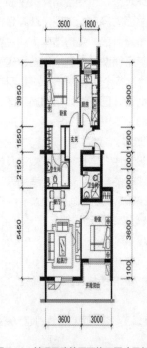

图 5-4　某项目建筑平面施工图（局部）

（4）实施阶段。实施阶段也就是工程的施工阶段。建筑工程在施工前，设计人员应向施工单位进行设计意图说明及图纸的技术交底；工程施工期间需按图纸要求核对施工实况，有时还需根据现场实况提出对图纸的局部修改或补充；施工结束时，会同质检部门和建设单位进行工程验收。图5-5所示是正在施工中的建筑（局部）。

注意 为了使设计取得预期效果，建筑设计人员必须抓好设计各阶段的环节，充分重视设计、施工、材料、设备等各个方面，协调好与建设单位和施工单位之间的相互关系，在设计意图和构思方面取得共识，以期取得理想的设计工程成果。

一套工业与民用建筑的建筑施工图包括的图纸主要有以下几大类。

（1）建筑平面图（简称平面图）。建筑平面图是按一定比例绘制的建筑的水平剖切图。通俗地讲，就是将一幢建筑窗台以上的部分切掉，再将切面以下的部分用直线和各种图例、符号直接绘制在纸上，以直观地表示建筑在设计和使用上的基本要求和特点。建筑平面图一般比较详细，通常采用较大的比例，如1:200、1:100或1:50，并标出实际的详细尺寸。图5-6所示为某建筑的平面图。

图 5-5 正在施工中的建筑（局部）

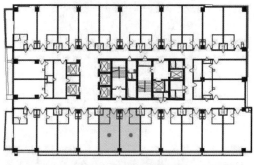

图 5-6 某建筑的平面图

（2）建筑立面图（简称立面图）。建筑立面图主要用来表达建筑物各个立面的形状和外墙面的装修等，是按照一定比例绘制建筑物的正面、背面和侧面的形状图。建筑立面图表示的是建筑物的外部形式，说明建筑物长、宽、高的尺寸，表现建筑的

地面标高、屋顶的形式、阳台的位置和形式、门窗洞口的位置和形式、外墙装饰的形式、材料及施工方法等。图5-7所示为某建筑的立面图。

（3）建筑剖面图（简称剖面图）。建筑剖面图是按一定比例绘制的建筑竖直方向的剖切前视图，表示建筑内部的空间高度、室内立面布置、结构和构造等情况。在绘制剖面图时，应包括各层楼面的标高、窗台、窗上口、室内净尺寸等；剖切楼梯应表明楼梯分段与分级数量；应表示出建筑主要承重构件的相互关系；应画出房屋从屋顶到地面的内部构造特征，如楼板构造、隔墙构造、内门高度、各层梁和板位置、屋顶的结构形式与用料等；应注明装修方法、地面做法等，对所用材料加以说明，标明做法及构造；应标明各层的层高与标高，标明各部位的高度尺寸等。图5-8所示为某建筑的剖面图。

图 5-7 某建筑的立面图

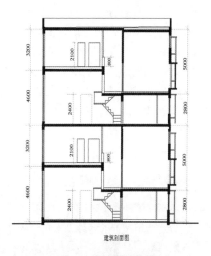

图 5-8 某建筑的剖面图

（4）建筑大样图（简称详图）。建筑大样图主要用以表达建筑物的细部构造、节点连接形式，以

及构件、配件的形状大小、材料、做法等。详图要用较大比例绘制，如1：20、1：5等，尺寸标注要准确齐全，文字说明要详细。图5-9所示为墙身（局部）的建筑大样图。

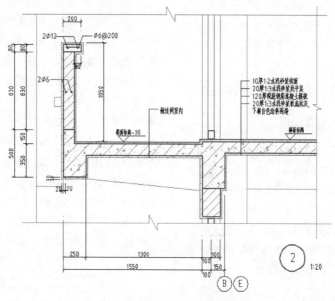

图 5-9 墙身（局部）建筑大样图

（5）建筑透视效果图。除上述类型的图形外，在实际工程实践中还经常需要绘制建筑透视效果图，尽管其不是施工图所要求的。建筑透视效果图表示建筑物内部空间或外部形体与实际所能看到的建筑本身相类似的主体图像，具有强烈的三维空间透视感，能非常直观地表现建筑的造型、空间布置、色彩和外部环境等多方面的内容，常在建筑设计和销售时作为辅助图使用。从高处俯视的建筑透视效果图又叫作"鸟瞰图"或"俯视图"。建筑透视效果图一般要严格地按比例绘制，并进行绘制上的艺术加工，这种图通常被称为建筑表现图或建筑效果图。一幅绘制精美的建筑表现图就是一件艺术作品，具有很强的艺术感染力。图5-10所示为某建筑的建筑透视效果图。

注意 目前普遍采用计算机绘制建筑透视效果图，其特点是透视效果逼真，可以进行多次复制。

图 5-10 某建筑的建筑透视效果图

5.2 建筑设计的基本方法

本节将介绍建筑设计的两种基本方法及其各自的特点等知识。

预习重点

（1）了解手工建筑图的绘制。

（2）掌握计算机绘制建筑图的方法。

（3）了解CAD技术在建筑中的应用。

5.2.1 手工绘制建筑图

建筑设计图纸对工程建设至关重要。如何把设计者的意图完整地表达出来？建筑设计图纸无疑是比较有效的方法。在计算机普及之前，绘制建筑图最为常用的方式是手工绘制。手工绘制方法的最大优点是自然、随机性较大，容易体现个性和不同的设计风格，能够使人们领略到其所具有的真实性、实用性和趣味性。其缺点是比较费时且不容易修改。图5-11和图5-12所示是手工绘制的建筑图。

图 5-11　手工绘制的建筑图（1）

图 5-12　手工绘制的建筑图（2）

5.2.2 | 计算机绘制建筑图

随着计算机信息技术的飞速发展，建筑设计已逐步摆脱了传统的图板和三角尺，步入计算机辅助设计（CAD）时代。如今，建筑效果图及施工图的设计，几乎完全实现了使用计算机进行绘制和修改。图5-13和图5-14所示是计算机绘制的建筑图。

图 5-13　计算机绘制的建筑图（1）

图 5-14　计算机绘制的建筑图（2）

5.2.3 | CAD 技术在建筑设计中的应用简介

1. CAD技术及AutoCAD软件

CAD即"计算机辅助设计（Computer Aided Design）"，是指利用计算机技术，使它在各类工程设计中起辅助设计作用的技术总称，不单指哪一个软件。CAD技术一方面可以在工程设计中协助完成计算、分析、综合、优化、决策等工作，另一方面可以协助技术人员绘制设计图纸，完成一些归纳、统计工作。在此基础上，还有一个CAAD技术，即"计算机辅助建筑设计（Computer Aided Architectural Design）"，它是专门用于进行建筑设计的计算机技术。由于建筑设计工作的复杂性和特殊性（不像结构设计属于纯技术工作），就目前国内建筑设计实践状况来看，CAD技术的大量应用主要还是在图纸的绘制上。但也有一些具有三维功能的软件，在方案设计阶段用来协助推敲。

AutoCAD软件是美国Autodesk公司开发研制的计算机辅助软件，它在世界工程设计领域使用相当广泛，目前已成功应用于建筑、机械、服装、气象、地理等领域。自1982年推出第一个版本以来，目前已升级至AutoCAD 2020版本，如图5-15所示。AutoCAD是我国建筑设计领域最早接受的CAD软件之一，几乎成了大家默认的绘图软件，主要用于绘制二维建筑图形。此外，AutoCAD为客户提供了良好的二次开发平台，便于用户能够自行定制适合本专业的绘图格式和附加功能。目前，国内专门研制开发基于AutoCAD的建筑设计软件的公司就有多家。

2. CAD软件在建筑设计阶段的应用情况

建筑设计应用到的CAD软件较多，主要包括二维矢量图形绘制软件、方案设计推敲软件、建模及渲染软件、效果图后期制作软件等。

（1）二维矢量图形绘制软件。二维矢量图包括总图、平立剖图、大样图、节点详图等，AutoCAD因其优越的矢量绘图功能，被广泛用于方案设计、初步设计和施工图设计全过程的二维图形绘制。方案设计阶段，它生成扩展名为.dwg的矢量图形文件，可以将其导入3ds Max、3DS VIZ等软件协助建模，如图5-16和图5-17所示。AutoCAD还可以输出位图文件，用户可以将其导入Photoshop等图像处理软件进一步制作平面表现图。

（2）方案设计推敲软件。AutoCAD、3ds Max、3DS VIZ的三维功能可以用来协助进行体块分析和空间组合分析。此外，一些能够较为方便、快捷地建立三维模型以便于在方案推敲时快速处理平面、立面、剖面及空间之间关系的CAD软件正逐渐为设计者所接受，如SketchUp、ArchiCAD等，如图5-18和图5-19所示，它们兼具二维、三维和渲染功能。

图5-15 AutoCAD 2020

图5-17 3DS VIZ R4

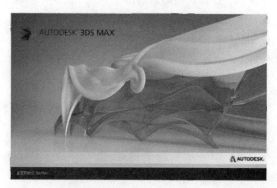

图5-16 3ds Max 2015

图5-18 SketchUp 5.0

图5-19 ArchiCAD 17

（3）建模及渲染软件。这里所说的建模是指为制作效果图准备精确的模型。常见的建模软件有AutoCAD、3ds Max、3DS VIZ等。应用AutoCAD可以进行准确建模，但是它的渲染效果较差，一般需要导入3ds Max、3DS VIZ等软件中附材质、设置灯光，而后进行渲染，而且需要处理好导入前后的接口问题。3ds Max和3DS VIZ都是功能强大的三维建模软件，二者的界面基本相同。不同的是，3ds Max面向普遍的三维动画制作；而3DS VIZ是Autodesk公司专门为建筑、机械等行业定制的三维建模及渲染软件，取消了建筑、机械行业不必要的功能，增加了门窗、楼梯、栏杆、树木等造型模块和环境生成器。3DS VIZ 4.2以上的版本还集成了Lightscape的灯光技术，弥补了3ds Max灯光技术的欠缺。3ds Max和3DS VIZ具有良好的渲染功能，是制作建筑效果图的首选软件。

就目前的状况来看，3ds Max和3DS VIZ的建模仍然需要借助AutoCAD绘制的二维图作为参照来完成。

（4）效果图后期制作软件。

① 效果图后期处理。模型渲染以后的图像一般都不会十分完美，因此需要进行后期处理，包括修改、调色、配景、添加文字等。在此环节上，Adobe公司开发的Photoshop是首选的图像后期处理软件，如图5-20所示。

此外，方案阶段用AutoCAD绘制的总图、平面图、立面图、剖面及各种分析图也常在Photoshop中做套色处理。

图5-20　Photoshop CS6

② 方案文档排版。为了满足设计深度要求，满足建设方或标书的要求，同时也为了突出自己方案的特点，使自己的方案能够脱颖而出，方案文档排版工作是相当重要的。方案文档排版包括封面、目录、设计说明的制作以及方案设计图所在页面的制作，在此环节上可以用Adobe PageMaker完成，也可以直接用Photoshop或其他平面设计软件完成。

③ 演示文稿制作。若需将设计方案做成演示文稿进行汇报，比较简单的软件是PowerPoint，也可以使用Flash、Authorware等。

（5）其他软件。在建筑设计过程中还可能用到其他软件，如文字处理软件Word、数据统计分析软件Excel等。至于一些计算程序，如节能计算、日照分析等，则需要根据具体需求选用。

5.3　建筑制图的基本知识

建筑设计图纸是交流设计思想、传达设计意图的技术文件。尽管AutoCAD功能强大，但它毕竟不是专门为建筑设计定制的软件，所以一方面需要在用户的正确操作下才能实现其绘图功能，另一方面还需要用户遵循统一制图规范，在正确的制图理论及方法的指导下来操作，才能生成合格的图纸。可见，即使在当今大量采用计算机绘图的形势下，仍然有必要掌握基本绘图知识。基于此，笔者在本节中对必备的制图知识进行简单介绍，已掌握该部分内容的读者可跳过此节。

预习重点

（1）了解建筑制图概述。

（2）掌握建筑制图的要求和规范。

（3）掌握建筑制图的内容。

5.3.1　建筑制图概述

1. 建筑制图的概念

建筑图纸是建筑设计人员用来表达设计思想、传达设计意图的技术文件，是方案投标、技术交流和建筑施工的要件。建筑制图就是根据正确的制图理论及方法，按照国家统一的建筑制图规范，将设计思想和技术特征清晰、准确地表现出来。建筑图纸包括方案图、初设图、施工图等类型。国家标准《房屋建筑制图统一标准》（GB/T 50001—2017）、《总图制图标准》（GB/T 50103—2010）和《建筑制图标准》（GB/T 50104—2010）是建筑专业手工制图和计算机制图的依据。

2. 建筑制图程序

建筑制图的程序是与建筑设计的程序相对应的。从整个设计过程来看，建筑制图是按照设计方案图、初设图、施工图的顺序来进行的，后一阶段的图纸在前一阶段的基础上做深化、修改和完善。就每个阶段来看，一般遵循平面图、立面图、剖面图、详图的过程来进行绘制。至于每种图样的制图程序，

将在后面的章节中结合AutoCAD操作实例来讲解。

5.3.2 建筑制图的要求及规范

1. 图幅、标题栏及会签栏

图幅即图面的大小，分为横式和立式两种。根据国家标准的规定，按图面长和宽的大小确定图幅的等级。建筑常用的图幅有A0、A1、A2、A3及A4，每种图幅的长宽尺寸如表5-1所示，表中尺寸代号的意义如图5-21和图5-22所示。

A0～A3图纸可以在长边加长，但短边一般不加长，加长后的尺寸如表5-2所示。如有特殊需要，可采用841mm×891mm或1189mm×1261mm的幅面。

表5-1　图幅标准

图幅代号 尺寸代号	A0	A1	A2	A3	A4
b×1	841mm×1189mm	594mm×841mm	420mm×594mm	297mm×420mm	210mm×297mm
c	10			5	
a	25				

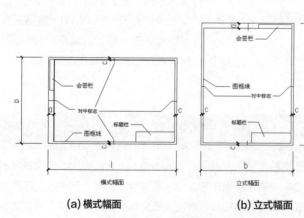

(a) 横式幅面　　　　　　(b) 立式幅面

图 5-21　A0～A3 图幅格式

图 5-22　A4 立式图幅格式

表5-2　图纸长边加长后的尺寸

图幅	长边尺寸（mm）	长边加长后的尺寸（mm）
A0	1189	1486　1635　1783　1932　2080　2230　2378
A1	841	1051　1261　1471　1682　1892　2102
A2	594	743　891　1041　1189　1338　1486　1635　1783　1932　2080
A3	420	630　841　1051　1261　1471　1682　1892

标题栏包括设计单位名称区、工程名称区、签字区、图名区以及图号区等，一般格式如图5-23所示。如今不少设计单位采用自己个性化的标题栏格式，但是仍必须包括这几项内容。

图 5-23 标题栏格式

会签栏是为各工种负责人审核后签名用的表格，包括专业、姓名、日期等内容，如图5-24所示。对于不需要会签栏的图纸，可以不设此栏。

此外，需要微缩复制的图纸，其一个边上应附有一段精确的米制尺度，4个边上均附有对中标志。

米制尺度的总长应为100mm，分格应为10mm。对中标志应画在图纸各边的中点处，线宽应为0.35mm，伸入框内的距离应为5mm。

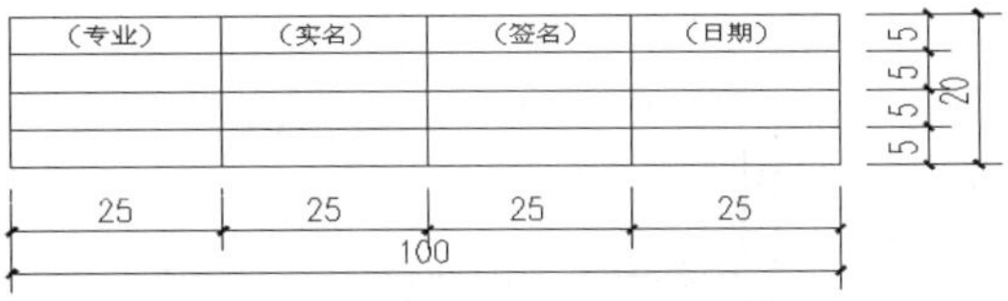

图 5-24 会签栏格式

2. 线型要求

建筑图纸主要由各种线条构成，不同的线型表示不同的对象和不同的部位，也代表着不同的含义。为了使图面能够清晰、准确、美观地表达设计思想，工程实践中采用了一套常用的线型，并规定了它们的使用范围，如表5-3所示。

表5-3 常用线型表

名 称		线 型	线 宽	适 用 范 围
实线	粗	———	b	建筑平面图、剖面图、构造详图的被剖切主要构件截面轮廓线；建筑立面图外轮廓线；图框线；剖切线；总图中的新建建筑物轮廓
	中	———	0.5b	建筑平、剖面中被剖切的次要构件的轮廓线；建筑平、立、剖面图构配件的轮廓线；详图中的一般轮廓线
	细	———	0.25b	尺寸线、图例线、索引符号、材料线及其他细部刻画用线等
虚线	中	-----	0.5b	主要用于构造详图中不可见的实物轮廓；平面图中的起重机轮廓；拟扩建的建筑物轮廓
	细	-----	0.25b	其他不可见的次要实物轮廓线
点划线	细	—·—·—	0.25b	轴线、构配件的中心线、对称线等
折断线	细	—／—	0.25b	省画图样时的断开界线
波浪线	细	∿	0.25b	构造层次的断开界线，有时也表示省略画出断开界线

图线宽度b，宜从这些线宽（mm）中选取：2.0、1.4、1.0、0.7、0.5、0.35。不同的b值，会产生不同的线宽组。在同一张图纸内，各不同线宽组中的细线，可以统一采用较细的线宽组中的细线。对于需要微缩的图纸，线宽不宜小于0.18mm。

3. 尺寸标注

尺寸标注的一般原则有以下几点。

（1）尺寸标注应力求准确、清晰、美观大方。在同一张图纸中，标注风格应保持一致。

（2）尺寸线应尽量标注在图样轮廓线以外，按内到外依次标注从小到大的尺寸，不能将大尺寸标在内，而将小尺寸标在外，如图5-25所示。

（3）最内一道尺寸线与图样轮廓线之间的距离不应小于10mm，两道尺寸线之间的距离一般为7～10mm。

（4）尺寸界线朝向图样的端头距图样轮廓的距离应不小于2mm，不宜直接与之相连。

（5）在图线拥挤的地方，应合理安排尺寸线的位置，但不宜与图线、文字及符号相交；可以考虑将轮廓线用作尺寸界线，但不能作为尺寸线。

（6）室内设计图中连续重复的构配件等，当不易标明定位尺寸时，可在总尺寸的控制下，不用数值而用"均分"或"EQ"字样表示定位尺寸，如图5-26所示。

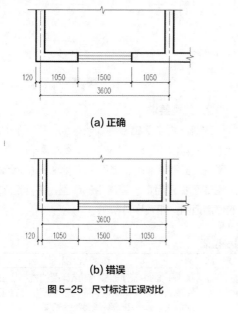

图 5-25　尺寸标注正误对比

图 5-26　均分尺寸

4．文字说明

在一幅完整的图纸中用图线方式表现得不充分和无法用图线方式表示的地方，就需要进行文字说明，如设计说明、材料名称、构配件名称、构造做法、统计表及图名等。文字说明是图纸内容的重要组成部分，制图规范对文字标注中的字体、字的大小、字体字号搭配等方面做了一些具体规定。

（1）一般原则。字体端正，排列整齐，清晰准确，美观大方，避免过于个性化的文字标注。

（2）字体。一般标注推荐采用仿宋字。大标题、图册封面、地形图等的汉字也可书写成其他字体，但应易于辨认。

字体示例如下。

仿宋：室内设计（小四）
室内设计（四号）
室内设计（二号）

黑体：**室内设计**（四号）
室内设计（小二）

楷体：室内设计（四号）
室内设计（二号）

隶书：室内设计（三号）
室内设计（一号）

字母、数字及符号：01234abcd % @ 或 01234abcd% @。

（3）字的大小。标注的文字高度要适中。同一类型的文字应采用同一大小的字。较大的字用于概括性的说明内容，较小的字用于较细致的说明内容。文字的字高，应从如下高度中选用：3.5、5、7、10、14、20mm。如需书写更大的字，其高度应按 $\sqrt{2}$ 的比值递增。注意字体及大小搭配的层次感。

5．常用图示标志

（1）详图索引符号及详图符号。在平面图、立面图和剖面图中，用户可以在需要另设详图表示的部位标注一个索引符号，以表明该详图的位置，这个索引符号即为详图索引符号。详图索引符号采用细实线绘制，圆圈直径为10mm。图5-27（a）~图5-27（g）用于索引剖面详图；当详图就在本张图纸上时，采用图5-27（a）的形式；详图不在本张图纸上时，采用图5-27（b）~图5-27（g）的形式。

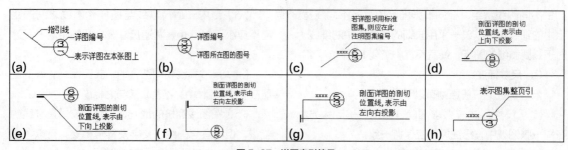

图 5-27　详图索引符号

详图符号即详图的编号，用粗实线绘制，圆圈直径为14mm，如图5-28所示。

图5-28　详图符号

（2）引出线。由图样引出一条或多条线段指向文字说明，该线段就是引出线。引出线与水平方向的夹角一般为0°、30°、45°、60°、90°，常见的引出线形式如图5-29所示。图5-29（a）~图5-29（d）为普通引出线，图5-29（e）~图5-29

（h）为多层构造引出线。使用多层构造引出线时，要注意构造分层的顺序应与文字说明的分层顺序一致。文字说明可以放在引出线的端头，如图5-29（a）~图5-29（h）所示，也可以放在引出线水平段之上，如图5-29（i）所示。

（3）内视符号。内视符号标注在平面图中，用于表示室内立面图的位置及编号，建立平面图和室内立面图之间的联系。内视符号的形式如图5-30所示，其中图5-30（a）为单向内视符号，图5-30（b）为双向内视符号，图5-30（c）为四向内视符号，A、B、C、D顺时针标注。立面图编号可用英文字母或阿拉伯数字来表示，黑色的箭头指向表示的立面方向。

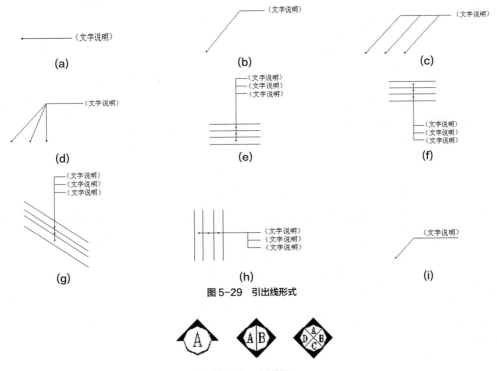

图5-29　引出线形式

图5-30　内视符号

其他符号图例如表5-4和表5-5所示。

6. 常用绘图比例

下面列出常用绘图比例，读者可根据实际情况灵活使用。

（1）总图。1:500，1:1000，1:2000。

（2）平面图。1:50，1:100，1:150，1:200，1:300。

（3）立面图。1:50，1:100，1:150，1:200，1:300。

（4）剖面图。1:50，1:100，1:150，1:200，1:300。

（5）局部放大图。1:10，1:20，1:25，1:30，1:50。

（6）配件及构造详图。1:1，1:2，1:5，1:10，1:15，1:20，1:25，1:30，1:50。

5.3.3 建筑制图的内容及图纸编排顺序

1. 建筑制图内容

建筑制图的内容包括总图、平面图、立面图、剖面图、构造详图和透视图、设计说明、图纸封面、图纸目录等。

2. 图纸编排顺序

图纸编排顺序一般应为图纸目录、总图、建筑图、结构图、给水排水图、暖通空调图、电气图等。对于建筑专业，一般顺序为图纸目录、施工图设计说明、附表（装修做法表、门窗表等）、平面图、立面图、剖面图、详图等。

表5-4　建筑常用符号图例

符　号	说　明	符　号	说　明
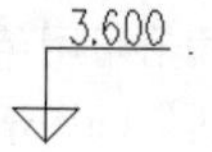 3.600	标高符号，水平线上的数字为标高值，单位为m	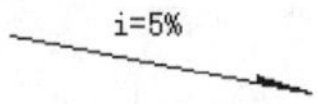 i=5%	表示坡度
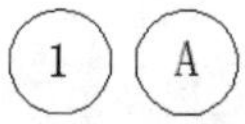 ① Ⓐ	轴线号	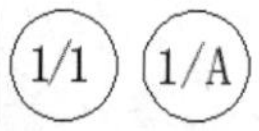 1/1 1/A	附加轴线号
1　1	标注剖切位置的符号，标数字的方向为投影方向，"1"与剖面图的编号"1—1"对应	2　2	标注绘制断面图的位置，标数字的方向为投影方向，"2"与断面图的编号"2—2"对应
	对称符号，在对称图形的中轴位置画此符号，可以省画另一半图形		指北针
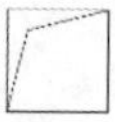	方形坑槽	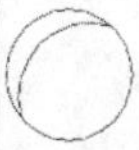	圆形坑槽
	方形孔洞		圆形孔洞
@	表示重复出现的固定间隔，如双向木格栅@500	φ	表示直径，如φ30
 平面图 1:100	图名及比例	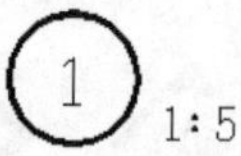 ① 1:5	索引详图名及比例
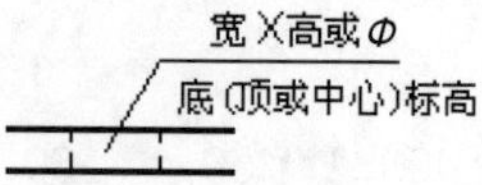 宽×高或φ 底(顶或中心)标高	墙体预留洞	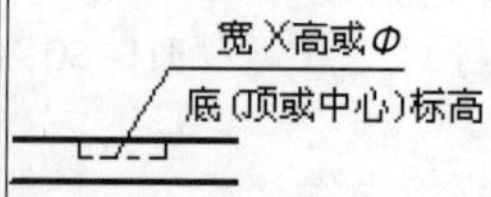 宽×高或φ 底(顶或中心)标高	墙体预留槽
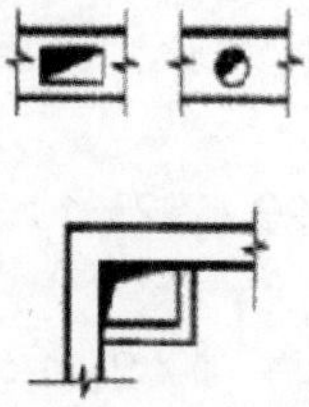	烟道	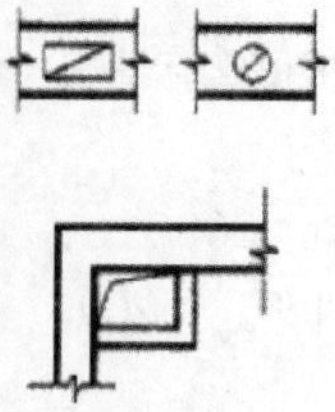	通风道

表5-5　总图常用图例

符　号	说　明	符　号	说　明
	新建建筑物，用粗线绘制； 需要时，表示出入口位置▲及层数X； 轮廓线以±0.00处外墙定位轴线或外墙皮线为准； 需要时，地上建筑用中实线绘制，地下建筑用细虚线绘制	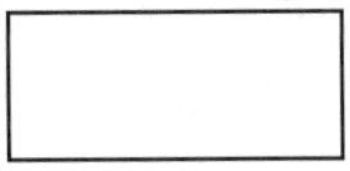	原有建筑，用细线绘制
	拟扩建的预留地或建筑物，用中虚线绘制		新建地下建筑或构筑物，用粗虚线绘制
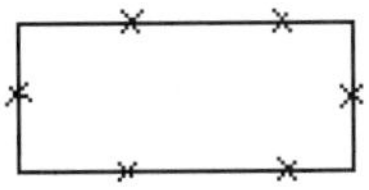	拆除的建筑物，用细实线表示	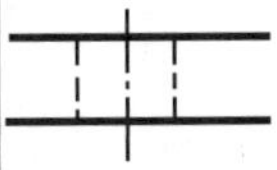	建筑物下面的通道
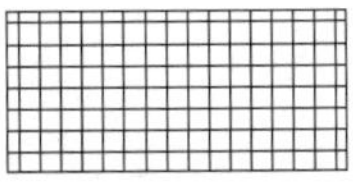	广场铺地	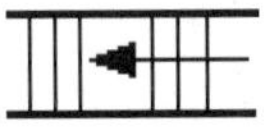	台阶，箭头指向表示向上
	烟囱，实线为下部直径，虚线为基础；必要时，可注写烟囱高度和上下口直径		实体性围墙
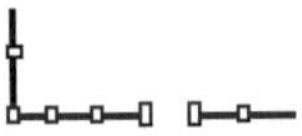	通透性围墙		挡土墙，被挡土在"突出"的一侧
	填挖边坡，边坡较长时，可在一端或两端局部表示		护坡，边坡较长时，可在一端或两端局部表示
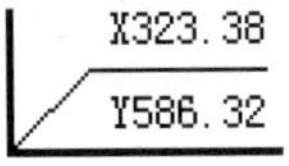 X323.38 Y586.32	测量坐标	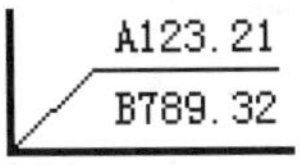 A123.21 B789.32	建筑坐标
 32.36(±0.00)	室内标高	 32.36	室外标高

3. 常用材料符号

建筑图中经常应用材料图例来表示材料，在无法用图例表示的地方，可以采用文字说明。常用的材料图例如表5-6所示。

表5-6　常用的材料图例

材料图例	说　明	材料图例	说　明
	自然土壤		夯实土壤
	毛石砌体		普通砖
	石材		砂、灰土
	空心砖		松散材料
	混凝土		钢筋混凝土
	多孔材料		金属
	矿渣、炉渣		玻璃
	纤维材料		防水材料，上下两种根据绘图比例大小选用
	木材		液体，须注明液体名称

第6章

别墅平面图

本章将以别墅平面图设计为例，详细讲解别墅平面图的绘制过程。本章在讲解过程中，将逐步带领读者完成平面图的绘制，并讲解关于别墅平面设计的相关知识和技巧。本章包括别墅平面图绘制的知识要点、装饰图块的绘制、尺寸标注、文字标注等内容。

知识点

- ➲ 建筑平面图概述
- ➲ 别墅地下室平面图的绘制
- ➲ 别墅首层平面图的绘制

6.1 建筑平面图概述

　　建筑平面图就是假想使用一水平的剖切面沿门窗洞的位置将房屋剖切后，对剖切面以下部分所作的水平剖面图。建筑平面图简称平面图，主要反映房屋的平面形状、大小和房间的布置，墙柱的位置、厚度和材料，门窗类型和位置等。建筑平面图是建筑施工图中最为基本的图样之一。建筑平面图的示例如图6-1所示。

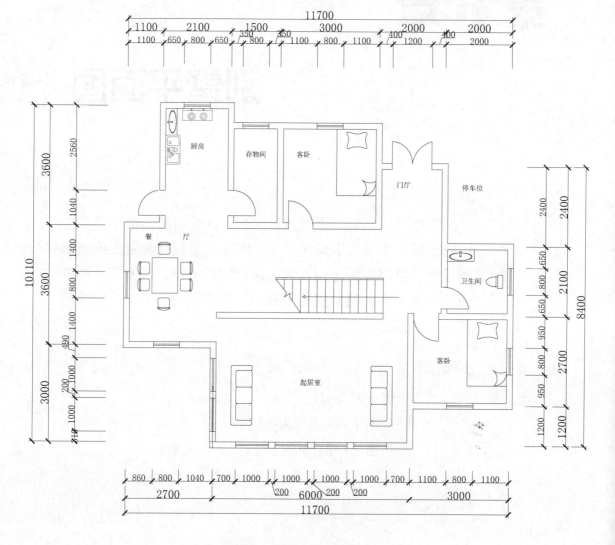

别墅一层建筑平面图1:100

图6-1　建筑平面图示例

预习重点

　（1）了解建筑平面图内容。

　（2）了解建筑平面图类型。

　（3）了解建筑平面图绘制的一般步骤。

　（4）了解本案例的设计思想。

6.1.1 | 建筑平面图内容

1. 建筑平面图的图示要点

　（1）每个平面图对应一个建筑物楼层，并注有相应的图名。

（2）可以表示多个楼层的平面图称为标准层平面图。标准层平面图表示的各层的房间数量、大小和布置都必须一样。

（3）建筑物左右对称时，可以将两层平面图绘制在同一张图纸上，左右分别绘制各层的一半，同时中间要标注对称符号。

（4）建筑平面较大时，可以分块绘制。

2. 建筑平面图的图示内容

（1）标示出墙、柱、门、窗的位置和编号，房间名称或编号，轴线编号等。

（2）标注出室内外的有关尺寸及室内楼、地面的标高。建筑物的底层，标高为±0.000。

（3）标示出电梯、楼梯的位置以及楼梯的上下方向和主要尺寸。

（4）标示出阳台、雨篷、踏步、斜坡、雨水管道、排水沟等构造的具体位置以及大小尺寸。

（5）绘出卫生器具、水池、工作台以及其他重要的设备位置。

（6）绘出剖面图的剖切符号以及编号。根据绘图习惯，一般只在底层平面图中绘制。

（7）标出有关部位上节点详图的索引符号。

（8）绘制出指北针。根据绘图习惯，一般只在底层平面图中绘出指北针。

6.1.2 建筑平面图类型

1. 根据剖切位置不同分类

根据剖切位置不同，建筑平面图可分为地下层平面图、底层平面图、x层平面图、标准层平面图、屋顶平面图、夹层平面图等。

2. 按不同的设计阶段分类

按不同的设计阶段，建筑平面图可分为方案平面图、初设平面图和施工平面图。不同阶段图纸表达深度不一样。

6.1.3 建筑平面图绘制的一般步骤

建筑平面图绘制的一般步骤如下。

（1）绘图环境设置。

（2）轴线绘制。

（3）墙线绘制。

（4）柱绘制。

（5）门窗绘制。

（6）阳台绘制。

（7）楼梯、台阶绘制。

（8）室内布置。

（9）室外周边景观（底层平面图绘制）。

（10）尺寸、文字标注。

根据工程的复杂程度，上面绘图顺序有可能小范围调整，但总体顺序基本不变。

6.2 本案例设计思想

本实例介绍的是某城市别墅区独院别墅，砖混结构，建筑朝向偏南，主要空间阳光充足，地形方正，共3层，室内楼梯贯穿。配合建筑设计单位的房型设计，我们根据朝向、风向等因素以及考虑到居住者的生活便利等因素做出了初步设计图，如图6-2所示。

地下层布置了活动室、放映室、工人房、卫生间、设备间、配电室、集水坑和采光井。整个地下层的基本设计思路是把不宜放在地上的或次要的建筑单元都放置在地下层。例如，活动室可能是举办家庭舞会或进行乒乓球、台球等体育娱乐活动的空间，易产生比较大的声音，放映室也易产生比较大的声音，这些声音容易干扰别墅内其他楼层或相邻建筑其他人的休息或活动，把这些单元放置在地下层就可以极大地减少对别人的干扰。工人房、设备间、配电室，这些建筑单元相对比较次要和琐碎，如果设置在其他楼层，有碍整个建筑楼层布置的美感和整体性，所以就集中在地下层，这就是设计思想中所谓的"藏拙"。采光井是为地下层专门设计的特殊单元。地下层最大的问题在于见不到阳光，无法保持自然的空气流通。设置采光井，让阳光照进地下层，可以极大地改善地下层的采光和通风，把地下层和大自然连接起来，减少地下层的隔绝感和压抑感。

首层布置了客厅、餐厅、厨房、客卧、卫生间、门厅、露台等建筑单元。由于首层是最方便的楼层，也是对外展示最多的楼层，整个别墅的基本设计思路是把起居、会客活动经常用到的建筑单元尽量布置在首层。例如，客厅、客卧、餐厅、车库这些单元都是主人会客或进出经常使用的建筑单元，所以应该设置在首层。

AutoCAD
2020 中文版建筑与室内设计从入门到精通

　　首层的客厅、客卧、餐厅等对采光有一定要求的空间都设在别墅的南侧，采光、通风良好。餐厅是连接室内外的另一个重要空间，通常不设置室外门。本次设计在南侧设置了大尺度的玻璃室外门，连接室外露台及室内空间，使业主能够在就餐期间享受最佳的视野和环境。

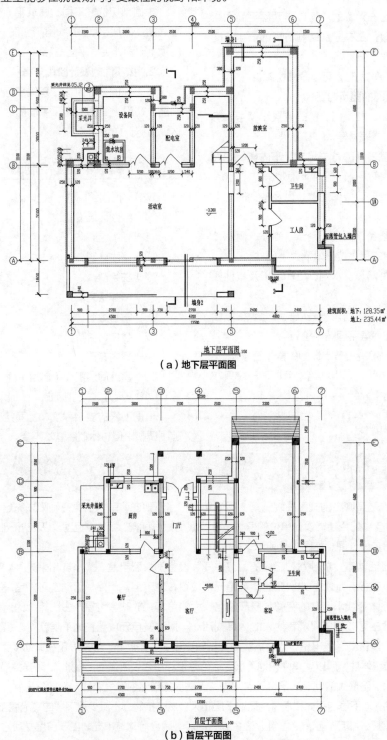

（a）地下层平面图

（b）首层平面图

图6-2　某别墅地下层、首层、二层平面图

120

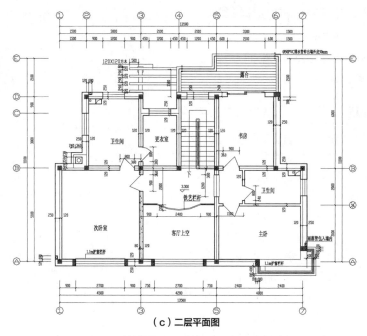

（c）二层平面图

图6-2　某别墅地下层、首层、二层平面图（续）

　　二层的位置相对独立，是业主和家人的私人活动空间，这里布置主卧、次卧、相应配套的独立卫生间以及更衣室、书房等，主卧和次卧之间通过过道相连。这里有一个精彩设计是将首层客厅的上方做成共享结构，这样就把整个别墅的首层和二层有机连接起来，楼上楼下沟通方便，使整个别墅内部变成一个整体的"独立王国"。坐在客厅，上面是一片空旷，没有了那种单元楼的压抑感，有的是纵览整个别墅空间的满足感和成就感。二层占据了有利的高度，北侧大面积的室外观景平台是业主与家人及朋友之间小聚的最佳静谧场所。

6.3　别墅地下室平面图

　　地下室主要包括活动室、放映室、工人房、卫生间、设备间、配电室、集水坑和采光井，如图6-3所示。下面主要讲解地下室平面图的绘制方法。

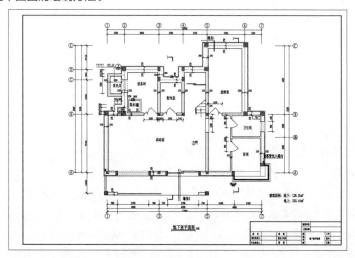

图6-3　别墅地下室平面图

（1）了解地下室平面图绘图前的准备工作。

（2）掌握地下室平面图绘图的步骤。

（3）掌握地下室平面图绘图的方法。

6.3.1 绘图准备

设置绘图环境是绘制任何一幅建筑图形都要进行的预备工作，这里主要进行创建图形文件、设置单位、创建图层等准备工作。有些具体设置可以在绘制过程中根据需要进行设置。

（1）打开AutoCAD 2020应用程序，单击"快速访问"工具栏中的"新建"按钮□，弹出"选择样板"对话框，如图6-4所示。以acadiso.dwt为样板文件建立新文件，并保存到适当的位置。

（2）设置单位。选择主菜单中的"图形实用工具"→"单位"命令，系统打开"图形单位"对话框，如图6-5所示。设置长度"类型"为"小数"，"精度"为"0"；设置角度"类型"为"十进制度数"，"精度"为"0"；系统默认逆时针方向为正，插入时的缩放比例设置为"无单位"。

（3）在命令行中输入"LIMITS"命令，设置图幅为42000mm×29700mm，命令行提示与操作如下。

```
命令:LIMITS ✓
重新设置模型空间界限:
指定左下角点或 [开(ON)/关(OFF)]
<0.0000,0.0000>:✓
指定右上角点 <12.0000,6.0000>:
42000,29700✓
```

（4）新建图层。

① 单击"默认"选项卡"图层"选项组中的"图层特性"按钮，弹出"图层特性管理器"对话框，如图6-6所示。

> **注意**
> 在绘图过程中，往往需要绘制不同的绘图内容，如轴线、墙线、装饰布置图块、地板、标注、文字等。如果将这些内容均放置在一起，绘制之后若要删除或编辑某一类型的图形，将带来选取的困难。AutoCAD提供的图层功能为用户带来了极大的方便。在绘图初期用户可以建立不同的图层，并将不同类型的图形绘制在不同的图层当中。在编辑时可以利用图层的显示、隐藏、锁定等功能来操作图层中的图形，以利于用户的使用。

图6-4 新建样板文件

图6-5 "图形单位"对话框

图6-6 "图层特性管理器"选项板

② 单击"图层特性管理器"对话框中的"新建图层"按钮，如图6-7所示。

③ 新建图层的图层名称默认为"图层1"，这里将其修改为"轴线"。图层名称后面的选项主要包括"开/关图层""在所有视口中冻结/解冻图层""锁定/解锁图层""图层默认颜色""图层默认线型""图层默认线宽"和"打印样式"等。其中，编辑图形时最常用的是"开/关图层""锁定/解锁图层""图层默认颜色"以及"线型的设置"等。

④ 单击新建的"轴线"图层"颜色"栏中的色块，弹出"选择颜色"对话框，如图6-8所示，选择红色为轴线图层的默认颜色。单击"确定"按钮，返回"图层特性管理器"选项板。

⑤ 单击"线型"栏中的选项，弹出"选择线型"对话框，如图6-9所示。轴线一般应用点划线进行绘制，因此应将"轴线"图层的默认线型设为中心线。单击"加载"按钮，弹出"加载或重载线型"对话框，如图6-10所示。

图6-7 新建图层

图6-8 "选择颜色"对话框

图6-9 "选择线型"对话框

图6-10 "加载或重载线型"对话框

⑥ 在"可用线型"列表框中选择"CENTER"

线型，单击"确定"按钮，返回"选择线型"对话框。选择刚刚加载的线型，如图6-11所示，单击"确定"按钮，轴线图层设置完毕。

图6-11 选择线型

> **注意** 修改系统变量DRAGMODE，推荐修改为AUTO。系统变量为ON时，选定要拖动的对象后，仅当在命令行中输入"DRAG"后才在拖动时显示对象的轮廓；系统变量为OFF时，在拖动时不显示对象的轮廓；系统变量为AUTO时，在拖动时总是显示对象的轮廓。

⑦ 采用相同的方法按照以下说明，新建其他几个图层。

"墙线"图层：颜色为白色，线型为实线，线宽为0.3mm。

"门窗"图层：颜色为蓝色，线型为实线，线宽为默认。

"轴线"图层：颜色为红色，线型为CENTER，线宽为默认。

"文字"图层：颜色为白色，线型为实线，线宽为默认。

"尺寸"图层：颜色为"94"，线型为实线，线宽为默认。

"家具"图层：颜色为洋红，线型为实线，线宽为默认。

"装饰"图层：颜色为洋红，线型为实线，线宽为默认。

"绿植"图层：颜色为"92"，线型为实线，线宽为默认。

"柱子"图层：颜色为白色，线型为实线，线宽为默认。

"楼梯"图层：颜色为白色，线型为实线，线宽为默认。

在绘制的平面图中，包括轴线、门窗、装饰、文字和尺寸标注几项内容，分别按照上面所介绍的方式设置图层。其中的颜色可以依照读者的绘图习惯自行设置，并没有具体的要求。设置完成后的"图层特性管理器"选项板如图6-12所示。

 注意 有时在绘制过程中需要删除不要的图层，我们可以将不要的图层先关闭，再全选、粘贴至新文件中，那些不要的图层就不会被粘贴过来。如果曾经在这个不要的图层中定义过块，又在另一图层中插入了这个块，那么这个不要的图层是不能用这种方法删除的。

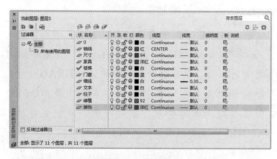

图6-12 设置图层

6.3.2 绘制轴线

建筑轴线是在绘制建筑平面图时布置墙体和门窗的依据，同样也是建筑施工定位的重要依据。在轴线的绘制过程中，主要使用的绘图命令是"直线" ╱ 和"偏移" ⊆。

（1）在"图层"选项组的下拉列表框中，选择"轴线"图层为当前图层，如图6-13所示。

图6-13 设置"轴线"图层为当前图层

（2）单击"默认"选项卡"绘图"选项组中的"直线"按钮 ╱，在空白区域任选一点为起点，绘制一条长度为"16687"的竖直轴线。命令行提示与操作如下。

```
命令:LINE ✓
指定第一个点: ✓（任选起点）
指定下一点或 [ 放弃 (U)]: @0,16687 ✓
```

结果如图6-14所示。

（3）单击"默认"选项卡"绘图"选项组中的"直线"按钮 ╱，以步骤（2）绘制的竖直轴线下端

点为起点，向右绘制一条长度为"15512"的水平轴线，结果如图6-15所示。

图6-14 绘制竖直轴线　　图6-15 绘制水平轴线

注意 使用"直线"命令时，若为正交轴网，单击"正交"按钮，根据正交方向提示，直接输入下一点的距离即可，而不需要输入@符号。若为斜线，则可单击"极轴"按钮，设置斜线角度，此时，系统即进入了自动捕捉所需角度的状态，大大提高了绘制直线时输入距离的速度。注意，二者不能同时使用。

（4）此时，轴线的线型虽然为中心线，但是由于比例太小，显示出来还是实线的形式。选择刚刚绘制的轴线并右击，在弹出的图6-16所示的快捷菜单中选择"特性"命令，弹出"特性"选项板，如图6-17所示。将"线型比例"设置为"50"，轴线显示如图6-18所示。

图6-16 快捷菜单　　　　图6-17 "特性"选项板

图 6-18　修改线型比例后的轴线

（5）单击"默认"选项卡"修改"选项组中的"偏移"按钮 ⊑，设置"偏移距离"为"910"，按Enter键确认后选择竖直直线为偏移对象，在竖直直线右侧单击，将竖直直线向右偏移"910"的距离，命令行提示与操作如下。

```
命令：_offset
当前设置：删除源=否  图层=源  OFFSETGAPTYPE
=0
指定偏移距离或 ［通过(T)/删除(E)/图层(L)］
<通过>:910 ↙
选择要偏移的对象或 ［退出(E)/放弃(U)］<退出>
↙（选择竖直直线）
指定要偏移的那一侧上的点或 ［退出(E)/多个
(M)/放弃(U)］<退出>:↙（在水平直线右侧单击鼠
标左键）
选择要偏移的对象或［退出(E)/放弃(U)］<退
出>:↙
```

结果如图6-19所示。

（6）选择步骤（5）的偏移直线为偏移对象，将直线向右进行偏移，偏移距离为"625""2255""810""660""1440""1440""636""2303""1085""1500"，如图6-20所示。

（7）单击"默认"选项卡"修改"选项组中的"偏移"按钮 ⊑，选择底部水平直线为偏移对象向上进行偏移，偏移距离为"1700""1980""3250""3000""900""2100"，结果如图6-21所示。

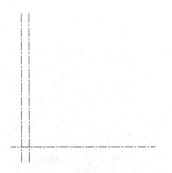

图 6-19　偏移竖直轴线

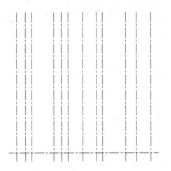

图 6-20　继续偏移竖直轴线

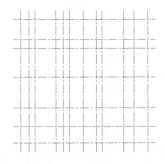

图 6-21　偏移水平轴线

6.3.3　绘制及布置墙体柱子

本小节主要介绍柱子和墙体的绘制，具体的绘制步骤如下。

（1）在"图层"选项组的下拉列表框中，选择"柱子"图层为当前图层，如图6-22所示。

✔柱子　♀☆☆⊖■白　Continuous ── 默认　0　　配

图 6-22　设置当前图层

（2）单击"默认"选项卡"绘图"选项组中的"矩形"按钮 ⊏，在图形空白区域绘制一个"370×370"的矩形，如图6-23所示。

图 6-23　绘制矩形

（3）单击"默认"选项卡"绘图"选项组中的"图案填充"按钮 ▨，系统将打开"图案填充创建"选项卡，如图6-24所示，拾取填充区域中的一点，效果如图6-25所示。

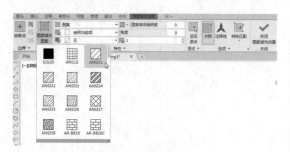

图 6-24 "图案填充创建"选项卡

图 6-25 填充图形

利用上述方法分别绘制"240×240""240×370""370×240""300×300""180×370"的柱子。

（4）单击"默认"选项卡"修改"选项组中的"复制"按钮，选择绘制的"370×370"的矩形为复制对象，并将复制出的矩形放置到图形轴线上，如图6-26所示。

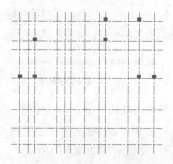

图 6-26 复制柱子（1）

（5）单击"默认"选项卡"修改"选项组中的"复制"按钮，选择绘制的"240×370"的矩形为复制对象，并将复制出的矩形放置到图形轴线上，如图6-27所示。

（6）单击"默认"选项卡"修改"选项组中的"复制"按钮，选择绘制的"240×240"的矩形为复制对象，并将复制出的矩形放置到图形轴线上，如图6-28所示。

利用上述方法完成剩余柱子图形的布置，最终结果如图6-29所示。

图 6-27 复制柱子（2）

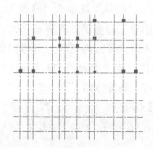

图 6-28 复制柱子（3）

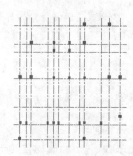

图 6-29 布置柱子

（7）单击"默认"选项卡"绘图"选项组中的"多段线"按钮，指定起点宽度为"25"、端点宽度为"25"，绘制柱子之间的连接线，即墙线，如图6-30所示。

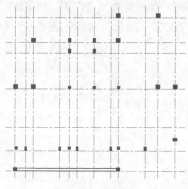

图 6-30 绘制墙线

（8）单击"默认"选项卡"绘图"选项组中的"多段线"按钮 ，指定起点宽度为"25"、端点宽度为"25"，完成剩余墙线的绘制，如图6-31所示。

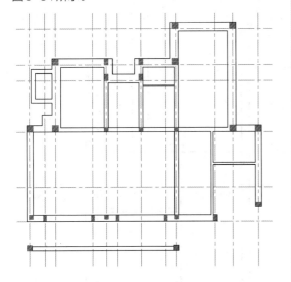

图 6-31 绘制剩余墙线

（9）单击"轴线"图层前面的"开/关"按钮 ，使其处于关闭状态，关闭"轴线"图层，结果如图6-32所示。

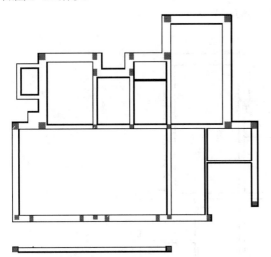

图 6-32 关闭"轴线"图层

（10）单击"默认"选项卡"绘图"选项组中的"多段线"按钮 ，指定起点宽度为"5"、端点宽度为"5"，在距离墙线外侧"60"处绘制图形中的外围墙线，如图6-33所示。

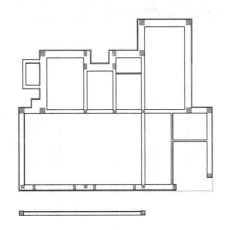

图 6-33 绘制墙体外围线

（11）在"图层"选项组的下拉列表框中，选择"门窗"图层为当前图层，如图6-34所示。

图 6-34 设置"门窗"图层为当前图层

（12）单击"默认"选项卡"绘图"选项组中的"直线"按钮 ，在图形适当位置绘制一条竖直直线，如图6-35所示。

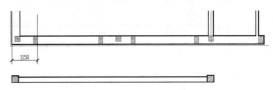

图 6-35 绘制竖直直线

（13）单击"默认"选项卡"修改"选项组中的"偏移"按钮 ，选择绘制的竖直直线为偏移对象，向右进行偏移，偏移距离为"2700"，如图6-36所示。

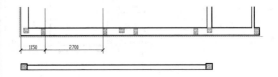

图 6-36 偏移竖直直线

利用上述方法完成剩余窗户辅助线的绘制，如图6-37所示。

（14）单击"默认"选项卡"修改"选项组中的"修剪"按钮 ，选择绘制的窗户辅助线间的墙体为修剪对象，对其进行修剪，如图6-38所示。

门洞线的绘制方法与窗洞线的绘制方法基本相

AutoCAD
2020 中文版建筑与室内设计从入门到精通

同，这里不再详细阐述，如图6-39所示。

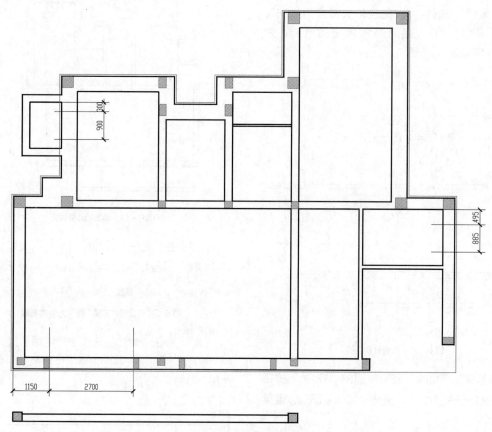

图6-37 绘制窗户辅助线

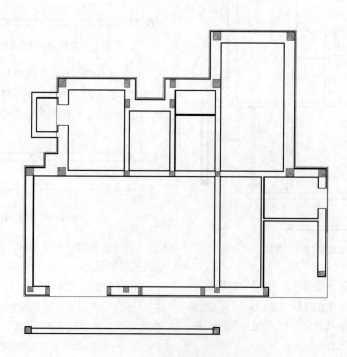

图6-38 修剪窗线

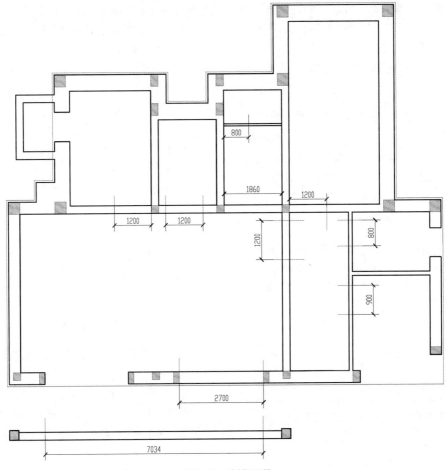

图 6-39 绘制门洞线

（15）单击"默认"选项卡"修改"选项组中的"修剪"按钮，选择门洞口线间墙体为修剪对象，对其进行修剪，如图6-40所示。

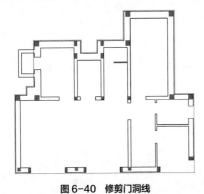

图 6-40 修剪门洞线

> **注意** 如果不事先设置线型，除了基本的Continuous线型外，其他的线型不会显示在"线型"选项后面的下拉列表框中。

（16）在命令提示下，输入"MLSTYLE"，打开"多线样式"对话框，如图6-41所示。

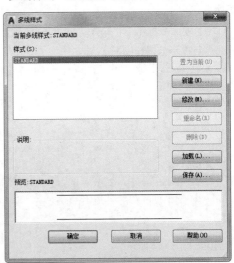

图 6-41 "多线样式"对话框图

（17）在"多线样式"对话框中，单击右侧的"新建"按钮，打开"创建新的多线样式"对话框，如图6-42所示。在"新样式名"文本框中输入"窗"作为多线的名称。单击"继续"按钮，打开"新建多线样式"对话框，如图6-43所示。

图6-42　"创建新的多线样式"对话框

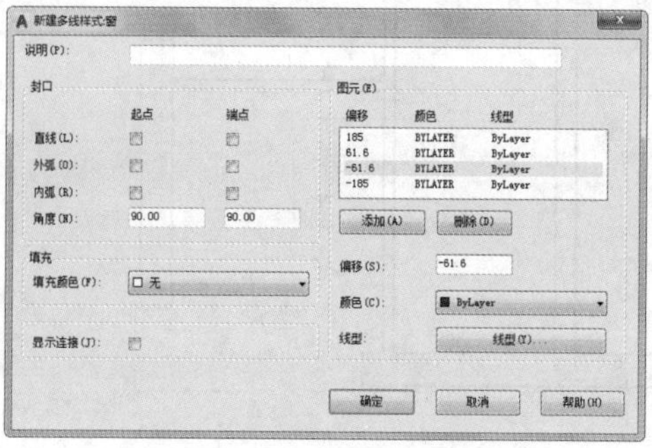

图6-43　"新建多线样式"对话框

（18）窗户所在的墙体宽度为"370"，将偏移分别修改为"185"和"-185"、"61.6"和"-61.6"，单击"确定"按钮，回到"多线样式"对话框中，单击"置为当前"按钮，将创建的多线样式设为当前多线样式，单击"确定"按钮，回到绘图状态。

（19）在命令提示下，输入"MLINE"，绘制窗线，命令行提示与操作如下。

```
命令:MLINE ✓
当前设置:对正 = 上,比例 = 20.00,样式 = 窗
指定起点或 [对正(J)/比例(S)/样式(ST)]:j✓
输入对正类型 [上(T)/无(Z)/下(B)] <上>:z✓
当前设置:对正 = 无,比例 = 20.00,样式 = 窗
指定起点或 [对正(J)/比例(S)/样式(ST)]:s✓
输入多线比例 <20.00>:1 ✓
当前设置:对正 = 无,比例 = 8.00,样式 = 窗
指定起点或 [对正(J)/比例(S)/样式(ST)]: ✓
指定下一点: ✓
指定下一点或 [放弃(U)]: ✓
```

结果如图6-44所示。

（20）在命令提示下，输入"MLSTYLE"，打开"多线样式"对话框，单击右侧的"新建"按钮，

打开"创建新的多线样式"对话框，如图6-42所示。在"新样式名"文本框中输入"500窗"作为多线的名称。单击"继续"按钮，打开"新建多线样式"对话框。

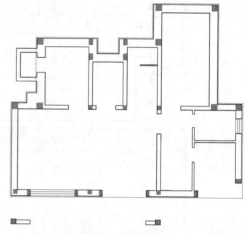

图6-44　绘制窗线（1）

（21）窗户所在的墙体宽度为"500"，将偏移分别修改为"250"和"-250"、"83.3"和"-83.3"，单击"确定"按钮，回到"多线样式"对话框中，单击"置为当前"按钮，将创建的多线样式设为当前多线样式，单击"确定"按钮，回到绘图状态。

（22）在命令提示下，输入"MLINE"，在修剪的窗洞内绘制多线，完成窗线的绘制，如图6-45所示。

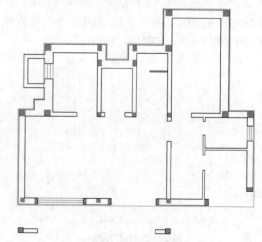

图6-45　绘制窗线（2）

（23）单击"默认"选项卡"绘图"选项组中的"多段线"按钮，指定起点宽度为"0"、端点宽度为"0"，在墙线外围绘制连续多段线，如图6-46所示。

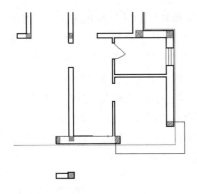

图6-46　绘制多段线

（24）单击"默认"选项卡"修改"选项组中的"偏移"按钮 ⊂，选择绘制的多段线为偏移对象，向内进行偏移，偏移距离为"100""33""34""33"，结果如图6-47所示。

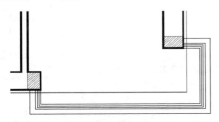

图6-47　偏移多段线

6.3.4 绘制门

建筑平面图中门的绘制过程基本如下：首先使用直线、矩形和圆弧等工具绘制出门的基本图形，并根据所绘门的基本图形创建门图块；然后在相应门洞口处插入门图块，并根据需要进行适当调整；最后完成平面图中所有门的绘制。

（1）单击"默认"选项卡"绘图"选项组中的"直线"按钮 ╱，在图形空白区域绘制一条长为"318"的竖直直线，如图6-48所示。

（2）单击"默认"选项卡"修改"选项组中的"旋转"按钮 ↻，选择绘制的竖直直线为旋转对象，以竖直直线下端点为旋转基点将其旋转-45°，如图6-49所示。

图6-48　绘制竖直直线　　图6-49　旋转竖直直线

（3）单击"默认"选项卡"绘图"选项组中的"圆弧"下拉菜单中的"起点、端点、角度"按钮 ⌒，绘制一段角度为90°的圆弧，命令行提示与操作如下。

```
命令：_arc
指定圆弧的起点或［圆心（C）］:（选择斜线下端点）✓
指定圆弧的第二个点或［圆心（C）/端点（E）］:_e✓
指定圆弧的端点：（选择左上方门洞竖线与墙轴线交点）✓
指定圆弧的中心点（按住Ctrl键以切换方向）或
［角度（A）/方向（D）/半径（R）］:_a✓
指定夹角（按住Ctrl键以切换方向）:-90✓
```

结果如图6-50所示。

同理，绘制右侧大门图形，完成右侧大门的绘制，如图6-51所示。

图6-50　绘制圆弧　　　　图6-51　绘制门

（4）在命令行中输入"WBLOCK"命令，打开"写块"对话框，如图6-52所示，以M1为对象，以左下角的竖直线的中点为基点，定义"单扇门"图块。

图6-52　"写块"对话框

对开门的绘制方法与单扇门的绘制方法基本相同，这里不再详细阐述，对开门的绘制结果如图6-53所示。

图 6-53 绘制对开门

（5）在命令行中输入"WBLOCK"命令，打开"写块"对话框，如图6-52所示，以绘制的双扇门为对象，以左下角的竖直线的中点为基点，定义"双扇门"图块。

（6）单击"插入"选项卡的"块"选项组中的"插入"按钮，在下拉菜单中选择"其他图形中的块"，打开"块"选项板，如图6-54所示。

图 6-54 "块"选项板

（7）单击选项板右上侧的"浏览"按钮，弹出"选择图形文件"对话框，选择"源文件\图块\单扇门"图块，单击"打开"按钮。返回到"块"选项板，设置旋转角度为270°，双击图块，将图块插入图中合适的位置，如图6-55所示。

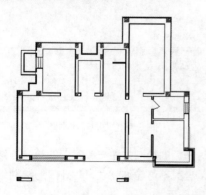

图 6-55 插入门（1）

（8）单击"插入"选项卡"块"选项组中的"插入"按钮，在下拉菜单中选择"其他图形中的块"，打开"块"选项板。继续单击选项板右上侧的"浏览"按钮，弹出"选择图形文件"对话框，选择"源文件\图块\单扇门"图块，单击"打开"按钮。返回到"块"选项板，设置旋转角度为270°，设置比例为"1.1"，双击图块，将图块插入图中合适的位置，如图6-56所示。

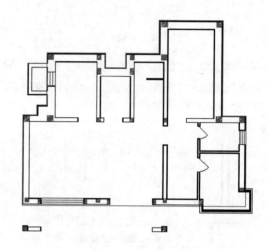

图 6-56 插入门（2）

（9）单击"插入"选项卡"块"选项组中的"插入"按钮，在下拉菜单中选择"其他图形中的块"，打开"块"选项板。继续单击选项板右上侧的"浏览"按钮，弹出"选择图形文件"对话框，选择"源文件\图块\对开门"图块，单击"打开"按钮。返回到"块"选项板，双击图块，将图块插入图中合适的位置，如图6-57所示。

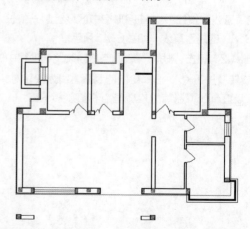

图 6-57 插入对开门

（10）单击"默认"选项卡"绘图"选项组中的"直线"按钮 ／，在图形底部绘制一条水平直线，如图6-58所示。

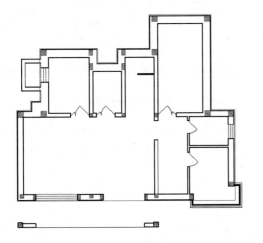

图 6-58　绘制水平直线

（11）单击"默认"选项卡"绘图"选项组中的"矩形"按钮 囗，在绘制的水平直线上方绘制一个"3780×25"的矩形，如图6-59所示。

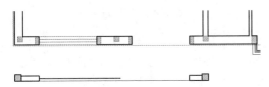

图 6-59　绘制矩形

（12）单击"默认"选项卡"绘图"选项组中的"直线"按钮 ／和"矩形"按钮 囗，绘制剩余部分的门，如图6-60所示。

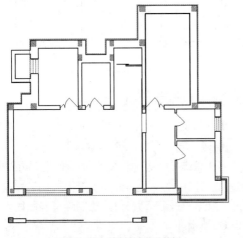

图 6-60　绘制剩余部分的门

注意　绘制圆弧时，注意指定合适的端点或圆心，指定端点的时针方向即为绘制圆弧的方向。例如，要绘制下半圆弧，则起始端点应在左侧，终止端点应在右侧，此时端点的时针方向为逆时针，即得到相应的逆时针圆弧。

注意　插入时注意指定插入点和旋转比例的选择。

6.3.5　绘制楼梯

楼梯是建筑的重要组成部分，是人们在室内和室外进行垂直交通的重要建筑构件，具体的绘制步骤如下。

1. 绘制楼梯时的参数

（1）楼梯形式（单跑、双跑、直行、弧形等）。

（2）楼梯各部位长、宽、高3个方向的尺寸，包括楼梯总宽、总长、楼梯宽度、踏步宽度、踏步高度、平台宽度等。

（3）楼梯的安装位置。

2. 楼梯的绘制方法

（1）将"楼梯"图层设为当前图层，如图6-61所示。

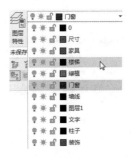

图 6-61　设置"楼梯"图层为当前图层

（2）单击"默认"选项卡"绘图"选项组中的"直线"按钮 ／，在楼梯间内绘制一条长为"900"的水平直线，如图6-62所示。

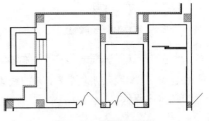

图 6-62　绘制水平直线

（3）单击"默认"选项卡"绘图"选项组中的"矩形"按钮 □，在楼梯间水平线左侧绘制一个"50×1320"的矩形，如图6-63所示。

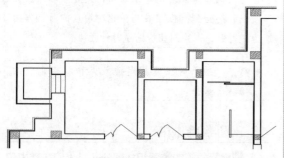

图6-63　绘制矩形

（4）单击"默认"选项卡"修改"选项组中的"偏移"按钮 ⊑，选择绘制的水平直线为偏移对象，向上进行偏移，偏移距离为"270""270""270""270"，如图6-64所示。

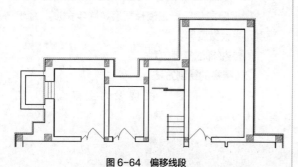

图6-64　偏移线段

（5）单击"默认"选项卡"绘图"选项组中的"直线"按钮 ╱，在偏移线段内绘制一条斜线，如图6-65所示。

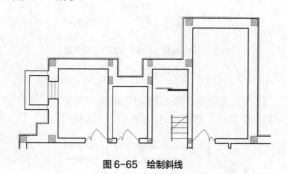

图6-65　绘制斜线

（6）单击"默认"选项卡"修改"选项组中的"修剪"按钮 ，选择绘制的斜线上方的线段进行修剪，如图6-66所示。

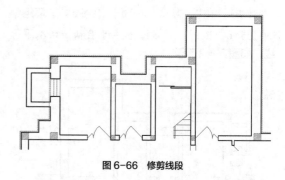

图6-66　修剪线段

（7）单击"默认"选项卡"绘图"选项组中的"直线"按钮 ╱，在所绘图形中间位置绘制一条竖直直线，如图6-67所示。

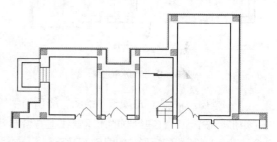

图6-67　绘制竖直直线

（8）单击"默认"选项卡"绘图"选项组中的"直线"按钮 ╱，以绘制的竖直直线上端点为直线起点，向下绘制一条斜线，如图6-68所示。

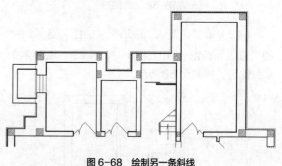

图6-68　绘制另一条斜线

6.3.6 绘制集水坑

集水坑的绘制比较简单，主要使用了"多段线""偏移"命令，具体绘制步骤如下。

（1）单击"默认"选项卡"绘图"选项组中的"多段线"按钮 ，指定起点宽度为"15"端点宽度为"15"，在图形适当位置绘制连续多段线，如图6-69所示。

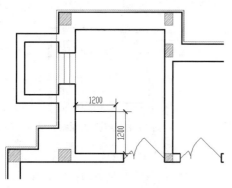

图 6-69 绘制多段线

（2）单击"默认"选项卡"修改"选项组中的"偏移"按钮 ⊆ ，选择绘制的连续多段线为偏移对象，向内进行偏移，偏移距离为"100"，如图 6-70 所示。

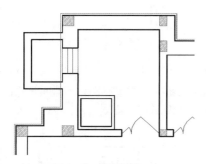

图 6-70 偏移多线段

6.3.7 | 绘制内墙烟囱

本小节主要介绍内墙烟囱的绘制方法和技巧，具体的绘制步骤如下。

（1）单击"默认"选项卡"绘图"选项组中的"多段线"按钮 ⊃ ，指定起点宽度为"15"、端点宽度为"15"，在图 6-70 图形左侧位置绘制一个"360×360"的正方形，如图 6-71 所示。

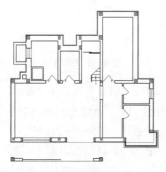

图 6-71 绘制正方形

（2）单击"默认"选项卡"绘图"选项组中的"直线"按钮 ╱ ，通过绘制的正方形四边的中点绘制十字交叉线，如图 6-72 所示。

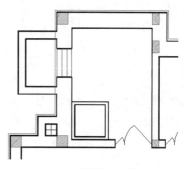

图 6-72 绘制十字交叉线

（3）单击"默认"选项卡"绘图"选项组中的"圆心，半径"按钮 ⊙ ，选择绘制的十字交叉线中点为圆心绘制一个适当半径的圆，如图 6-73 所示。

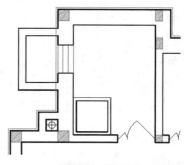

图 6-73 绘制圆

（4）单击"默认"选项卡"修改"选项组中的"删除"按钮 ✐ ，选择绘制的十字交叉线为删除对象，将其删除，如图 6-74 所示。

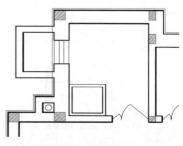

图 6-74 删除十字交叉线

利用相同方法绘制图形中的雨水管，如图 6-75 所示。

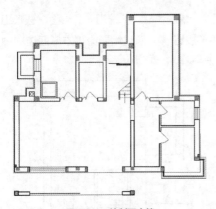

图 6-75　绘制雨水管

（5）单击"默认"选项卡"绘图"选项组中的"直线"按钮／，绘制图形中的剩余连接线，如图6-76所示。

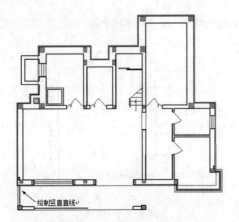

图 6-76　绘制剩余连接线

（6）单击"默认"选项卡"绘图"选项组中的"多段线"按钮▃⊃，指定起点宽度为"25"、端点宽度为"25"，在图形适当位置绘制连续多段线，如图6-77所示。

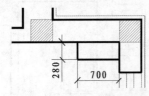

图 6-77　绘制连续多段线

（7）单击"默认"选项卡"绘图"选项组中的"多段线"按钮▃⊃，指定起点宽度为"25"、端点宽度为"25"，以步骤（6）绘制的多段线底部水平边中点为直线起点，向上绘制一条竖直直线，如图

6-78所示。

图 6-78　绘制竖直直线

（8）单击"默认"选项卡"绘图"选项组中的"圆"下拉按钮下的"圆心，半径"按钮⊙，在步骤（7）绘制的图形内适当位置选一点为圆心，绘制一个半径为"50"的圆，如图6-79所示。

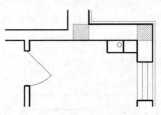

图 6-79　绘制圆

（9）单击"默认"选项卡"绘图"选项组中的"直线"按钮／，在步骤（8）绘制的图形内绘制连续直线，如图6-80所示。

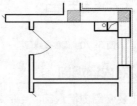

图 6-80　绘制连续直线

（10）单击"默认"选项卡"绘图"选项组中的"多段线"按钮▃⊃，在图形适当位置绘制一个"178×74"的矩形，如图6-81所示。

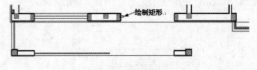

图 6-81　绘制矩形

（11）单击"默认"选项卡"修改"选项组中的"复制"按钮❀，选择绘制的矩形为复制对象，对其进行连续复制，如图6-82所示。

（12）单击"默认"选项卡"绘图"选项组中的"直线"按钮／，绘制矩形之间的连接线，如

图6-83所示。

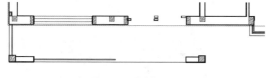

图 6-82 复制矩形

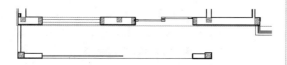

图 6-83 绘制矩形之间的连接线

6.3.8 添加尺寸标注

对图形添加尺寸标注，首先要设置标注样式，然后再利用"线性""连续"命令标注尺寸。具体的绘制步骤如下。

（1）在"图层"选项组的下拉列表框中，选择"尺寸"图层为当前图层，如图6-84所示。

图 6-84 设置"尺寸"图层为当前图层

（2）设置标注样式。

① 单击"注释"选项卡"标注"选项组中的按钮 ，弹出"标注样式管理器"对话框，如图6-85所示。

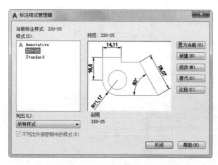

图 6-85 "标注样式管理器"对话框

② 单击"修改"按钮，弹出"修改标注样式"

对话框。选择"线"选项卡，如图6-86所示，按照图中的参数修改标注样式。

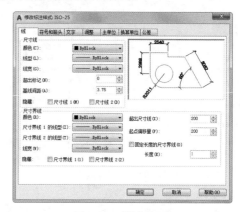

图 6-86 "线"选项卡

③ 选择"符号和箭头"选项卡，按照图6-87所示的设置进行修改，箭头样式选择为"建筑标记"，箭头大小修改为"400"。

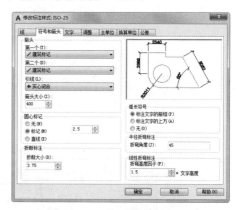

图 6-87 "符号和箭头"选项卡

④ 在"文字"选项卡中设置"文字高度"为"450"，如图6-88所示。

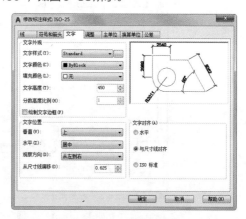

图 6-88 "文字"选项卡

⑤ "主单位"选项卡中的设置如图6-89所示。

图6-89 "主单位"选项卡

（3）单击"默认"选项卡"绘图"选项组中的"直线"按钮 ∕，在墙内绘制标注辅助线，如图6-90所示。

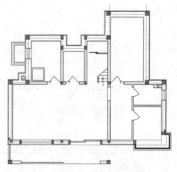

图6-90 绘制标注辅助线

（4）将"尺寸标注"图层设为当前图层，单击"注释"选项卡"标注"选项组中的"线性"按钮 ⊢┤，标注图形细部尺寸，命令行提示与操作如下。

命令:DIMLINEAR ∠
指定第一个尺寸线原点或 ＜选择对象＞:∠（指定一点）
指定第二条尺寸线原点:∠（指定第二点）
指定尺寸线位置或 [多行文字(M)/文字(T)/角度(A)/水平(H)/垂直(V)/旋转(R)]:∠（指定合适的位置）

逐个标注，结果如图6-91所示。

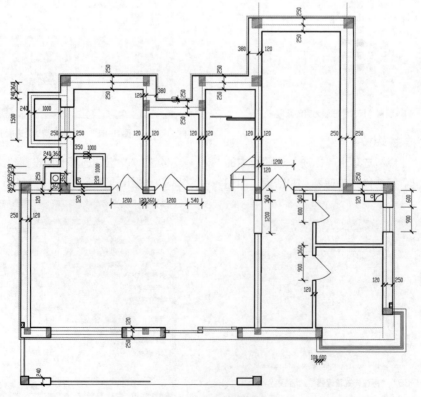

图6-91 标注细部尺寸

（5）单击"注释"选项卡"标注"选项组中的"线性"按钮├──┤和"连续"按钮├┼┼┤，标注图形第一道尺寸，如图6-92所示。

（6）单击"注释"选项卡"标注"选项组中的"线性"按钮├──┤和"连续"按钮├┼┼┤，标注图形第二道尺寸，如图6-93所示。

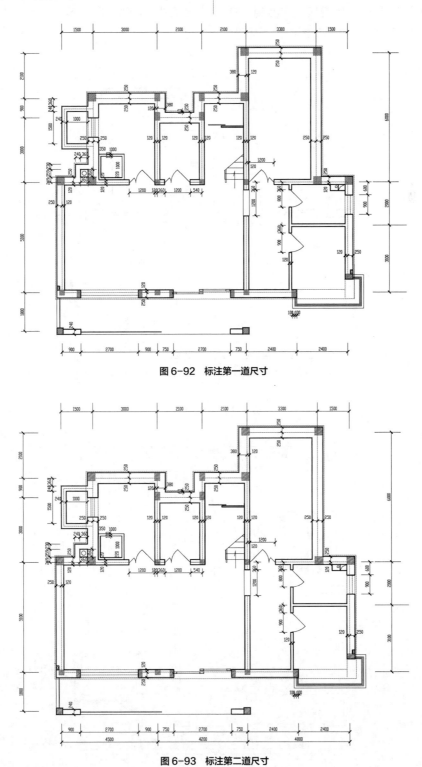

图 6-92　标注第一道尺寸

图 6-93　标注第二道尺寸

（7）单击"注释"选项卡"标注"选项组中的"线性"按钮⊢和"连续"按钮⊪，标注图形总尺寸，如图6-94所示。

（8）单击"默认"选项卡"修改"选项组中的"分解"按钮，选取标注的第二道尺寸为分解对

象，按Enter键确认进行分解。

（9）单击"默认"选项卡"绘图"选项组中的"直线"按钮／，分别在横竖4条总尺寸线上方绘制4条直线，如图6-95所示。

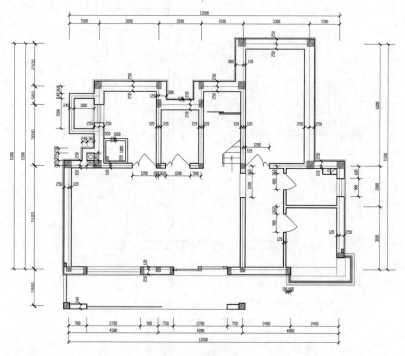

图6-94 标注总尺寸

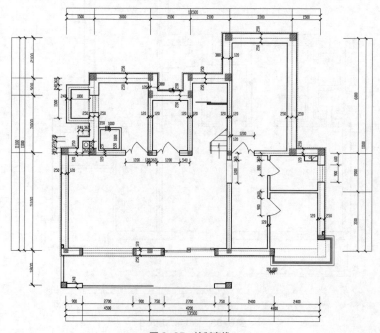

图6-95 绘制直线

（10）单击"默认"选项卡"修改"选项组中的"延伸"按钮 ⟶|，选取分解后的标注线段，并延伸至步骤（9）绘制的直线，如图6-96所示。

（11）单击"默认"选项卡"修改"选项组中的"删除"按钮 ✎，选择绘制的直线为删除对象并对其进行删除，如图6-97所示。

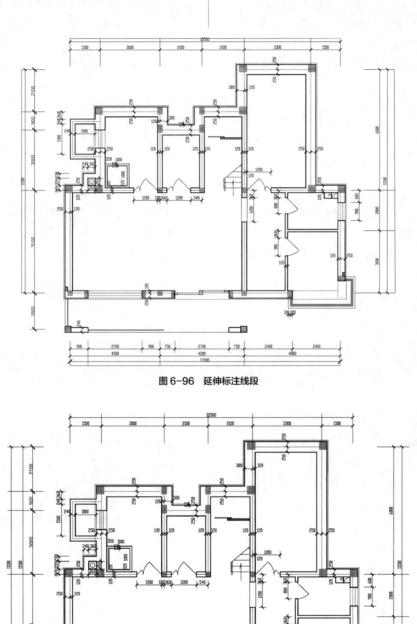

图6-96　延伸标注线段

图6-97　删除直线

6.3.9 添加轴号

为图形添加轴线标号（简称轴号）便于读图者更清晰地分析图形构造，具体的绘制步骤如下。

（1）单击"默认"选项卡"绘图"选项组中的"圆"下拉按钮下的"圆心，半径"按钮⊙，在适当位置绘制一个半径为"200"的圆，如图6-98所示。

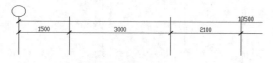

图6-98　绘制圆

（2）单击"插入"选项卡"块定义"选项组中的"定义属性"按钮◈，弹出"属性定义"对话框，如图6-99所示，单击"确定"按钮，在圆心位置输入一个块的属性值。设置完成后的效果如图6-100所示。

图6-99　"属性定义"对话框

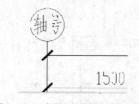

图6-100　在圆心位置输入块的属性值

（3）单击"插入"选项卡"定义块"选项组中的"创建块"按钮🗔，弹出"块定义"对话框，如图6-101所示。在"名称"文本框中输入"轴号"，指定圆心为基点，选择整个圆和刚才的"轴号"标记为对象，单击"确定"按钮，弹出图6-102所

示的"编辑属性"对话框，输入轴号为"1"，单击"确定"按钮，轴号效果图如图6-103所示。

图6-101　"块定义"对话框

图6-102　"编辑属性"对话框

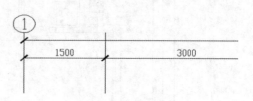

图6-103　轴号效果图

（4）单击"插入"选项卡"块"选项组中的"插入"按钮🗔，双击"插入"下拉菜单中的轴号图块，将图块插入到图中合适的位置，结果如图6-104所示。

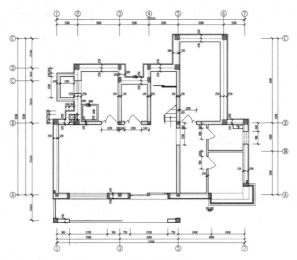

图 6-104　添加轴号

6.3.10 │ 绘制标高

标注标高主要利用"直线""多行文字""镜像"和"移动"等命令绘制，具体绘制步骤如下。

（1）单击"默认"选项卡"绘图"选项组中的"直线"按钮 ╱，在图形空白区域绘制一条长度为"500"的水平直线，如图6-105所示。

图 6-105　绘制水平直线

（2）单击"默认"选项卡"绘图"选项组中的"直线"按钮 ╱，以绘制的水平直线左端点为起点，绘制一条斜向直线，如图6-106所示。

（3）单击"默认"选项卡"修改"选项组中的"镜像"按钮 △，选择绘制的斜向直线为镜像对象，并对其进行竖直镜像，如图6-107所示。

图 6-106　绘制直线　　　**图 6-107　镜像直线**

（4）单击"注释"选项卡"文字"选项组中的"多行文字"按钮 **A**，在图形上方添加文字，如图6-108所示。

图 6-108　添加文字

（5）单击"默认"选项卡"修改"选项组中的"移动"按钮 ✛，选择绘制的标高图形为移动对象，并将其放置到图形适当位置，如图6-109所示。

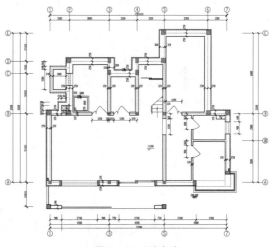

图 6-109　添加标高

6.3.11 │ 添加文字标注

添加文字标注与添加尺寸标注相同，首先要设置文字样式，接着使用"多行文字"命令为图形添加文字说明。

（1）在"图层"选项组的下拉列表框中选择"文字"图层为当前图层，如图6-110所示。

（2）单击"注释"选项卡"文字"选项组中的按钮 ↘，弹出"文字样式"对话框，如图6-111所示。

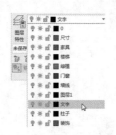

图 6-110 设置"文字"图层为当前图层

图 6-111 "文字样式"对话框

（3）单击"新建"按钮，弹出"新建文字样式"对话框，将文字样式命名为"说明"，如图 6-112 所示。

图 6-112 "新建文字样式"对话框

（4）单击"确定"按钮，在"文字样式"对话框中取消选中"使用大字体"复选框，然后在"字体名"下拉列表框中选择"宋体"，"高度"设置为"150"，如图 6-113 所示。

图 6-113 修改文字样式

在 CAD 中输入汉字时，可以选择不同的字体。在"字体名"下拉列表框中，有些字体前面有"@"标记，如"@仿宋_GB2312"，这说明该字体是为横向输入汉字用的，即输入的汉字将逆时针旋转 90°。如果要输入正向的汉字，则不能选择前面带"@"标记的字体。

（5）将"文字"图层设为当前图层。单击"注释"选项卡"文字"选项组中的"多行文字"按钮 A 和"修改"选项组中的"复制"按钮，完成图形中文字标注的添加，如图 6-114 所示。

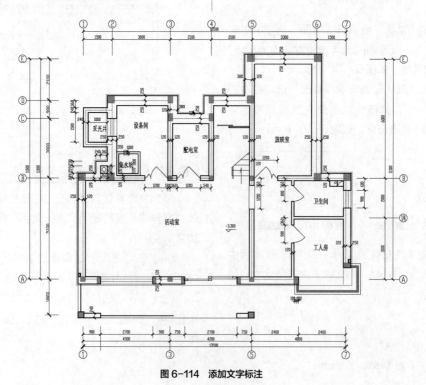

图 6-114 添加文字标注

6.3.12 | 绘制剖切符号

剖切符号的绘制比较简单,具体的绘制步骤如下。

(1)单击"默认"选项卡"绘图"选项组中的"多段线"按钮 ,指定起点宽度为"50"、端点宽度为"50",在图形适当位置绘制连续多段线,如图6-115所示。

(2)单击"注释"选项卡"文字"选项组中的"多行文字"按钮 A,在步骤(1)绘制的图形左侧添加文字说明,如图6-116所示。

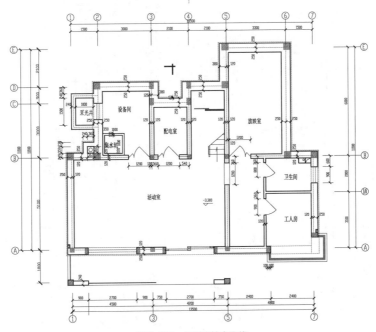

图6-115 绘制连续多段线

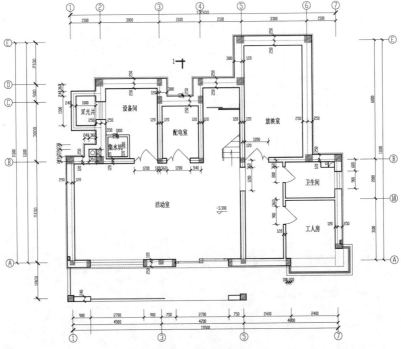

图6-116 添加文字说明

（3）单击"默认"选项卡"修改"选项组中的"镜像"按钮 ⚠️，选择步骤（1）和步骤（2）图形为镜像对象，对其进行水平镜像，如图6-117所示。

利用上述方法完成剩余剖切符号的绘制，如图6-118所示。

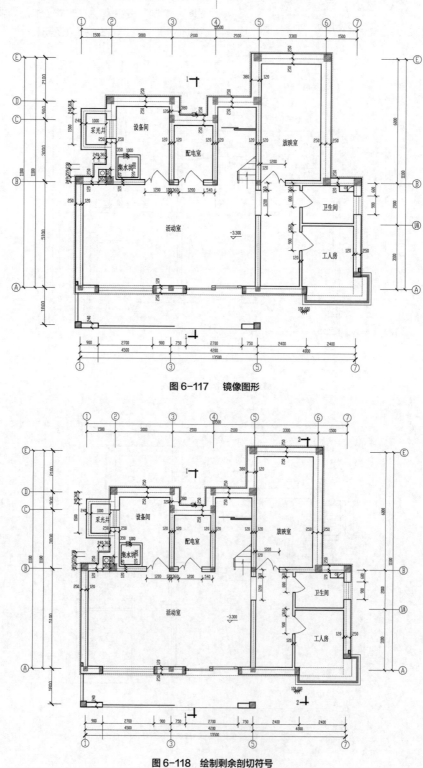

图6-117　镜像图形

图6-118　绘制剩余剖切符号

利用上述方法最终完成地下室平面图的绘制，如图6-119所示。

（4）单击"注释"选项卡"文字"选项组中

的"多行文字"按钮**A**，为图形添加注释说明，如图6-120所示。

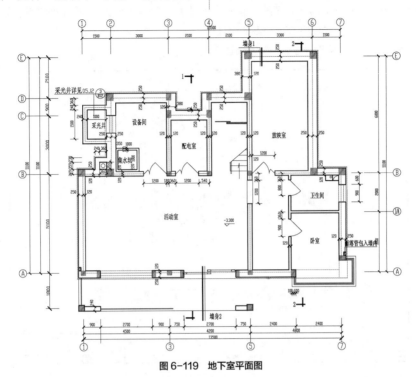

图 6-119　地下室平面图

建筑面积：地下为128.35　㎡；
地上为235.44　㎡

图 6-120　添加注释说明

6.3.13 ｜ 插入图框

插入图框是绘图的最后一步，具体的绘制步骤如下。

（1）单击菜单栏"插入"选项卡中的"块选项板" ，弹出"块"选项板，如图6-121所示。单击选项板右上侧的"浏览"按钮…，弹出"选择图形文件"对话框，选择"源文件\图块\A2图框"图块，单击"打开"按钮，返回到"块"选项板，双击图块，将其放置到图形适当位置。

（2）单击"默认"选项卡"绘图"选项组中的"直线"按钮／和"注释"选项卡"文字"选项组中的"多行文字"按钮**A**，为图形添加总图名称，最终完成地下室平面图的绘制，如图6-3所示。

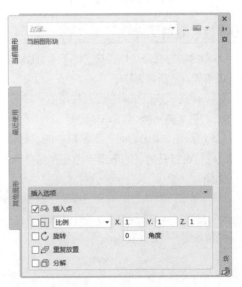

图 6-121　"块"选项板

6.4 首层平面图

首层主要包括客厅、餐厅、厨房、客卧、卫生间、门厅、车库、露台。首层平面图是在地下层平面图的基础上发展而来的，所以可以通过修改地下室的平面图，获得首层的建筑平面图，如图6-122所示。首层的布局与地下室只有细微差别，可对某些不同之处用文字标明。

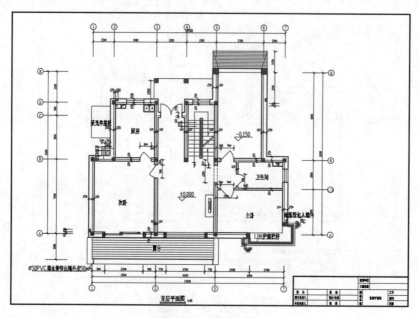

图 6-122　首层平面图

预习重点

（1）掌握绘制补充墙。
（2）温习前面绘制门窗的方法。
（3）掌握隧道及露台的绘制方法。

6.4.1 准备工作

本图绘制的准备工作是在"地下平面图"的基础上做修改，重新布置柱子。

（1）单击"快速访问"工具栏中的"打开"按钮，打开"源文件\地下层平面图"。

（2）单击"快速访问"工具栏中的"另存为"按钮，将打开的"地下层平面图"另存为"首层平面图"。

（3）单击"默认"选项卡"修改"选项组中的"删除"按钮，删除图形，同时保留部分柱子图形，结果如图6-123所示。

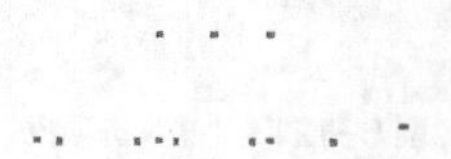

图 6-123　修改图形

（4）单击"默认"选项卡"绘图"选项组中的"矩形"按钮，在图形空白区域绘制一个"240×240"的正方形，如图6-124所示。

（5）单击"默认"选项卡"绘图"选项组中的"图案填充"按钮，系统打开"图案填充创建"选项卡。设置"图案填充图案"为"ANSI31"，"填充图案比例"为"10"，拾取填充区域内一点，效果如图6-125所示。

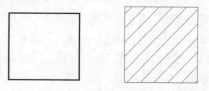

图 6-124　绘制正方形　图 6-125　填充图形

（6）单击"默认"选项卡"修改"选项组中的"移动"按钮，选择绘制的"240×240"的柱子图形为移动对象，将其放置到柱子图形中，如图6-126所示。

图 6-126　移动柱子（1）

（7）利用上述方法完成"400×370"和"300×300"的柱子的绘制。单击"默认"选项卡"修改"选项组中的"移动"按钮✛，选择"400×370"和"300×300"矩形为移动对象，将其放置到适当位置，如图6-127所示。

图 6-127　移动柱子（2）

6.4.2 绘制补充墙体

本小节主要绘制补充墙体，具体的绘制步骤如下。

（1）单击"默认"选项卡"绘图"选项组中的"多段线"按钮↪，指定起点宽度为"25"、端点宽度为"25"，绘制柱子间的墙体连接线，即墙线，如图6-128所示。

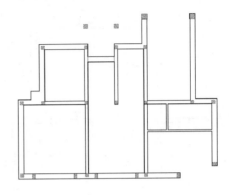

图 6-128　绘制墙线

（2）单击"默认"选项卡"绘图"选项组中的"多段线"按钮↪，指定起点宽度为"0"、端点宽度为"0"，在图形适当位置绘制多段线，如图6-129所示。

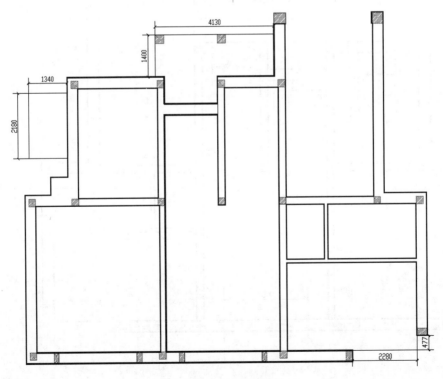

图 6-129　绘制多段线

6.4.3 | 绘制门窗洞口

门窗洞口的绘制主要利用"直线""偏移"以及"修剪"命令，具体的绘制步骤如下。

（1）单击"默认"选项卡"绘图"选项组中的"直线"按钮／，在图6-129绘制的墙体上绘制一条适当长度的竖直直线，如图6-130所示。

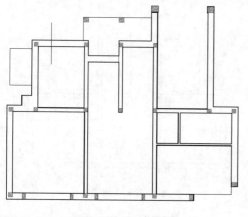

图6-130 绘制竖直直线

（2）单击"默认"选项卡"修改"选项组中的"偏移"按钮，选择绘制的竖直直线为偏移对象，将其向右进行偏移，偏移距离为"1200"，如图6-131所示。

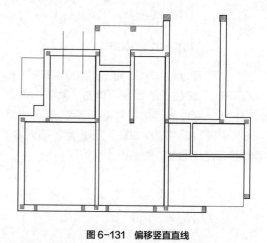

图6-131 偏移竖直直线

利用上述方法完成图形中剩余窗线的绘制，结果如图6-132所示。

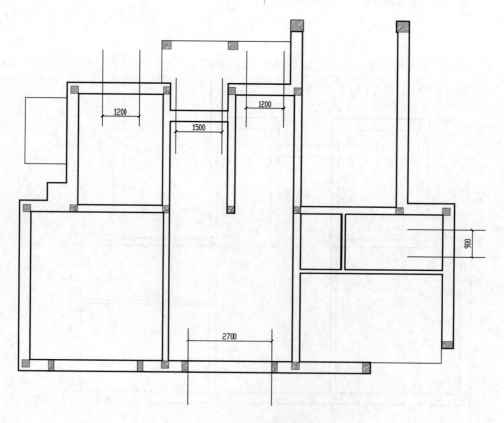

图6-132 绘制剩余窗线

（3）单击"默认"选项卡"修改"选项组中的"修剪"按钮，选择偏移线段间墙体为修剪对象，对其偏移线段进行修剪，如图6-133所示。

门洞的绘制方法基本与窗洞的绘制方法相同，这里不再详细阐述，绘制完成后的结果如图6-134所示。

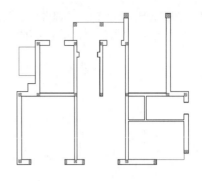

图6-133　修剪偏移线段

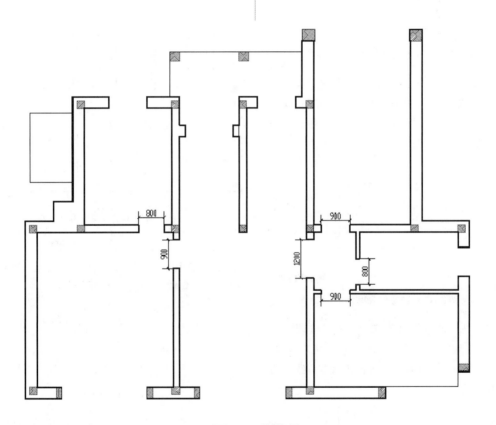

图6-134　绘制门洞

6.4.4 绘制门窗

本小节主要介绍门窗的绘制方法和技巧，具体的绘制步骤如下。

（1）在命令提示下，输入"MLSTYLE"，打开"多线样式"对话框。

（2）在"多线样式"对话框中，单击右侧的"新建"按钮，打开"创建新的多线样式"对话框，如图6-42所示。在"新样式名"文本框中输入

"窗"，作为多线的名称。单击"继续"按钮，打开"新建多线样式"对话框，如图6-43所示。

（3）设置窗户所在墙体宽度为"370"，将偏移距离分别修改为"185"和"-185"，"61.6"和"-61.6"，单击"确定"按钮，回到"多线样式"对话框中。单击"置为当前"按钮，将创建的多线样式设为当前多线样式，单击"确定"按钮，回到绘图状态。

（4）在命令提示下，输入"MLINE"，绘制步骤（3）修剪的窗洞的窗线，如图6-135所示。

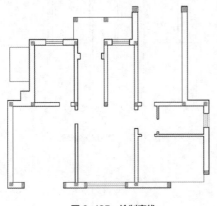

图6-135　绘制窗线

（5）单击"默认"选项卡"绘图"选项组中的"多段线"按钮，指定起点宽度为"10"、端点宽度为"10"，在窗户拐角处绘制连续多段线，如图6-136所示。

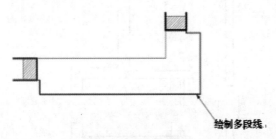

绘制多段线

图6-136　绘制连续多段线

（6）单击"默认"选项卡"绘图"选项组中的"多段线"按钮，指定起点宽度为"0"、端点宽度为"0"，在图形下端继续绘制连续多段线，如图6-137所示。

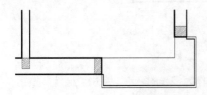

图6-137　继续绘制连续多段线

（7）单击"默认"选项卡"修改"选项组中的"偏移"按钮，选择绘制的多段线为偏移对象，将其向外进行偏移，偏移距离为"34""33""100"，如图6-138所示。

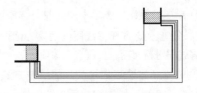

图6-138　偏移多段线

利用6.3.4小节的方法完成单扇门的添加，结果如图6-139所示。

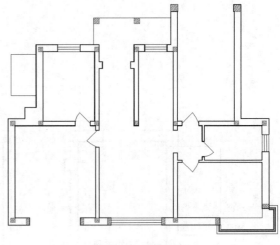

图6-139　添加单扇门

（8）单击"默认"选项卡"绘图"选项组中的"直线"按钮和"起点，圆心，端点"按钮，绘制一个单扇门，如图6-140所示。

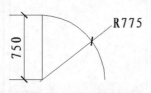

图6-140　绘制单扇门

（9）单击"默认"选项卡"修改"选项组中的"镜像"按钮，选择绘制的单扇门图形为镜像对象，对其进行竖直镜像，完成双扇门的绘制，如图6-141所示。

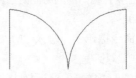

图6-141　绘制双扇门

（10）在命令行中输入"WBLOCK"命令，打开"写块"对话框，选择绘制的双扇门图形为定义对象，将其定义为块。

（11）单击"默认"选项卡"修改"选项组中的"移动"按钮✛，选择绘制的双扇门图形为移动对象，将其移到双扇门门洞处，如图6-142所示。

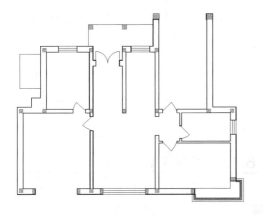

图6-142　移动双扇门

（12）单击"默认"选项卡"绘图"选项组中的"多段线"按钮，指定起点宽度为"9"、端点宽度为"9"，在图形适当位置处绘制一个"178×74"的矩形，如图6-143所示。

图6-143　绘制矩形

（13）单击"默认"选项卡"修改"选项组中的"复制"按钮，选择绘制的矩形为复制对象，对其进行复制，如图6-144所示。

图6-144　复制矩形

（14）单击"默认"选项卡"绘图"选项组中的"直线"按钮╱，在图形内绘制连接线，如图6-145所示。

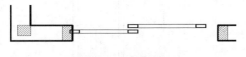

图6-145　绘制连接线

（15）单击"默认"选项卡"绘图"选项组中的"图案填充"按钮，系统将打开"图案填充创建"选项卡。设置"图案填充图案"为"ANSI31"，"填充图案比例"为"10"，拾取填充区域内一点，效果如图6-146所示。

图6-146　填充图形

（16）单击"默认"选项卡"绘图"选项组中的"多段线"按钮，指定起点宽度为"22"、端点宽度为"22"，在图形适当位置绘制一个"360×360"的正方形，如图6-147所示。

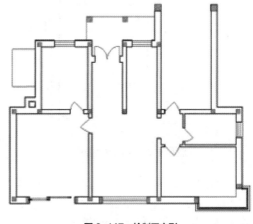

图6-147　绘制正方形

（17）单击"默认"选项卡"绘图"选项组中的"直线"按钮╱，选择绘制的正方形四边中点为直线起点，绘制十字交叉线，如图6-148所示。

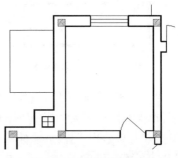

图6-148　绘制十字交叉线

（18）单击"默认"选项卡"绘图"选项组中的"圆"下拉按钮下的"圆心，半径"按钮，以绘制的十字交叉线中点为圆心，绘制一个半径为"105"的圆，如图6-149所示。

图 6-149　绘制圆

（19）单击"默认"选项卡"修改"选项组中的"删除"按钮，选择绘制的十字交叉线为删除对象，对其进行删除，如图6-150所示。

图 6-150　删除十字交叉线

（20）单击"默认"选项卡"绘图"选项组中的"多段线"按钮，指定起点宽度为"22"、端点宽度为"22"，在图形适当位置绘制连续多段线，如图6-151所示。

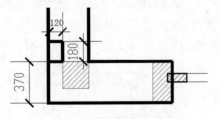

图 6-151　绘制连续多段线

（21）单击"默认"选项卡"绘图"选项组中的"圆"下拉按钮下的"圆心，半径"按钮，在步骤（20）绘制的图形内绘制一个半径为"45"的圆，如图6-152所示。

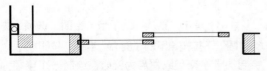

图 6-152　绘制圆

利用上述方法完成相同图形的绘制，结果如图6-153所示。

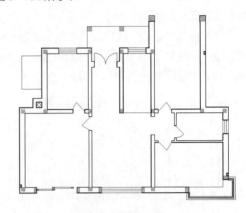

图 6-153　绘制相同图形

6.4.5 | 绘制楼梯

本节介绍室内楼梯的绘制方法与上节楼梯的绘制不尽相同，具体的绘制步骤如下。

（1）单击"默认"选项卡"绘图"选项组中的"矩形"按钮，在楼梯间位置绘制一个"210×2750"的矩形，如图6-154所示。

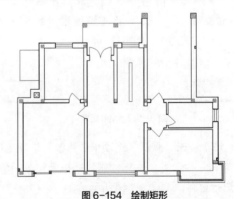

图 6-154　绘制矩形

（2）单击"默认"选项卡"修改"选项组中的"圆角"按钮，选择绘制矩形的四边为倒角对象，设置倒角距离为"45"，完成倒角操作，如图6-155所示。

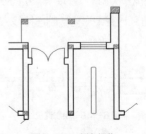

图 6-155　倒角操作

（3）单击"默认"选项卡"修改"选项组中的"偏移"按钮，选择倒角后的矩形为偏移对象，向内进行偏移，偏移距离为"50"，如图6-156所示。

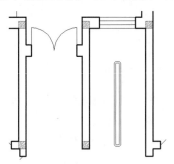

图 6-156　偏移矩形

（4）单击"默认"选项卡"绘图"选项组中的"直线"按钮，在楼梯间适当位置绘制一条水平直线，如图6-157所示。

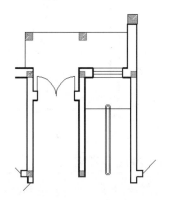

图 6-157　绘制水平直线

（5）单击"默认"选项卡"修改"选项组中的"偏移"按钮，选择绘制的水平直线为偏移对象，向下进行偏移，偏移距离为"270"，共偏移9次，如图6-158所示。

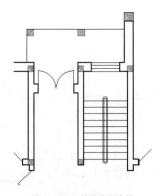

图 6-158　偏移水平直线

（6）单击"默认"选项卡"绘图"选项组中的"直线"按钮，在绘制的梯段线上绘制一条竖直直线，如图6-159所示。

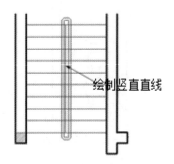

绘制竖直直线

图 6-159　绘制竖直直线

（7）单击"默认"选项卡"修改"选项组中的"偏移"按钮，选择绘制的竖直直线为偏移对象，向右进行偏移，偏移距离为"60"，如图6-160所示。

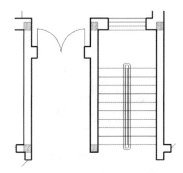

图 6-160　偏移竖直直线

（8）单击"默认"选项卡"修改"选项组中的"修剪"按钮，选择偏移线段间的墙体为修剪对象，进行修剪处理，如图6-161所示。

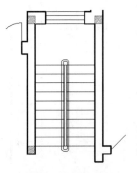

图 6-161　修剪线段

（9）单击"默认"选项卡"绘图"选项组中的"多段线"按钮，指定起点宽度为"0"、端点宽度为"0"，绘制楼梯方向指引箭头，如图6-162

所示。

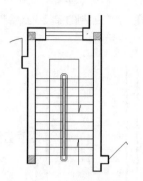

图 6-162　绘制指引箭头

（10）单击"默认"选项卡"绘图"选项组中的"多段线"按钮，指定起点宽度为"5"、端点宽度为"5"，在图形中绘制一条斜向直线，如图6-163所示。

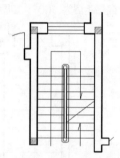

图 6-163　绘制斜向直线

（11）单击"默认"选项卡"绘图"选项组中的"多段线"按钮，指定起点宽度为"5"、端点宽度为"5"，在绘制的斜向直线上绘制连续折线，如图6-164所示。

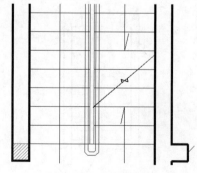

图 6-164　绘制连续折线

（12）单击"默认"选项卡"修改"选项组中的"修剪"按钮，对绘制的多段线进行修剪处理，如图6-165所示。

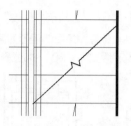

图 6-165　修剪多段线

使用同样方法绘制下部相同线段，如图6-166所示。

（13）单击"默认"选项卡"修改"选项组中的"修剪"按钮，选择图形中绘制的多余线段为修剪对象，对其进行修剪，如图6-167所示。

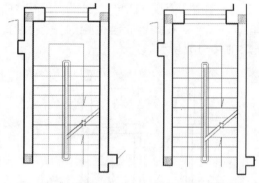

图 6-166　绘制线段　　　图 6-167　修剪多余线段

6.4.6 | 绘制坡道及露台

坡道及露台都属于室外设施，在别墅首层平面图中起着至关重要的作用，具体的绘制步骤如下。

（1）单击"默认"选项卡"绘图"选项组中的"矩形"按钮，在图形适当位置绘制一个"3797×1200"的矩形，如图6-168所示。

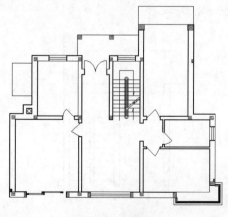

图 6-168　绘制矩形

（2）单击"默认"选项卡"绘图"选项组中的"直线"按钮／，在图形适当位置处绘制一条斜向直线，如图6-169所示。

图 6-169　绘制斜向直线

（3）单击"默认"选项卡"修改"选项组中的"镜像"按钮 ⚠，选择绘制的斜向直线为镜像对象，对其进行竖直镜像，结果如图6-170所示。

图 6-170　镜像斜向直线

（4）单击"默认"选项卡"绘图"选项组中的"图案填充"按钮▨，系统将打开"图案填充创建"选项卡。设置"图案填充图案"为"LINE"，"填充图案比例"为"30"，拾取填充区域内一点，效果如图6-171所示。

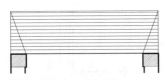

图 6-171　填充图形

（5）单击"默认"选项卡"绘图"选项组中的"直线"按钮／，绘制墙体内部标注辅助线，如图6-172所示。

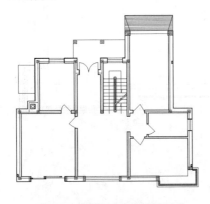

图 6-172　绘制墙体内部标注辅助线

（6）单击"默认"选项卡"绘图"选项组中的"多段线"按钮⊃，绘制露台外围辅助线，如图6-173所示。

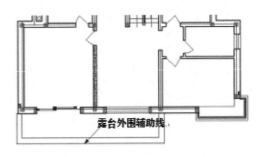

图 6-173　绘制露台外围辅助线

（7）单击"默认"选项卡"绘图"选项组中的"图案填充"按钮▨，打开"图案填充创建"选项卡。设置"图案填充图案"为"LINE"，"填充图案比例"为"50"，"填充角度"为"0"，拾取填充区域内一点，效果如图6-174所示。

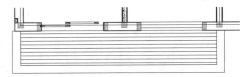

图 6-174　填充图形

结合所学知识完成首层平面图的绘制，结果如图6-175所示。

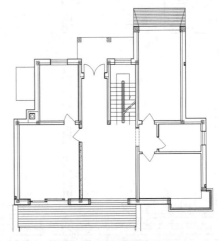

图 6-175　绘制首层平面图

6.4.7 添加尺寸标注

尺寸标注包括内部细节尺寸的标注、外部尺寸的标注以及轴线标号的标注，具体绘制步骤如下。

（1）在"图层"选项组的下拉列表框中，选择"尺寸"图层为当前图层，如图6-176所示。

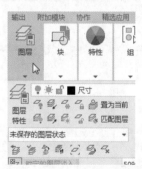

图6-176 设置"尺寸"图层为当前图层

（2）单击"注释"选项卡"标注"选项组中的"线性"按钮├─┤，标注图形细节尺寸，如图6-177所示。

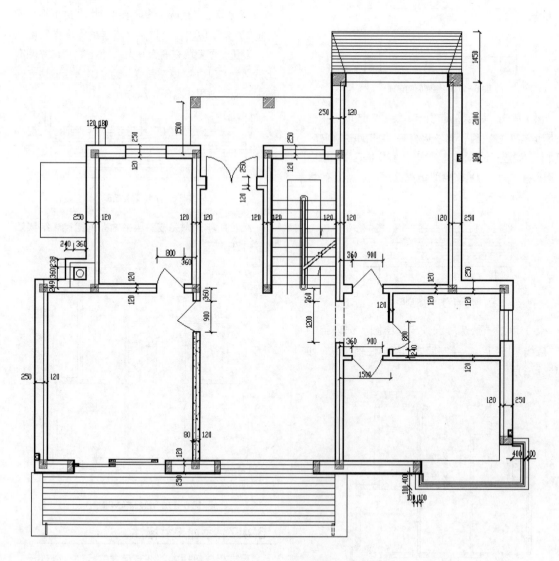

图6-177 标注细节尺寸

（3）打开关闭的标注的外围图层，如图6-178所示。

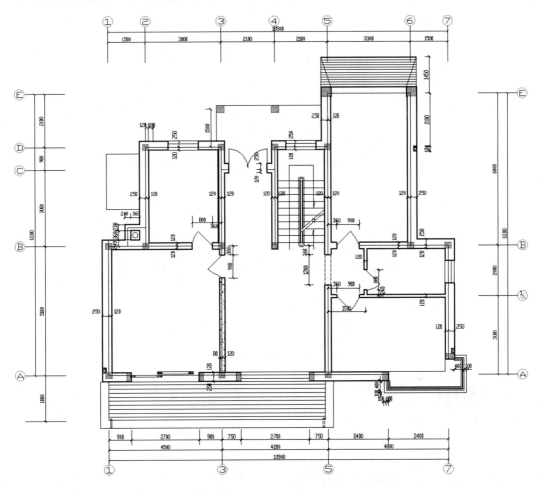

图 6-178 打开外围图层

6.4.8 | 添加文字标注

文字标注是平面图中必不可少的，具体的绘制步骤如下。

（1）单击"注释"选项卡"文字"选项组中的"多行文字"按钮 **A**，为图形添加文字标注，如图6-179所示。

（2）单击"注释"选项卡"文字"选项组中的"多行文字"按钮 **A** 和"直线"按钮 /，为图形添加剩余文字标注，如图6-180所示。

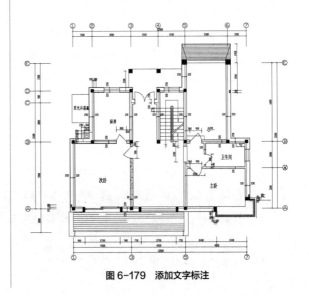

图 6-179 添加文字标注

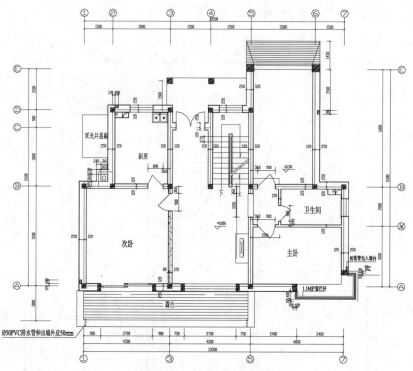

图6-180 添加剩余文字标注

6.4.9 | 插入图框

有图框的图纸会显得更加完整,具体的绘制步骤如下。

单击"插入"选项卡"块"选项组中的"插入"按钮，在下拉菜单中选择"其他图形中的块",打开"块"选项板,如图6-181所示。继续单击选项板右上侧的"浏览"按钮…,选择"源文件\图块\A2图框"图块,单击"打开"按钮,返回到"块"选项板。双击图块,将其放置到图形适当位置。单击"默认"选项卡"绘图"选项组中的"直线"按钮 和"注释"选项卡"文字"选项组中的"多行文字"按钮 A,为图形添加总图名称,最终完成首层平面图的绘制,如图6-122所示。

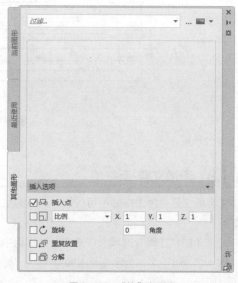

图6-181 "块"选项板

6.5 二层平面图

二层主要包括主卧、次卧、卫生间、更衣室、书房、过道、露台,利用前面介绍的方法完成二层平面图的绘制,结果如图6-182所示。

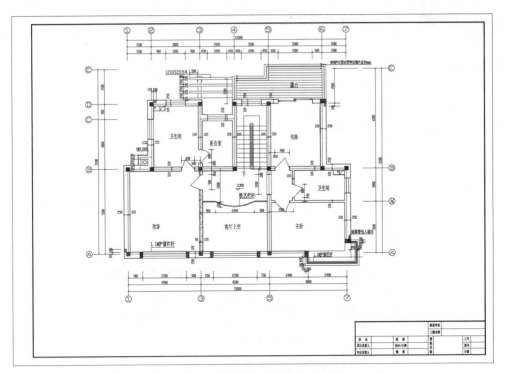

图 6-182 二层平面图

6.6 上机实验

【练习1】绘制图 6-183 所示的某别墅首层平面图。

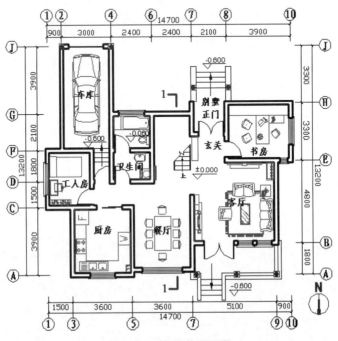

图 6-183 某别墅首层平面图

【练习2】绘制图6-184所示的某别墅二层平面图。

1. 目的要求

本练习主要要求读者通过练习进一步熟悉和掌握家具的绘制方法，如图6-184所示。本练习可以帮助读者学会完成平面图绘制的全过程。

2. 操作提示

（1）绘制家具。

（2）标注尺寸、文字、轴号及标高。

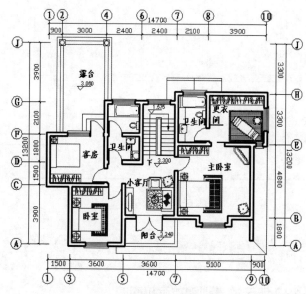

图6-184　某别墅二层平面图

第 7 章

别墅装饰平面图

装饰平面图主要是用来表达建筑室内装饰和布置细节的图样。本章将详细讲解独立别墅的室内装饰设计思路及其相关装饰图的绘制方法与技巧，包括别墅地下室、首层及二层装饰平面图的绘制方法。

知识点

- ➲ 别墅地下室装饰平面图的绘制
- ➲ 别墅首层装饰平面图的绘制
- ➲ 别墅二层装饰平面图的绘制

7.1 别墅地下室装饰平面图

地下室由于其建筑单元布置的特点，装饰布置相对简单，主要是放映室、工人房、卫生间以及洗衣房要进行简要的布置。本节主要讲解地下室装饰平面图的绘制过程，如图7-1所示。

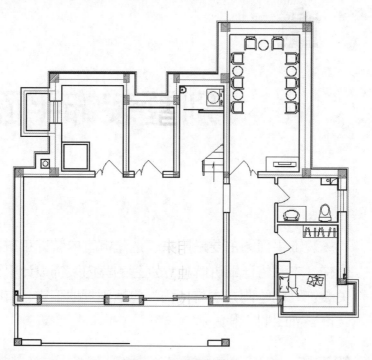

图 7-1 地下室装饰平面图

（1）了解绘图准备。

（2）掌握家具的绘制方法。

（3）掌握如何布置家居。

7.1.1 | 绘图准备

绘图准备是绘制任何一幅建筑图形都要进行的预备工作，这里主要在原有图形基础上对其做修改。

（1）单击"快速访问"工具栏中的"打开"按钮，打开"源文件\地下室平面图"。

（2）单击"快速访问"工具栏中的"另存为"按钮，将打开的"地下室平面图"另存为"地下室装饰平面图"。

（3）单击"默认"选项卡"修改"选项组中的"删除"按钮，删除除了轴线层外的其他所有图形，并关闭标注图层，整理结果如图7-2所示。

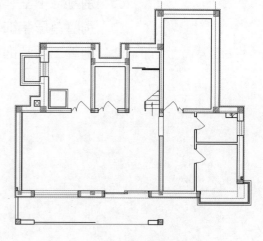

图 7-2 整理结果

7.1.2 | 绘制家具

新建"家具"图层，如图7-3所示。

绘制一条长度为"343"的水平直线,如图7-4所示。

图7-3　新建图层

图7-4　绘制水平直线

1. 绘制椅子茶几

(1)单击"默认"选项卡"绘图"选项组中的"直线"按钮✏,在图形空白区域任选一点作为起点并绘制一条直线。

(2)单击"默认"选项卡"绘图"选项组中的"圆弧"按钮,在图形适当位置绘制3段适当半径的圆弧,如图7-5所示。

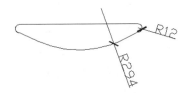

图7-5　绘制圆弧

(3)单击"默认"选项卡"绘图"选项组中的"矩形"按钮▭,在图形底部位置绘制一个"500×497"的矩形,如图7-6所示。

图7-6　绘制矩形

(4)单击"默认"选项卡"修改"选项组中的"偏移"按钮,选择绘制的矩形为偏移对象,将其向内进行偏移,偏移距离分别为"50""12",如图7-7所示。

图7-7　偏移矩形

(5)单击"默认"选项卡"修改"选项组中的"圆角"按钮,选择偏移图形为圆角对象,对其进行圆角处理,圆角半径为"100""80""60",如图7-8所示。

图7-8　圆角处理

(6)单击"默认"选项卡"修改"选项组中的"修剪"按钮,对进行圆角处理后的矩形进行修剪处理,如图7-9所示。

图7-9　修剪矩形

(7)单击"默认"选项卡"修改"选项组中的"分解"按钮,选择最外部矩形为分解对象,按Enter键确认进行分解。

(8)单击"默认"选项卡"修改"选项组中的"延伸"按钮,选择第二个矩形竖直边为延伸对象,将其向下进行延伸,如图7-10所示。

图7-10　延伸线段

(9)单击"默认"选项卡"修改"选项组中的"修剪"按钮,选择图形为修剪对象,对其进行修剪,如图7-11所示。

图7-11 修剪线段

（10）单击"默认"选项卡"绘图"选项组中的"直线"按钮 ╱，在图形适当位置绘制连续直线，如图7-12所示。

图7-12 绘制连续直线

（11）单击"默认"选项卡"绘图"选项组中的"圆"下拉按钮下的"圆心，半径"按钮 ⊙，在绘制的椅子图形右侧绘制一个半径为"210"的圆，如图7-13所示。

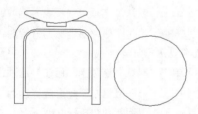

图7-13 绘制圆

（12）单击"默认"选项卡"修改"选项组中的"偏移"按钮 ⊜，选择绘制的圆图形为偏移对象，将其向内进行偏移，偏移距离为"10"，如图7-14所示。

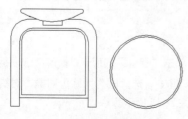

图7-14 偏移圆

（13）单击"默认"选项卡"修改"选项组中的"镜像"按钮 ⚠，选择绘制的椅子图形为镜像对象，对其向右进行镜像，如图7-15所示。

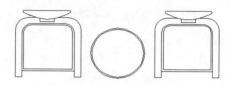

图7-15 镜像处理

（14）单击"插入"选项卡"定义块"选项组中的"创建块"按钮 ⊡，弹出"块定义"对话框，如图7-16所示。选择步骤（13）中绘制的图形为定义对象，选择任意一点为基点，将其定义为块，块名为"单人座椅"。

图7-16 "块定义"对话框

2. 绘制单人床及矮柜

（1）单击"默认"选项卡"绘图"选项组中的"矩形"按钮 ▭，在图形空白区域绘制一个"900×2000"的矩形，如图7-17所示。

（2）单击"默认"选项卡"修改"选项组中的"分解"按钮 🗗，选择绘制的矩形为分解对象，按Enter键确认进行分解。

（3）单击"默认"选项卡"修改"选项组中的"偏移"按钮 ⊜，选择分解矩形的上部水平边为偏移对象，将其向下进行偏移，偏移距离为"52"，如图7-18所示。

图7-17 绘制矩形　　　　**图7-18 偏移直线**

（4）单击"默认"选项卡"绘图"选项组中的"样条曲线拟合"按钮和"圆弧"按钮，在偏移直线下方绘制枕头外部轮廓线，如图7-19所示。

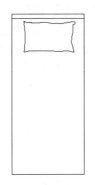

图 7-19　绘制枕头外部轮廓线

（5）单击"默认"选项卡"绘图"选项组中的"圆弧"按钮，在绘制的枕头外部轮廓线内绘制装饰线，如图7-20所示。

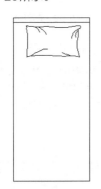

图 7-20　绘制枕头装饰线

（6）单击"默认"选项卡"绘图"选项组中的"矩形"按钮，在枕头下方绘制一个"846×1499"的矩形，如图7-21所示。

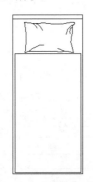

图 7-21　绘制内部矩形

（7）单击"默认"选项卡"修改"选项组中的

"分解"按钮，选择绘制的内部矩形为分解对象，按Enter键确认进行分解。

（8）单击"默认"选项卡"修改"选项组中的"偏移"按钮，选择分解内部矩形的上部水平边为偏移对象，将其向下进行偏移，偏移距离为"273"，如图7-22所示。

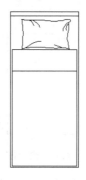

图 7-22　偏移线段

（9）单击"默认"选项卡"绘图"选项组中的"直线"按钮和"圆弧"按钮，绘制被角图形，如图7-23所示。

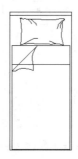

图 7-23　绘制被角图形

（10）单击"默认"选项卡"修改"选项组中的"修剪"按钮，选择绘制的被角图形为修剪对象，对其进行修剪，如图7-24所示。

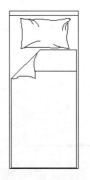

图 7-24　修剪被角图形

（11）单击"默认"选项卡"修改"选项组中的"圆角"按钮 ⌐，选择绘制的内部矩形为圆角对象，对其进行圆角处理，圆角半径为"20"，如图7-25所示。

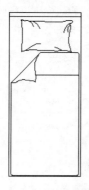

图7-25　对内部矩形进行圆角处理

结合所学知识完成单人床图形剩余部分的绘制，如图7-26所示。

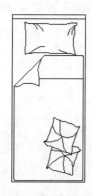

图7-26　绘制单人床图形剩余部分

（12）单击"默认"选项卡"绘图"选项组中的"矩形"按钮 ▭，在图形右侧绘制一个"500×500"的正方形，如图7-27所示。

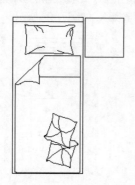

图7-27　绘制正方形

（13）单击"默认"选项卡"修改"选项组中的"分解"按钮 ⧉，选择绘制的正方形为分解对象，按Enter键确认进行分解。

（14）单击"默认"选项卡"修改"选项组中的"偏移"按钮 ⊂，选择绘制的正方形的左右两侧竖直边线为偏移对象，分别将其向内进行偏移，偏移距离为"7"，完成床头柜图形的绘制，如图7-28所示。

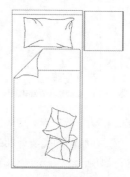

图7-28　偏移线段

（15）单击"插入"选项卡"定义块"选项组中的"创建块"按钮 ⧉，弹出"块定义"对话框，如图7-16所示。选择步骤（14）中绘制的图形为定义对象，选择任意一点为基点，将其定义为块，块名为"单人床及柜"。

3．绘制电视机

（1）单击"默认"选项卡"绘图"选项组中的"矩形"按钮 ▭，在图形空白区域绘制一个"956×157"的矩形，如图7-29所示。

图7-29　绘制矩形

（2）单击"默认"选项卡"绘图"选项组中的"矩形"按钮 ▭，在矩形内再绘制一个"521×84"的矩形。单击"默认"选项卡"修改"面板中的"移动"按钮 ✛，选择刚绘制的矩形为移动对象，将其移到适当位置，如图7-30所示。

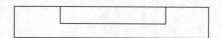

图7-30　绘制并移动矩形

（3）单击"默认"选项卡"绘图"选项组中的

"直线"按钮 ╱，在矩形适当位置处绘制连续直线，如图7-31所示。

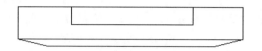

图 7-31 绘制连续直线

（4）单击"插入"选项卡"定义块"选项组中的"创建块"按钮 ┗╗，弹出"块定义"对话框，如图7-16所示。选择步骤（3）中绘制的图形为定义对象，选择任意一点为基点，将其定义为块，块名为"电视机"。

4. 绘制洗衣机

（1）单击"默认"选项卡"绘图"选项组中的"矩形"按钮 ⬜，在图形空白区域绘制一个"690×720"的矩形，如图7-32所示。

图 7-32 绘制矩形

（2）单击"默认"选项卡"修改"选项组中的"圆角"按钮 ⌒，选择绘制的矩形为圆角对象，对其进行圆角处理，圆角半径为"50"，如图7-33所示。

图 7-33 对矩形进行圆角处理

（3）单击"默认"选项卡"绘图"选项组中的"直线"按钮 ╱，在图形内适当位置绘制一条水平直线，如图7-34所示。

图 7-34 绘制直线

（4）单击"默认"选项卡"绘图"选项组中的"圆"下拉按钮下的"圆心，半径"按钮 ⊙，在绘制的直线上方绘制一个半径为"30"的圆，如图7-35所示。

图 7-35 绘制圆（1）

（5）单击"默认"选项卡"绘图"选项组中的"圆"下拉按钮下的"圆心，半径"按钮 ⊙，在步骤（4）绘制的圆的斜下方绘制一个半径为"18"的圆，如图7-36所示。

图 7-36 绘制圆（2）

（6）单击"默认"选项卡"修改"选项组中的"复制"按钮 ╬，选择步骤（5）绘制的圆为复制对象，将其向右侧进行连续复制，选择圆心为复制基点，复制间距为"51"，完成复制，如图7-37所示。

图 7-37 复制圆

（7）单击"默认"选项卡"绘图"选项组中的"圆"下拉按钮下的"圆心，半径"按钮 ⊙，绘制一个半径为"45"的圆，如图7-38所示。

（8）单击"默认"选项卡"绘图"选项组中的"直线"按钮 ╱，在步骤（7）绘制的圆内绘制两条斜向直线，如图7-39所示。

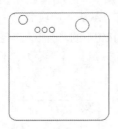

图7-38　绘制圆（1）

图7-39　绘制直线（1）

（9）单击"默认"选项卡"绘图"选项组中的"矩形"按钮 ⧠，在步骤（7）绘制的圆的右侧位置绘制一个"69×42"的矩形，如图7-40所示。

图7-40　绘制矩形（1）

（10）单击"默认"选项卡"绘图"选项组中的"圆"下拉按钮下的"圆心，半径"按钮 ⊘，在图形内绘制一个半径为"240"的圆，如图7-41所示。

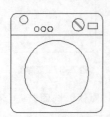

图7-41　绘制圆（2）

（11）单击"插入"选项卡"定义块"选项组中的"创建块"按钮 ⮂，弹出"块定义"对话框，如图7-16所示。选择步骤（10）中绘制的图形为定义对象，选择任意一点为基点，将其定义为块，

块名为"洗衣机"。

5．绘制衣柜

（1）单击"默认"选项卡"绘图"选项组中的"矩形"按钮 ⧠，在图形适当位置绘制一个"519×1458"的矩形，如图7-42所示。

图7-42　绘制矩形（2）

（2）单击"默认"选项卡"绘图"选项组中的"直线"按钮 ╱，选取绘制矩形的左侧竖直边中点为直线起点，向右绘制一条水平直线，如图7-43所示。

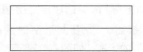

图7-43　绘制直线（2）

（3）单击"默认"选项卡"绘图"选项组中的"矩形"按钮 ⧠ 和"修改"工具栏中的"旋转"按钮 ↻，完成剩余图形的绘制，如图7-44所示。

图7-44　绘制剩余图形

（4）单击"插入"选项卡"定义块"选项组中的"创建块"按钮 ⮂，弹出"块定义"对话框，如图7-16所示。选择步骤（3）绘制的图形为定义对象，选择任意一点为基点，将绘制的图形定义为块，块名为"衣柜"。

6．绘制洗手盆

（1）单击"默认"选项卡"绘图"选项组中的"多段线"按钮 ⟷，指定起点宽度为"3"、端点宽度为"3"，绘制连续多段线，如图7-45所示。

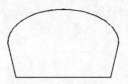

图7-45　绘制连续多段线

（2）单击"默认"选项卡"绘图"选项组中

的"多段线"按钮，指定起点宽度为"3"、端点宽度为"3"，在图形内绘制一条水平直线，如图7-46所示。

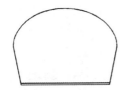

图7-46　绘制直线

（3）单击"默认"选项卡"绘图"选项组中的"圆弧"按钮和"直线"按钮，在图形内部绘制连续线段，如图7-47所示。

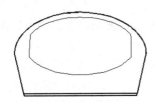

图7-47　绘制连续线段

（4）单击"默认"选项卡"绘图"选项组中的"圆"下拉按钮下的"圆心，半径"按钮，在图形内部绘制一个半径为"38"的圆，如图7-48所示。

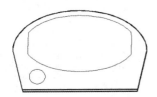

图7-48　绘制圆

（5）单击"默认"选项卡"绘图"选项组中的"直线"按钮，绘制图形之间的连接线，如图7-49所示。

图7-49　绘制连接线

（6）单击"默认"选项卡"修改"选项组中的"镜像"按钮，选择绘制的圆及连接线为镜像图形，对其向右进行竖直镜像，如图7-50所示。

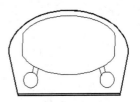

图7-50　镜像图形

（7）单击"插入"选项卡"定义块"选项组中的"创建块"按钮，弹出"块定义"对话框，如图7-16所示。选择步骤（6）绘制的图形为定义对象，选择任意一点为基点，将其定义为块，块名为"洗手盆"。

7．绘制坐便器

（1）单击"默认"选项卡"绘图"选项组中的"圆弧"下拉按钮下的"起端，端点，半径"按钮，在图形空白位置绘制一段半径为"184"的圆弧，如图7-51所示。

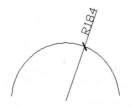

图7-51　绘制圆弧

（2）单击"默认"选项卡"绘图"选项组中的"直线"按钮，分别以圆弧的左右两端点为直线起点，向下绘制两段斜向直线，如图7-52所示。

图7-52　绘制斜向直线

（3）单击"默认"选项卡"绘图"选项组中的"轴，端点"按钮，在图形内部绘制一个适当大小的椭圆，如图7-53所示。

（4）单击"默认"选项卡"绘图"选项组中的"直线"按钮和"圆弧"按钮，在图形底部绘制图形，如图7-54所示。

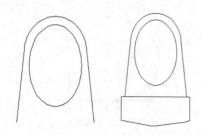

图7-53 绘制椭圆　　图7-54 绘制线段和圆弧

（5）单击"默认"选项卡"修改"选项组中的"偏移"按钮 ⊑ ，选择绘制的左右线段和圆弧为偏移对象，将其向内进行偏移，偏移距离为"10"，如图7-55所示。

（6）单击"默认"选项卡"修改"选项组中的"修剪"按钮 ✂ ，选择偏移线段为修剪对象，对其进行修剪处理，如图7-56所示。

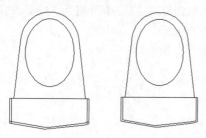

图7-55 偏移线段和圆弧　　图7-56 修剪偏移线段

（7）单击"默认"选项卡"修改"选项组中的"圆角"按钮 ⌐ ，选择图形下部矩形边为圆角对象，对其进行圆角处理，圆角半径为"20"，如图7-57所示。

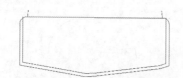

图7-57 对下部矩形进行圆角处理

（8）单击"默认"选项卡"修改"选项组中的"修剪"按钮 ✂ ，选择进行圆角处理后的线段为修剪对象，对其进行修剪，完成坐便器的绘制，如图7-58所示。

（9）单击"插入"选项卡"定义块"选项组中的"创建块"按钮 ⧉ ，弹出"块定义"对话框，如图7-16所示。选择步骤（8）中绘制的图形为定义对象，选择任意一点为基点，将其定义为块，块名为"坐便器"。

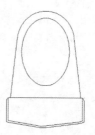

图7-58 修剪线段

8. 绘制墩布池

（1）单击"默认"选项卡"绘图"选项组中的"多段线"按钮 ⟋ ，在图形空白位置选择适当一点为多段线起点，绘制连续多段线，如图7-59所示。

（2）单击"默认"选项卡"修改"选项组中的"分解"按钮 ⌗ ，选择绘制的连续多段线为分解对象，按Enter键确认进行分解。

（3）单击"默认"选项卡"修改"选项组中的"偏移"按钮 ⊑ ，选择绘制的连续多段线为偏移对象，分别将其向内进行偏移，偏移距离分别为"16""20"，如图7-60所示。

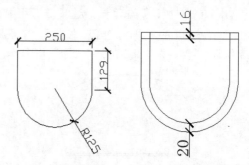

图7-59 绘制连续多段线　　图7-60 偏移连续多线段

（4）单击"默认"选项卡"修改"选项组中的"修剪"按钮 ✂ ，选择偏移的连续多段线为修剪对象，对其进行修剪处理，如图7-61所示。

图7-61 修剪连续多段线

（5）单击"默认"选项卡"绘图"选项组中的"轴，端点"按钮◯，在图形内部绘制一个适当大小的椭圆，如图7-62所示。

（6）单击"默认"选项卡"修改"选项组中的"偏移"按钮⊂，选择绘制的椭圆为偏移对象，将其向内进行偏移，偏移距离为"9"，如图7-63所示。

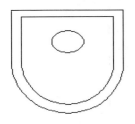　

图 7-62　绘制椭圆　　　　图 7-63　偏移椭圆

7.1.3 | 布置家具

家具布置是将上一小节绘制好的家具有秩序地插入到各个房间内，具体的绘制步骤如下。

（1）单击"插入"选项卡"块"选项组中的"插入"按钮🗔，在下拉菜单中选择"其他图形中的块"，打开"块"选项板。继续单击选项板右上侧的"浏览"按钮…，弹出"选择图形文件"对话框，选择"源文件\图块\单人座椅"图块，单击"打开"按钮，返回到"块"选项板。双击图块，将块插入图形中的合适位置，如图7-64所示。

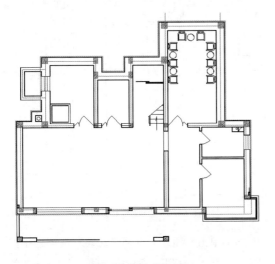

图 7-64　插入单人座椅

（2）单击"插入"选项卡"块"选项组中的"插入"按钮🗔，在下拉菜单中选择"其他图形中的

块"，打开"块"选项板。继续单击选项板右上侧的"浏览"按钮…，弹出"选择图形文件"对话框，选择"源文件\图块\单人床及柜"图块，单击"打开"按钮，返回到"块"选项板。双击图块，将块插入图形中的合适位置，如图7-65所示。

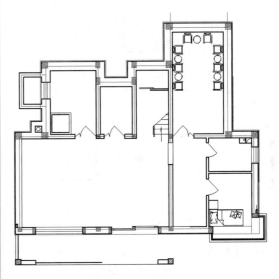

图 7-65　插入单人床及床头柜

（3）单击"插入"选项卡"块"选项组中的"插入"按钮🗔，在下拉菜单中选择"其他图形中的块"，打开"块"选项板。继续单击选项板右上侧的"浏览"按钮…，弹出"选择图形文件"对话框，选择"源文件\图块\衣柜"图块，单击"打开"按钮，返回到"块"选项板。双击图块，将块插入图形中的合适位置，如图7-66所示。

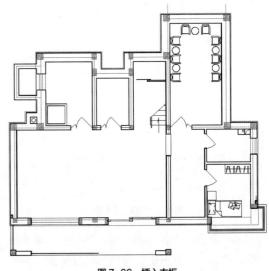

图 7-66　插入衣柜

（4）单击"默认"选项卡"绘图"选项组中的"多段线"按钮⊃，指定起点宽度为"0"、端点宽度为"0"，在卫生间位置处绘制连续直线，如图7-67所示。

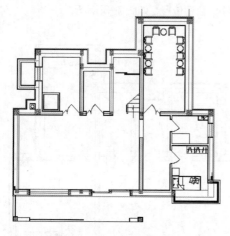

图7-67 绘制连续直线（1）

（5）单击"插入"选项卡"块"选项组中的"插入"按钮⊡，在下拉菜单中选择"其他图形中的块"，打开"块"选项板。继续单击选项板右上侧的"浏览"按钮…，弹出"选择图形文件"对话框，选择"源文件\图块\洗手盆"图块，单击"打开"按钮，返回到"块"选项板。双击图块，将块插入图形中的合适位置，如图7-68所示。

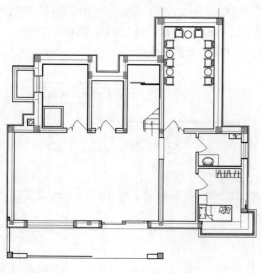

图7-68 插入洗手盆

（6）单击"插入"选项卡"块"选项组中的"插入"按钮⊡，在下拉菜单中选择"其他图形中的

块"，打开"块"选项板。继续单击选项板右上侧的"浏览"按钮…，弹出"选择图形文件"对话框，选择"源文件\图块\坐便器"图块，单击"打开"按钮，返回到"块"选项板。双击图块，将块插入图形中的合适位置，如图7-69所示。

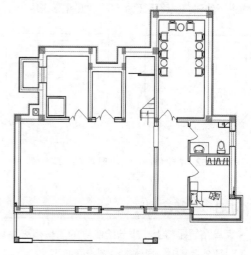

图7-69 插入坐便器

（7）单击"默认"选项卡"绘图"选项组中的"直线"按钮∕，在放映室位置绘制连续直线，如图7-70所示。

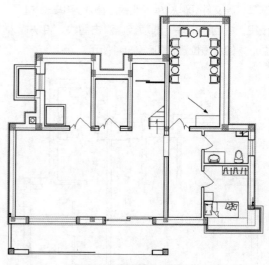

图7-70 绘制连续直线（2）

（8）单击"插入"选项卡"块"选项组中的"插入"按钮⊡，在下拉菜单中选择"其他图形中的块"，打开"块"选项板。继续单击选项板右上侧的"浏览"按钮…，弹出"选择图形文件"对话框，选择"源文件\图块\电视机"图块，单击"打开"按

钮，返回到"块"选项板。双击图块，将块插入图形中的合适位置，如图7-71所示。

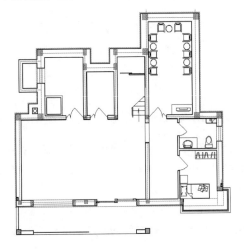

图 7-71 插入电视机

（9）单击"插入"选项卡"块"选项组中的"插入"按钮，在下拉菜单中选择"其他图形中的块"，打开"块"选项板。继续单击选项板右上侧的"浏览"按钮…，弹出"选择图形文件"对话框，选择"源文件\图块\洗衣机"图块，单击"打开"按钮，返回到"块"选项板。双击图块，将块插入图形中的合适位置，如图7-72所示。

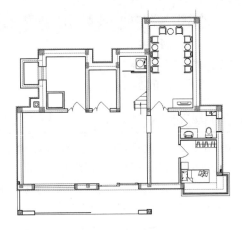

图 7-72 插入洗衣机

（10）单击"插入"选项卡"块"选项组中的"插入"按钮，在下拉菜单中选择"其他图形中的块"，打开"块"选项板。继续单击选项板右上侧的"浏览"按钮…，弹出"选择图形文件"对话框，选择"源文件\图块\墩布池"图块，单击"打开"按钮，返回到"块"选项板。双击图块，将块插入图形中的合适位置，完成图块插入。

（11）继续插入其他图块，最终完成地下室装饰平面图的绘制，如图7-1所示。

7.2 别墅首层装饰平面图

别墅首层的装饰主要是对别墅首层几个建筑单元内的家具进行布置。本节主要讲解别墅首层装饰平面图的绘制过程，如图7-73所示。

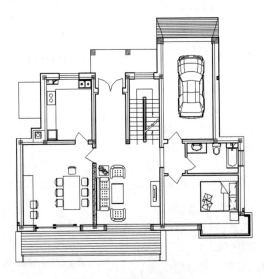

图 7-73 首层装饰平面图

（1）了解绘图准备。

（2）掌握家具的绘制方法。

（3）掌握如何布置家居。

7.2.1 绘图准备

前面已经绘制首层平面图，在此基础上做相应的修改，即可为绘制首层装饰平面图做准备。

（1）单击"快速访问"工具栏中的"打开"按钮 🗁，打开"源文件\首层平面图"。

（2）单击"快速访问"工具栏中的"另存为"按钮 💾，将打开的"首层平面图"另存为"首层装饰平面图"。

（3）单击"默认"选项卡"修改"选项组中的"删除"按钮 🗑，删除除轴线层外的其他所有图形，并关闭标注图层，整理结果如图7-74所示。

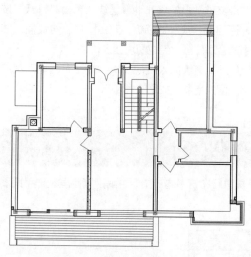

图7-74 首层平面图整理结果

7.2.2 绘制家具

本小节主要讲解各个家具的绘制方法，包括绘制单人椅、餐桌、沙发、双人床、电视机、浴缸、洗菜盆。

1. 绘制单人椅

（1）单击"默认"选项卡"绘图"选项组中的"矩形"按钮 ▭，在图形适当位置绘制一个"450×360"的矩形，如图7-75所示。

（2）单击"默认"选项卡"修改"选项组中的

"圆角"按钮 ⌐，选择矩形的四边并进行圆角处理，圆角半径为"68"，如图7-76所示。

图7-75 绘制矩形　　**图7-76 对矩形进行圆角处理**

（3）单击"默认"选项卡"绘图"选项组中的"直线"按钮 ╱，在进行圆角处理后的矩形上方绘制一条水平直线，如图7-77所示。

（4）单击"默认"选项卡"绘图"选项组中的"圆弧"按钮 ⌒，在绘制的直线上绘制两条弧线，如图7-78所示。

图7-77 绘制水平直线　　**图7-78 绘制弧线**

（5）单击"默认"选项卡"绘图"选项组中的"圆弧"按钮 ⌒，连接绘制的两条弧线，如图7-79所示。

（6）单击"插入"选项卡"定义块"选项组中的"创建块"按钮 🔲，弹出"块定义"对话框，如图7-16所示。选择步骤（5）中绘制的图形为定义对象，选择任意一点为基点，将其定义为块，块名为"单人椅"。

2. 绘制餐桌

（1）单击"默认"选项卡"绘图"选项组中的"矩形"按钮 ▭，在图形适当位置绘制一个"1000×2000"的矩形，如图7-80所示。

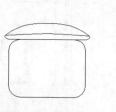

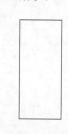

图7-79 连接圆弧　　**图7-80 绘制矩形**

（2）单击"插入"选项卡"块"选项组中的"插入"按钮，在下拉菜单中选择"其他图形中的块"，打开"块"选项板。继续单击选项板右上侧的"浏览"按钮，打开"选择图形文件"对话框，选择"源文件\图块\单人椅"图块，单击"打开"按钮，将返回"块"选项板。双击图块，将块插入图中的合适位置，完成图块插入，如图7-81所示。

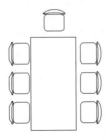

图7-81　插入单人椅

（3）单击"插入"选项卡"定义块"选项组中的"创建块"按钮，弹出"块定义"对话框，如图7-16所示。选择步骤（2）中绘制的图形为定义对象，选择任意一点为基点，将其定义为块，块名为"餐桌"。

3. 绘制沙发

（1）单击"默认"选项卡"绘图"选项组中的"矩形"按钮，在图形适当位置绘制一个"2016×570"的矩形，如图7-82所示。

图7-82　绘制矩形（1）

（2）单击"默认"选项卡"修改"选项组中的"分解"按钮，选择绘制的矩形为分解对象，按Enter键确认进行分解。

（3）选择矩形下部水平边为等分对象，将其进行三等分，单击"默认"选项卡"绘图"选项组中的"直线"按钮，绘制等分点之间的连接线，如图7-83所示。

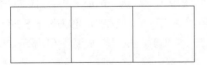

图7-83　等分图形并绘制连接线

（4）单击"默认"选项卡"修改"选项组中的"圆角"按钮，对矩形四边进行圆角处理，圆角半径为"50"，如图7-84所示。

图7-84　对矩形四边进行圆角处理

（5）单击"默认"选项卡"修改"选项组中的"圆角"按钮，对绘制的等分线进行不修剪圆角处理，圆角半径为"30"，如图7-85所示。

图7-85　对等分线进行不修剪圆角处理

（6）单击"默认"选项卡"修改"选项组中的"修剪"按钮，选择圆角处理后的图形为修剪对象，对其进行修剪处理，如图7-86所示。

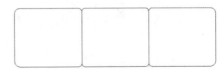

图7-86　修剪图形

（7）单击"默认"选项卡"绘图"选项组中的"矩形"按钮，在图形的适当位置绘制一个"241×511"的矩形，如图7-87所示。

图7-87　绘制矩形（2）

（8）单击"默认"选项卡"修改"选项组中的"修剪"按钮，选择矩形内的多余线段为修剪对象，对其进行修剪处理，如图7-88所示。

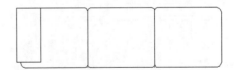

图7-88　修剪矩形内多余线段

（9）单击"默认"选项卡"修改"选项组中的"圆角"按钮，对图形中新绘制的矩形进行不修剪圆角处理，圆角半径为"50"，如图7-89所示。

图7-89　对新绘制的矩形进行不修剪圆角处理

（10）单击"默认"选项卡"修改"选项组中的"修剪"按钮，对圆角处理后的矩形进行修剪处理，如图7-90所示。

图7-90　对新绘制的矩形进行修剪处理

利用上述方法完成右侧相同图形的绘制，如图7-91所示。

图7-91　在右侧绘制相同矩形

（11）单击"默认"选项卡"绘图"选项组中的"直线"按钮，在图形顶部位置绘制一条水平直线，如图7-92所示。

图7-92　绘制水平直线

（12）单击"默认"选项卡"修改"选项组中的"偏移"按钮，选择绘制的水平直线为偏移对象，将其向上进行偏移，偏移距离为"50""150"，如图7-93所示。

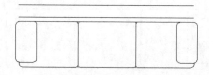

图7-93　偏移水平直线

（13）单击"默认"选项卡"绘图"选项组中的"直线"按钮，绘制两条竖直直线来连接偏移线段，如图7-94所示。

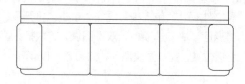

图7-94　绘制竖直直线

（14）单击"默认"选项卡"修改"选项组中的"圆角"按钮，选择新绘制的直线并进行圆角处理，圆角半径为"50"，如图7-95所示。

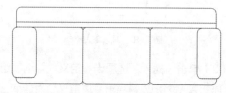

图7-95　对新绘制的直线进行圆角处理

（15）单击"默认"选项卡"绘图"选项组中的"直线"按钮，在图形内部绘制十字交叉线，如图7-96所示。

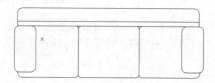

图7-96　绘制十字交叉线

（16）单击"默认"选项卡"修改"选项组中的"复制"按钮，选择绘制的十字交叉线为复制对象，对其进行连续复制，如图7-97所示。

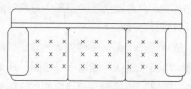

图7-97　复制十字交叉线

（17）单击"默认"选项卡"绘图"选项组中的"矩形"按钮，在绘制的沙发图形下方绘制一个"1200×700"的矩形，如图7-98所示。

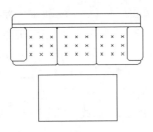

图 7-98 绘制矩形（1）

（18）单击"默认"选项卡"修改"选项组中的"分解"按钮，选择刚刚绘制的矩形为分解对象，按Enter键确认进行分解。

（19）单击"默认"选项卡"修改"选项组中的"偏移"按钮，选择分解矩形的左侧竖直边为偏移对象，向右进行偏移，偏移距离为"17""1159"，如图7-99所示。

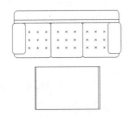

图 7-99 偏移线段

利用前面讲解的绘制沙发的方法，完成左右两侧小沙发的绘制，如图7-100所示。

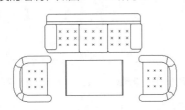

图 7-100 沙发的绘制

（20）单击"默认"选项卡"绘图"选项组中的"矩形"按钮，在长沙发右侧选一点为矩形起点，绘制一个"600×600"的矩形，如图7-101所示。

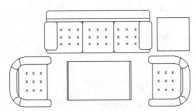

图 7-101 绘制矩形（2）

（21）单击"默认"选项卡"修改"选项组中的"圆角"按钮，选择刚刚绘制的矩形为对象，对其进行圆角处理，圆角半径为"71"，如图7-102所示。

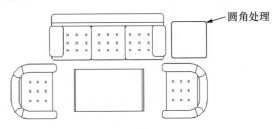

图 7-102 对刚刚绘制的矩形进行圆角处理

（22）单击"默认"选项卡"绘图"选项组中的"圆"下拉按钮下的"圆心，半径"按钮、，在圆角处理后的矩形内部绘制一个半径为"160"的圆，如图7-103所示。

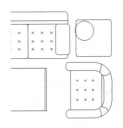

图 7-103 绘制圆（1）

（23）单击"默认"选项卡"绘图"选项组中的"圆"下拉按钮下的"圆心，半径"按钮，在刚刚绘制的圆内任选一点作为圆心，绘制一个半径为"60"的圆，如图7-104所示。

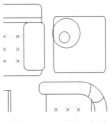

图 7-104 绘制圆（2）

（24）单击"默认"选项卡"绘图"选项组中的"直线"按钮，在图形内绘制多条直线，如图7-105所示。结合所学知识完成沙发茶几上的电话的绘制，如图7-106所示。

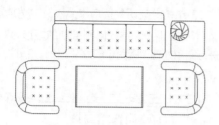

图 7-105　绘制多条直线

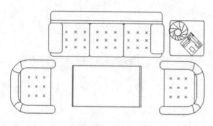

图 7-106　绘制电话

（25）单击"插入"选项卡"块"选项组中的"插入"按钮 ，在下拉菜单中选择"其他图形中的块"，打开"块"选项板。继续单击选项板右上侧的"浏览"按钮 ，弹出"选择图形文件"对话框，选择"源文件\图块\三人沙发"图块，单击"打开"按钮，返回到"块"选项板。双击图块，将块插入图中的合适位置，完成图块插入。

4．绘制双人床

（1）单击"默认"选项卡"绘图"选项组中的"矩形"按钮 ，在图形适当位置绘制一个"1800×2300"的矩形，如图7-107所示。

（2）单击"默认"选项卡"修改"选项组中的"分解"按钮 ，选择绘制的矩形为分解对象，按Enter键确认对其分解。

（3）单击"默认"选项卡"修改"选项组中的"偏移"按钮 ，选择分解矩形的上部水平线为偏移对象，将其向下进行偏移，偏移距离为"60"，如图7-108所示。

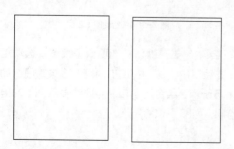

图 7-107　绘制矩形（1）　　图 7-108　偏移线段

（4）单击"默认"选项卡"绘图"选项组中的"矩形"按钮 ，在矩形内绘制一个"1735×1724"的矩形，如图7-109所示。

（5）单击"默认"选项卡"绘图"选项组中的"样条曲线拟合"按钮 ，在刚刚绘制的矩形的左上角位置绘制连续多段线，如图7-110所示。

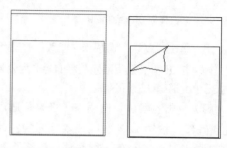

图 7-109　绘制矩形（2）　图 7-110　绘制连续多段线

（6）单击"默认"选项卡"修改"选项组中的"修剪"按钮 ，选择图形为修剪对象，对其进行修剪，如图7-111所示。

（7）单击"默认"选项卡"绘图"选项组中的"直线"按钮 ，在图形适当位置绘制一条水平直线，如图7-112所示。

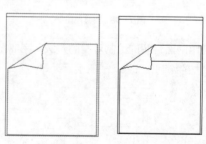

图 7-111　修剪图形　　图 7-112　绘制水平直线

（8）单击"默认"选项卡"修改"选项组中的"圆角"按钮 ，选择图形，对线段进行不修剪圆角处理，圆角半径为"23"，如图7-113所示。

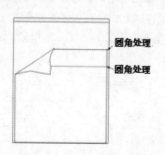

圆角处理

圆角处理

图 7-113　对线段进行不修剪圆角处理

（9）单击"默认"选项卡"修改"选项组中的"修剪"按钮，对进行圆角处理的图形再进行修剪处理，如图7-114所示。

（10）单击"默认"选项卡"绘图"选项组中的"样条曲线拟合"按钮，在图形右下角位置绘制连续线段，如图7-115所示。

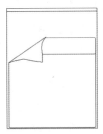 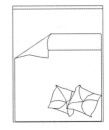

图 7-114　对图形进行修剪处理　图 7-115　绘制连续线段

（11）单击"默认"选项卡"绘图"选项组中的"矩形"按钮，在绘制的图形的右侧绘制一个"500×500"的矩形，如图7-116所示。

（12）单击"默认"选项卡"修改"选项组中的"分解"按钮，选择绘制的矩形为分解对象，按Enter键确认进行分解。

（13）单击"默认"选项卡"修改"选项组中的"偏移"按钮，选择分解矩形的左侧竖直边为偏移对象，将其向右进行偏移，偏移距离为"7""483"，最终完成双人床及床头柜的绘制，如图7-117所示。

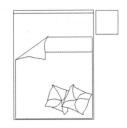 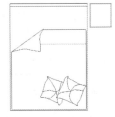

图 7-116　绘制矩形（1）　图 7-117　偏移线段

（14）单击"插入"选项卡"块"选项组中的"插入"按钮，在下拉菜单中选择"其他图形中的块"，打开"块"选项板。继续单击选项板右上侧的"浏览"按钮，打开"选择图形文件"对话框，选择"源文件\图块\双人床及床头柜"图块，单击"打开"按钮，返回"块"选项板。双击图块，将块插入图中的合适位置，完成图块插入。

5．绘制电视机

（1）单击"默认"选项卡"绘图"选项组中

的"矩形"按钮，在图形适当位置绘制一个"956×157"的矩形，如图7-118所示。

图 7-118　绘制矩形（2）

（2）单击"默认"选项卡"绘图"选项组中的"矩形"按钮，在刚刚绘制的矩形内绘制一个"521×54"的矩形，如图7-119所示。

图 7-119　绘制矩形（3）

（3）单击"默认"选项卡"绘图"选项组中的"直线"按钮，完成电视机图形剩余部分的绘制，如图7-120所示。

图 7-120　绘制直线

（4）单击"插入"选项卡"定义块"选项组中的"创建块"按钮，弹出"块定义"对话框，如图7-16所示。选择步骤（3）绘制的图形为定义对象，选择任意一点为基点，将其定义为块，块名为"电视机"。

6．绘制浴缸

（1）单击"默认"选项卡"绘图"选项组中的"矩形"按钮，在图形适当位置绘制一个"700×1200"的矩形，如图7-121所示。

（2）单击"默认"选项卡"修改"选项组中的"偏移"按钮，选择矩形为偏移对象，向内进行偏移，偏移距离为"19"，如图7-122所示。

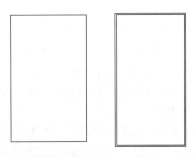

图 7-121　绘制矩形（4）　图 7-122　偏移矩形

AutoCAD

2020 中文版**建筑与室内设计从入门到精通**

（3）单击"默认"选项卡"绘图"选项组中的"直线"按钮／，在图形内绘制连续直线，如图7-123所示。

（4）单击"默认"选项卡"绘图"选项组中的"圆弧"按钮／，绘制适当半径的圆弧连接绘制的多段线下部两端点，如图7-124所示。

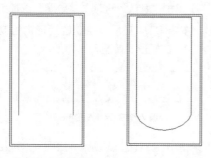

图7-123 绘制连续直线　　图7-124 绘制圆弧

（5）单击"默认"选项卡"绘图"选项组中的"轴，端点"按钮◯，在图形上部位置绘制一个适当半径的椭圆，完成浴缸图形的绘制，如图7-125所示。

图7-125 绘制椭圆

（6）单击"插入"选项卡"定义块"选项组中的"创建块"按钮，弹出"块定义"对话框，如图7-16所示。选择步骤（5）绘制的图形为定义对象，选择任意一点为基点，将其定义为块，块名为"浴缸"。

7. 绘制洗菜盆

（1）单击"默认"选项卡"绘图"选项组中的"多段线"按钮，指定起点宽度为"5"、端点宽度为"5"。在图形适当位置绘制连续多段线，如图7-126所示。

（2）单击"默认"选项卡"绘图"选项组中的"多段线"按钮，指定起点宽度为"0"、端点宽度为"0"，继续在图形内部绘制连续多段线，如图7-127所示。

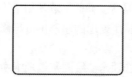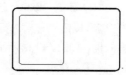

图7-126 绘制连续多段线　　图7-127 继续绘制连续多段线

（3）单击"默认"选项卡"绘图"选项组中的"圆"下拉按钮下的"圆心，半径"按钮，在刚刚绘制的连续多段线内绘制一个半径为"54"的圆，如图7-128所示。

（4）单击"默认"选项卡"修改"选项组中的"偏移"按钮，选择圆为偏移对象，将其向内进行偏移，偏移距离为"19"，如图7-129所示。

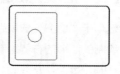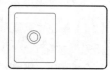

图7-128 绘制圆（1）　　图7-129 偏移圆

（5）单击"默认"选项卡"修改"选项组中的"复制"按钮，选择图形为复制对象，将其向右侧进行复制，间距为"380"，如图7-130所示。

（6）单击"默认"选项卡"绘图"选项组中的"圆"下拉按钮下的"圆心，半径"按钮，在图形适当位置绘制一个半径为"13"的圆，如图7-131所示。

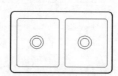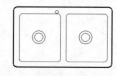

图7-130 复制图形　　图7-131 绘制圆（2）

（7）单击"默认"选项卡"修改"选项组中的"复制"按钮，选择刚刚绘制的圆为复制对象，将其向右侧进行复制，如图7-132所示。

（8）单击"默认"选项卡"绘图"选项组中的"直线"按钮／，在圆之间绘制连续直线，完成洗菜盆的绘制，如图7-133所示。

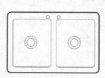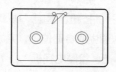

图7-132 复制圆　　图7-133 绘制连续直线

（9）单击"插入"选项卡"定义块"选项组中的"创建块"按钮🔲，弹出"块定义"对话框，如图7-16所示。选择步骤（8）中绘制的图形为定义对象，选择任意一点为基点，将其定义为块，块名为"洗菜盆"。

7.2.3 | 布置家具

在7.1.3小节中讲解了布置家具的方法和技巧，这里的布置方法基本相同，具体步骤如下所示。

（1）单击"插入"选项卡"块"选项组中的"插入"按钮🔲，在下拉菜单中选择"其他图形中的块"，打开"块"选项板。继续单击选项板右上侧的"浏览"按钮 … ，打开"选择图形文件"对话框，选择"源文件\图块\双人床及柜"图块，单击"打开"按钮，将返回"块"选项板。双击图块，将块插入图中的合适位置，完成图块插入，如图7-134所示。

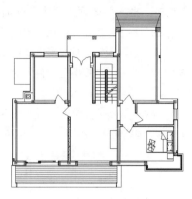

图 7-135 绘制连续直线

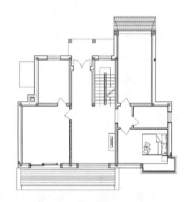

图 7-136 插入电视机

（4）单击"插入"选项卡"块"选项组中的"插入"按钮🔲，在下拉菜单中选择"其他图形中的块"，打开"块"选项板。继续单击选项板右上侧的"浏览"按钮 … ，打开"选择图形文件"对话框，选择"源文件\图块\沙发"图块，单击"打开"按钮，将返回"块"选项板。双击图块，将块插入图中的合适位置，完成图块插入，如图7-137所示。

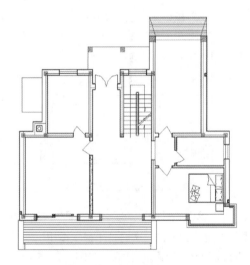

图 7-134 插入双人床及床头柜

（2）单击"默认"选项卡"绘图"选项组中的"直线"按钮 ╱ ，在客厅靠墙位置绘制连续直线，如图7-135所示。

（3）单击"插入"选项卡"块"选项组中的"插入"按钮🔲，在下拉菜单中选择"其他图形中的块"，打开"块"选项板。继续单击选项板右上侧的"浏览"按钮 … ，打开"选择图形文件"对话框，选择"源文件\图块\电视机"图块，单击"打开"按钮，将返回"块"选项板。双击图块，将块插入图中的合适位置，如图7-136所示。

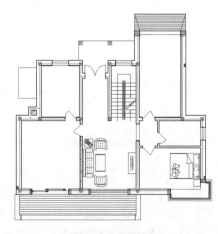

图 7-137 插入沙发

（5）单击"插入"选项卡"块"选项组中的"插入"按钮，在下拉菜单中选择"其他图形中的块"，打开"块"选项板。继续单击选项板右上侧的"浏览"按钮…，打开"选择图形文件"对话框，选择"源文件\图块\餐桌"图块，单击"打开"按钮，将返回"块"选项板。双击图块，将块插入图中的合适位置，完成图块插入，如图7-138所示。

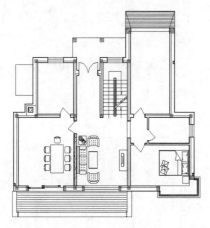

图7-138　插入餐桌

（6）单击"默认"选项卡"绘图"选项组中的"直线"按钮 ∕，在餐厅位置绘制连续直线，如图7-139所示。

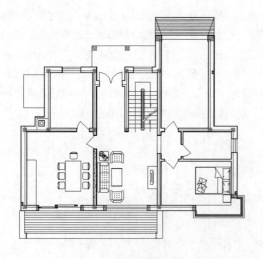

图7-139　绘制连续直线（1）

（7）单击"插入"选项卡"块"选项组中的"插入"按钮，在下拉菜单中选择"其他图形中的块"，打开"块"选项板。继续单击选项板右上侧的"浏览"按钮…，打开"选择图形文件"对话框，选择"源文件\图块\餐椅"图块，单击"打开"按钮，将返回"块"选项板。双击图块，将块插入图中的合适位置，完成图块插入，如图7-140所示。

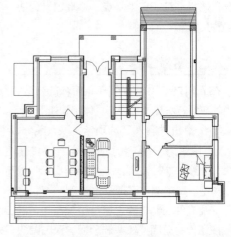

图7-140　插入餐椅

（8）单击"默认"选项卡"绘图"选项组中的"多段线"按钮 ⌐，指定起点宽度为"25"、端点宽度为"25"，在厨房角落绘制连续直线，如图7-141所示。

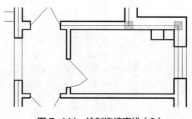

图7-141　绘制连续直线（2）

（9）单击"默认"选项卡"绘图"选项组中的"圆"下拉按钮下的"圆心，半径"按钮 ⊙，在图形内绘制一个半径为"50"的圆，如图7-142所示。

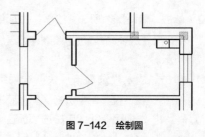

图7-142　绘制圆

（10）单击"默认"选项卡"绘图"选项组中的"直线"按钮 ∕，在图形内绘制连续直线，如图7-143所示。

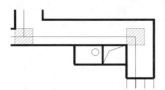

图 7-143　绘制连续直线（1）

利用上述方法完成剩余相同图形的绘制，如图 7-144 所示。

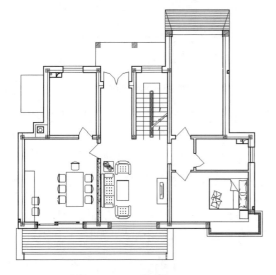

图 7-144　绘制剩余相同图形

（11）单击"插入"选项卡"块"选项组中的"插入"按钮，在下拉菜单中选择"其他图形中的块"，打开"块"选项板。继续单击选项板右上侧的"浏览"按钮，打开"选择图形文件"对话框，选择"源文件\图块\浴缸"图块，单击"打开"按钮，将返回"块"选项板。双击图块，将块插入图中的合适位置，完成图块插入，如图 7-145 所示。

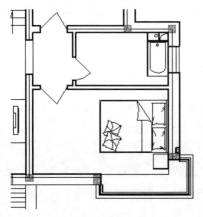

图 7-145　插入浴缸

（12）单击"插入"选项卡"块"选项组中的"插入"按钮，在下拉菜单中选择"其他图形中的块"，打开"块"选项板。继续单击选项板右上侧的"浏览"按钮，打开"选择图形文件"对话框，选择"源文件\图块\坐便器"图块，单击"打开"按钮，将返回"块"选项板。双击图块，将块插入图中的合适位置，完成图块插入，如图 7-146 所示。

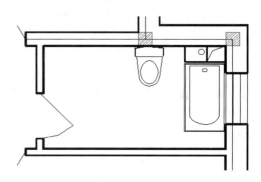

图 7-146　插入坐便器

（13）单击"默认"选项卡"绘图"选项组中的"多段线"按钮，指定起点宽度为"25"、端点宽度为"25"，在厨房角落绘制连续直线，如图 7-147 所示。

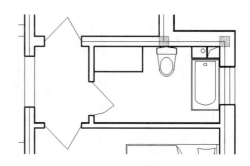

图 7-147　绘制连续直线（2）

（14）单击"插入"选项卡"块"选项组中的"插入"按钮，在下拉菜单中选择"其他图形中的块"，打开"块"选项板。继续单击选项板右上侧的"浏览"按钮，打开"选择图形文件"对话框，选择"源文件\图块\洗手盆"图块，单击"打开"按钮，将返回"块"选项板。双击图块，将块插入图中的合适位置，完成图块插入，如图 7-148 所示。

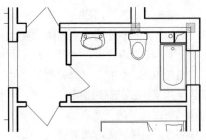

图 7-148　插入洗手盆

（15）单击"插入"选项卡"块"选项组中的
"插入"按钮，在下拉菜单中选择"其他图形中的
块"，打开"块"选项板。继续单击选项板右上侧的
"浏览"按钮…，打开"选择图形文件"对话框，选
择"源文件\图块\汽车"图块，单击"打开"按钮，
将返回"块"选项板。双击图块，将块插入图中的
合适位置，完成图块插入，如图7-149所示。

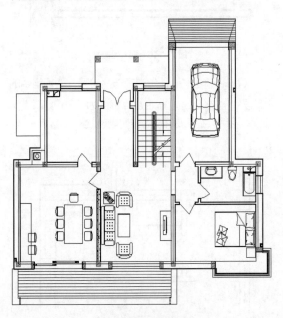

图 7-149　插入汽车

（16）单击"默认"选项卡"绘图"选项组中
的"直线"按钮，在厨房内的适当位置绘制连续

直线，如图7-150所示。

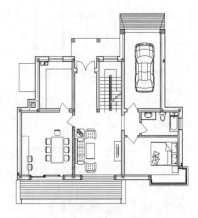

图 7-150　绘制连续直线

（17）单击"插入"选项卡"块"选项组中的
"插入"按钮，在下拉菜单中选择"其他图形中的
块"，打开"块"选项板。继续单击选项板右上侧的
"浏览"按钮…，打开"选择图形文件"对话框，选
择"源文件\图块\洗菜盆"图块，单击"打开"按
钮，将返回"块"选项板。双击图块，将块插入图
中的合适位置，完成图块插入，如图7-151所示。

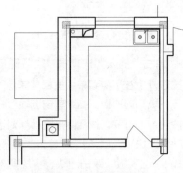

图 7-151　插入洗菜盆

利用上述方法完成剩余图形的绘制，最终结果
如图7-73所示。

7.3 别墅二层装饰平面图

　　别墅二层的装饰主要是对别墅二层几个建筑单元内的家具进行布置。利用前面介绍的方法完成二层装饰
平面图的绘制，结果如图7-152所示。

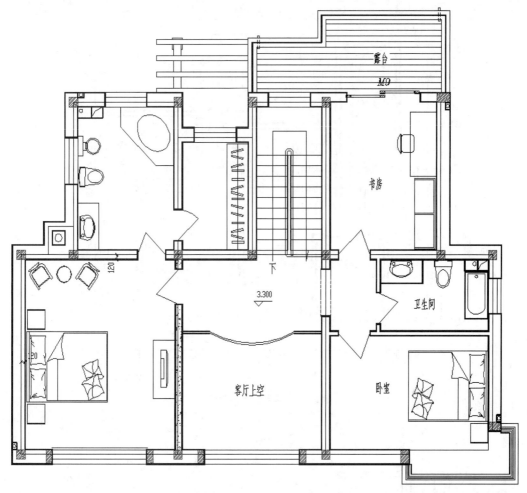

图 7-152　二层装饰平面图

7.4　上机实验

【练习 1】绘制图 7-153 所示的某别墅首层平面图。

1. 目的要求

本练习主要要求读者通过练习进一步熟悉和掌握家具的绘制方法。本练习可以帮助读者学会完成平面图绘制的全过程。

2. 操作提示

（1）绘制家具。

（2）标注尺寸、文字、轴号及标高。

（3）绘制指北针及剖切符号。

【练习 2】绘制图 7-154 所示的某别墅二层平面图。

1. 目的要求

本练习主要要求读者通过练习进一步熟悉和掌握家具的绘制方法。本练习可以帮助读者学会完成平面图绘制的全过程。

2. 操作提示

（1）绘制家具。

（2）标注尺寸、文字、轴号及标高。

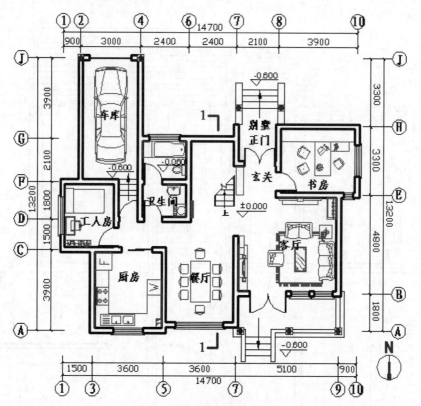

图 7-153　某别墅首层平面图

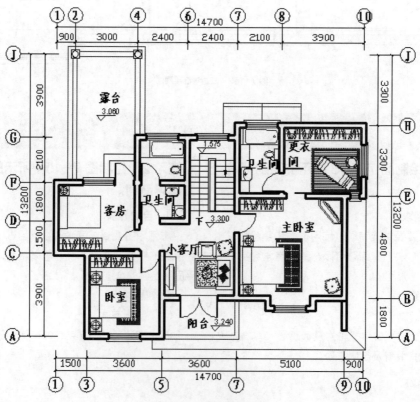

图 7-154　某别墅二层平面图

第 8 章

别墅地坪图

地坪图是表达建筑物内部各房间地面材料铺装情况的图样。由于各房间的地面用材因房间功能的差异而有所不同，因此在图样中通常选用不同的填充图案并结合文字来表达不同的地面用材。本章将详细讲解别墅地坪图的设计思路及相关地坪图的绘制方法与技巧，包括别墅地下室、首层及二层地坪图的绘制方法与技巧。

知识点

- ➜ 别墅地下室地坪图的绘制
- ➜ 别墅首层地坪图的绘制
- ➜ 别墅二层地坪图的绘制

8.1 别墅地下室地坪图

别墅地下室地坪图的绘制思路为：首先，由已知的地下室平面图生成平面墙体轮廓；接着，在各门窗洞口位置绘制投影线；然后，根据各房间地面材料类型，选取适当的填充图案对各房间地面进行填充；最后，添加尺寸标注和文字标注。下面就按照这个思路绘制别墅的地下室地坪图，如图8-1所示。

8.1.1 设置绘图环境

1. 创建图形文件

打开已绘制的"别墅地下室平面图.dwg"文件，在"文件"菜单中选择"另存为"命令，打开"图形另存为"对话框，如图8-2所示，在"文件名"文本框中输入新的图形名称为"别墅地下室地坪图.dwg"。单击"保存"按钮，创建图形文件。

2. 清理图形元素

（1）单击"默认"选项卡"图层"选项组中的"图层特性"按钮，打开"图层特性管理器"选项板，关闭"轴线""尺寸""家具"和"绿植"等图层。

（2）单击"默认"选项卡"修改"选项组中的"删除"按钮，删除地下室平面图中多余的文字。

（3）选择菜单栏中的"文件"→"绘图实用程序"→"清理"命令，清理不要的图形元素。清理后所得到的平面图形如图8-3所示。

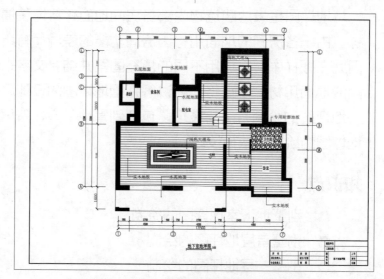

图8-1 别墅地下室地坪图

图8-2 "图形另存为"对话框

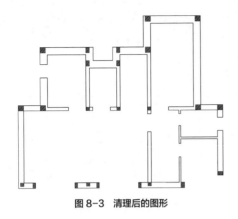

图 8-3　清理后的图形

8.1.2 | 补充平面元素

1．填充墙体

（1）在"图层"选项组中的下拉列表框中选择"墙线"图层，将其设置为当前图层，如图8-4所示。

图 8-4　设置"墙线"图层为当前图层

（2）单击"默认"选项卡"绘图"选项组中的"图案填充"按钮，打开"图案填充创建"选项卡，选择"SOLID"的填充图案，在绘图区域中拾取墙体内部点，选择墙体作为填充对象进行填充，结果如图8-5所示。

图 8-5　填充墙体

2．绘制门窗洞口平面投影线

（1）在"图层"选项组中的下拉列表框中选择"门窗"图层，将其设置为当前图层，如图8-6所示。

图 8-6　设置"门窗"图层为当前图层

（2）单击"默认"选项卡"绘图"选项组中的"直线"按钮，在门窗洞口处绘制洞口平面投影线，如图8-7所示。

图 8-7　绘制平面投影线

8.1.3 | 绘制地板

1．新建图层

单击"默认"选项卡"图层"选项组中的"图层特性"按钮，打开"图层特性管理器"选项板，创建新图层，将新图层命名为"地坪"，并将其设置为当前图层，如图8-8所示。

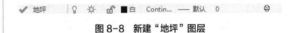

图 8-8　新建"地坪"图层

2．新建地坪装饰图案1

（1）单击"默认"选项卡"绘图"选项组中的"矩形"按钮，指定基点，指定偏移量为（@2230，-1430），在图8-182所示的位置绘制一个"4000×2000"的矩形，如图8-9所示。

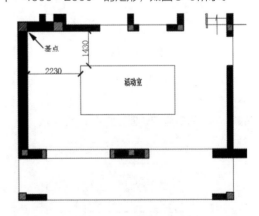

图 8-9　绘制矩形

（2）单击"默认"选项卡"修改"选项组中的"偏移"按钮⊕，选择步骤（1）绘制的矩形为偏移对象将其向内进行偏移，偏移距离为"240""30""240""30""240"和"30"，结果如图8-10所示。

图8-10　偏移矩形

（3）单击"默认"选项卡"绘图"选项组中的"直线"按钮╱，连接最内侧矩形的中点，绘制4条斜线，如图8-11所示。

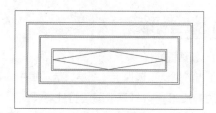

图8-11　绘制4条斜向直线

（4）单击"默认"选项卡"修改"选项组中的"偏移"按钮⊕，选择步骤（3）绘制的斜线为偏移对象，将其向内进行偏移，偏移距离为"30"，如图8-12所示。

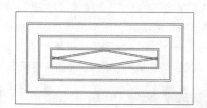

图8-12　偏移斜线

（5）单击"默认"选项卡"修改"选项组中的"修剪"按钮╱－，选择步骤（4）绘制的斜线为修剪对象，对其进行修剪处理，如图8-13所示。

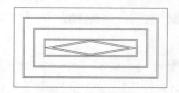

图8-13　修剪斜线

（6）单击"默认"选项卡"绘图"选项组中的"直线"按钮╱，连接四边形的端点，绘制十字交叉直线，如图8-14所示。

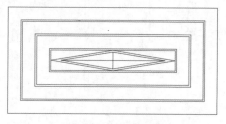

图8-14　绘制十字交叉直线

（7）单击"默认"选项卡"绘图"选项组中的"图案填充"按钮▨，打开"图案填充创建"选项卡，如图8-15所示。选择"SOLID"图案，单击"拾取点"按钮▦，选择绘制的图形内部为填充区域，然后按Enter键完成图案填充，结果如图8-16所示。

图8-15　"图案填充创建"选项卡

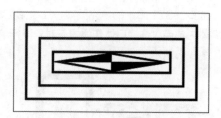

图8-16　填充"SOLID"图案

（8）单击"默认"选项卡"绘图"选项组中的"图案填充"按钮▨，打开"图案填充创建"选项卡，如图8-17所示。选择"ANGLE"图案，设置填充的角度为0°，填充的比例为"10"，单击"拾取点"按钮▦，选择绘制的图形内部为填充区域，然后按Enter键完成图案填充，结果如图8-18所示。

图8-17　"图案填充创建"选项卡

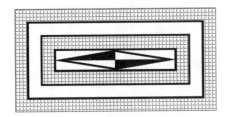

图 8-18 填充 "ANGLE" 图案

3. 新建地坪装饰图案 2

（1）单击 "默认" 选项卡 "绘图" 选项组中的 "矩形" 按钮 □，绘制一个 "1000×1000" 的矩形，如图 8-19 所示。

图 8-19 绘制矩形

（2）单击 "默认" 选项卡 "修改" 选项组中的 "偏移" 按钮 ◶，选择步骤（1）步绘制的矩形为偏移对象，将其向内进行偏移，偏移距离为 "60"，如图 8-20 所示。

（3）单击 "默认" 选项卡 "绘图" 选项组中的 "多段线" 按钮 ⌐，在步骤（2）绘制的矩形内部绘制多段线连接矩形各边的中点，如图 8-21 所示。

 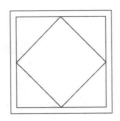

图 8-20 偏移矩形　　图 8-21 绘制多段线

（4）单击 "默认" 选项卡 "修改" 选项组中的 "偏移" 按钮 ◶，选择步骤（3）中绘制的多段线为偏移对象，将其向内进行偏移，偏移距离为 "60"，如图 8-22 所示。

（5）单击 "默认" 选项卡 "绘图" 选项组中的

"圆" 按钮 ◉，以矩形的中心为圆心，绘制一个半径为 "40" 的圆，如图 8-23 所示。

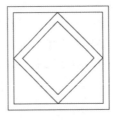 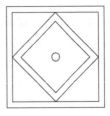

图 8-22 偏移多段线　　图 8-23 绘制圆

（6）单击 "默认" 选项卡 "绘图" 选项组中的 "直线" 按钮 ╱，以圆的切点和象限点为起点，以多段线的端点为直线的端点，绘制 3 条直线，如图 8-24 所示。

（7）单击 "默认" 选项卡 "修改" 选项组中的 "环形阵列" 按钮 ⚏，选择步骤（6）绘制的 3 条直线为阵列对象，以圆的圆心为阵列基点，对其进行环形阵列，设置阵列项目为 "4"，如图 8-25 所示。

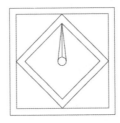 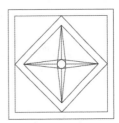

图 8-24 绘制 3 条直线　图 8-25 对 3 条直线进行环形阵列

（8）单击 "默认" 选项卡 "绘图" 选项组中的 "样条曲线拟合" 按钮 ∿，绘制多条样条曲线，如图 8-26 所示。

（9）单击 "默认" 选项卡 "修改" 选项组中的 "环形阵列" 按钮 ⚏，选择步骤（8）绘制的样条曲线为阵列对象，以半径为 "40" 的圆的圆心为阵列基点，对其进行环形阵列，设置阵列项目为 "4"，阵列的角度为 360°，结果如图 8-27 所示。

 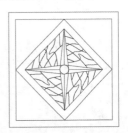

图 8-26 绘制样条曲线　图 8-27 对样条曲线进行环形阵列

（10）单击"默认"选项卡"绘图"选项组中的"矩形"按钮▭，在偏移矩形间绘制一个"50×60"的小矩形，如图8-28所示。

（11）单击"默认"选项卡"修改"选项组中的"复制"按钮⅗，选择步骤（10）绘制的"50×60"的小矩形为复制对象，对其进行连续复制，如图8-29所示。

图 8-28 绘制小矩形　　图 8-29 复制小矩形

（12）使用相同的方法，绘制另外两侧的矩形，其矩形的尺寸为"60×50"，结果如图8-30所示。

图 8-30 绘制矩形

（13）单击"默认"选项卡"绘图"选项组中的"图案填充"按钮▨，打开"图案填充创建"选项卡，如图8-31所示。选择"SOLID"图案，单击"拾取点"按钮⊞，选择图形内部为填充区域，然后按Enter键完成图案填充，结果如图8-32所示。

（14）单击"默认"选项卡"绘图"选项组中的"图案填充"按钮▨，打开"图案填充创建"选项卡，如图8-33所示。选择"AR-SAND"图案，设置填充的角度为0°，填充的比例为"0.5"，单击"拾取点"按钮⊞，选择图形内部为填充区域，然后按Enter键完成图案填充，结果如图8-34所示。

图 8-31 "图案填充创建"选项卡

图 8-32 填充"SOLID"图案

图 8-33 "图案填充创建"选项卡

图 8-34 填充"AR-SAND"图案

（15）单击"默认"选项卡"修改"选项组中的"复制"按钮⅗，将绘制的装饰图案进行复制，复制的间距为"1400"和"2800"，结果如图8-35所示。

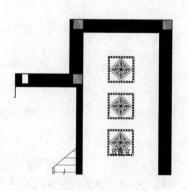

图 8-35 复制图形

4. 绘制木地板

在地下层地坪图中，铺装木地板的房间包括活动室、楼道、过道、放映室和卧室。

单击"默认"选项卡"绘图"选项组中的"图案填充"按钮 ▨，打开图8-36所示的"图案填充创建"选项卡。选择"LINE"填充图案并设置填充的角度为0°，填充比例为"60"，在绘图区域中依次选择活动室、放映室和卧室等作为填充对象，进行地板图案填充，结果如图8-37所示。

图 8-36 "图案填充创建"选项卡

图 8-37 填充"LINE"图案

5. 绘制防滑地砖

单击"默认"选项卡"绘图"选项组中的"图案填充"按钮 ▨，打开图8-38所示"图案填充创建"选项卡，选择填充图案为"GRAVEL"，并设置图案填充比例为"15"，在绘图区域中选择卫生间作为填充对象，进行防滑地砖图案的填充。图8-39所示为卫生间地板绘制效果。

图 8-38 "图案填充创建"选项卡

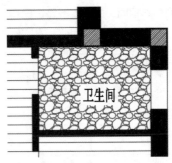

图 8-39 填充"GRAVEL"图案

6. 绘制水泥地面

通常设备间和配电室等房间的地面材料直接采用水泥地面。

单击"默认"选项卡"绘图"选项组中的"图案填充"按钮 ▨，打开"图案填充创建"选项卡，如图8-40所示。选择填充图案为"AR-SAND"，并设置图案填充比例为"3"，在绘图区域中依次选择设备间、配电室和采光井等作为填充对象，进行填充，结果如图8-41所示。

图 8-40 "图案填充创建"选项卡

图 8-41 填充"AR-SAND"图案

8.1.4 尺寸标注与文字标注

1. 尺寸标注与平面标高

在本实例中，尺寸标注和平面标高的内容及要求与平面图基本相同。由于本图是在已有地下室平面图的基础上绘制生成的，因此，本实例中的尺寸标注可以直接沿用地下室平面图的尺寸标注结果，只需要将"标注"和"文字"图层打开，然后单击"默认"选项卡"修改"选项组中的"删除"按钮，删除多余的细部尺寸和文字即可，结果如图8-42所示。

图8-42　尺寸标注和平面标高

2. 文字标注

（1）在"图层"选项组中的下拉列表框中选择"文字"图层，将其设置为当前图层。

（2）在命令行中输入"QLEADER"命令，在命令行中输入"S"，打开"引线设置"对话框。选择"引线和箭头"选项卡，将引线的箭头形式设置为"小点"，如图8-43所示，最后单击"确定"按钮，返回绘图状态。

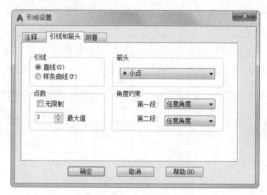

图8-43　"引线设置"对话框

（3）根据命令行提示，指定需要标注的房间，并将文字的高度设置为"250"，在引线一端添加文字说明，标明各个房间地面的铺装材料，结果如图8-44所示。

（4）更改图名。将"地下室平面图.dwg"更改为"地下室地坪图.dwg"，结果如图8-45所示。

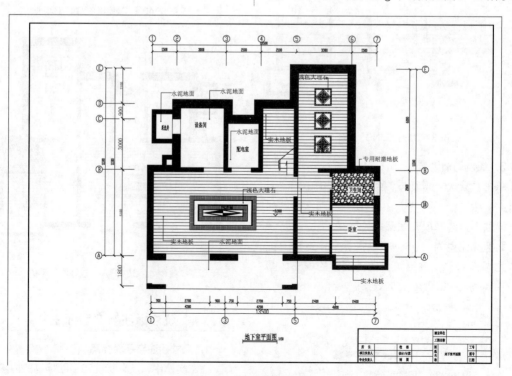

图8-44　标注地面的铺装材料

别墅地坪图 第 8 章

图 8-45　更改图名

8.2　别墅首层地坪图

别墅首层地坪图的绘制思路为：首先，由已知的首层平面图生成平面墙体轮廓；接着，在各门窗洞口位置绘制投影线；然后，根据各房间地面材料类型，选取适当的填充图案对各房间地面进行填充；最后，添加尺寸标注和文字标注。下面就按照这个思路绘制别墅的首层地坪图，如图8-46所示。

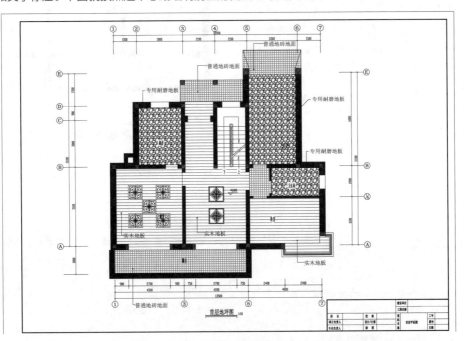

图 8-46　别墅首层地坪图

197

1. 创建图形文件

打开已绘制的"别墅首层平面图.dwg"文件，在"文件"菜单中选择"另存为"命令，打开"图形另存为"对话框，如图8-47所示，在"文件名"文本框中输入新的图形名称为"别墅首层地坪图.dwg"。单击"保存"按钮，建立图形文件。

图 8-47 "图形另存为"对话框

2. 清理图形元素

（1）单击"默认"选项卡"图层"选项组中的"图层特性"按钮，打开"图层特性管理器"选项板，关闭"轴线""尺寸""家具"和"绿植"等图层。

（2）单击"默认"选项卡"修改"选项组中的"删除"按钮，删除首层平面图中多余的图形。

（3）选择菜单栏中的"文件"→"绘图实用程序"→"清理"命令，清理不要的图形元素。清理后所得到的平面图形如图8-48所示。

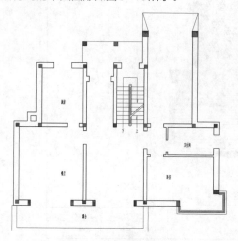

图 8-48 清理后的图形

1. 填充墙体

（1）在"图层"选项组中的下拉列表框中选择"墙线"图层，将其设置为当前图层，如图8-49所示。

图 8-49 设置"墙线"图层为当前图层

（2）单击"默认"选项卡"绘图"选项组中的"图案填充"按钮，打开"图案填充创建"选项卡。选择"SOLID"的填充图案，在绘图区域中拾取墙体内部点，选择墙体作为填充对象并进行填充，结果如图8-50所示。

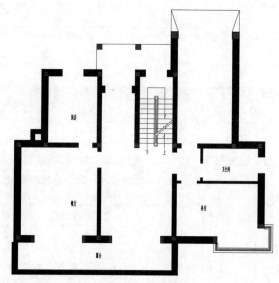

图 8-50 填充墙体

2. 绘制门窗洞口的平面投影线

（1）在"图层"选项组中的下拉列表框中选择"门窗"图层，将其设置为当前图层，如图8-51所示。

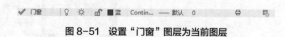

图 8-51 设置"门窗"图层为当前图层

（2）单击"默认"选项卡"绘图"选项组中的"直线"按钮，在门窗洞口处绘制洞口平面投影线，如图8-52所示。

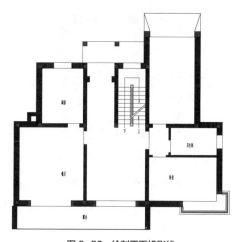

图 8-52 绘制平面投影线

8.2.3 绘制地板

1. 新建图层

单击"默认"选项卡"图层"选项组中的"图层特性"按钮，打开"图层特性管理器"选项板，创建新图层，将新图层命名为"地坪"，并将其设置为当前图层，如图 8-53 所示。

图 8-53 新建"地坪"图层

2. 新建地坪装饰图案

（1）单击"默认"选项卡"绘图"选项组中的"矩形"按钮□，绘制一个"900×900"的矩形，如图 8-54 所示。

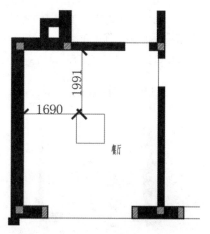

图 8-54 绘制矩形

（2）单击"默认"选项卡"修改"选项组中的"偏移"按钮，选择步骤（1）绘制的矩形为偏移

对象，将其向内进行偏移，偏移距离为"60"，如图 8-55 所示。

（3）单击"默认"选项卡"绘图"选项组中的"多段线"按钮，以步骤（2）中偏移后的内部矩形 4 条边的中点为端点，绘制连续多段线，如图 8-56 所示。

 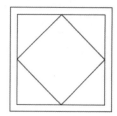

图 8-55 偏移矩形　　图 8-56 绘制连续多段线

（4）单击"默认"选项卡"修改"选项组中的"偏移"按钮，选择步骤（3）中绘制的多段线为偏移对象，将其向内进行偏移，偏移距离为"60"，如图 8-57 所示。

（5）单击"默认"选项卡"绘图"选项组中的"直线"按钮，绘制十字交叉线连接外部矩形 4 条边中点，如图 8-58 所示。

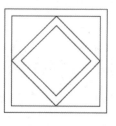 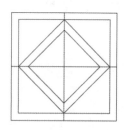

图 8-57 偏移多段线　　图 8-58 绘制十字交叉线

（6）单击"默认"选项卡"绘图"选项组中的"圆"按钮，以步骤（5）中绘制的十字交叉线的交点为圆心，绘制一个半径为"35"的圆，如图 8-59 所示。

（7）单击"默认"选项卡"绘图"选项组中的"样条曲线拟合"按钮，绘制图 8-60 所示的样条曲线。

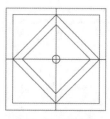 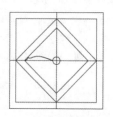

图 8-59 绘制圆　　图 8-60 绘制样条曲线

（8）单击"默认"选项卡"修改"选项组中的"镜像"按钮 ⚫，选择步骤（1）中绘制的图形为镜像对象，对其进行水平镜像，如图8-61所示。

（9）单击"默认"选项卡"修改"选项组中的"环形阵列"按钮 ⚫，选择绘制的样条曲线为阵列对象，以圆的圆心为阵列基点，对其进行环形阵列，设置阵列项目为"8"，如图8-62所示。

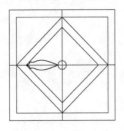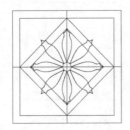

图 8-61　镜像图形　　图 8-62　对样条曲线进行环形阵列

（10）单击"默认"选项卡"修改"选项组中的"删除"按钮 ⚫，选择偏移的多段线为删除对象，对其进行删除处理，如图8-63所示。

（11）单击"默认"选项卡"绘图"选项组中的"样条曲线拟合"按钮 ⚫，在图形中的适当位置绘制多段样条曲线，如图8-64所示。

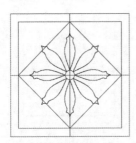

图 8-63　删除偏移的多段线　　图 8-64　绘制样条曲线

（12）单击"默认"选项卡"绘图"选项组中的"图案填充"按钮 ⚫，打开"图案填充创建"选项卡，如图8-65所示。选择"AR-SAND"填充图案，设置填充角度为"0"，填充比例为"0.2"，选择填充区域，然后按Enter键完成图案填充，效果如图8-66所示。

图 8-65　"图案填充创建"选项卡（1）

图 8-66　填充"AR-SAND"图案（1）

（13）单击"默认"选项卡"绘图"选项组中的"图案填充"按钮 ⚫，打开"图案填充创建"选项卡，如图8-67所示。选择"AR-SAND"图案类型，设置填充角度为0，填充比例为"0.5"，选择填充区域，然后按Enter键完成图案填充，效果如图8-68所示。

图 8-67　"图案填充创建"选项卡（2）

图 8-68　填充"AR-SAND"图案（2）

（14）单击"默认"选项卡"修改"选项组中的"复制"按钮 ⚫，选择步骤（13）中绘制完成的图形为复制对象，对其进行复制，如图8-69所示。

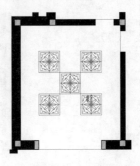

图 8-69　复制图形

（15）单击"快速访问"工具栏中的"打开"

按钮 ，打开"别墅地下室地坪图"，选择地坪装饰图案2并进行复制，粘贴到当前图形中，结果如图8-70所示。

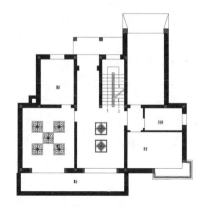

图8-70 复制并粘贴地坪装饰图案

3．绘制木地板

在首层地坪图中，铺装木地板的房间包括卧室、客厅和餐厅。

单击"默认"选项卡"绘图"选项组中的"图案填充"按钮，打开图8-71所示的"图案填充创建"选项卡。选择"LINE"填充图案并设置填充的角度为0°，填充比例为"60"，在绘图区域中依次选择卧室、客厅和餐厅作为填充对象，进行地板图案填充，结果如图8-72所示。

图8-71 "图案填充创建"选项卡（1）

图8-72 填充"LINE"图案

4．绘制防滑地砖

单击"默认"选项卡"绘图"选项组中的"图案填充"按钮，打开图8-73所示"图案填充创建"选项卡。选择填充图案为"GRAVEL"，并设置图案填充比例为"15"，在绘图区域中选择卫生间、车库和厨房地板作为填充对象，进行防滑地砖图案的填充，如图8-74所示为卫生间、车库和厨房地板绘制效果。

图8-73 "图案填充创建"选项卡（2）

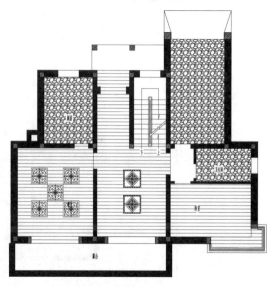

图8-74 填充"GRAVEL"图案

5．绘制普通地砖地面

露台等位置铺设普通地砖地面。

单击"默认"选项卡"绘图"选项组中的"图案填充"按钮，打开"图案填充创建"选项卡，如图8-75所示。选择填充图案为"ANGLE"，并设置图案填充比例为"20"，在绘图区域中选择露台等平面作为填充对象进行填充，结果如图8-76所示。

图8-75 "图案填充创建"选项卡（3）

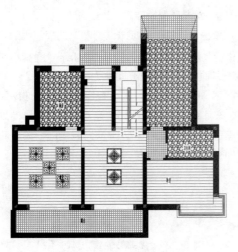

图 8-76 填充"ANGLE"图案

8.2.4 尺寸标注与文字标注

1. 尺寸标注与平面标高

在本实例中，尺寸标注和平面标高的内容及要求与平面图基本相同。由于本图是在已有首层平面图的基础上绘制生成的，因此，本实例中的尺寸标注可以直接沿用首层平面图的标注结果。只需要将"标注"和"文字"图层打开，然后单击"默认"选项卡"修改"选项组中的"删除"按钮 ，删除多余的细部尺寸和文字即可，结果如图 8-77 所示。

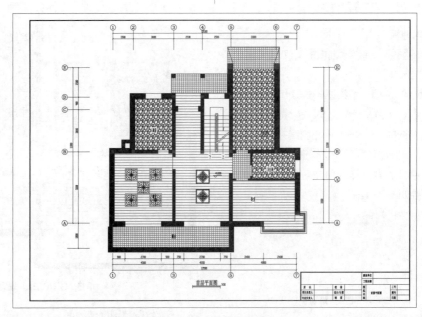

图 8-77 尺寸标注和平面标高

2. 文字标注

（1）在"图层"选项组中的下拉列表框中选择"文字"图层，将其设置为当前图层。

（2）在命令行中输入"QLEADER"命令，在命令行中输入"S"，打开"引线设置"对话框，选择"引线和箭头"选项卡，将引线的箭头形式为"小点"，如图 8-78 所示，最后单击"确定"按钮，返回绘图状态。

图 8-78 "引线设置"对话框

（3）根据命令行提示，指定需要标注的房间，

并将文字的高度设置为"250"，在引线一端添加
文字标注，标明各个房间地面的铺装材料，结果如
图8-79所示。

（4）更改图名。将"首层平面图.dwg"更改为
"首层地坪图.dwg"，结果如图8-80所示。

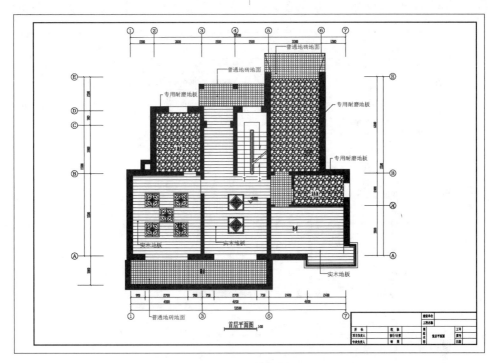

图 8-79　标注地面的铺装材料

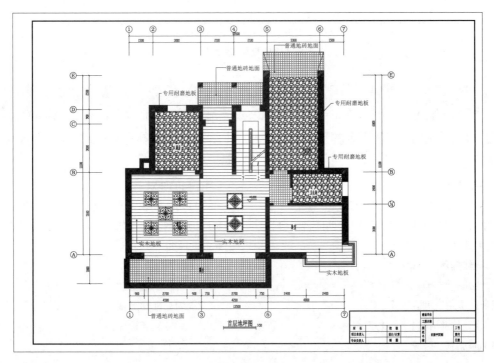

图 8-80　更改图名

8.3 别墅二层地坪图

别墅二层地坪图和其他楼层地坪图的绘制方法类似，因此这里不再详细讲解，结果如图8-81所示。

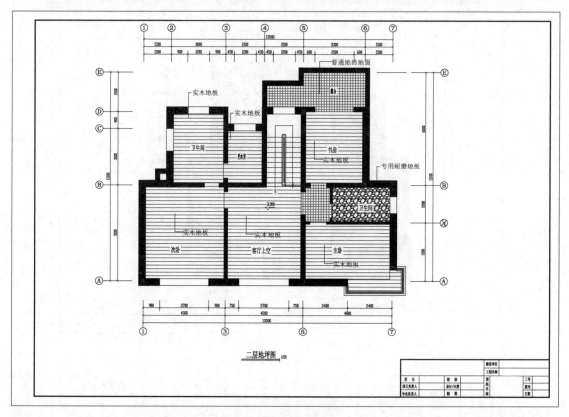

图8-81 别墅二层地坪图

8.4 上机实验

【练习1】绘制图8-82所示的别墅首层地坪图。

1. 目的要求

本练习主要要求读者通过练习进一步熟悉和掌握地坪图的绘制方法。本练习可以帮助读者学会完成地坪图绘制的全过程。

2. 操作提示

（1）绘图前准备。

（2）初步绘制地面图案。

（3）形成地面材料平面图。

（4）添加文字标注。

【练习2】绘制图8-83所示的餐厅地坪图。

1. 目的要求

本练习主要要求读者通过练习进一步熟悉和掌握餐厅地坪图的绘制方法。本练习可以帮助读者学会完成地坪图绘制的全过程。

2. 操作提示

（1）绘图前准备。

（2）填充地面图案。

（3）添加文字标注。

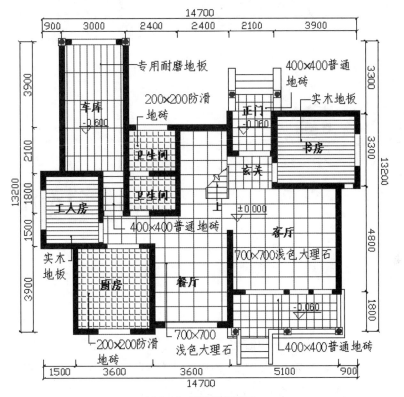

图 8-82　别墅首层地坪图

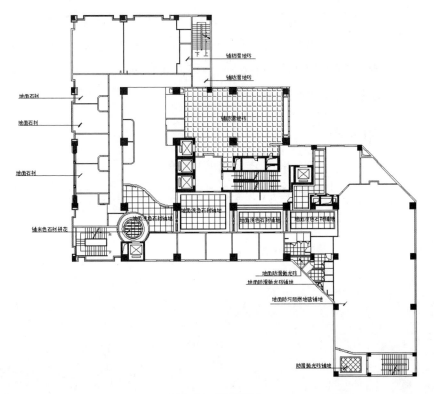

图 8-83　餐厅地坪图

第9章

别墅顶棚图

建筑室内顶棚图主要表达的是建筑室内各房间顶棚的材料和装修做法以及灯具的布置情况。由于各房间的使用功能不同，其顶棚的材料和装修做法均有各自不同的特点，常需要使用图形填充并结合适当文字加以说明。因此，如何使用引线和多行文字命令添加文字标注是别墅顶棚图绘制过程中的重点。本章将详细讲解别墅的顶棚图的设计思路及相关顶棚图的绘制方法与技巧，包括别墅地下室、首层及二层顶棚图的绘制方法与技巧。

知识点

- ● 别墅地下室顶棚图的绘制
- ● 别墅首层顶棚图的绘制
- ● 别墅二层顶棚图的绘制

别墅地下室顶棚图的主要绘制思路为：首先，修改地下室平面图，留下墙体轮廓，并在各门窗洞口位置绘制投影线；然后，绘制吊顶并根据各房间选用的照明方式绘制灯具；最后，进行文字标注和尺寸标注。下面按照这个思路绘制别墅地下室顶棚平面图，如图9-1所示。

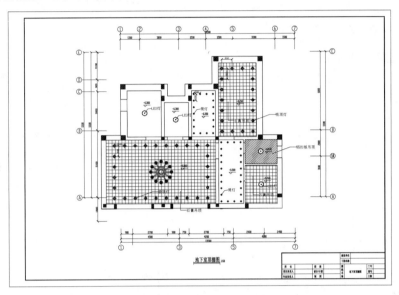

图 9-1　别墅地下室顶棚平面图

1. 创建图形文件

打开已绘制的"别墅地下室平面图.dwg"文件，在"文件"菜单中选择"另存为"命令，打开图9-2所示的"图形另存为"对话框。在"文件名"文本框中输入新的图形文件名称为"别墅地下室顶棚平面图.dwg"，单击"保存"按钮，创建图形文件。

2. 清理图形元素

（1）单击"默认"选项卡"图层"选项组中的"图层特性"按钮，打开"图层特性管理器"选项板，关闭"轴线""尺寸""家具"和"绿植"等图层。

（2）单击"默认"选项卡"修改"选项组中的"删除"按钮，删除地下室平面图中多余的文字。

（3）选择菜单栏中的"文件"→"绘图实用程序"→"清理"命令，清理不要的图形元素。清理后所得到的平面图如图9-3所示。

图 9-2　"图形另存为"对话框

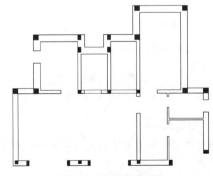

图 9-3　清理后的平面图

9.1.2 | 补绘平面轮廓

1. 设置当前图层

在"图层"选项组中的下拉列表框中选择"门窗"图层,将其设置为当前图层,如图9-4所示。

图9-4 设置"门窗"图层为当前图层

2. 绘制门窗洞口的投影线

单击"默认"选项卡"绘图"选项组中的"直线"按钮 ✎,在门窗洞口处绘制洞口投影线,结果如图9-5所示。

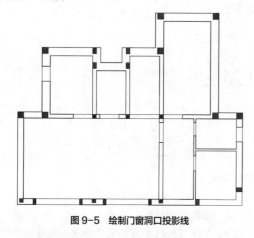

图9-5 绘制门窗洞口投影线

9.1.3 | 绘制灯具

不同种类的灯具由于材料和形状的差异,其平面图形也大有不同。在本实例中,灯具种类主要包括装饰吊灯、圆形吸顶灯、筒灯和LED灯。在AutoCAD图样中,并不需要详细描绘出各种灯具的具体式样。一般情况下,灯具都是用灯具图例来表示的。下面分别介绍几种灯具图例的绘制方法。

1. 设置当前图层

新建"灯具"图层,属性保持为默认值,并将其设置为当前图层,如图9-6所示。

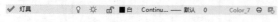

图9-6 新建"灯具"图层

2. 绘制装饰吊灯

装饰吊灯仅在活动室使用,与其他灯具相比,形状比较复杂。

（1）单击"默认"选项卡"绘图"选项组中的"直线"按钮 ✎,以最左侧第二条竖直直线的中点为直线的起点,绘制一条水平直线,如图9-7所示。

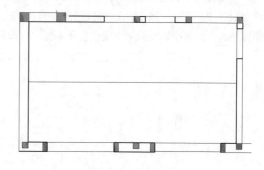

图9-7 绘制水平直线

（2）单击"默认"选项卡"绘图"选项组中的"圆"按钮 ⊙,绘制同心圆,其半径分别为400mm、340mm、200mm和140mm,如图9-8所示。

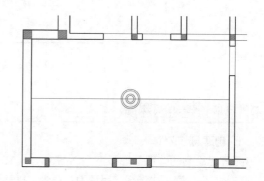

图9-8 绘制同心圆

（3）单击"默认"选项卡"修改"选项组中的"删除"按钮 ✎,将绘制的水平辅助直线删除,结果如图9-9所示。

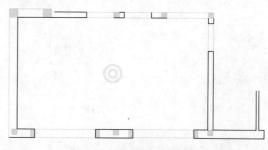

图9-9 删除水平辅助直线

（4）单击"默认"选项卡"绘图"选项组中

的"直线"按钮 ✏，以同心圆的圆心为直线的起点，向上绘制一条长度为800mm的竖直直线，如图9-10所示。

（5）单击"默认"选项卡"修改"选项组中的"偏移"按钮 ⊂，将竖直直线分别向左右两侧偏移30mm，结果如图9-11所示。

（11）单击"默认"选项卡"绘图"选项组中的"样条曲线拟合"按钮 ↗，以小圆的圆心为起点，以小圆上适当一点为终点，绘制一条样条曲线，如图9-15所示。

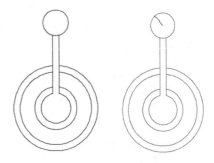

图 9-14　修剪多余的直线　　图 9-15　绘制样条曲线

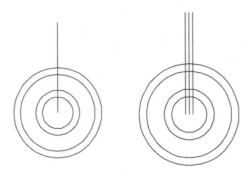

图 9-10　绘制竖直直线　　图 9-11　偏移竖直直线

（6）单击"默认"选项卡"修改"选项组中的"删除"按钮 ⬧，将中间的竖直直线进行删除。

（7）单击"默认"选项卡"修改"选项组中的"修剪"按钮 ⛏，将多余的直线和圆弧进行修剪，结果如图9-12所示。

（8）单击"默认"选项卡"绘图"选项组中的"直线"按钮 ✏，以竖直直线的端点为直线的两个端点绘制水平短线，如图9-13所示。

（12）单击"默认"选项卡"修改"选项组中的"环形阵列"按钮 ⬚，根据命令行提示将步骤（11）绘制的样条曲线作为阵列对象，并选择绘制的小圆的圆心为环形阵列基点，设置项目数为"14"，填充角度为360°，如图9-16所示。

（13）单击"默认"选项卡"修改"选项组中的"环形阵列"按钮 ⬚，选择阵列的对象，以同心圆的圆心为阵列的基点，设置项目数为"12"，阵列的角度为360°，进行环形阵列，结果如图9-17所示。

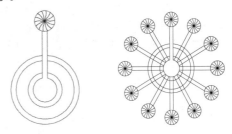

图 9-16　阵列样条曲线　　图 9-17　环形阵列图形

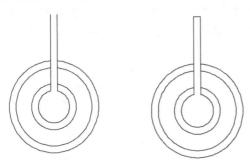

图 9-12　修剪多余的直线和圆弧　　图 9-13　绘制水平短线

（9）单击"默认"选项卡"绘图"选项组中的"圆"按钮 ⊘，以水平短线的中点为圆心，绘制一个较小的圆，其半径为120mm。

（10）单击"默认"选项卡"修改"选项组中的"修剪"按钮 ⛏，将多余的直线进行修剪。然后单击"默认"选项卡"修改"选项组中的"删除"按钮 ⬧，将水平短线删除，结果如图9-14所示。

（14）单击"默认"选项卡"修改"选项组中的"修剪"按钮 ⛏，将同心圆上的多余的圆弧进行修剪，结果如图9-18所示。

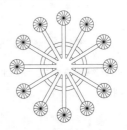

图 9-18　修剪多余的圆弧

3．绘制圆形吸顶灯

在别墅地下层中，活动室和放映室的四周都可以使用圆形吸顶灯来进行照明。

（1）单击"默认"选项卡"绘图"选项组中的"圆"按钮 ⊘，使用指定基点，指定偏移量为（@630，-430）的方式，绘制一个半径为"100"的圆，如图9-19所示。

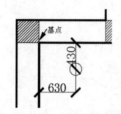

图 9-19　绘制一个半径为 100 的圆

（2）单击"默认"选项卡"修改"选项组中的"偏移"按钮 ⊄，选择步骤（1）中绘制的圆为偏移对象，将其向内进行偏移，偏移距离为"40"，如图9-20所示。

（3）单击"默认"选项卡"绘图"选项组中的"直线"按钮 ╱，过圆的圆心绘制十字交叉线，长度均为"360"，完成外径为"100"的筒灯的绘制，如图9-21所示。

（4）单击"默认"选项卡"绘图"选项组中的"图案填充"按钮 ▨，打开"图案填充创建"选项卡，选择填充图案为"SOLID"，如图9-22所示。对同心圆中的圆环部分进行填充，结果如图9-23所示。

图 9-20　偏移圆　　　图 9-21　绘制十字交叉线

图 9-22　选择填充图案为"SOLID"

图 9-23　填充图形

（5）单击"默认"选项卡"修改"选项组中的"矩形阵列"按钮 ▦，选择绘制的吸顶灯，指定阵列的行数为"1"，列数为"10"，列间距为"800"。继续单击"默认"选项卡"修改"选项组中的"矩形阵列"按钮 ▦，选择绘制的吸顶灯，指定阵列的列数为"1"，行数为"6"，行间距为"-800"，结果如图9-24所示。

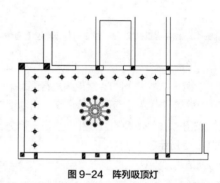

图 9-24　阵列吸顶灯

（6）单击"默认"选项卡"修改"选项组中的"复制"按钮 ⅍，将吸顶灯进行多次复制，在活动室的墙体四周均布置吸顶灯，结果如图9-25所示。

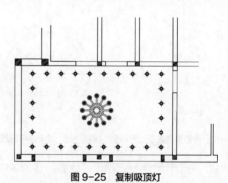

图 9-25　复制吸顶灯

（7）使用相同的方法，单击"默认"选项卡"修改"选项组中的"复制"按钮 ⅍，将放映室的四周也布置吸顶灯，结果如图9-26所示。

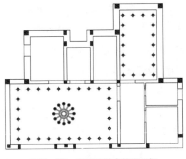

图 9-26　布置放映室的吸顶灯

4. 绘制筒灯

筒灯体积较小，主要应用于别墅的过道照明和楼道照明。本实例的筒灯图例由两个同心圆和一个十字交叉线组成。

（1）单击"默认"选项卡"绘图"选项组中的"圆"按钮⊙，绘制两个同心圆，其半径分别为40mm和55mm。

（2）单击"默认"选项卡"绘图"选项组中的"直线"按钮／，绘制两条互相垂直的直径。

（3）单击"默认"选项卡"修改"选项组中的"拉长"按钮／，将两条直径分别向其两端方向拉伸，每个方向拉伸量均为20mm，得到正交的十字交叉线，图9-27所示为绘制完成的筒灯图例。

图 9-27　筒灯图例

（4）单击"默认"选项卡"修改"选项组中的"复制"按钮，将筒灯进行复制，复制的间距为"500"，并在楼道和过道内布置筒灯，结果如图9-28所示。

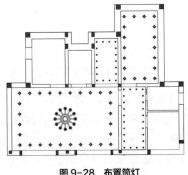

图 9-28　布置筒灯

5. 绘制LED灯

LED灯是一种新型的绿色环保光源，它的使用寿命长，还可以设置成不同光色的组合。本实例将在卧室和卫生间等房间使用LED灯。

（1）单击"默认"选项卡"绘图"选项组中的"圆"按钮⊙，在卧室的空白位置任选一点作为圆的圆心，绘制一个半径为"200"的圆，如图9-29所示。

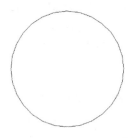

图 9-29　绘制一个半径为"200"的圆

（2）单击"默认"选项卡"修改"选项组中的"偏移"按钮，选择步骤（1）中绘制的圆为偏移对象，将其向内进行偏移，偏移距离为"20"和"150"，如图9-30所示。

（3）单击"默认"选项卡"绘图"选项组中的"矩形"按钮，在步骤（2）中偏移的圆上任选一点为矩形起点，绘制一个"20×45"的矩形，如图9-31所示。

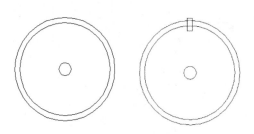

图 9-30　偏移圆　图 9-31　绘制一个"20×50"的矩形

（4）单击"默认"选项卡"修改"选项组中的"环形阵列"按钮，选择步骤（3）绘制完成的矩形为阵列对象，选择半径为"200"的圆的圆心为环形阵列基点，设置项目数为"6"，完成阵列，如图9-32所示。

（5）单击"默认"选项卡"绘图"选项组中的"直线"按钮／，在内部小圆的圆心处绘制十字交叉线，如图9-33所示。

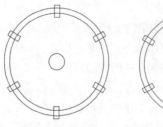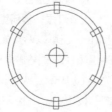

图 9-32　阵列矩形　　图 9-33　绘制十字交叉线

（6）单击"默认"选项卡"修改"选项组中的"旋转"按钮○，选择步骤（5）中绘制的十字交叉线为旋转对象，相交点为旋转基点，将其旋转45°，完成普通吸顶灯的绘制，如图9-34所示。

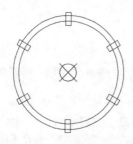

图 9-34　旋转十字交叉线

（7）单击"默认"选项卡"修改"选项组中的"复制"按钮❀，将LED灯进行多次复制，在其他房间布置LED灯，结果如图9-35所示。

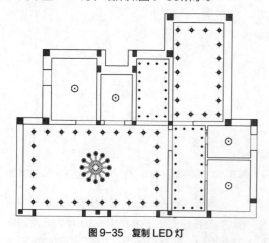

图 9-35　复制LED灯

9.1.4　绘制吊顶

在别墅地下室顶棚图中，有4处做了吊顶设计，即卧室、卫生间、活动室和放映室。其中，卫生间出于防水的需要，安装铝扣板吊顶；在卧室、活动室和放映室上方设计石膏吊顶，既美观大方，又为各种装饰性灯具的设置和安装提供了方便。下面分别介绍这4处吊顶的绘制方法。

1. 设置当前图层

单击"默认"选项卡"图层"选项组中的"图层特性"按钮，打开"图层特性管理器"选项板，创建新图层，将新图层命名为"吊顶"，并将其设置为当前图层，如图9-36所示。

图 9-36　新建"吊顶"图层

2. 绘制卫生间吊顶

基于卫生间的防水要求，需要在卫生间顶部安装铝扣板吊顶。

（1）单击"默认"选项卡"绘图"选项组中的"图案填充"按钮，打开"图案填充创建"选项卡，选择填充图案为"ANSI31"，并设置图案填充角度为0°，比例为"30"，如图9-37所示。

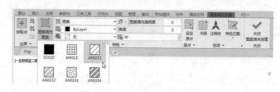

图 9-37　"图案填充创建"选项卡

（2）在绘图区域中选择卫生间顶棚平面作为填充对象，对其进行图案填充，如图9-38所示。

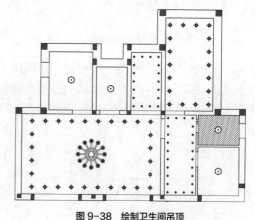

图 9-38　绘制卫生间吊顶

3. 绘制卧室、活动室和放映室吊顶

卧室、活动室和放映室吊顶采用石膏吊顶。

（1）单击"默认"选项卡"绘图"选项组中的"图案填充"按钮，打开"图案填充创建"选项

卡，选择填充图案为"ANSI37"，并设置图案填充角度为45°，比例为"80"，如图9-39所示。

图9-39 "图案填充创建"选项卡

（2）在绘图区域中选择卧室、活动室和放映室顶棚平面作为填充对象，对其进行图案填充，如图9-40所示。

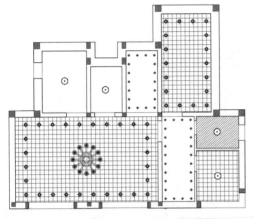

图9-40 绘制卧室、活动室和放映室吊顶

9.1.5 尺寸标注与文字标注

1. 尺寸标注

在顶棚图中，尺寸标注的内容主要包括灯具和吊顶的尺寸以及其水平位置。这里的尺寸标注依然同前面一样，是通过"线性标注"命令来完成的，其余尺寸和地坪图相同。

（1）在"图层"选项组中的下拉列表框中选择"标注"图层，将其设置为当前图层。

（2）单击"默认"选项卡"注释"选项组中的"标注样式"按钮，将"室内标注"设置为当前标注样式。

（3）单击"默认"选项卡"注释"选项组中的"线性"按钮，对顶棚图的细部尺寸进行标注。

（4）单击"快速访问"工具栏中的"打开"按钮，将"别墅地下室地坪图.dwg"打开。然后单击"默认"选项卡"修改"选项组中的"复制"按钮，将地坪图中的尺寸和图框等进行复制，粘贴到当前图形中，结果如图9-41所示。

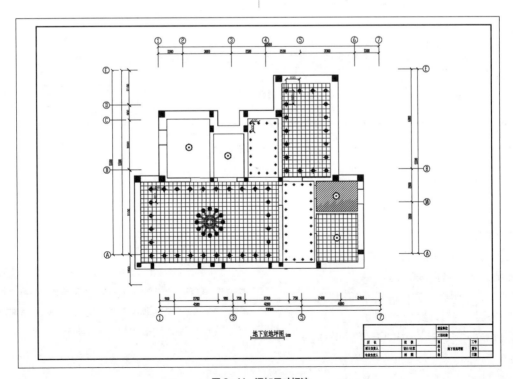

图9-41 添加尺寸标注

2．标高标注

在顶棚图中，各房间顶棚的高度需要通过标高来表示。

单击"默认"选项卡"绘图"选项组中的"直线"按钮╱和"注释"选项组中的"多行文字"按钮Ａ，绘制标高符号，在标高符号的长直线上方添加相应的标高数值即可添加标高标注，标注结果如图9-42所示。

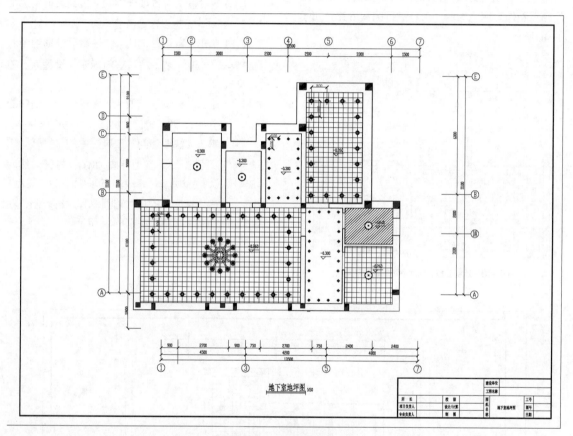

图9-42　添加标高标注

3．文字标注

在顶棚图中，各房间的顶棚材料做法和灯具的类型都要通过文字标注来表达。

（1）在"图层"选项组中的下拉列表框中选择"文字"图层，将其设置为当前图层。

（2）在命令行中输入"QLEADER"命令，并设置引线"箭头大小"为"60"。

（3）单击"默认"选项卡"注释"选项组中的"多行文字"按钮Ａ，设置字体为"仿宋GB2312"，"文字高度"为"250"，在引线的一端添加文字标注，结果如图9-43所示。

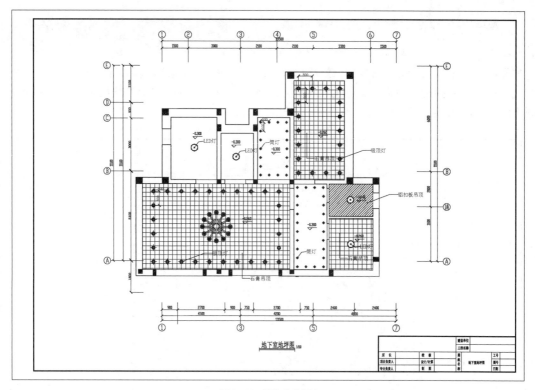

图 9-43　添加文字标注

4．更改图名

将图纸的图名进行修改。双击图名，将"地下室地坪图"更改为"地下室顶棚图"，结果如图9-44所示。

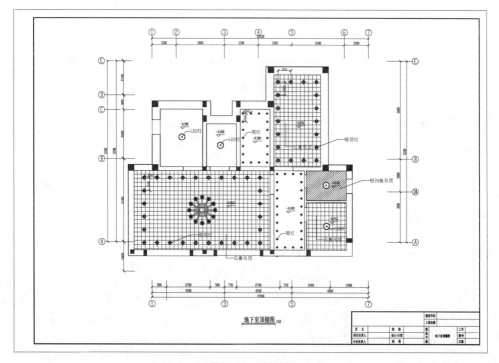

图 9-44　更改图名

9.2 别墅首层顶棚平面图

别墅首层顶棚图的主要绘制思路为：首先，修改首层平面图，留下墙体轮廓，并在各门窗洞口位置绘制投影线；然后，绘制吊顶并根据各房间选用的照明方式绘制灯具；最后，添加文字标注和尺寸标注。下面按照这个思路绘制别墅首层顶棚平面图，如图9-45所示。

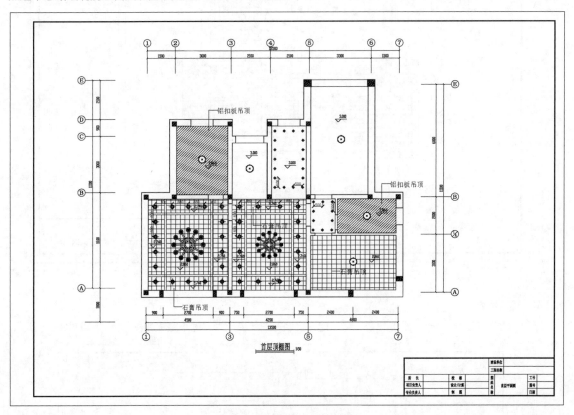

图9-45 别墅首层顶棚平面图

9.2.1 设置绘图环境

1. 创建图形文件

打开已绘制的"别墅首层平面图.dwg"文件，在"文件"菜单中选择"另存为"命令，打开图9-46所示的"图形另存为"对话框。在"文件名"文本框中输入新的图形文件名称为"别墅首层顶棚平面图.dwg"，单击"保存"按钮，创建图形文件。

图9-46 "图形另存为"对话框

2. 清理图形元素

（1）单击"默认"选项卡"图层"选项组中的

"图层特性"按钮，打开"图层特性管理器"选项板，关闭"轴线""尺寸""家具"和"绿植"等图层。

（2）单击"默认"选项卡"修改"选项组中的"删除"按钮，删除地下室平面图中多余的文字。

（3）选择菜单栏中的"文件"→"绘图实用程序"→"清理"命令，清理不要的图形元素。清理后所得到的平面图如图9-47所示。

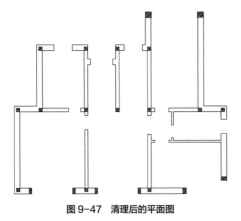

图 9-47　清理后的平面图

9.2.2　补绘平面轮廓

1. 设置当前图层

在"图层"选项组中的下拉列表框中选择"门窗"图层，将其设置为当前图层，如图9-48所示。

图 9-48　设置"门窗"图层为当前图层

2. 绘制门窗洞口的投影线

单击"默认"选项卡"绘图"选项组中的"直线"按钮，在门窗洞口处绘制洞口投影线，结果如图9-49所示。

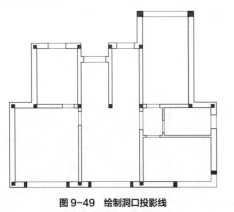

图 9-49　绘制洞口投影线

9.2.3　绘制灯具

在本实例中，灯具种类主要包括装饰吊灯、圆形吸顶灯、筒灯和LED灯。这些灯具的图样在之前的实例中已经绘制完成，本实例只需要打开"别墅地下室顶棚平面图.dwg"，将上述4种灯具复制并粘贴到"别墅首层顶棚平面图.dwg"中，然后进行布置即可。

1. 设置当前图层

新建"灯具"图层，属性保持为默认值，并将其设置为当前图层，如图9-50所示。

图 9-50　新建"灯具"图层

2. 布置吊灯

装饰吊灯和圆形吸顶灯仅在餐厅和客厅中使用，LED灯在厨房、卫生间、卧室和车库等房间中使用，筒灯在过道和楼道中使用。

（1）单击"快速访问"工具栏中的"打开"按钮，将"别墅地下室顶棚平面图.dwg"文件打开，选择装饰吊灯，将装饰吊灯复制并粘贴到"别墅首层顶棚平面图.dwg"中的餐厅和客厅。

（2）单击"默认"选项卡"修改"选项组中的"缩放"按钮，将客厅中的装饰吊灯缩小为原来的80%倍，结果如图9-51所示。

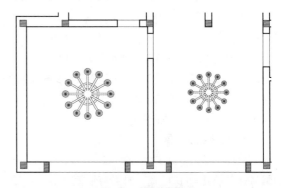

图 9-51　布置装饰吊灯

（3）将"别墅地下室顶棚平面图.dwg"中的吸顶灯复制并粘贴到"别墅首层顶棚平面图.dwg"中的餐厅和客厅中并进行布置，结果如图9-52所示。

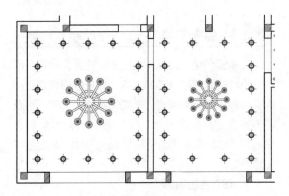

图 9-52　布置吸顶灯

（4）使用相同的方法布置其余房间的筒灯和 LED 灯，结果如图 9-53 所示。

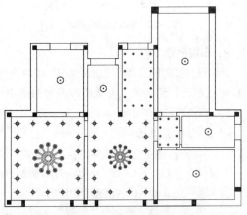

图 9-53　布置其余房间的灯具

9.2.4　绘制吊顶

在别墅首层顶棚图中，有 5 处做了吊顶设计，即餐厅、卧室、客厅、卫生间和厨房。其中，卫生间和厨房出于防水的需要，安装铝扣板吊顶；在卧室、客厅和餐厅上方设计石膏吊顶，既美观大方，又为各种装饰性灯具的设置和安装提供了方便。下面分别介绍这 5 处吊顶的绘制方法。

1. 设置当前图层

单击"默认"选项卡"图层"选项组中的"图层特性"按钮 ，打开"图层特性管理器"选项板，创建新图层，将新图层命名为"吊顶"，并将其设置为当前图层，如图 9-54 所示。

图 9-54　新建"吊顶"图层

2. 绘制卫生间和厨房吊顶

基于卫生间和厨房的防水要求，卫生间和厨房的顶部安装铝扣板吊顶。

（1）单击"默认"选项卡"绘图"选项组中的"图案填充"按钮 ，打开"图案填充创建"选项卡，选择填充图案为"ANSI31"，并设置图案填充角度为 0°，比例为"30"，如图 9-55 所示。

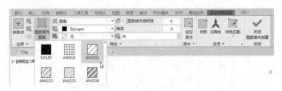

图 9-55　"图案填充创建"选项卡

（2）在绘图区域中选择卫生间和厨房顶棚平面作为填充对象，对其进行图案填充，如图 9-56 所示。

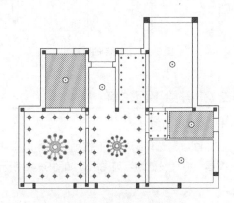

图 9-56　绘制卫生间和厨房吊顶

3. 绘制餐厅、客厅和卧室吊顶

餐厅、客厅和卧室吊顶采用石膏吊顶。

（1）单击"默认"选项卡"绘图"选项组中的"直线"按钮 ，在餐厅中部绘制一条竖直直线，如图 9-57 所示。

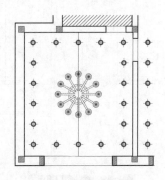

图 9-57　绘制竖直直线

（2）单击"默认"选项卡"修改"选项组中的"偏移"按钮 ⊆ ，将竖直直线分别向左右两侧偏移"1200"和"100"。

（3）单击"默认"选项卡"修改"选项组中的"删除"按钮 ✍ ，将中间竖直直线删除，结果如图9-58所示。

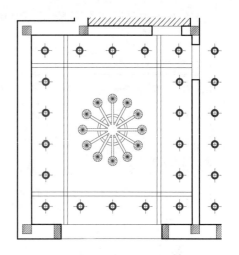

图 9-59　删除水平直线

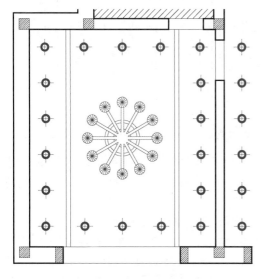

图 9-58　删除竖直直线

（4）单击"默认"选项卡"绘图"选项组中的"直线"按钮 ╱ ，在餐厅中部绘制一条水平直线。

（5）单击"默认"选项卡"修改"选项组中的"偏移"按钮 ⊆ ，将水平直线分别向上下两侧偏移"1600"和"100"。

（6）单击"默认"选项卡"修改"选项组中的"删除"按钮 ✍ ，将中间水平直线删除，结果如图9-59所示。

（7）使用相同的方法绘制客厅的吊顶造型，结果如图9-60所示。

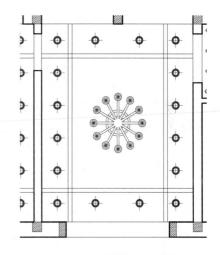

图 9-60　绘制客厅吊顶造型

（8）单击"默认"选项卡"绘图"选项组中的"图案填充"按钮 ▦ ，打开"图案填充创建"选项卡，选择填充图案为"ANSI37"，并设置图案填充角度为45°，比例为"80"，如图9-61所示。

图 9-61　"图案填充创建"选项卡

（9）在绘图区域中选择餐厅、客厅和卧室顶棚平面作为填充对象，对其进行图案填充，如图9-62所示。

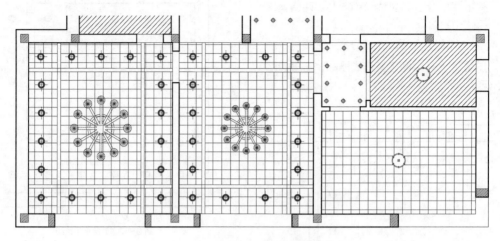

图9-62　绘制餐厅、客厅和卧室吊顶

9.2.5　尺寸标注与文字标注

1. 尺寸标注

在顶棚图中，尺寸标注的内容主要包括灯具和吊顶的尺寸以及其水平位置。这里的尺寸标注依然同前面一样，是通过"线性标注"命令来完成的，其余尺寸和地坪图相同。

（1）在"图层"选项组中的下拉列表框中选择"标注"图层，将其设置为当前图层。

（2）单击"默认"选项卡"注释"选项组中的"标注样式"按钮，将"室内标注"设置为当前标注样式。

（3）单击"默认"选项卡"注释"选项组中的"线性"按钮，对顶棚图细部尺寸进行标注。

（4）单击"快速访问"工具栏中的"打开"按钮，将"别墅首层地坪图.dwg"打开。然后单击"默认"选项卡"修改"选项组中的"复制"按钮，将地坪图中的尺寸和图框等进行复制，并粘贴到当前图形中，结果如图9-63所示。

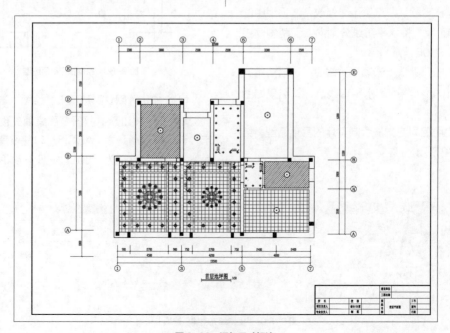

图9-63　添加尺寸标注

2. 标高标注

在顶棚图中，各房间顶棚的高度需要通过标高来表示。

单击"默认"选项卡"绘图"选项组中的"直线"按钮 ╱ 和"注释"选项组中的"多行文字"按钮 A，绘制标高符号，在标高符号的长直线上方添加相应的标高数值即可添加标高标注，标注结果如图9-64所示。

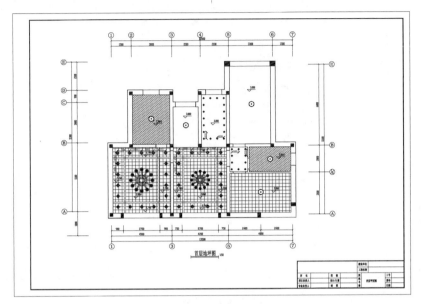

图 9-64　添加标高标注

3. 文字标注

在顶棚图中，各房间的顶棚材料做法和灯具的类型都要通过文字标注来表达。

（1）在"图层"选项组中的下拉列表框中选择"文字"图层，将其设置为当前图层。

（2）在命令行中输入"QLEADER"命令，并设置引线"箭头大小"为"60"。

（3）单击"默认"选项卡"注释"选项组中的"多行文字"按钮 A，设置字体为"仿宋GB2312"，"文字高度"为"250"，在引线的一端添加文字标注，结果如图9-65所示。

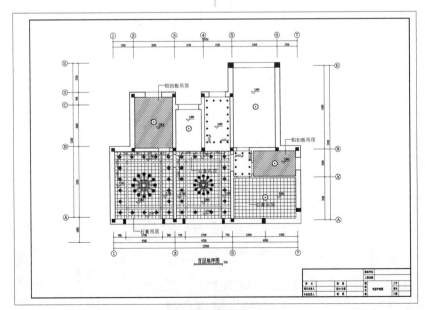

图 9-65　添加文字标注

4. 更改图名

将图纸的图名进行修改。双击图名，将"首层地坪图"更改为"首层顶棚图"，结果如图9-66所示。

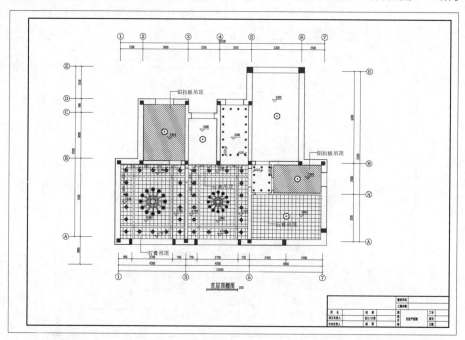

图 9-66　更改图名

9.3　别墅二层顶棚图

别墅二层顶棚图和其他楼层顶棚图的绘制方法类似，因此这里不再详细讲解，结果如图9-67所示。

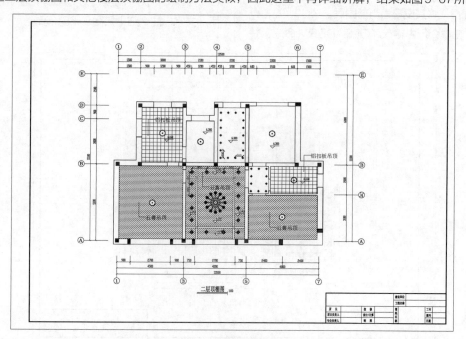

图 9-67　别墅二层顶棚图

9.4 上机实验

【练习 1】绘制图 9-68 所示的别墅首层顶棚图。

1. 目的要求

本练习主要要求读者通过练习进一步熟悉和掌握别墅首层顶棚图的绘制方法。本练习可以帮助读者学会完成顶棚图绘制的全过程。

2. 操作提示

（1）绘图前准备。

（2）绘制灯具。

（3）绘制吊灯材料平面图。

（4）尺寸标注与文字标注。

【练习 2】绘制图 9-69 所示的二层中餐厅顶棚装饰图。

1. 目的要求

本练习主要要求读者通过练习进一步熟悉和掌握餐厅顶棚装饰图的绘制方法。本练习可以帮助读者学会完成顶棚装饰平面图绘制的全过程。

2. 操作提示

（1）绘图前准备。

（2）绘制灯具。

（3）布置灯具。

（4）添加文字标注。

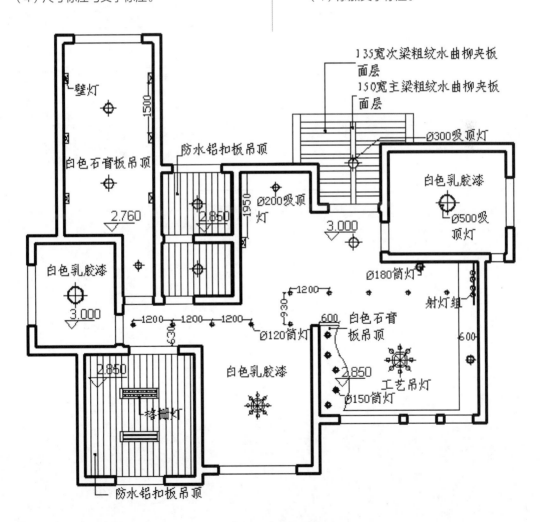

图 9-68　别墅首层顶棚图

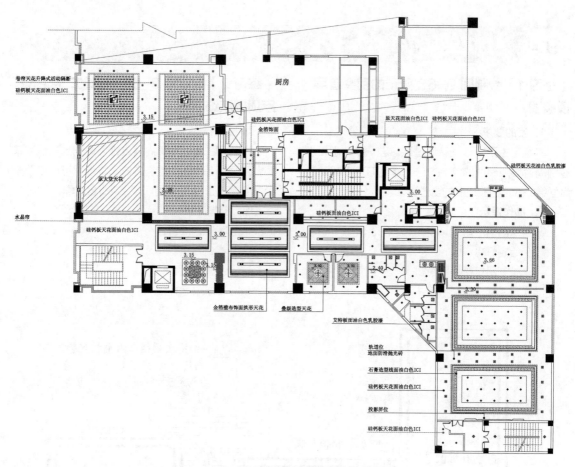

卷帘天花升降式活动隔断
硅钙板天花面油白色ICI

厨房

硅钙板天花面油白色ICI
金箔饰面

原天花面油白色ICI   硅钙板天花面油白色ICI

3.15

原大登天花

硅钙板天花油白色乳胶漆

3.00

水晶帘

硅钙板天花面油白色ICI

硅钙板面油白色ICI

3.00   3.00

3.15

3.15

3.66

3.30

金箔墙布饰面拱形天花   叠级造型天花

艾特板面油白色乳胶漆

轨道位
地面防滑抛光砖

石膏造型线面油白色ICI

硅钙板天花面油白色ICI

投影屏位

硅钙板天花面油白色ICI

二层中餐厅天花图   1:150

图 9-69   二层中餐厅顶棚装饰图

第 10 章

别墅立面图

立面图是用直接正投影法将建筑各个墙面进行投影所得到的正投影图。本章以别墅立面图为例，详细讲解这些建筑立面图的 CAD 绘制方法与相关技巧。

知识点

- ⊃ 建筑立面图概述
- ⊃ A—E 立面图的绘制
- ⊃ E—A 立面图的绘制
- ⊃ 1—7 立面图的绘制
- ⊃ 7—1 立面图的绘制

10.1 建筑立面图概述

建筑立面图是用来研究建筑立面的造型和装修的图样。立面图主要用来反映建筑物的外貌和立面装修的做法，这是因为建筑物给人的美感主要来自其立面的造型和装修风格。

预习重点

（1）了解建筑立面图的概念。
（2）了解建筑立面图的命名方式。
（3）了解建筑立面图绘制的步骤。

10.1.1 建筑立面图的概念及图示内容

建筑立面图是用直接正投影法将建筑各个墙面进行投影所得到的正投影图。一般情况下，立面图上的图示内容包括墙体外轮廓及内部凹凸轮廓、门窗（幕墙）、入口台阶及坡道、雨篷、窗台、窗楣、壁柱、檐口、栏杆、外露楼梯等，各种小的细部可以简化或用比例来代替，如门窗的立面、踢脚线等。从理论上讲，立面图上所有建筑配件的正投影图均要反映在立面图上；实际上，绘制一些比较有代表性的建筑构件时，可以绘制展开立面图。圆形或多边形平面的建筑物可通过分段展开来绘制立面图窗扇、门扇等细节，而同类门窗则用其轮廓表示即可。

此外，当立面转折、曲折较复杂，门窗不是引用的有关门窗图集时，则其细部构造需要通过绘制大样图来表示，这样就弥补了施工图中立面图上的不足。为了图示明确，在图纸上均应注明"展开"二字，在转角处应准确标明轴线号。

10.1.2 建筑立面图的命名方式

建筑立面图命名的目的在于能够使读者一目了然地识别其立面的位置。因此，各种命名方式都是围绕"明确位置"这一主题来实施的。至于采取哪种方式，则视具体情况而定。

1. 以相对主入口的位置特征来命名

如果以相对主入口的位置特征来命名，则建筑立面图可分为正立面图、背立面图和侧立面图。这种方式一般适用于建筑平面方正、简单，入口位置明确的情况。

2. 以相对地理方位的特征来命名

如果以相对地理方位的特征来命名，则建筑立面图常分为南立面图、北立面图、东立面图和西立面图。这种方式一般适用于建筑平面图规整、简单，而且朝向相对正南、正北偏转不大的情况。

3. 以轴线编号来命名

以轴线编号来命名是指用立面图的起止定位轴线来命名，如①—⑥立面图、E—A立面图等。这种命名方式准确，便于查对，特别适用于平面较复杂的情况。

根据《建筑制图标准》（GB/T 50104—2010），有定位轴线的建筑物，宜根据两端定位轴线号来编注立面图名称；无定位轴线的建筑物可按平面图各面的朝向来确定名称。

10.1.3 建筑立面图绘制的一般步骤

从总体上来说，立面图是在平面图的基础上引出定位辅助线来确定立面图样的水平位置及大小，然后根据高度方向的设计尺寸来确定立面图样的竖向位置及尺寸，从而绘制出一系列的图样。立面图绘制的一般步骤如下。

（1）绘图环境设置。
（2）确定定位辅助线，包括墙、柱定位轴线，楼层水平定位辅助线及其他立面图样的辅助线。
（3）立面图样的绘制，包括墙体外轮廓及内部凹凸轮廓、门窗（幕墙）、入口台阶及坡道、雨篷、窗台、窗楣、壁柱、檐口、栏杆、外露楼梯和各种脚线等。
（4）配景，包括植物、车辆和人物等。
（5）尺寸标注和文字标注。
（6）线型和线宽设置。

10.2 A—E 立面图

从图 10-1 所示的 A—E 立面图中可以很明显地看出，由于地势地形的客观情况，本别墅的地下室实际上是一种半地下的结构，别墅南面的地下室完全露出地面，而北面的部分是深入到地下的。这主要是因地制宜的结果。总体来说，这种结构既利用了地形，使整个别墅建筑与自然地形融为一体，达到建筑与自然和谐共生的效果，也同时使地下室部分具有良好的采光。

本例主要讲解 A—E 立面图的绘制方法，如图 10-1 所示。

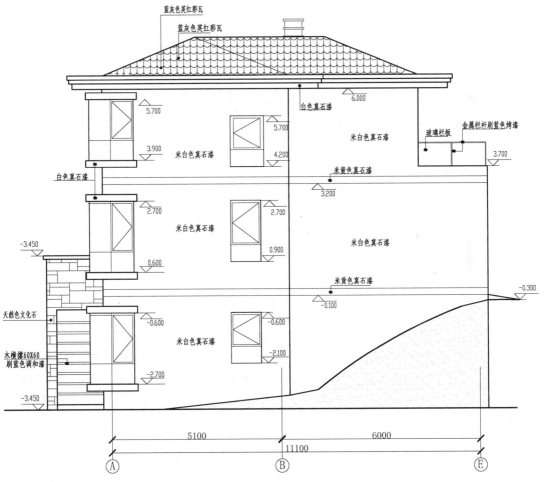

图 10-1　A—E 立面图

（1）掌握 A—E 立面图基础图形的绘制。

（2）掌握立面图的标注方法。

10.2.1　绘制基础图形

本小节主要利用"多段线""直线""偏移""修剪""复制"以及"尺寸标注"等命令，分 3 大步来绘制，首先绘制外部轮廓，然后绘制各层的窗户，最后绘制屋顶。

1. 绘制外部轮廓

（1）单击"默认"选项卡"绘图"选项组中的"多段线"按钮，指定起点宽度为"30"、端点宽度为"30"，在图形空白区域绘制一条长度为"15496"的水平多段线，如图 10-2 所示。

图 10-2　绘制水平多段线

（2）单击"默认"选项卡"绘图"选项组中的"多段线"按钮，指定起点宽度为"25"、端点宽度为"25"，在绘制的水平多段线上选择一点为直线起点，向上绘制一条长度为"9450"的竖直多段线，如图10-3所示。

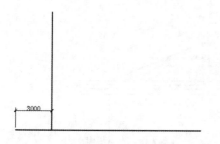

图 10-3　绘制竖直多段线

（3）单击"默认"选项卡"修改"选项组中的"偏移"按钮，选择竖直多段线为偏移对象，将其向右进行偏移，偏移距离为"5600"和"6000"，如图10-4所示。

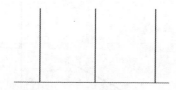

图 10-4　偏移多段线

（4）单击"默认"选项卡"绘图"选项组中的"直线"按钮，在图形上选择一点为直线起点向右绘制一条水平直线，如图10-5所示。

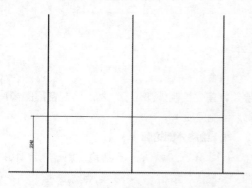

图 10-5　绘制水平直线

（5）单击"默认"选项卡"修改"选项组中

的"偏移"按钮，选择绘制的水平直线为偏移对象，将其向上进行偏移，偏移距离为"200"，如图10-6所示。

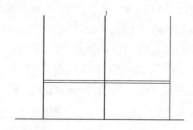

图 10-6　偏移水平直线

2．绘制窗户图形

（1）单击"默认"选项卡"绘图"选项组中的"多段线"按钮，指定起点宽度为"25"、端点宽度为"25"，在图形适当位置处绘制一个"1550×200"的矩形，如图10-7所示。

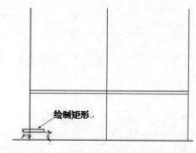

图 10-7　绘制矩形

（2）单击"默认"选项卡"修改"选项组中的"复制"按钮，选择绘制的矩形为复制对象，对其向上进行复制，复制间距为"2300"，如图10-8所示。

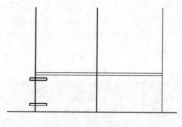

图 10-8　复制矩形

（3）单击"默认"选项卡"绘图"选项组中的"多段线"按钮，指定起点宽度为"15"、端点宽度为"15"，在图形适当位置绘制一条竖直直线连接两个矩形，如图10-9所示。

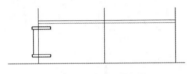

图 10-9　绘制竖直直线

（4）单击"默认"选项卡"修改"选项组中的"偏移"按钮，选择绘制的竖直直线为偏移对象，将其向右进行偏移，偏移距离为"1350"，如图 10-10 所示。

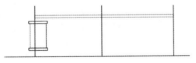

图 10-10　偏移竖直直线（1）

（5）单击"默认"选项卡"修改"选项组中的"修剪"按钮，选择偏移线段之间的线段为修剪对象，对其进行修剪，如图 10-11 所示。

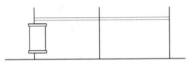

图 10-11　修剪线段（1）

（6）单击"默认"选项卡"绘图"选项组中的"直线"按钮，在图形内绘制一条水平直线和一条竖直直线，如图 10-12 所示。

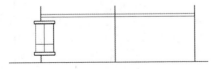

图 10-12　绘制直线

（7）单击"默认"选项卡"修改"选项组中的"偏移"按钮，选择绘制的竖直直线为偏移对象，将其向右进行偏移，偏移距离为"47"和"600"，如图 10-13 所示。

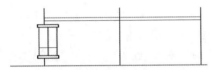

图 10-13　偏移竖直直线（2）

（8）单击"默认"选项卡"修改"选项组中的"偏移"按钮，选择绘制的水平直线为偏移对象，

将其向上进行偏移，偏移距离为"50"和"1386"，如图 10-14 所示。

图 10-14　偏移水平直线

（9）单击"默认"选项卡"修改"选项组中的"修剪"按钮，选择偏移线段为修剪对象，对其进行修剪处理，如图 10-15 所示。

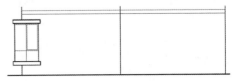

图 10-15　修剪线段（2）

（10）单击"默认"选项卡"绘图"选项组中的"多段线"按钮，指定起点宽度为"15"、端点宽度为"15"，在图形右侧位置绘制连续多段线，如图 10-16 所示。

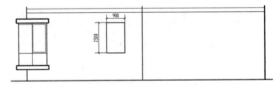

图 10-16　绘制连续多段线

（11）单击"默认"选项卡"绘图"选项组中的"直线"按钮，在图形内绘制一条水平直线，如图 10-17 所示。

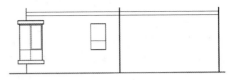

图 10-17　绘制水平直线

（12）单击"默认"选项卡"绘图"选项组中的"矩形"按钮，在图形内绘制一个"800×886"的矩形，如图 10-18 所示。

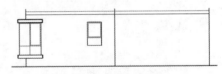

图 10-18　绘制矩形

（13）单击"默认"选项卡"绘图"选项组中的"直线"按钮 ／，在绘制的图形内绘制两条斜向直线，如图10-19所示。

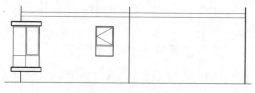

图10-19　绘制斜向直线

（14）单击"默认"选项卡"绘图"选项组中的"多段线"按钮，指定起点宽度为"25"、端点宽度为"25"，在图形内绘制连续多段线，如图10-20所示。

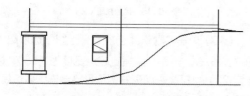

图10-20　绘制连续多段线

（15）单击"默认"选项卡"修改"选项组中的"修剪"按钮，选择绘制的多段线内的线段为修剪对象，对其进行修剪处理，如图10-21所示。

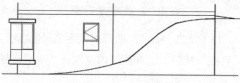

图10-21　修剪线段

（16）单击"默认"选项卡"绘图"选项组中的"图案填充"按钮，系统打开"图案填充创建"选项卡，选择图案"AR-SAND"，设置"填充图案比例"为"5"，如图10-22所示，拾取填充区域内一点，对其进行图案填充，如图10-23所示。

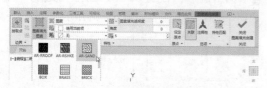

图10-22　"图案填充创建"选项卡

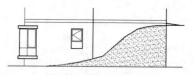

图10-23　填充图案

（17）单击"默认"选项卡"修改"选项组中的"偏移"按钮，选择图10-24所示的水平直线为偏移线段，将其向上进行偏移，偏移距离为"3100"和"200"，如图10-24所示。

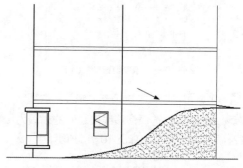

图10-24　偏移线段

（18）单击"默认"选项卡"修改"选项组中的"复制"按钮，选择地下室立面图中的窗户图形为复制对象，对其向上进行复制，复制间距为"3300"，将其放置到首层立面位置处，并利用上述绘制小窗户的方法绘制相同图形，如图10-25所示。

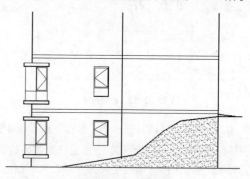

图10-25　绘制窗户

利用地下室窗户图形的绘制方法绘制二层平面图中的窗户图形，如图10-26所示。

（19）单击"默认"选项卡"绘图"选项组中的"多段线"按钮，指定起点宽度为"25"、端点宽度为"25"，在图形适当位置绘制连续直线，如图10-27所示。

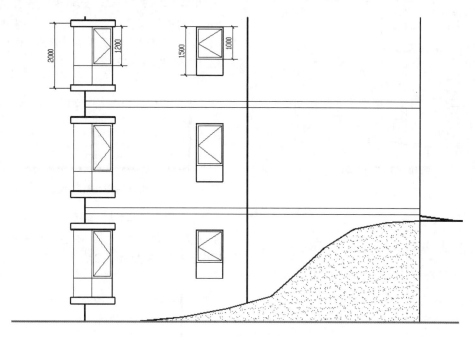

图 10-26 绘制窗户

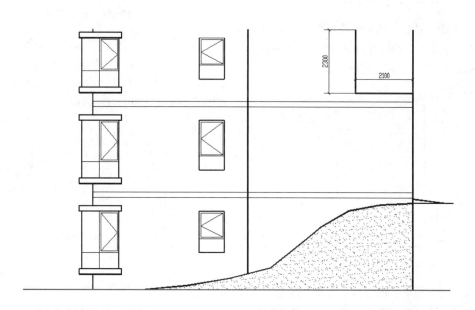

图 10-27 绘制连续直线

（20）单击"默认"选项卡"修改"选项组中的"修剪"按钮，选择绘制的连续直线外的线段为修剪对象，对其进行修剪，如图 10-28 所示。

（21）单击"默认"选项卡"绘图"选项组中的"多段线"按钮，指定起点宽度为"0"、端点宽度为"0"，在图形适当位置绘制连续直线，如图 10-29 所示。

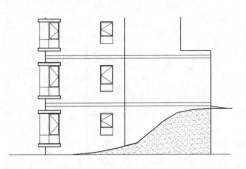

图 10-28　修剪线段

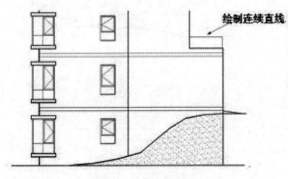

图 10-29　绘制连续直线

（22）单击"默认"选项卡"修改"选项组中的"偏移"按钮 ⊆，选择绘制的连续直线为偏移对象，将其向内进行偏移，偏移距离为"25"，如图 10-30 所示。

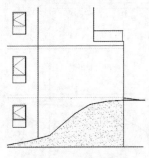

图 10-30　偏移连续直线

（23）单击"默认"选项卡"绘图"选项组中的"直线"按钮 ╱，在偏移线段内绘制一条竖直直线，如图 10-31 所示。

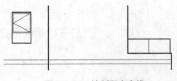

图 10-31　绘制竖直直线

（24）单击"默认"选项卡"修改"选项组中的"偏移"按钮 ⊆，选择绘制的竖直直线为偏移对象，将其分别向两侧进行偏移，偏移距离为"12.5"，如图 10-32 所示。

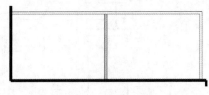

图 10-32　偏移竖直直线

（25）单击"默认"选项卡"修改"选项组中的"删除"按钮 ╱，选择中间线段为删除对象，对其进行删除，如图 10-33 所示。

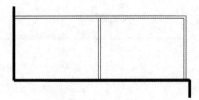

图 10-33　删除中间线段

（26）单击"默认"选项卡"绘图"选项组中的"多段线"按钮 ⟿，指定起点宽度为"25"、端点宽度为"25"，在图形上方绘制长度为"11599"的水平多段线，如图 10-34 所示。

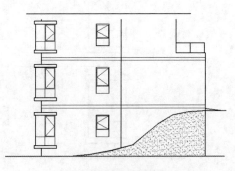

图 10-34　绘制水平多段线

3. 绘制屋顶

（1）单击"默认"选项卡"修改"选项组中的"偏移"按钮 ⊆，选择绘制的水平多段线为偏移对象，将其向下进行偏移，偏移距离为"120""120"和"160"，如图 10-35 所示。

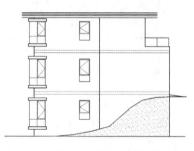

图 10-35　偏移水平多段线

（2）单击"默认"选项卡"绘图"选项组中的"多段线"按钮⊃，指定起点宽度为"25"、端点宽度为"25"，绘制连接偏移线段左侧的竖直直线，如图 10-36 所示。

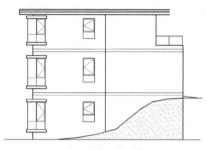

图 10-36　绘制竖直直线

（3）单击"默认"选项卡"修改"选项组中的"偏移"按钮⊑，选择绘制的竖直直线为偏移对象，将其向右进行偏移，偏移距离为"50""100""7399"

"100""50""3750""100"和"50"，如图 10-37 所示。

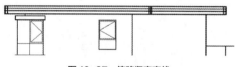

图 10-37　偏移竖直直线

（4）单击"默认"选项卡"修改"选项组中的"修剪"按钮，选择偏移线段为修剪对象，对其进行修剪处理，如图 10-38 所示。

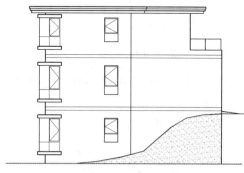

图 10-38　修剪偏移线段

（5）单击"默认"选项卡"绘图"选项组中的"多段线"按钮⊃，指定起点宽度为"25"端点宽度为"25"在图形上部位置绘制连续多段线，如图 10-39 所示。

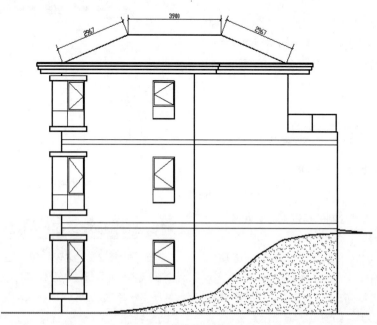

图 10-39　绘制连续多段线

（6）单击"默认"选项卡"绘图"选项组中的"直线"按钮／，在图形内绘制一条斜向直线，如图10-40所示。

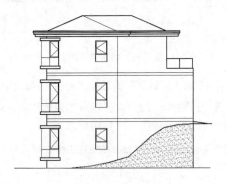

图 10-40 绘制斜向直线

（7）单击"默认"选项卡"绘图"选项组中的"直线"按钮／和"圆弧"按钮╭，在图形内绘制屋顶立面瓦片，如图10-41所示。

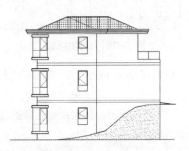

图 10-41 绘制屋顶立面瓦片

（8）单击"默认"选项卡"绘图"选项组中的"矩形"按钮▭，在屋顶上方适当位置选择一点作为矩形起点，绘制一个"619×526"的矩形，如图10-42所示。

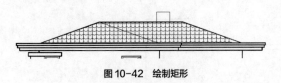

图 10-42 绘制矩形

（9）单击"默认"选项卡"修改"选项组中的"分解"按钮▣，选择绘制的矩形为分解对象，按Enter键确认进行分解。

（10）单击"默认"选项卡"修改"选项组中的"偏移"按钮⊆，选择绘制的矩形左侧边线为偏移对象，将其向右进行偏移，偏移距离为"50""519"和"50"，如图10-43所示。

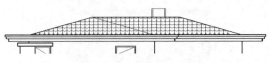

图 10-43 向右矩形左侧边线

（11）单击"默认"选项卡"修改"选项组中的"偏移"按钮⊆，选择矩形水平边为偏移对象，将其向下进行偏移，偏移距离为"60""195""50"和"195"，如图10-44所示。

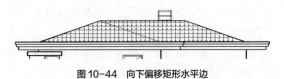

图 10-44 向下偏移矩形水平边

（12）单击"默认"选项卡"修改"选项组中的"修剪"按钮▼，选择偏移线段为修剪对象，对其进行修剪处理，如图10-45所示。

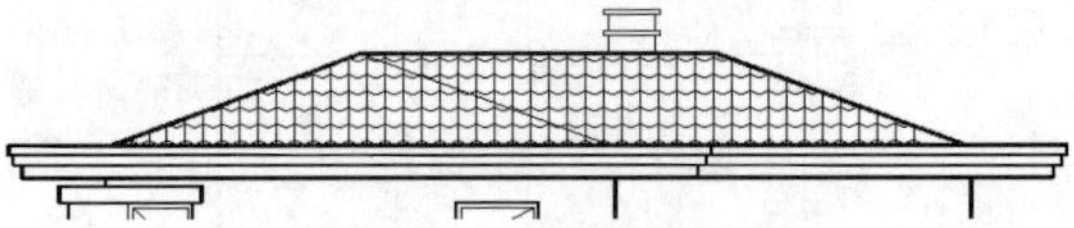

图 10-45 修剪偏移线段

利用同样的方法完成A—E轴立面图的绘制，如图10-46所示。

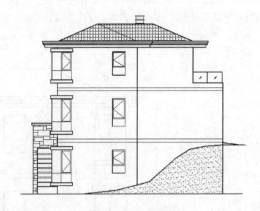

图 10-46 绘制立面图

10.2.2 标注文字及标高

立面图的标注比较简单，主要包括尺寸标注、文字标注、轴号标注以及标高标注。

（1）单击"默认"选项卡"图层"选项组中的"图层特性"按钮，新建"尺寸"图层，并将其置为当前图层。

（2）设置标注样式。

①单击"注释"选项卡"标注"选项组中的"对话框启动器"按钮 ，弹出"标注样式管理器"对话框，如图10-47所示。

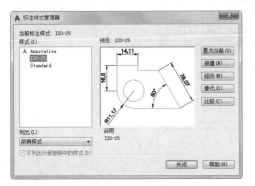

图10-47　"标注样式管理器"对话框

②单击"新建"按钮，弹出"创建新标注样式"对话框，如图10-48所示。在"新样式名"文本框中输入"立面"，单击"继续"按钮，弹出"新建标注样式：立面"对话框。选择"线"选项卡，对话框如图10-49所示，按照其中的参数设置修改标注样式。

图10-48　"创建新标注样式"对话框

图10-49　"线"选项卡

③选择"符号和箭头"选项卡，按照图10-50所示的参数设置进行修改，箭头样式选择为"建筑标记"，"箭头大小"修改为"200"。

图10-50　"符号和箭头"选项卡

④在"文字"选项卡中设置"文字高度"为"250"，如图10-51所示。

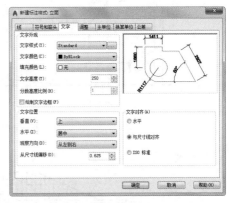

图10-51　"文字"选项卡

⑤"主单位"选项卡中的参数设置如图10-52所示。

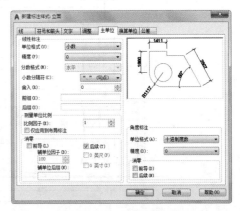

图10-52　"主单位"选项卡

（3）单击"注释"选项卡"标注"选项组中的"线性"按钮├┤，为图形添加第一道尺寸标注，如图10-53所示。

（4）单击"注释"选项卡"标注"选项组中的"线性"按钮├┤，为图形添加总尺寸标注，如图10-54所示。

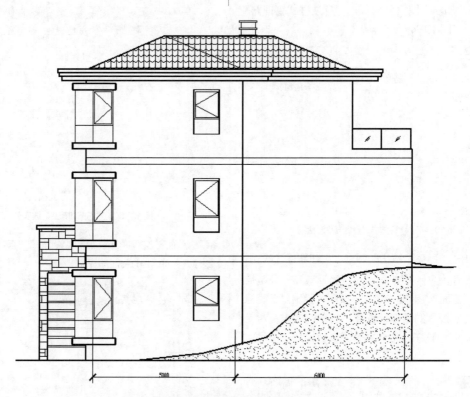

图 10-53　添加第一道尺寸标注

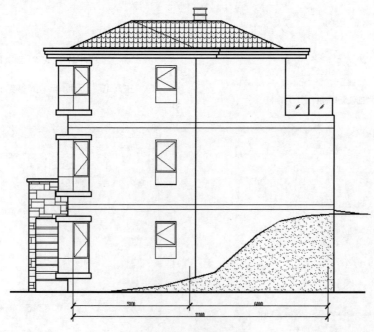

图 10-54　添加总尺寸标注

（5）单击"默认"选项卡"修改"选项组中的"分解"按钮，选择添加的尺寸标注为分解对象，按Enter键确认进行分解。

（6）单击"默认"选项卡"绘图"选项组中的

"直线"按钮，在标注线底部绘制一条水平直线，如图10-55所示。

（7）单击"默认"选项卡"修改"选项组中的"延伸"按钮，将竖直直线延伸至步骤（6）中绘制的水平直线处，如图10-56所示。

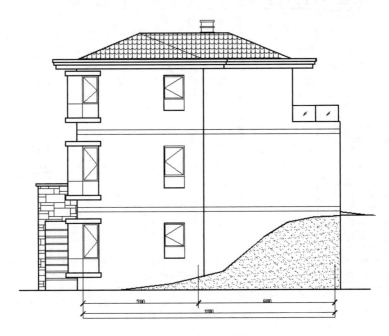

图10-55 绘制水平直线

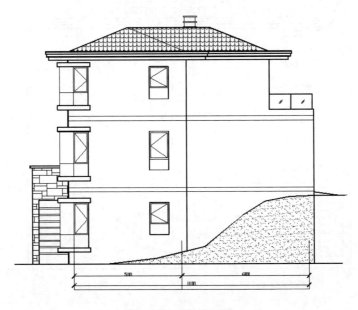

图10-56 延伸竖直直线

（8）单击"默认"选项卡"修改"选项组中的"删除"按钮，选择绘制的水平直线为删除对象，将其删除，如图10-57所示。

利用前面章节介绍的方法，完成轴号的添加，如图10-58所示。

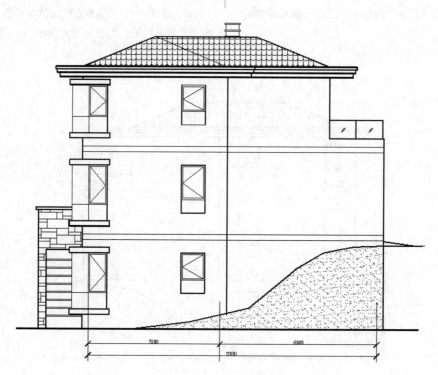

图10-57　删除水平直线

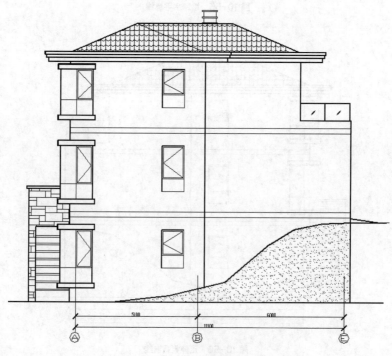

图10-58　添加轴号

（9）单击"插入"选项卡"块"选项组中的"插入"按钮，在下拉菜单中选择"其他图形中的块"，打开"块"选项板。继续单击选项板右上侧的"浏览"按钮…，打开"选择图形文件"对话框，选择"源文件\图块\标高"图块，单击"打开"按钮，将返回"块"选项板。双击图块，将标高图块插入

图形中，结果如图10-59所示。

利用同样的方法完成其他标高图块的添加，结果如图10-60所示。

（10）在命令行中输入"QLEADER"命令，为图形添加文字标注，最终结果如图10-1所示。

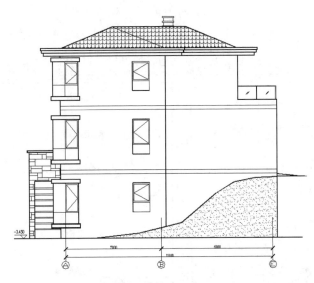

图 10-59　插入标高图块

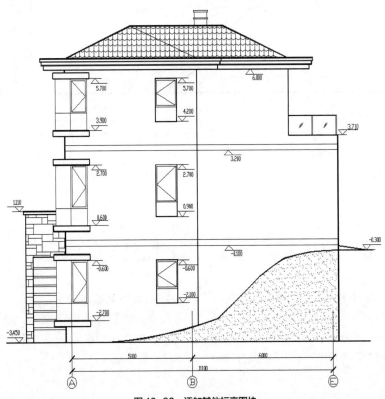

图 10-60　添加其他标高图块

10.3　E—A 立面图

　　E—A立面图的绘制方法与A—E立面图的绘制方法基本相同，这里不再详细阐述，最终结果如图10-61所示。

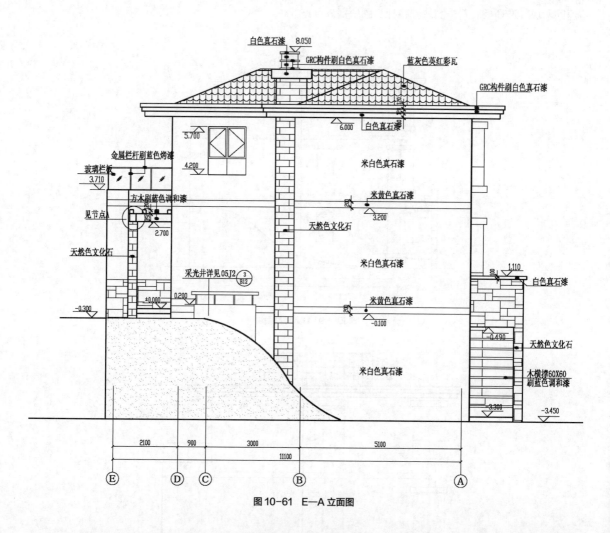

图 10-61　E—A 立面图

10.4　1—7 立面图

　　别墅1—7立面图主要表现该立面上的门窗布置和构造、屋顶的构造，以及地下室南面砖石立墙的结构细节。其中地下室南面砖石立墙的设计既要对其上面的露台起到支撑作用，同时又要进行镂空

以增加地下室的透光性。这里木立撑和木横撑的设计目的就是既增强支撑的牢固性，又不影响总体透光。本例主要讲述1—7立面图的绘制方法，如图10-62所示。

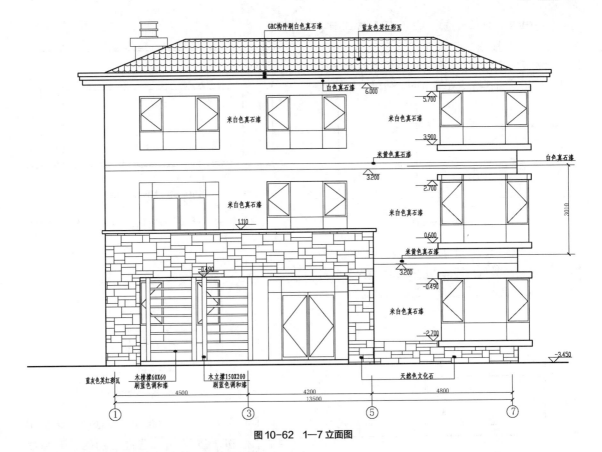

图10-62 1—7 立面图

预习重点

（1）掌握1—7立面图基础图形的绘制方法。

（2）掌握1—7立面图的标注方法。

10.4.1 绘制基础图形

本小节主要讲解基础图形的绘制方法与技巧，利用了简单的二维绘图和编辑命令，具体的绘制步骤如下。

（1）单击"默认"选项卡"绘图"选项组中的"多段线"按钮，指定起点宽度为"30"、端点宽度为"30"，在图形空白区域绘制一条长度为"18421"的水平多段线，如图10-63所示。

图10-63 绘制水平多段线

（2）单击"默认"选项卡"绘图"选项组中的"多段线"按钮，指定起点宽度为"25"、端点宽度为"25"，在绘制的水平直线上选一点作为多段

线起点，向上绘制一条长度为"9450"的竖直多段线，如图10-64所示。

图10-64 绘制竖直多段线

（3）单击"默认"选项卡"修改"选项组中的"偏移"按钮，选择绘制的竖直多段线为偏移对象，将其向右进行偏移，偏移距离为"9073"和"4926"，如图10-65所示。

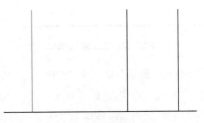

图10-65 偏移竖直多段线

（4）单击"默认"选项卡"绘图"选项组中的"多段线"按钮⊃，指定起点宽度为"25"、端点宽度为"25"，在图形内适当位置绘制一个"9278×100"的矩形，如图10-66所示。

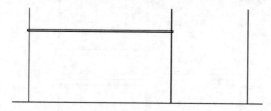

图10-66 绘制矩形

（5）单击"默认"选项卡"修改"选项组中的"修剪"按钮⅍，选择矩形内的多余线段为修剪对象，对其进行修剪处理，如图10-67所示。

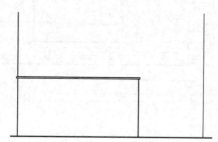

图10-67 修剪多余线段

（6）单击"默认"选项卡"绘图"选项组中的"多段线"按钮⊃，指定起点宽度"25"、端点宽度为"25"，在图形内绘制连续多段线，如图10-68所示。

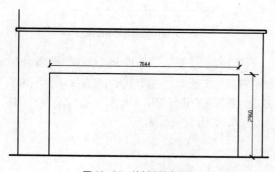

图10-68 绘制连续多段线

（7）单击"默认"选项卡"绘图"选项组中的"多段线"按钮⊃，指定起点宽度"25"、端点宽度为"25"，在绘制图形内绘制一条水平直线，如图10-69所示。

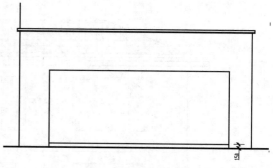

图10-69 绘制水平直线

（8）单击"默认"选项卡"绘图"选项组中的"直线"按钮╱，在图形内绘制一条竖直直线，如图10-70所示。

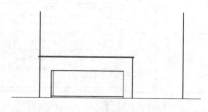

图10-70 绘制竖直直线

（9）单击"默认"选项卡"修改"选项组中的"偏移"按钮⊆，选择绘制的竖直直线为偏移对象，将其向右进行偏移，偏移距离为"150""1375""175""200""150""1400"和"150"，如图10-71所示。

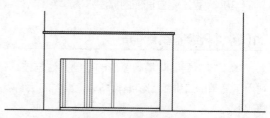

图10-71 偏移竖直直线

（10）单击"默认"选项卡"绘图"选项组中的"多段线"按钮⊃和"直线"按钮╱，绘制图形内线段，如图10-72所示。

图10-72 绘制线段

（11）单击"默认"选项卡"绘图"选项组中的"矩形"按钮 ▭ 和"默认"选项卡"修改"选项组中的"复制"按钮 ⅋，完成立面墙中的文化石图形的绘制，如图 10-73 所示。

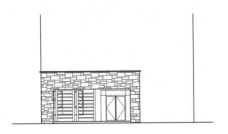

图 10-73　绘制文化石

（12）单击"默认"选项卡"绘图"选项组中的"多段线"按钮 ⅃，在图形的适当位置绘制一个"3246×200"的矩形，如图 10-74 所示。

图 10-74　绘制矩形

（13）单击"默认"选项卡"修改"选项组中的"复制"按钮 ⅋，选择绘制的矩形为复制对象，对其进行复制，复制间距为"2300"，如图 10-75 所示。

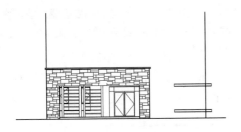

图 10-75　复制矩形

（14）单击"默认"选项卡"修改"选项组中的"修剪"按钮 ⅂，选择矩形内的多余线段为修剪对象，对其进行修剪处理，如图 10-76 所示。

（15）单击"默认"选项卡"绘图"选项组中的"多段线"按钮 ⅃，指定起点宽度为"15"、端点宽度宽为"15"，在两个矩形之间绘制一条竖直直线，如图 10-77 所示。

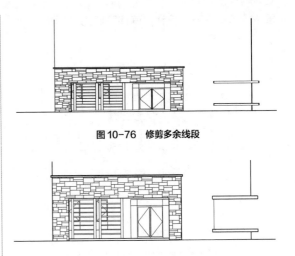

图 10-76　修剪多余线段

图 10-77　绘制竖直直线

（16）单击"默认"选项卡"修改"选项组中的"偏移"按钮 ⊑，选择绘制的竖直直线为偏移对象，将其向右进行偏移，偏移距离为"3046"，如图 10-78 所示。

图 10-78　偏移竖直直线

（17）单击"默认"选项卡"绘图"选项组中的"直线"按钮 ／，在偏移线段内绘制一条水平直线，如图 10-79 所示。

图 10-79　绘制水平直线

（18）单击"默认"选项卡"绘图"选项组中的"直线"按钮 ／，在偏移线段内绘制一条竖直直线，如图 10-80 所示。

（19）单击"默认"选项卡"修改"选项组中的"偏移"按钮 ⊑，选择绘制的竖直直线为偏移对象，将其向右进行偏移，偏移距离为"1446"，如图10-81所示。

图 10-80　绘制竖直直线

图 10-81　偏移竖直直线

（20）单击"默认"选项卡"修改"选项组中的"偏移"按钮 ⊂，选择绘制的左侧的竖直直线为偏移对象，将其向左进行偏移，偏移距离为"53"和"1450"，如图10-82所示。

图 10-82　偏移左侧竖直直线

（21）单击"默认"选项卡"修改"选项组中的"偏移"按钮 ⊂，选择绘制的水平直线为偏移对象，将其向上进行偏移，偏移距离为"50"和"1386"，如图10-83所示。

图 10-83　偏移水平直线

（22）单击"默认"选项卡"修改"选项组中的"修剪"按钮，选择偏移的线段为修剪对象，对其进行修剪处理，如图10-84所示。

（23）单击"默认"选项卡"绘图"选项组中

的"直线"按钮 ╱，在修剪后的图形内绘制斜向直线，如图10-85所示。

图 10-84　修剪偏移线段

图 10-85　绘制斜向直线

利用同样的方法完成剩余相同图形的绘制，如图10-86所示。

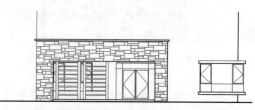

图 10-86　绘制剩余相同图形

（24）单击"默认"选项卡"修改"选项组中的"复制"按钮，选择绘制的立面窗户图形为复制对象，对其向上进行复制，复制间距为"3300"，如图10-87所示。

图 10-87　复制立面窗户图形

（25）单击"默认"选项卡"修改"选项组中的"修剪"按钮，以复制图形内的多余线段为修剪对象，对其进行修剪处理，如图10-88所示。

利用"2500"高立面窗户的绘制方法完成

"2300"高窗户的绘制，如图10-89所示。

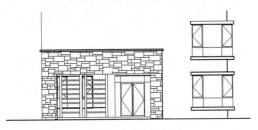

图10-88　修剪多余线段

图10-89　绘制"2300"高窗户

利用上述方法完成剩余窗户的绘制，如图10-90所示。

图10-90　绘制剩余窗户

（26）单击"默认"选项卡"绘图"选项组中的"多段线"按钮，指定起点宽度为"25"、端点宽度为"25"，在图形适当位置绘制一条水平多段线，如图10-91所示。

图10-91　绘制水平多段线

（27）单击"默认"选项卡"修改"选项组中的"偏移"按钮，选择绘制的水平多段线为偏移对象，将其向上进行偏移，偏移距离为"160""120"和"120"，如图10-92所示。

图10-92　偏移水平多段线

（28）单击"默认"选项卡"绘图"选项组中的"多段线"按钮，绘制连接偏移线段之间左侧的竖直多段线，如图10-93所示。

图10-93　绘制竖直多段线

（29）单击"默认"选项卡"修改"选项组中的"偏移"按钮，选择绘制的竖直多段线为偏移对象，将其向右进行偏移，偏移距离为"51""100""15799""100"和"50"，如图10-94所示。

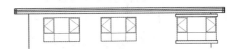

图10-94　偏移竖直多段线

（30）单击"默认"选项卡"修改"选项组中的"修剪"按钮，以偏移的线段为修剪对象，对其进行修剪处理，如图10-95所示。

利用前面所讲知识，结合所学命令完成1—7立面图的绘制，如图10-96所示。

图 10-95   修剪偏移线段

图 10-96   绘制 1—7 立面图

10.4.2 | 标注文字及标高

利用前面介绍的方法为图形添加标注及轴号，如图 10-97 所示。

图 10-97   添加标注与轴号

（1）单击"插入"选项卡"块"选项组中的"插入"按钮，在下拉菜单中选择"其他图形中的块"，打开"块"选项板。继续单击选项板右上侧的"浏览"按钮…，选择"源文件\图块\标高"图块，单击"打开"按钮，将返回"块"选项板。双击图块，将标高图块插入图中的合适位置，如图10-98所示。

利用同样的方法完成其他标高图块的添加，如图10-99所示。

（2）在命令行中输入"QLEADER"命令，为图形添加文字标注，最终结果如图10-62所示。

图 10-98　插入标高图块

图 10-99　添加其他标高图块

10.5 7—1 立面图

7—1立面图的绘制方法基本与1—7立面图的绘制方法相同，这里不再详细阐述，最终结果如图10-100所示。

图 10-100　7—1 立面图

10.6 上机实验

【练习1】绘制图10-101所示的某别墅南立面图（一）。

1. 目的要求

本练习主要要求读者通过练习进一步熟悉和掌握南立面图的绘制方法，如图10-101所示。本练习可以帮助读者掌握南立面图绘制的全过程。

2. 操作提示

（1）绘图前准备。

（2）绘制室外地坪线和外墙定位线。

（3）绘制屋顶立面。

（4）绘制台基、台阶、立柱、栏杆和门窗。

（5）绘制其他建筑构件。

（6）标注尺寸及轴号。

（7）清理多余图形元素。

【练习2】绘制图10-102所示的某别墅南立面图（二）。

1. 目的要求

本练习主要要求读者通过练习进一步熟悉和掌握南立面图的绘制方法，如图10-102所示。本练习可以帮助读者掌握南立面图绘制的全过程。

2. 操作提示

（1）绘图前准备。

（2）绘制地坪线、外墙和屋顶轮廓线。

（3）绘制台基、立柱、雨篷、台阶、露台和门窗。

（4）绘制其他建筑构件。

（5）立面标注。

（6）清理多余图形元素。

【练习 3】绘制图 10-103 所示的某别墅西立面图。

1. 目的要求

本练习主要要求读者通过练习进一步熟悉和掌握西立面图的绘制方法，如图 10-103 所示。本练习可以帮助读者掌握西立面图绘制的全过程。

2. 操作提示

（1）绘图前准备。

（2）绘制地坪线、外墙和屋顶轮廓线。

（3）绘制台基、立柱、雨篷、台阶、露台和门窗。

（4）绘制其他建筑构件。

（5）立面标注。

（6）清理多余图形元素。

图 10-101　某别墅南立面图（1）

图 10-102　某别墅南立面图（2）

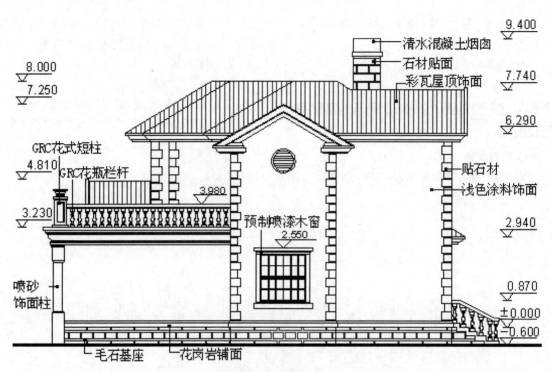

9.400

8.000

7.250

清水混凝土烟囱

石材贴面

7.740

彩瓦屋顶饰面

6.290

GRC花式短柱

4.810

GRC花瓶栏杆

3.980

贴石材

浅色涂料饰面

3.230

预制喷漆木窗

2.550

2.940

喷砂
饰面柱

0.870

±0.000

−0.600

毛石基座　花岗岩铺面

图10-103　某别墅西立面图

第 11 章

别墅剖面图

建筑剖面图主要用于反映建筑物的结构形式、垂直空间的利用情况、各层构造和门窗洞口高度等。本章以别墅剖面图为例，详细讲解建筑剖面图的绘制方法与相关技巧。

知识点

- 建筑剖面图概述
- 1—1 剖面图的绘制
- 2—2 剖面图的绘制

11.1 建筑剖面图概述

建筑剖面图是与平面图和立面图相互配合表达建筑物构造的重要图样，它主要用于反映建筑物的结构形式、垂直空间的利用情况、各层构造和门窗洞口高度等。

预习重点

（1）了解建筑剖面图的概念。

（2）掌握如何选择剖面图的投射方向。

（3）掌握建筑剖面图的绘制步骤。

11.1.1 建筑剖面图的概念及图示内容

剖面图是指用一剖切面将建筑物的某一位置剖开，移去一侧后，剩下的一侧沿剖视方向的正投影图。根据工程的需要，绘制一个剖面图时可以选择一个剖切面、两个平行的剖切面或两个相交的剖切面，如图11-1所示。对于两个相交剖切面的情况，应在图中注明"展开"二字。剖面图与断面图的区别在于：剖面图除了表示剖切到的部位外，还应表示出在投射方向看到的构配件轮廓（即所谓的"看线"）；断面图只需要表示剖切到的部位。

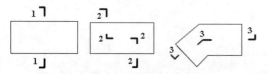

一个剖切面　　两个平行剖切面　　两个相交剖切面

图11-1　剖切面形式

对于不同的设计深度，图示内容也有所不同。

方案阶段重点在于表达剖切部位的空间关系、建筑层数、高度、室内外高度差等。剖面图中应注明室内外地坪标高、楼层标高、建筑总高度（室外地面至檐口）、剖面标号、比例或比例尺等。如果有建筑高度控制，还需标明最高点的标高。

初步设计阶段需要在方案图基础上增加主要内外承重墙、柱的定位轴线和编号，更加详细、清晰、准确地表达出建筑结构、构件（剖切到的或看到的墙、柱、门窗、楼板、地坪、楼梯、台阶、坡道、雨篷、阳台等）本身及相互关系。

施工阶段需在优化、调整和丰富初设图的基础上，使图示内容表达得最为详细。一方面是剖切到的和看到的构配件图样应准确、详尽、到位，另一方面是标注应详细。除了标注室内外地坪、楼层、屋面突出物、各构配件的标高外，还需要标注竖向尺寸和水平尺寸。竖向尺寸包括外部3道尺寸（与立面图类似）和内部地坑、隔断、吊顶、门窗等部位的尺寸；水平尺寸包括两端和内部剖切到的墙、柱定位轴线间的尺寸及轴线编号。

11.1.2 剖切位置及投射方向的选择

根据相关规定，剖面图的剖切位置应根据图纸的用途或设计深度，选择空间复杂、能反映建筑全貌和构造特征以及有代表性的部位。

投射方向一般宜向左或向上，当然也要根据工程具体情况而定。剖切符号在底层平面图中，短线指向为投射方向。剖面图编号标注在投射方向那侧，剖切线若有转折，应在转角的外侧加注与该符号相同的编号。

11.1.3 建筑剖面图绘制的一般步骤

建筑剖面图在平面图、立面图的基础上，并参照平面图、立面图进行绘制。一般步骤如下。

（1）设置绘图环境，确定剖切位置和投射方向。

（2）绘制定位辅助线，包括墙和柱的定位轴线、楼层水平定位辅助线及其他辅助线。

（3）绘制剖面图样及看线，包括剖切到的和看到的墙柱、地坪、楼层、屋面、门窗（幕墙）、楼梯、台阶及坡道、雨篷、窗台、窗楣、檐口、阳台、栏杆、各种线脚等。

（4）绘制配景，包括植物、车辆、人物等，并进行尺寸、文字标注。

11.2 1—1 剖面图

本节以别墅剖面图为例，首先绘制墙体、门窗等剖面图形，然后建立地下室建筑剖面图及首层、二层剖面轮廓图，最终完成整个剖面图绘制。整个剖面图把该别墅的墙体构造、门洞以及窗口高度、垂直空间的利用情况表达得非常清楚，如图 11-2 所示。

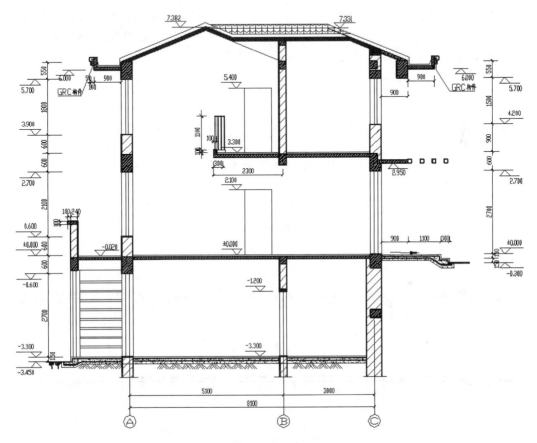

图 11-2 1—1 剖面图

预习重点

（1）了解 1—1 剖面图的绘图环境。

（2）掌握楼板绘制的方法。

11.2.1 设置绘图环境

绘图环境设置是绘制任何一幅建筑图形都要进行的预备工作，这里主要设置图幅大小和创建图层。有些具体设置可以在绘制过程中根据需要进行设置。

（1）在命令行中输入"LIMITS"命令，设置图幅为"42000×29700"。

（2）单击"默认"选项卡"图层"选项组中的

"图层特性"按钮 🔳，创建"剖面"图层，并将其设置为当前图层，如图 11-3 所示。

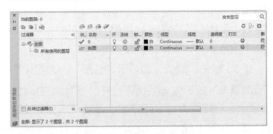

图 11-3 新建"剖面"图层

11.2.2 | 绘制楼板

本小节主要讲解楼板的绘制方法和技巧，具体的绘制步骤如下。

（1）单击"默认"选项卡"绘图"选项组中的"多段线"按钮 ⌐┐，指定起点宽度为"25"、端点宽度为"25"，在图形空白区域绘制连续多段线，如图11-4所示。

（2）单击"默认"选项卡"绘图"选项组中的"多段线"按钮 ⌐┐，指定起点宽度为"0"、端点宽度为"0"，在步骤（1）中绘制的多段线下方绘制连续多段线，如图11-5所示。

（3）单击"默认"选项卡"绘图"选项组中的"多段线"按钮 ⌐┐，在图形适当位置处绘制连续多段线，如图11-6所示。

（4）单击"默认"选项卡"绘图"选项组中的"直线"按钮 ╱，在图形底部绘制一条水平直线，如图11-7所示。

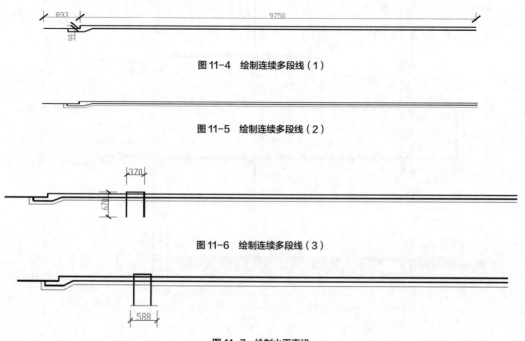

图 11-4 绘制连续多段线（1）

图 11-5 绘制连续多段线（2）

图 11-6 绘制连续多段线（3）

图 11-7 绘制水平直线

（5）单击"默认"选项卡"修改"选项组中的"修剪"按钮 ✂，对图形内的多余线段进行修剪，如图11-8所示。

利用上述方法完成右侧相同图形的绘制，如图11-9所示。

（6）单击"默认"选项卡"绘图"选项组中的"图案填充"按钮 ▨，系统将打开"图案填充创建"选项卡，选择图案"ANSI31"，设置"填充图案比例"为"60"，如图11-10所示，拾取填充区域内一点，效果如图11-11所示。

（7）单击"默认"选项卡"绘图"选项组中的"直线"按钮 ╱和"默认"选项卡"修改"选项组中的"复制"按钮 ⬚，在图形底部绘制图案，如图11-12所示。

（8）单击"默认"选项卡"绘图"选项组中的"多段线"按钮 ⌐┐，指定起点宽度为"25"、端点宽度为"25"，在图形上方位置绘制一个"1491×240"的矩形，如图11-13所示。

（9）单击"默认"选项卡"绘图"选项组中的"多段线"按钮 ⌐┐，指定起点宽度为"25"、端点宽度为"25"，在步骤（8）中绘制的矩形上方绘制一个"343×100"的矩形，如图11-14所示。

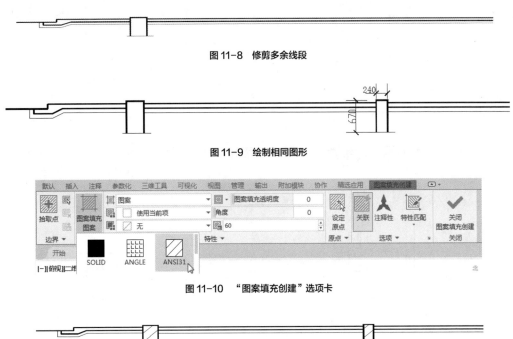

图 11-8 修剪多余线段

图 11-9 绘制相同图形

图 11-10 "图案填充创建"选项卡

图 11-11 填充图形

图 11-12 绘制图案

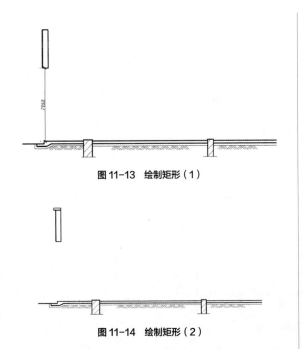

图 11-13 绘制矩形（1）

图 11-14 绘制矩形（2）

（10）单击"默认"选项卡"绘图"选项组

中的"多段线"按钮，在图形右侧绘制一个"370×1200"的矩形，如图 11-15 所示。

利用上述方法完成右侧剩余矩形的绘制，如图 11-16 所示。

（11）单击"默认"选项卡"绘图"选项组中的"多段线"按钮，指定起点宽度"23"、端点宽度为"23"，绘制矩形之间的连接线，如图 11-17 所示。

（12）单击"默认"选项卡"绘图"选项组中的"直线"按钮，在图形底部绘制一条水平直线，如图 11-18 所示。

（13）单击"默认"选项卡"绘图"选项组中的"直线"按钮，在剖面窗左侧窗洞处绘制一条竖直直线，如图 11-19 所示。

（14）单击"默认"选项卡"修改"选项组中的"偏移"按钮，选择绘制的竖直直线为偏移对象，将其向右进行偏移，偏移距离为"70""100""130"，如图 11-20 所示。

图 11-15 绘制矩形

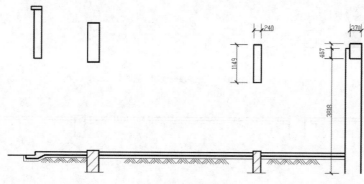

图 11-16 绘制剩余矩形

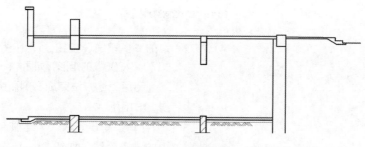

图 11-17 绘制连接线

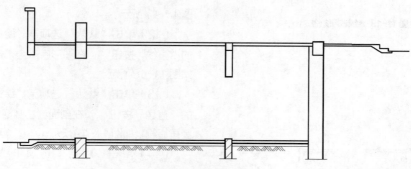

图 11-18 绘制水平直线

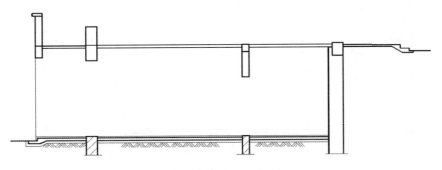

图 11-19　绘制竖直直线（1）

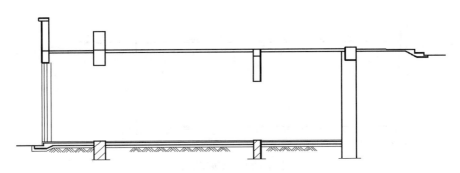

图 11-20　偏移竖直直线

（15）单击"默认"选项卡"绘图"选项组中的"直线"按钮／，在图形适当位置绘制一条竖直直线，如图11-21所示。

（16）单击"默认"选项卡"修改"选项组中的"偏移"按钮⫶，选择绘制的竖直直线为偏移对象，将其向右进行偏移，偏移距离为"123""123""124"，如图11-22所示。

（17）单击"默认"选项卡"绘图"选项组中的"直线"按钮／，在图形适当位置绘制一条水平直线，如图11-23所示。

（18）单击"默认"选项卡"修改"选项组中的"偏移"按钮⫶，选择绘制的水平直线为偏移对象，将其向下进行偏移，偏移距离为"354""60""240""60""240""60""240""60""240""60""240""60""240""60""240""60"，如图11-24所示。

（19）单击"默认"选项卡"修改"选项组中的"修剪"按钮⛏，选择偏移线段为修剪对象，对其进行修剪处理，如图11-25所示。

利用上述方法完成右侧剩余图形的绘制，如图11-26所示。

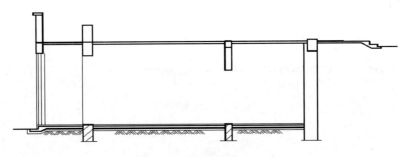

图 11-21　绘制竖直直线（2）

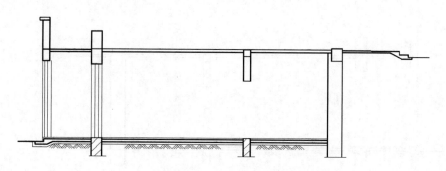

图 11-22　偏移竖直直线

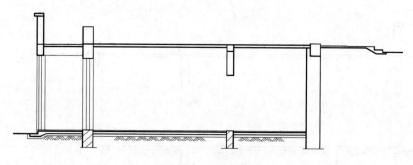

图 11-23　绘制水平直线

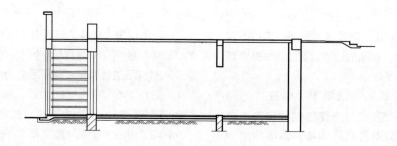

图 11-24　偏移水平直线

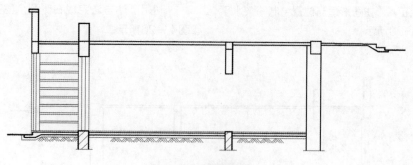

图 11-25　修剪偏移线段

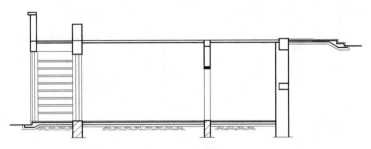

图 11-26 绘制剩余图形

（20）单击"默认"选项卡"绘图"选项组中的"图案填充"按钮▨，系统打开"图案填充创建"选项卡，选择图案"ANSI31"，设置"填充图案比例"为"6"，拾取填充区域内一点，效果如图 11-27 所示。

（21）单击"默认"选项卡"绘图"选项组中的"图案填充"按钮▨，系统打开"图案填充创建"选项卡，选择图案"ANSI31"，设置"填充图案比例"为"60"，拾取填充区域内一点，效果如图 11-28 所示。

（22）单击"默认"选项卡"绘图"选项组中的"图案填充"按钮▨，系统打开"图案填充创建"选项卡，选择图案"AR-CONC"，设置"填充图案比例"为"1"，拾取填充区域内一点，效果如图 11-29 所示。

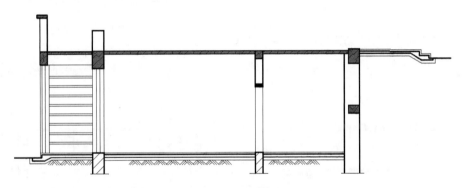

图 11-27 填充图形（1）

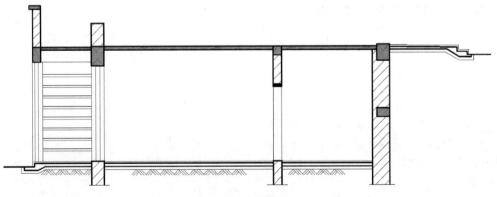

图 11-28 填充图形（2）

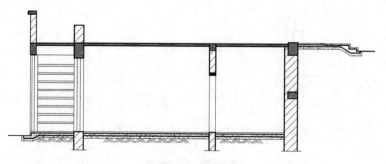

图 11-29　填充图形

利用绘制楼板线的方法完成首层楼板的绘制，如图 11-30 所示。

（23）单击"默认"选项卡"绘图"选项组中的"多段线"按钮⏣，指定起点宽度为"25"、端点宽度为"25"，在图形适当位置绘制"119×116"的矩形，如图 11-31 所示。

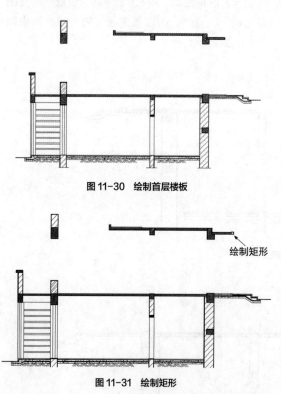

图 11-30　绘制首层楼板

绘制矩形

图 11-31　绘制矩形

（24）单击"默认"选项卡"修改"选项组中的"复制"按钮🗐，选择绘制的矩形为复制对象，将其向右进行复制，复制间距为"410"，如图 11-32 所示。

（25）单击"默认"选项卡"绘图"选项组中的"直线"按钮╱，在二层立面窗洞处绘制一条竖直直线，如图 11-33 所示。

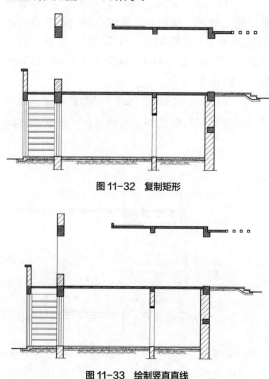

图 11-32　复制矩形

图 11-33　绘制竖直直线

（26）单击"默认"选项卡"修改"选项组中的"偏移"按钮⊆，选择绘制的竖直直线为偏移对象，向右进行偏移，偏移距离为"145""80""145"，如图 11-34 所示。

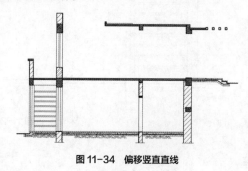

图 11-34　偏移竖直直线

（27）单击"默认"选项卡"绘图"选项组中的"直线"按钮 ∕，在图形适当位置绘制水平直线，如图11-35所示。

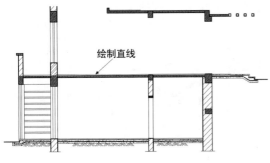

图 11-35　绘制水平直线

（28）单击"默认"选项卡"绘图"选项组中的"矩形"按钮 ⬚，在二层立面的适当位置绘制一个"2100×900"的矩形，如图11-36所示。

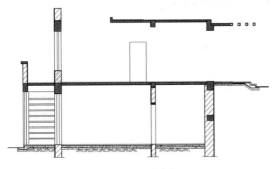

图 11-36　绘制矩形

（29）单击"默认"选项卡"绘图"选项组中的"直线"按钮 ∕ 和"修改"选项组中的"偏移"按钮 ⊑，完成右侧剩余的立面窗户图形的绘制，如图11-37所示。

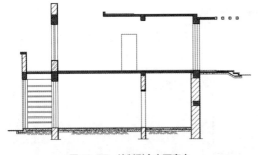

图 11-37　绘制剩余立面窗户

利用上述方法完成剩余立面图形的绘制，如图11-38所示。

图 11-38　绘制剩余立面图形

（30）单击"默认"选项卡"绘图"选项组中的"多段线"按钮 ⭢，命令行提示与操作如下。

```
命令:PLINE↙
指定起点:↙
当前线宽为 0
指定下一个点或[圆弧(A)/半宽(H)/长度(L)/放弃(U)/宽度(W)]:↙
指定下一点或[圆弧(A)/闭合(C)/半宽(H)/长度(L)/放弃(U)/宽度(W)]:w↙
指定起点宽度<0>:80↙
指定端点宽度<80>:0↙
指定下一个点或[圆弧(A)/半宽(H)/长度(L)/放弃(U)/宽度(W)]:↙
指定下一点或[圆弧(A)/闭合(C)/半宽(H)/长度(L)/放弃(U)/宽度(W)]:*取消*
```
结果如图11-39所示。

图 11-39　绘制指引箭头

（31）单击"默认"选项卡"修改"选项组中的"移动"按钮 ✛，选择绘制的指引箭头图形为移动对象，将其移到图形适当位置，如图11-40所示。

图 11-40　移动指引箭头

261

利用前面介绍的方法完成1—1剖面图尺寸的标注及轴号的添加，如图11-41所示。

（32）单击"插入"选项卡"块"选项组中的"插入"按钮，在下拉菜单中选择"其他图形中的块"，打开"块"选项板。继续单击选项板右上侧的

"浏览"按钮…，打开"选择图形文件"对话框，选择"源文件\图块\标高"图块，单击"打开"按钮，将返回"块"选项板。双击图块，将标高图块插入图形中，如图11-42所示。

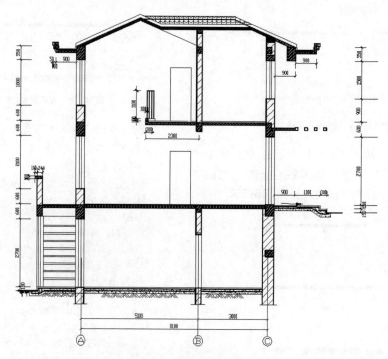

图 11-41　添加轴号及标注

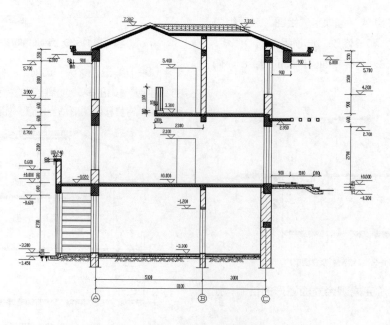

图 11-42　添加标高图块

（33）在命令行中输入"QLEADER"命令，为图形添加文字标注，如图11-2所示。

11.3 2—2 剖面图

2—2剖面图的绘制方法与1—1剖面图的绘制方法基本相同，这里不再详细阐述，如图11-43所示。

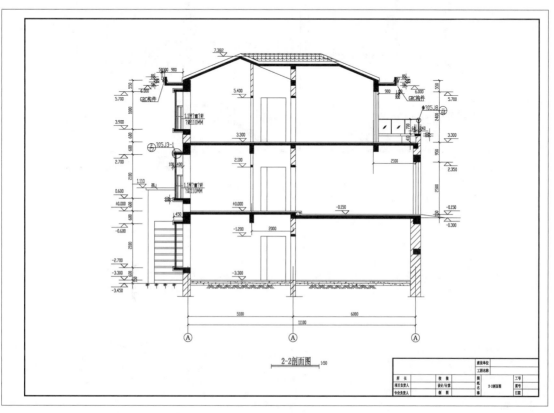

图 11-43 2—2 剖面图

11.4 上机实验

【练习】绘制别墅 1—1 剖面图。

1. 目的要求

本练习主要要求读者通过练习进一步熟悉和掌握剖面图的绘制方法，如图11-44所示。本练习可以帮助读者学会完成剖面图绘制的全过程。

2. 操作提示

（1）修改图形。

（2）绘制折线及剖面。

（3）标注标高。

（4）标注尺寸及文字。

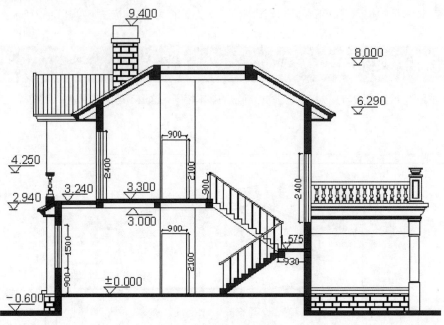

图 11-44　别墅 1—1 剖面图

第 12 章

建筑结构设计基本知识

　　一个建筑物的落成，要经过建筑设计、结构设计等进程。结构设计的主要任务是确定结构的受力形式、配筋构造、细部构造等。施工时要根据结构设计施工图进行施工，因此绘制明确、详细的施工图是十分重要的工作。我国规定了结构设计图的具体绘制方法及专业符号。本章将结合相关标准，对建筑结构设计施工图的绘制方法及基本要求做简单的介绍。

知识点

- ⊃ 结构设计基本知识
- ⊃ 结构设计要点
- ⊃ 结构设计施工图简介
- ⊃ 结构设计制图的基本规定
- ⊃ 施工图编制

12.1 结构设计概述

本节简要讲解结构设计的相关基础知识，为后面的具体结构设计做理论准备。

预习重点

（1）了解建筑结构应满足的功能要求。

（2）了解结构分析的方法。

（3）掌握结构设计规范。

12.1.1 建筑结构应满足的功能要求

根据《建筑结构可靠度设计统一标准》的规定，建筑结构应该满足的功能要求如下。

（1）安全性。建筑结构应能承受正常施工和正常使用时可能出现的各种荷载和变形，在偶然事件（如地震、爆炸等）发生时和发生后保持必需的整体稳定性，不发生倒塌。

（2）适用性。建筑结构在正常使用过程中应具有良好的工作性能。例如，不产生影响使用的过大变形或振幅，不发生足以让使用者不安的过宽的裂缝等。

（3）耐久性。建筑结构在正常维护条件下应具有足够的耐久性，完好使用到设计规定的年限，即设计使用年限。例如，混凝土不发生严重风化、腐蚀、脱落，钢筋不发生锈蚀等。

良好的结构设计应能满足上述要求，这样设计的结构才是安全可靠的。

12.1.2 结构功能的极限状态

整个结构或者结构的一部分超过某一特定状态就不能满足设计指定的某一功能要求，这个特定状态称为该结构功能的极限状态，例如，构件即将开裂、倾覆、滑移、压屈、失稳等。也就是说，完成预定的各项功能时，结构应处于有效状态；反之，则处于失效状态。有效状态和失效状态的分界，称为极限状态，是结构开始失效的标志。

极限状态可以分为两类。

1. 承载能力极限状态

结构或构件达到最大承载能力或者达到不适宜继续承载的变形状态，称为承载能力极限状态。当结构或构件由于材料强度不够而被破坏，或因疲劳而被破坏，或产生过大的塑性变形而不能继续承载，

结构或构件丧失稳定，结构转变为机动体系时，结构或构件就超过了承载能力极限状态。超过承载能力极限状态后，结构或构件就不能满足安全性的要求。

2. 正常使用极限状态

结构或构件达到正常使用或耐久性能中某项规定限度的状态称为正常使用极限状态。例如，当结构或构件出现影响正常使用的过大变形、裂缝过宽、局部损坏和振动时，可认为结构和构件超过了正常使用极限状态。超过了正常使用极限状态，结构和构件就不能保证适用性和耐久性的功能要求。

结构和构件按承载能力极限状态进行计算后，还应该按正常使用极限状态进行验算。通常在设计时要保证构造措施满足要求，这些构造措施在后面章节的绘图过程中会详细介绍。

12.1.3 结构设计方法的演变

随着结构效应及计算方法的进步，结构设计方法也从最初的简单考虑安全系数法发展到考虑各种因素的概率设计方法。

1. 容许应力设计方法

对于在弹性阶段工作的构件，容许应力设计方法有一定的设计可靠性，如钢结构。尽管材料在受荷后期表现出明显的非线性，但是在当时由于设计人员对于线弹性力学更为熟悉，所以在设计具有明显非线性的钢筋混凝土结构时，仍然采用材料力学的方法。

切应力 $\quad \sigma = \dfrac{My}{EI} \qquad$ 剪应力 $\quad \tau = \dfrac{QS}{Ib}$

2. 破损阶段设计方法

破损阶段设计方法相对于容许应力设计方法的最大优点就是：设计人员通过大量的钢筋混凝土构件试验建立了钢筋混凝土构件抗力的计算表达式。

3. 极限状态设计方法

相对于前两种设计方法，极限状态设计方法的创新点如下。

（1）首次提出两类极限状态。

抗力设计值≥荷载效应设计值。

裂缝最大值≤裂缝允许值；挠度最大值≤挠度允许值。

（2）提出了不同功能工程的荷载观测值的概念，并且在观测值的基础上提出了荷载取用值的概念：荷载取用值＝大于1的系数×荷载观测值。

（3）提出了材料强度的实测值和取用值的概念：强度取用值＝小于1的系数×强度实测值。

（4）提出了裂缝及挠度的计算方法和控制标准。

尽管极限状态设计方法有创新点，但是也存在以下缺点。

（1）荷载的离散度未给出。

（2）材料强度的离散度未给出。

（3）荷载及强度系数仍为经验值。

4. 半概率半经验设计法

半概率半经验设计法的本质是极限状态设计法，但是与极限状态设计方法相比，又有一定的改进。

（1）对于荷载在观测值的基础上通过统计给出了标准值。

（2）对于材料强度在观测的基础上通过统计分析给出了材料强度标准值。

但是对于荷载及材料系数仍然是经验值。

5. 近似概率设计法

近似概率设计法将随机变量 R 和 S 的分布只用统计平均值 μ 和标准值 σ 来表示，且在运算过程中对极限状态方程进行线性化处理。

但是此设计方法也存在一些缺陷。

（1）根据截面抗力设计出的结构存在着截面失效不等于构件失效，更不等于结构失效，因此不能很准确表示结构的抗力效应。

（2）未考虑不可预见的因素的影响。

6. 全概率设计方法

全概率设计方法就是全面考虑各种影响因素，并基于概率论的结构优化设计方法。

12.1.4 | 结构分析方法

结构分析应以结构的实际工作状况和受力条件为依据，并且在所有的情况下均应对结构的整体进行分析。结构中的重要部分、形状突变部位以及内力和变形有异常变化的部分（如较大孔洞周围、节点及其附近、支座和集中荷载附近等），必要时应另做更详细的局部分析，结构分析的结果都应有相应

的构造措施作保证。

所有的结构分析方法的建立都基于3类基本方程，即力学平衡方程、变形协调（几何）条件和本构（物理）关系。其中必须满足力学平衡条件；变形协调条件对有些方法不能严格符合，但应在不同程度上予以满足；本构关系则需合理地选用。

现有的结构分析方法可以归纳为5类。各类方法的主要特点和应用范围如下。

1. 线弹性分析方法

线弹性分析方法是最基本和最成熟的结构分析方法，也是其他反吸方法的基础和特例。它适用于分析一切形式的结构和验算结构的两种极限状态。至今，国内外的大部分混凝土结构的设计仍基于此方法。

结构内力的线弹性分析和截面承载力的极限状态设计相结合，实际应用上简易可行。按此设计的结构，其承载性能一般较好。少数结构因混凝土开裂部分的刚度减小而发生内力重分布的情形，可能影响其他部分的开裂和变形状况。

考虑到混凝土结构开裂后的刚度减小，对梁、柱构件应分别采取不等的折减刚度值，但各构件（截面）刚度不随荷载的大小而变化，则结构的内力和变形仍可采用线弹性方法进行分析。

2. 考虑塑性内力重分布的分析方法

考虑塑性内力重分布的分析方法一般用来设计超静定混凝土结构，具有充分发挥结构潜力、节约材料、简化设计和方便施工等优点。

3. 塑性极限分析方法

塑性极限分析方法又称塑性分析或极限平衡法。此法在我国主要用于周边有梁或墙支撑的双向板设计。工程设计和施工实践经验证明，按此法进行计算和构造设计简便易行，可保证安全。

4. 非线性分析方法

非线性分析方法以钢筋混凝土的实际力学性能为依据，引入相应的非线性本构关系后，可准确地分析结构受力全过程的各种荷载效应，而且可以解决一切受力复杂的结构分析问题。这是一种先进的分析方法，在国内已经被一些重要结构的设计所采用，并被不同程度地纳入国外的一些主要设计规范。但这种分析方法比较复杂，计算工作量大，各种非线性本构关系尚不够完善和统一，至今应用范围仍然有限，主要用于重大结构工程如水坝、核电站结

构等的分析和地震下的结构分析。

5. 试验分析方法

当结构或其部分的形状不规则和受力状态复杂，又无恰当的简化分析方法时，可采用试验分析方法，如剪力墙及其孔洞周围、框架和桁架的主要节点、平面应变状态的水坝等。

12.1.5 | 结构设计规范及设计软件

在结构设计过程中，为了满足结构的各种功能及安全性的要求，设计人员必须遵从我国制定的结构设计规范，主要是以下几种。

1.《混凝土结构设计规范》(GB 50010—2010)

本规范是为了在混凝土结构设计中贯彻执行国家的技术经济政策，做到技术先进、安全适用、经济合理、确保质量。此规范适用于房屋和一般构筑物的钢筋混凝土、预应力混凝土以及素混凝土承重结构的设计，但是不适用于轻骨料混凝土及其他特种混凝土结构的设计。

2.《建筑抗震设计规范》(GB 50011—2010)

本规范的制定目的是贯彻执行《建筑法》和《抗震减灾法》，并实行以预防为主的方针，使建筑经抗震设防后，减轻建筑的地震破坏，避免人员伤亡，减少经济损失。

按本规范进行抗震设计的建筑，其抗震设防的目标是：当遭受低于本地区抗震设防烈度的多遇地震影响时，一般不受损坏或不需修理可继续使用；当遭受相当于本地区抗震设防烈度的地震影响时，可能损坏，经一般修理或不需修理仍可继续使用；当遭受高于本地区抗震设防烈度预估的罕遇地震影响时，不致倒塌或发生危及生命的严重破坏。

3.《建筑结构荷载规范》(GB 50009—2012)

本规范是为了适应建筑结构设计的需要，以符合安全适用、经济合理的要求而制定的。此规范是根据《建筑结构可靠性设计统一标准》规定的原则制定的，适用于建筑工程的结构设计，并且设计基准期为50年。建筑结构设计中涉及的作用包括直接作用（荷载）和间接作用（如地基变形、混凝土收缩、焊接变形、温度变化或地震等引起的作用）。本规范仅对有关荷载做出规定。

4.《高层建筑混凝土结构技术规程》(JGJ 3—2010)

本规程适用于10层及10层以上或房屋高度超过28m的非抗震设计和抗震设防烈度为6至9度抗震设计的高层民用建筑结构，其适用的房屋最大高度和结构类型应符合本规程的有关规定。但是本规程不适用于建造在危险地段场地的高层建筑。

高层建筑的设防烈度必须按照国家规定的权限审批、颁发的文件（图件）确定。一般情况下，抗震设防烈度可采用中国地震烈度区划图规定的地震基本烈度；对已编制抗震设防区划的地区，可按批准的抗震设防烈度或设计地震运动参数进行抗震设防。并且，高层建筑结构设计中应注重概念设计，重视结构的选型和平面、立面布置的规则性，择优选用抗震和抗风性能好且经济合理的结构体系，加强构造措施。在抗震设计中，应保证结构的整体抗震性能，使整个结构具有必要的承载能力、刚度和延性。

5.《钢结构设计规范》(GB 50017—2017)

本规范适用于工业与民用房屋和一般构筑物的钢结构设计，其中，由冷弯成型钢材制作的构件及其连接应符合现行国家标准《冷弯薄壁型钢结构技术规范》(GB 50018—2002) 的规定。

本规范的设计原则是根据现行国家标准《建筑结构可靠度设计统一标准》(GB 50068—2018) 制定的。按本规范设计时，取用的荷载及其组合值应符合现行国家标准《建筑结构荷载规范》(GB 50009—2012) 的规定；在地震区的建筑物和构筑物，应符合现行国家标准《建筑抗震设计规范》(GB 50011—2010)、《中国地震动参数区划图》(GB 18306—2015) 和《构筑物抗震设计规范》(GB 50191—2012) 的规定。

在钢结构设计文件中，应注明建筑结构的设计使用年限、钢材牌号、连接材料的型号（或钢号）和对钢材所要求的力学性能、化学成分及其他的附加保证项目。此外，还应注明所要求的焊缝形式、焊缝质量等级及对施工的要求。

6.《砌体结构设计规范》(GB 50003—2011)

为了贯彻执行国家的技术经济政策，坚持因地制宜、就地取材的原则，合理选用结构方案和建筑材料，做到技术先进、经济合理、安全适用、确保质量，国家制定了本规范。本规范适用于建筑工程的下列砌体的结构设计，特殊条件下或有特殊要求的应按专门规定进行设计。

（1）砖砌体，包括烧结普通砖、烧结多孔砖、蒸压灰砂砖、蒸压粉煤灰砖无筋和配筋砌体。

（2）砌块砌体，包括混凝土、轻骨料混凝土砌块无筋和配筋砌体。

（3）石砌体，包括各种料石和毛石砌体。

7.《无粘结预应力混凝土结构技术规程》(JGJ 92—2016)

本规程适用于工业与民用建筑和一般构筑物中采用的无粘结预应力混凝土结构的设计、施工及验收。采用的无粘结预应力筋是指埋置在混凝土构件中者或体外束。无粘结预应力混凝土结构应根据建筑功能要求和材料供应与施工条件，确定合理的设计与施工方案，编制施工组织设计，做好技术交底，并应由预应力专业施工队伍进行施工，严格执行质量检查与验收制度。

随着设计方法的演变，一般的设计过程都要对结构进行整体有限元分析，因此，就要借助计算机软件进行分析计算，在国内常用的几种结构分析设计软件如下。

（1）PKPM结构设计软件。

本系统是一套集建筑设计、结构设计、设备设计及概预算、施工软件于一体的大型建筑工程综合CAD系统，并且此系统采用了独特的人机交互输入方式，使用者不必填写烦琐的数据文件。输入时用鼠标或键盘在屏幕上勾画出整个建筑物，软件有详细的中文菜单指导用户操作，并提供了丰富的图形输入功能，有效地帮助用户输入。实践证明，这种方式设计人员容易掌握，而且与传统的方法相比可提高效率十几倍。

其中结构类包含了17个模块，涵盖了结构设计中的地基、板、梁、柱、钢结构、预应力等方面。本系统具有先进的结构分析软件包，容纳了国内流行的各种计算方法，如平面杆系、矩形与异形楼板、高层三维壳元及薄壁杆系、梁板楼梯及异形楼梯、各类基础、砖混结构、钢结构、预应力混凝土结构分析等。全部结构计算模块均按最新的设计规范编制，全面反映了规范要求的荷载效应组合，设计表达式，抗震设计新概念要求的强柱弱梁、强剪弱弯、节点核心、地震以及考虑扭转效应的振动耦连计算

方面的内容。

同时，本系统有丰富和成熟的结构施工图辅助设计功能，可完成框架、排架、连梁、结构平面、楼板配筋、节点大样、各类基础、楼梯、剪力墙等施工图绘制，并在自动选配钢筋，按全楼或层、跨剖面归并，布置图纸版面，人机交互干预等方面独具特色。在砖混计算中可考虑构造柱共同工作，可计算各种砌块材料，底框上砖房结构CAD适用任意平面的一层或多层底框。可绘制钢结构平面图、梁柱及门式钢架施工详图、桁架施工图。

（2）SAP2000结构分析软件。

SAP2000是CSI开发的独立的基于有限元的结构分析和设计程序。它提供了功能强大的交互式用户界面，带有很多工具帮助用户快速和精确地创建模型，同时具有分析最复杂工程所需的分析技术。

SAP2000面向的对象是，用单元创建模型来体现实际情况。一个与很多单元连接的梁用一个对象建立，和现实世界一样，与其他单元相连接所需要的细分由程序内部处理。分析和设计的结果对整个对象产生报告，而不是对构成对象的子单元，信息提供更容易解释并且和实际结构更协调。

（3）ANSYS有限元分析软件。

ANSYS软件主要包括3个部分：前处理模块、分析计算模块和后处理模块。

前处理模块提供了一个强大的实体建模及网格划分工具，用户可以方便地构造有限元模型；分析计算模块包括结构分析（可进行线性分析、非线性分析和高度非线性分析）、流体动力学分析、电磁场分析、声场分析、压电分析以及多物理场的耦合分析，可模拟多种物理介质的相互作用，具有灵敏度分析及优化分析能力；后处理模块可将计算结果以彩色等值线显示、梯度显示、矢量显示、粒子流显示、立体切片显示、透明及半透明显示（可看到结构内部）等图形方式显示出来，也可将计算结果以图表、曲线形式显示或输出。

ANSYS提供了百种以上的单元类型，用来模拟工程中的各种结构和材料。该软件有多种不同版本，可以在从个人机到大型机的多种计算机设备上运行，如PC、SGI、HP、SUN、DEC、IBM、CRAY等。

（4）TBSA系列程序。

TBSA系列程序是由中国建筑科学研究院高层

建筑技术开发部研制而成，主要是针对国内高层建筑而开发的分析设计软件。

TBSA、TBWE多层及高层建筑结构三维空间分析软件，分别采用空间杆—薄壁柱模型和空间杆—墙组元模型，完成构件内力分析和截面设计。

TBSA-F建筑结构地基基础分析软件，可计算独立、桩、条形、交叉梁系、筏板（平板和梁板）、箱形基础以及桩与各种承台组成的联合基础。按相互作用原理，结合国家相关规范，该软件采用了有限元法分析。在使用时，要考虑不同地基模式和土的塑性性质、深基坑回弹和补偿、上部结构刚度影响、刚性板和弹性板算法、变厚度板计算。该软件输出结果完善，有表格和平面简图表达方式。

12.2 结构设计要点

对于一个建筑物的设计，首先要进行建筑方案设计，其次才能进行结构设计。结构设计不仅要注意安全性，还要同时关注经济合理性，而后者恰恰是投资方看得见、摸得着的，因此结构设计必须经过若干方案的计算比较，其计算量几乎占结构设计总工作量的一半。

预习重点

（1）掌握结构设计的基本过程。

（2）了解结构设计中需要注意的问题。

12.2.1 结构设计的基本过程

为了更加有效地做好建筑结构设计工作，要遵循以下步骤进行结构设计。

（1）在建筑方案设计阶段，结构专业人员应该关注并适时介入，给建筑专业设计人员提供必要的合理化建议，积极主动地改变被动地接受不合理建筑方案的局面。只要结构设计人员摆正心态，尽心为完成更完美的建筑创作出主意、想办法，建筑师也会认同的。

（2）建筑方案设计阶段的结构配合，应选派有丰富结构设计经验的设计人员参与，及时给予指点和提醒，避免让不合理的建筑方案直接面对投资方。如果建筑方案新颖且可行，只是造价偏高，就需要结构专业人员提前进行必要的草算，做出大概的造价分析以供施工方和投资方参考。

（3）建筑方案一旦确定，结构专业人员应及时配备人力，对已确定建筑方案进行结构多方案比较，其中包括竖向及抗侧力体系、楼屋面结构体系以及地基基础的选型等，选择出既安全可靠又经济合理的结构方案作为实施方案，必要时应向施工方及投资方做全面的汇报。

（4）结构方案确定后，作为结构工种（专业）负责人，应及时起草本工程结构设计统一技术条件，其中包括工程概况、设计依据、自然条件、荷载取值及地震作用参数、结构选型、基础选型、所采用的结构分析软件及版本、计算参数取值以及特殊结构处理等，依次作为结构设计组共同遵守的设计条件，增加协调性和统一性。

（5）加强设计组人员的协调和组织，每个设计人员都有其优势和劣势，作为结构工种负责人，应掌握每个设计人员的素质情况，在责任与分工上要以能调动起大家的积极性和主动性为前提，充分发挥出每个设计人员的智慧和能力，集思广益。设计中的难点问题的提出与解决应经大家讨论，群策群力。

（6）为了在设计周期内完成繁重的结构设计工作量，应注意合理安排时间。结构分析与制图最好同步进行，以便及时发现问题并解决，同时可以为其他专业返提资料提前做好准备。当结构布置作为资料提交各专业前，结构工种负责人应进行全面校审，以免给其他专业造成误解和导致返工。

（7）基础设计在初步设计期间应尽量考虑完善，以满足提前出图要求。

（8）计算与制图的校审工作应尽量提前介入，尤其对计算参数和结构布置草图等，一定经校审后再实施计算和制图工作，保证设计前提的正确才能使后续工作顺利有效地进行，同时避免带来本专业内的不必要返工。

（9）校审系统的建立与实施也是保证设计质量的重要措施。结构计算和图纸的最终成果必须至少有3个不同设计人员经手，即设计人、校对人和审核人，而每个不同档次的设计人员都应有相应的资质和水平要求。校审记录应有设计人、校审人和修改人签字并注明修改意见，校审记录随设计成果资料归档备查。

（10）建筑结构设计过程中，难免存在某个单项的设计分包情况，对此应格外慎重对待。要求承担分包任务的设计方必须具有相应的设计资质、设计水平和资源，签订单项分包协议，明确分包任务，提出问题和成果要求，明确责任分工以及设计费用和支付方法等，以免造成设计混乱，出现问题后责任不清，这是结构设计必须避免的。

12.2.2 结构设计中需要注意的问题

在对结构进行整体分析后，也要对构件进行验算，验算要根据承载能力极限状态及正常使用极限状态的要求，分别按下列规定进行计算和验算。

（1）承载力及稳定：所有结构构件均应进行承载力（包括失稳）计算；对于混凝土结构失稳的问题不是很严重，尤其是对于钢结构构件，必须进行失稳验算；必要时应进行结构的倾覆、滑移及漂浮验算；有抗震设防要求的结构应进行结构构件抗震

的承载力验算。

（2）疲劳：直接承受吊车的构件应进行疲劳验算；直接承受安装或检修用吊车的构件，根据使用情况和设计经验可不进行疲劳验算。

（3）变形：对使用上需要控制变形值的结构构件，应进行变形验算；例如预应力游泳池，变形过大会导致荷载分布不均匀，荷载不均匀会导致超载，严重的超载会造成结构的破坏。

（4）裂缝宽度：对使用上要求不出现裂缝的构件，应进行混凝土拉应力验算；对使用上允许出现裂缝的构件，应进行裂缝宽度验算；对叠合式受弯构件，还应进行纵向钢筋拉应力验算。

（5）其他：结构及结构构件的承载力（包括失稳）计算和倾覆、滑移及漂浮验算，均应采用荷载设计值；疲劳、变形、抗裂及裂缝宽度验算，均应采用相应的荷载代表值；直接承受吊车的结构构件，在计算承载力及验算疲劳、抗裂时，应考虑吊车荷载的动力系数。

预制构件尚应按制作、运输及安装时相应的荷载值进行施工阶段验算。预制构件吊装的验算，应将构件自重乘以动力系数，动力系数可以取1.5，也可根据构件吊装时的受力情况适当增减。

对现浇结构，必要时应进行施工阶段的验算。结构应具有整体稳定性，结构的局部破坏不应导致大范围倒塌。

12.3 结构设计施工图简介

结构设计施工图是建筑结构施工中的指导依据，决定了工程的施工进度和结构细节，指导了工程的施工过程和施工方法。

预习重点

了解结构设计施工图的内容。

12.3.1 绘图依据

我国建筑业的发展是从20世纪60年代以后开始的。20世纪50年代到20世纪60年代，我国的结构施工图的编制方法基本上沿用或参照苏联的标准。20世纪60年代以后，我国开始制定自己的施工图编制标准。经过对20世纪50年代和20世纪60年代的建设经验及制图方法的总结，我国编制了第一

本建筑制图的国家标准——《建筑制图标准》（GBJ 3—1973），其在规范我国当时施工图的制图和编制方法上起到了应有的指导作用。

20世纪80年代，我国进入了改革开放时期，建筑业飞速发展，原有的建筑制图标准已经不适应当时的需要。因此，国家经过总结我国的工程实践经验，结合我国国情，对《建筑制图标准》（GBJ 3—1973）进行了必要的修改和补充，编制发布了《房屋建筑制图统一标准》（GBJ 3—1986）、《建筑制图标准》（GBJ 104—1987）、《建筑结构制图标准》（GBJ 107—1987）等6本标准。这些标准的

制定和发布，提高了图面质量和制图效率，符合设计、施工和存档等的要求，使房屋建筑制图做到基本统一与清晰简明，更加适应工程建设的需要。

进入21世纪，我国建筑业又上了一个新的台阶，建筑结构形式更加多样化，建筑结构更加复杂。制图方法也由过去的人工手绘转变为计算机制图。因此，制图标准也相应地需要更新和修订。在总结了过去几十年的制图和工程经验的基础上，经过研究总结，对原有规范进行了修订和补充，编制发布了《总图制图标准》（GB 50103—2010）、《建筑制图标准》（GB /T 50104—2010）、《建筑结构制图标准》（GB/T 50105—2010）等，作为现代制图的依据。

12.3.2 | 图纸分类

建筑结构施工图没有明确的分类方法，我们可以按照建筑结构的类型进行分类。例如，按照建筑结构的结构形式可以将图纸分为混凝土结构施工图、钢结构施工图、木结构施工图等；按照结构的建筑用途可将图纸分为住宅建筑施工图、公共建筑施工图等；在某一个特定的结构工程中，可以将建筑结构施工图按照施工部位细分为总图、设备施工图、基础施工图、标准层施工图、大样详图等。

在进行工程设计时，要对设计所需要的图纸进行编排整理、统一规划，列出详细的图纸名称及图纸目录，便于施工人员管理与查看。

12.3.3 | 名词术语

各个专业都有其专用的名词术语，建筑结构专业也不例外。若想熟练掌握建筑结构施工图的绘制方法及应用，就要掌握绘制施工图及施工图之中的各种基本名词术语。建筑结构施工图中常用的基本名词术语如下。

- 图纸：包括已绘图样与未绘图样的带有图标的绘图用纸。
- 图纸幅面（图幅）：图纸的大小规格，一般有A0、A1、A2、A3等。
- 图线：图纸上绘制的线条。
- 图样：图纸上按一定规则绘制的、能表示被绘物体的位置、大小、构造、功能、原理、流程的图。
- 图面：一般指绘有图样的图纸的表面。
- 图形：指图样的形状。
- 间隔：指两个图样、文字或两条线之间的距离。
- 间隙：指窄小的间隔。
- 标注：单指在图纸上注出的文字、数字等。
- 尺寸：包括长度、角度。
- 例图：作为实例的图样。

12.4 结构设计制图的基本规定

结构设计施工图的绘制必须遵守有关国家标准，包括图纸幅面、比例、标题栏及会签栏、字体、图线、各种基本符号、定位轴线等。下面分别对其进行简要讲述。

预习重点

（1）掌握图纸规定。

（2）掌握图的比例尺寸和内容。

12.4.1 | 图纸规定

结构设计施工图的图纸规定与建筑施工图的规定是相同的，参考8.3.2小节的详细讲解。

12.4.2 | 比例设置

绘图时根据图样的用途、被绘物体的复杂程度，可选用表12-1中的常用比例，特殊情况下也可选用可用比例。

> **注意** 1.当构件的纵、横向断面尺寸悬殊时，可在同一详图中的纵、横向选用不同的比例绘制。轴线尺寸与构件尺寸也可选用不同的比例绘制。
>
> 2.使用计算机绘图时，一般选用足尺绘图。

12.4.3 | 标题栏及会签栏

结构设计施工图的图纸也是包括标题栏和会签栏，与建筑施工图的规定是相同的，参见8.3.2小节的详细讲解。

12.4.4 | 字体设置

（1）图纸上的文字、数字或符号等，均应清晰、字体端正。一般用计算机绘图时，汉字一般用仿宋体，大标题、图册封面、地形图等的汉字也可书写成其他字体，但应易于辨认。

（2）汉字的简化书写，必须符合国务院公布的《汉字简化方案》和有关规定。

（3）数量的数值注写，应采用正体阿拉伯数字。各种计量单位凡前面有量值的，均应采用国家颁布的单位符号注写。单位符号应采用正体字母。

（4）分数、百分数和比例数的注写，应采用阿拉伯数字和数学符号，例如，四分之三、百分之二十五和一比二十应分别写成3/4、25%和1:20。

（5）当注写的数字小于1时，必须写出个位的"0"。小数点应采用圆点，齐基准线书写，如0.01。

12.4.5 | 图线的宽度

图线的宽度b，宜从下列线宽系列中取用：2.0mm、1.4mm、1.0mm、0.7mm、0.5mm、0.35mm。每个图样应根据复杂程度与比例大小，先选定基本线宽b，再在表12-2和表12-3中选用相应的线宽组。

（1）需要微缩的图纸，不宜采用0.18mm及更细的线宽。

（2）同一张图纸内，各不同线宽中的细线，可统一采用较细的线宽组的细线。

表12-1 比例

图 名	常用比例（mm）	可用比例（mm）
结构平面图 基础平面图	1:50、1:100 1:150、1:200	1:60
圈梁平面图、总图、中管沟图、地下设施图等	1:200、1:500	1:300
详图	1:10、1:20	1:5、1:25、1:4

表12-2 线宽组

线宽比	线宽组（mm）					
b	2.0	1.4	1.0	0.7	0.5	0.35
0.5b	1.0	0.7	0.5	0.35	0.25	0.18
0.25b	0.5	0.35	0.25	0.18	—	—

表12-3 图框线、标题栏线的宽度

幅面代号	图框线（mm）	标题栏外框线（mm）	标题栏分格线、会签栏线（mm）
A0、A1	1.4	0.7	0.35
A2、A3、A4	1.0	0.7	0.35

12.4.6 | 基本符号

绘图中相应的符号应一致，且符合相关规定的要求，如钢筋、螺栓等的编号均应符合相应的规定。

12.4.7 | 定位轴线

定位轴线应用细点划线绘制。定位轴线一般应编号，编号应注写在轴线端部的圆内。圆应用细实线绘制，直径为8～10mm。定位轴线圆的圆心，应在定位轴线的延长线上或延长线的折线上。平面图上定位轴线的编号，宜标注在图样的下方与左侧。横向编号应用大写拉丁字母，从下至上顺序编写，如图12-1所示。拉丁字母I、O、Z不得用于轴线编号。如字母数量不够使用，可使用双字母或单字母加数字注脚等形式，如AA、BA、YA或A1、B1、Y1。

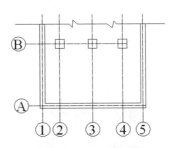

图12-1 定位轴线编号顺序

组合较复杂的平面图中定位轴线也可分区编号，如图12-2所示。编号的注写形式应为"分区号－该分区编号"。分区号采用阿拉伯数字或大写拉丁字母表示。

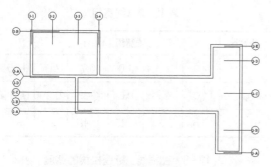

图 12-2　定位轴线分区编号

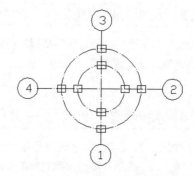

图 12-4　圆形平面定位轴线的编号

附加定位轴线的编号应以分数形式表示，并应按下列规定编写。

（1）两根轴线间的附加轴线应以分母表示前一轴线的编号，分子表示附加轴线的编号，编号宜用阿拉伯数字顺序编写。

$\frac{1}{2}$表示2号轴线之后附加的第一根轴线。

$\frac{3}{C}$表示C号轴线之后附加的第三根轴线。

（2）1号轴线或A号轴线之前的附加轴线的分母应以01或0A表示。

$\frac{1}{01}$表示1号轴线之前附加的第一根轴线。

$\frac{1}{0A}$表示A号轴线之前附加的第一根轴线。

一个详图适用于几根轴线时，应同时注明各有关轴线的编号，如图12-3所示。通用详图中的定位轴线，应只画圆，不注明轴线编号。

圆形平面图中的定位轴线的编号，其径向轴线宜用阿拉伯数字表示，从左下角开始，按逆时针顺序编写；其圆周轴线宜用大写拉丁字母表示，从外向内顺序编写，如图12-4所示。折线形平面图中定位轴线的编号可按图12-5所示的形式编写。

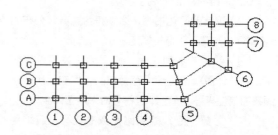

图 12-5　折线形平面图中定位轴线的编号

12.4.8 尺寸标注

根据我国制图规范规定，尺寸线、尺寸界线应用细实线绘制，一般尺寸界线应与被注长度垂直，尺寸线应与被注长度平行。图样本身的任何图线均不得用作尺寸线。尺寸起止符号一般用粗斜短线绘制，其倾斜方向应与尺寸界线成顺时针45°角，长度宜为2～3mm。半径、直径、角度与弧长的尺寸起止符号宜用箭头表示。

尺寸标注一般由尺寸起止符号、尺寸数字、尺寸界线及尺寸线组成，如图12-6所示。

12.4.9 标高

标高属于尺寸标注，是在建筑设计中应用的一种特殊情形。在结构立面图中要对结构的标高进行标注。标高主要有图12-7所示的几种。

标高的标注方法及要求如图12-8所示。

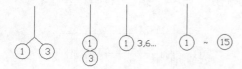

用于2根轴线时　　用于3根或3根　　用于3根以上连续
　　　　　　　　以上轴线时　　　　编号的轴线时

图 12-3　多根轴线编号

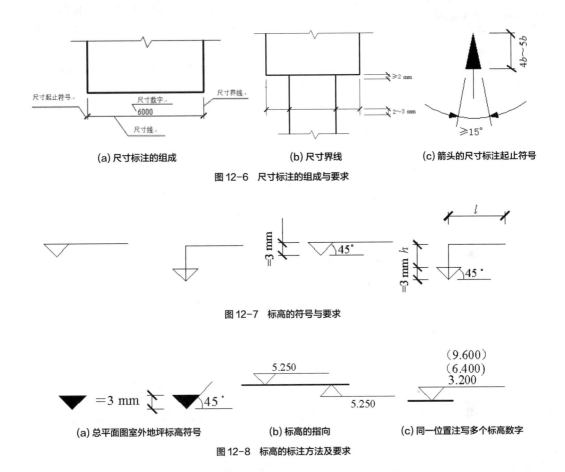

(a) 尺寸标注的组成　　　　　　(b) 尺寸界线　　　　　　(c) 箭头的尺寸标注起止符号

图 12-6　尺寸标注的组成与要求

图 12-7　标高的符号与要求

(a) 总平面图室外地坪标高符号　　　　(b) 标高的指向　　　　(c) 同一位置注写多个标高数字

图 12-8　标高的标注方法及要求

12.5 施工图编制

　　一个具体的建筑，其结构施工图往往不是单个图纸或几张图纸所能表达清楚的。一般情况下包括很多单个的图纸。这时，就需要将这些施工图编制成册。

预习重点

（1）了解施工图的编制原则。

（2）了解施工图的编排顺序。

12.5.1 编制原则

　　（1）施工图设计根据已批准的初步设计及施工图设计任务书进行编制。小型或技术要求简单的建筑工程也可根据已批准的方案设计及施工图设计任务书编制施工图。大型和重要的工业与民用建筑工程在施工图编制前宜增加施工图方案设计阶段。

　　（2）施工图设计的编制必须贯彻执行国家有关工程建设的政策和法令，符合国家（包括行业和地方）现行的建筑工程建设标准、设计规范和制图标准，遵守设计工作程序。

　　（3）在施工图设计中应因地制宜地积极推广和使用国家、行业和地方的标准设计，并在图纸总说明或有关图纸说明中注明图集名称与页次。当采用标准设计时，应根据其使用条件正确选择标准。

　　重复利用其他工程图纸时，要详细了解原图利用的条件和内容，并做必要的核算和修改。

12.5.2 编排顺序

施工图编排的一般顺序如下。

（1）按工程类别时，先建筑结构，后设备基础、构筑物。

（2）按结构系统时，先地下结构，后上部结构。

（3）在一个结构系统中，按布置图、节点详图、构件详图、预埋件及零星钢结构施工图的顺序编排。

（4）按构件详图时，先模板图，后配筋图。

第 13 章

别墅建筑结构图

本章将以别墅结构平面图为例,详细讲解建筑结构平面图的绘制过程。在讲解过程中,本书将逐步带领读者完成顶板结构平面图、首层结构平面图、屋顶结构平面图和基础平面图的绘制,并讲解关于住宅建筑结构平面图设计的相关知识和技巧。本章内容包括住宅建筑结构平面图绘制、尺寸标注文字标注等。

知识点

- ⊃ 基础平面图概述
- ⊃ 地下室顶板结构平面图
- ⊃ 屋顶结构平面布置图
- ⊃ 基础平面布置图

13.1 基础平面图概述

了解基础平面图的概述。

本节将介绍绘制结构平面图的一些必要的知识，包括基础平面图相关理论知识要点以及图框绘制的基本方法，为后面学习做必要的准备。

基础平面图一般包括以下内容。

（1）绘出定位轴线、基础构件（包括承台、基础梁等）的位置、尺寸、底标高、构件编号。基础底标高不同时，应绘出放坡示意。

（2）标明结构承重墙与墙垛、柱的位置与尺寸、编号，当为钢筋混凝土时，可绘平面图，并注明断面变化关系尺寸。

（3）标明地沟、地坑和已定设备基础的平面位置、尺寸、标高，以及无地下室时±0.000标高以下的预留孔与埋件的位置、尺寸、标高。

（4）提出沉降观测要求及测点布置（宜附测点构造详图）。

（5）说明中应包括基础持力层及基础进入持力层的深度、地基的承载能力特征值、基底及基槽回填土的处理措施与要求以及对施工的有关要求等。

（6）桩基应绘出桩位平面位置及定位尺寸，说明桩的类型和桩顶标高、入土深度、桩端持力层及进入持力层的深度、成桩的施工要求、试桩要求和桩基的检测要求（若先做试桩，应先单独绘制试桩定位平面图），注明单桩的允许承载力值和极限承载力值。

（7）当采用人工复合地基时，应绘出复合地基的处理范围和深度，注明置换桩的平面布置及其材料和性能要求、构造详图，注明复合地基的承载能力特征值及压缩模量等有关参数和检测要求。

当复合地基另由有设计资质的单位设计时，主体设计方应明确提出对地基承载能力特征值和变形值的控制要求。

13.2 地下室顶板结构平面图

地下室顶板结构平面图主要用于表达地下室顶板浇筑厚度、配筋布置和过梁、圈梁结构等具体结构信息。就本案例而言，由于该别墅属于普通低层建筑，对结构没有什么特殊要求，按一般规范设计就可以达到要求。本节主要讲解地下室顶板结构平面图的绘制过程，如图13-1所示。

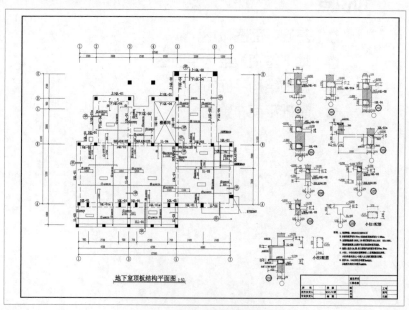

图13-1 地下室顶板结构平面图

预习重点

（1）掌握如何绘制地下室顶板结构平面图。

（2）掌握箍筋的绘制。

13.2.1 | 绘制地下室顶板结构平面图

本小节讲解了地下室顶板结构平面图的绘制方法，具体绘制步骤如下。

1. 绘制柱

（1）单击"默认"选项卡"绘图"选项组中

的"多段线"按钮 ⌐⊃，指定起点宽度为"45"、端点宽度为"45"，在图形空白位置绘制一个"480×480"的矩形，如图13-2所示。

（2）单击"默认"选项卡"绘图"选项组中的"图案填充"按钮 ▨，打开"图案填充创建"选项卡，如图13-3所示。选择图案"SOLID"，拾取填充区域内一点，效果如图13-4所示。

图 13-2 绘制
"480×480"的矩形

图 13-3 "图案填充创建"选项卡图

（3）利用上述方法完成图形中"360×740"的矩形的绘制，如图13-5所示。

图 13-4 填充矩形　　图 13-5 绘制"360×740"的矩形

（4）完成图形中"480×480"的矩形的绘制，如图13-6所示。

（5）完成图形中"740×740"的矩形的绘制，如图13-7所示。

图 13-6 绘制"480×480"　图 13-7 绘制"740×740"
的矩形　　　　　　　的矩形

（6）完成图形中"480×740"的矩形的绘制，如图13-8所示。

（7）完成图形中"600×600"的矩形的绘制，如图13-9所示。

图 13-8 绘制"480×740"　图 13-9 绘制"600×600"
的矩形　　　　　　　的矩形

（8）单击"默认"选项卡"修改"选项组中的"移动"按钮 ✛，选择绘制的"480×480"的矩形为移动对象，将其移到适当位置，如图13-10所示。

（9）单击"默认"选项卡"修改"选项组中的"移动"按钮 ✛，选择绘制的"600×600"的矩形为移动对象，将移到适当位置，如图13-11所示。

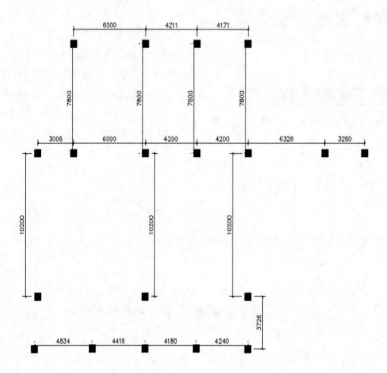

图 13-10 移动 "480×480" 的矩形

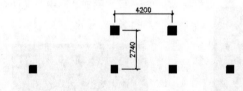

图 13-11 移动 "600×600" 的矩形

（10）单击"默认"选项卡"修改"选项组中的"移动"按钮 ✛，选择绘制的"740×740"的矩形为移动对象，将其移到适当位置，如图13-12所示。

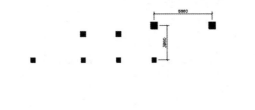

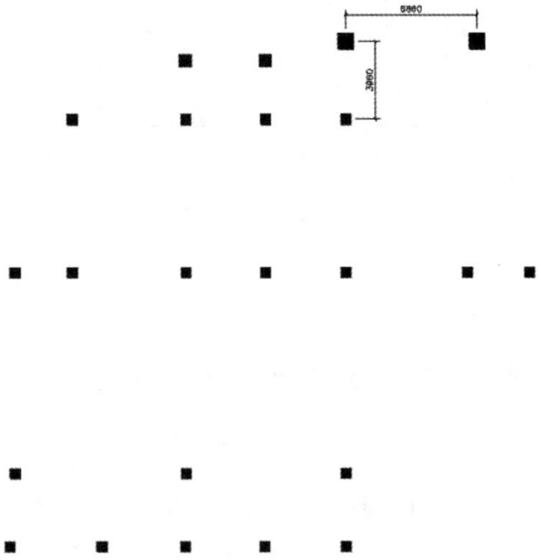

图13-12 移动"740×740"的矩形

（11）完成图形中剩余构造柱的绘制，如图13-13所示。

2. 绘制梁

（1）单击"默认"选项卡"绘图"选项组中的"矩形"按钮 ❑，在图形空白区域任选一点为矩形起点，绘制一个"1444×545"的矩形，如图13-14所示。

图13-13 绘制剩余构造柱

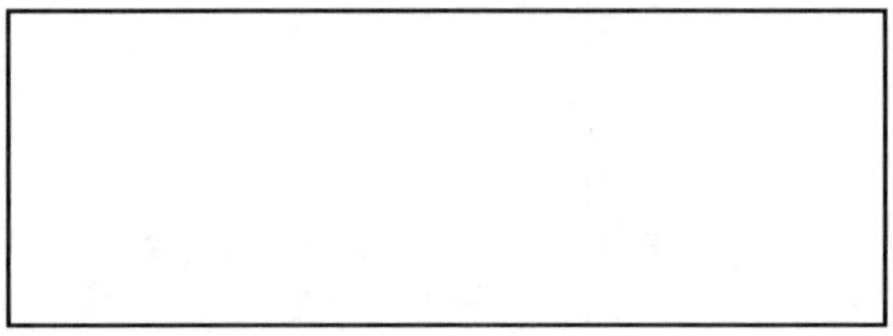

图13-14 绘制"1444×545"的矩形

（2）单击"默认"选项卡"绘图"选项组中的"矩形"按钮 ❑，完成剩余"1408×449""1393×429""1481×493""1481×592""1452×468""1465×530""1393×434""1384×446"矩形的绘制，如图13-15所示。

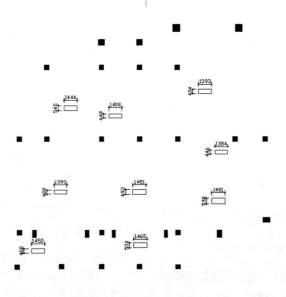

图13-15 绘制并移动剩余矩形

（3）单击"默认"选项卡"修改"选项组中的"移动"按钮✛，选择绘制的矩形为移动对象，将其移到适当位置，如图13-15所示。

（4）单击"默认"选项卡"绘图"选项组中的"直线"按钮╱，在图形适当位置处绘制梁，如图13-16所示。

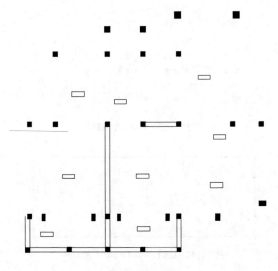

图13-16　绘制梁

（5）单击"默认"选项卡"绘图"选项组中的"矩形"按钮▢，在图形适当位置绘制一个"9600×400"的矩形，如图13-17所示。

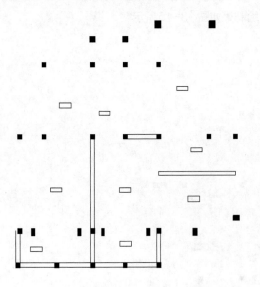

图13-17　绘制"9600×400"的矩形

（6）单击"默认"选项卡"绘图"选项组中的"多段线"按钮，指定起点宽度为"5"、端点宽

度为"5"，绘制柱间的墙虚线，如图13-18所示。

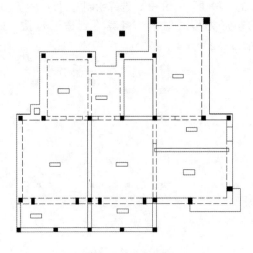

图13-18　绘制墙虚线

（7）单击"默认"选项卡"绘图"选项组中的"直线"按钮╱，在楼梯间位置绘制十字交叉线，如图13-19所示。

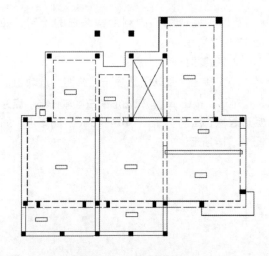

图13-19　绘制十字交叉线

3．绘制配筋

（1）新建"支座钢筋"图层，如图13-20所示。

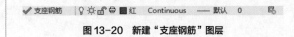

图13-20　新建"支座钢筋"图层

（2）单击"默认"选项卡"绘图"选项组中的"多段线"按钮，指定起点宽度为"45"、端点宽度为"45"，在图形适当位置绘制连续多段线，完成支座配筋的绘制，如图13-21所示。

图 13-21　绘制连续多段线

（3）单击"默认"选项卡"修改"选项组中的"移动"按钮 ✛，选择绘制的连续多段线为移动对象，将移到适当位置，如图 13-22 所示。

（4）利用上述方法完成剩余支座配筋的绘制，如图 13-23 所示。

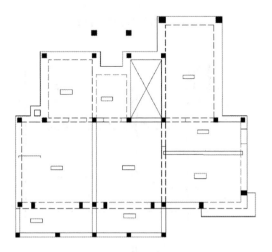

图 13-22　移动连续多段线

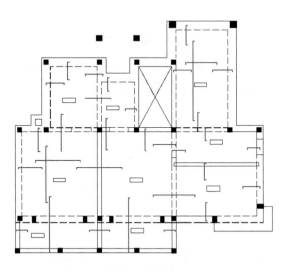

图 13-23　绘制剩余支座配筋

（5）新建"板底钢筋"图层，如图 13-24 所示。

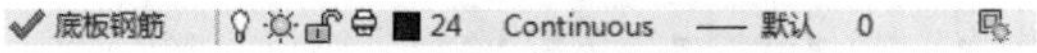

✔ 底板钢筋　🔔 ☼ ◻ 🖶 ■ 24　Continuous　── 默认　0　🖳

图 13-24　新建"板底钢筋"图层

（6）单击"默认"选项卡"绘图"选项组中的"多段线"按钮 ⏵，指定起点宽度为"45"端点宽度为"45"，绘制连续多段线，完成板底钢筋的绘制，如图 13-25 所示。

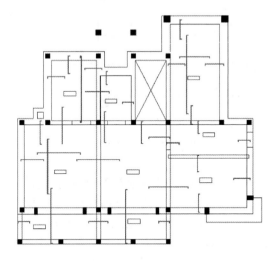

图 13-25　绘制板底钢筋

（7）利用上述方法完成图形中剩余的板底钢筋的绘制，如图 13-26 所示。

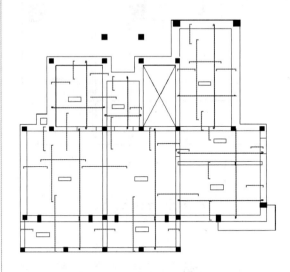

图 13-26　绘制剩余板底钢筋

（8）单击"默认"选项卡"绘图"选项组中的"多段线"按钮 ⏵，指定起点宽度为"45"、端点宽度为"45"，绘制一条长度为"3965"的竖直直线，如图 13-27 所示。

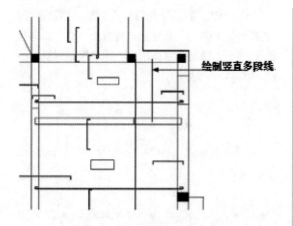

图 13-27　绘制竖直多段线

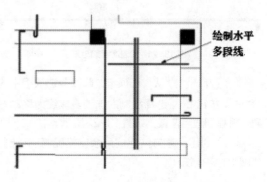

图 13-29　绘制水平多段线

（9）单击"默认"选项卡"修改"选项组中的"偏移"按钮 ⊑ ，选择绘制的竖直多段线为偏移对象，将其向右进行偏移，偏移距离为"98"，如图 13-28 所示。

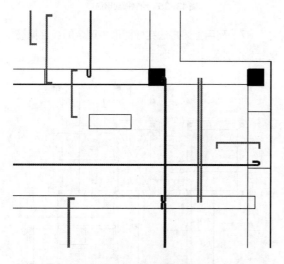

图 13-28　偏移竖直多段线

（10）单击"默认"选项卡"绘图"选项组中的"多段线"按钮 ⟍⟍ ，在绘制的竖直多段线上点选一点为起点，绘制一条长度为"2923"的水平多段线，如图 13-29 所示。

（11）单击"默认"选项卡"修改"选项组中的"偏移"按钮 ⊑ ，选择绘制的水平多段线为偏移对象，将其向下进行偏移，偏移距离为"98"，完成支座配筋的绘制，如图 13-30 所示。

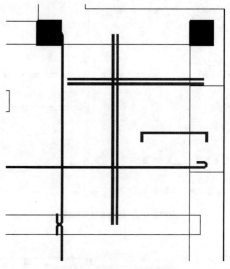

图 13-30　偏移水平多段线

（12）利用上述方法完成剩余支座配筋及板底钢筋的绘制，如图 13-31 所示。

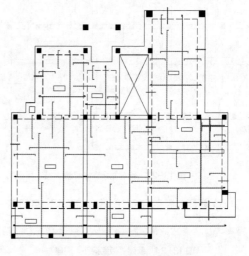

图 13-31　绘制剩余支座配筋及板底钢筋

4. 添加尺寸标注

（1）新建“尺寸”图层，如图13-32所示。

（2）设置标注样式。

①单击“注释”选项卡“标注”选项组中的“对话框启动器”按钮，弹出“标注样式管理器”对话框，如图13-33所示。

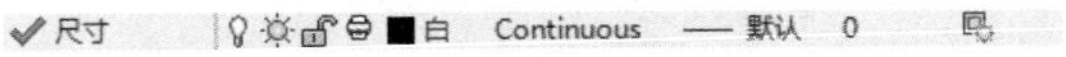

图13-32 新建“尺寸”图层

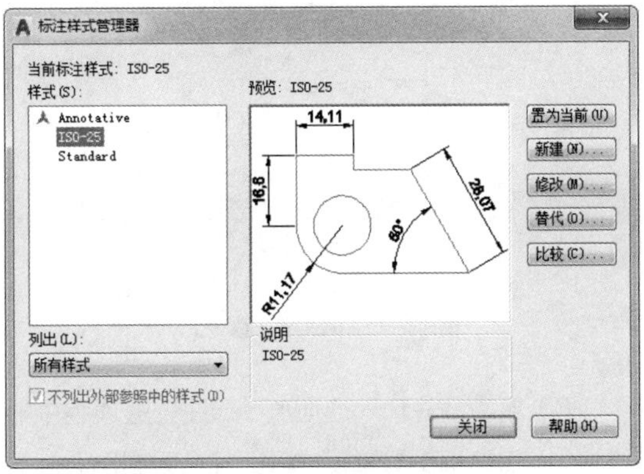

图13-33 “标注样式管理器”对话框

②单击“新建”按钮，弹出“创建新标注样式”对话框。在“新样式名”文本框中输入“细部标注”，如图13-34所示。

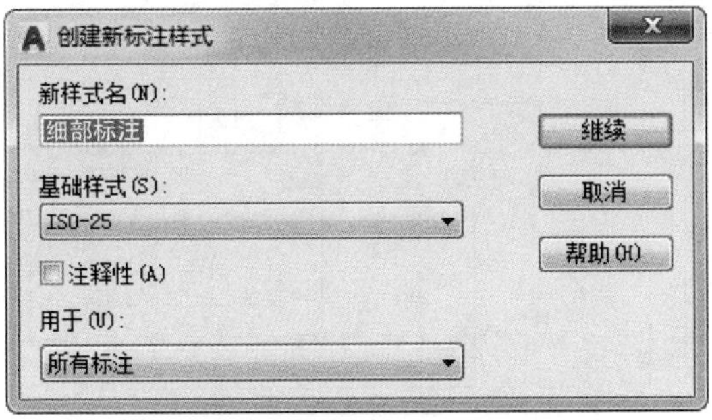

图13-34 “创建新标注样式”对话框

③单击“继续”按钮，弹出“新建标注样式：细部标注”对话框。

④选择“线”选项卡，对话框显示如图13-35所示，按照图中的参数设置修改标注样式。

⑤选择“符号和箭头”选项卡，按照图13-36所示的参数设置进行修改，箭头样式选择为“建筑标记”，箭头大小修改为“100”。

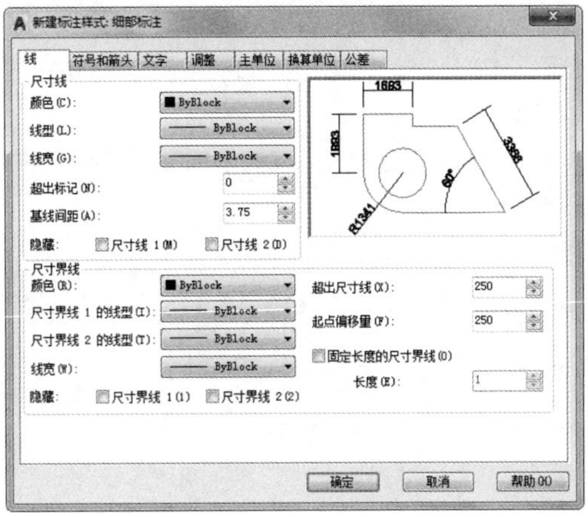

图13-35 “线”选项卡

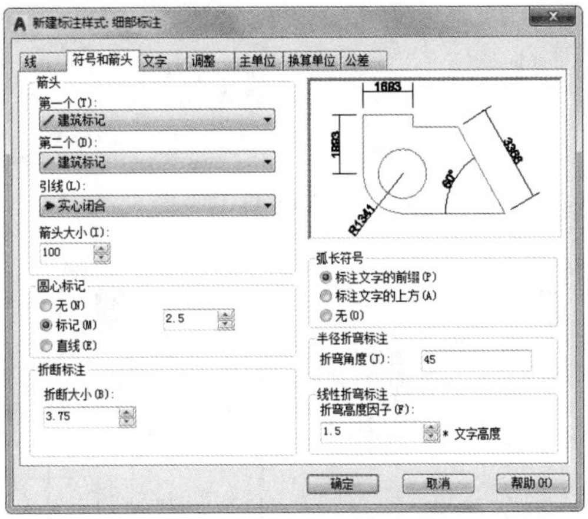

图13-36 “符号和箭头”选项卡

⑥在“文字”选项卡中设置“文字高度”为“300”，如图13-37所示。“主单位”选项卡中的参数设置如图13-38所示。

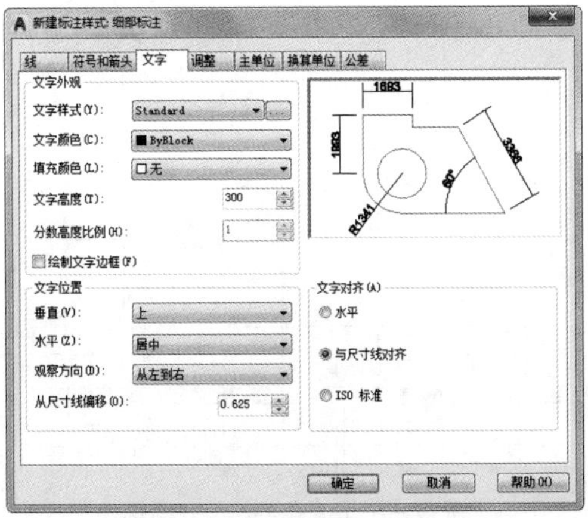

图13-37 “文字”选项卡

（3）单击"注释"选项卡"标注"选项组中的"线性"按钮├┤，为图形添加细部支座钢筋标注，如图13-39所示。

（4）利用上述方法完成剩余细部尺寸标注的添加，如图13-40所示。

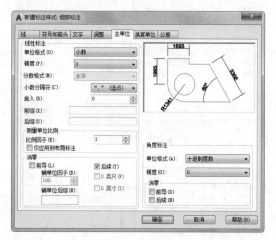

图13-38 "主单位"选项卡

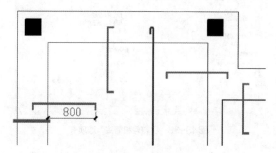

图13-39 添加标注

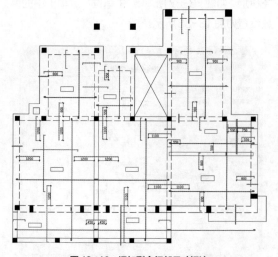

图13-40 添加剩余细部尺寸标注

（5）单击"注释"选项卡"标注"选项组中的"线性"按钮├┤和"连续"按钮┤┤┤，为图形添加第一道尺寸，如图13-41所示。

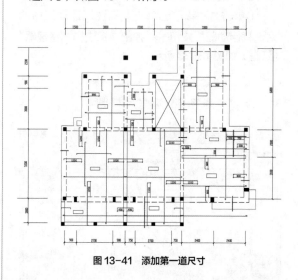

图13-41 添加第一道尺寸

（6）单击"注释"选项卡"标注"选项组中的"线性"按钮├┤和"连续"按钮┤┤┤，为图形添加第二道尺寸，如图13-42所示。

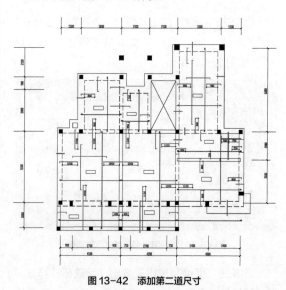

图13-42 添加第二道尺寸

（7）单击"注释"选项卡"标注"选项组中的"线性"按钮├┤，为图形添加总尺寸，如图13-43所示。

（8）利用前面介绍的方法完成轴号的添加，如图13-44所示。

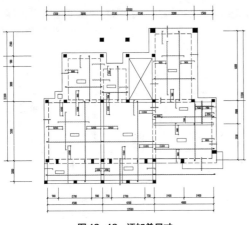

图13-43 添加总尺寸

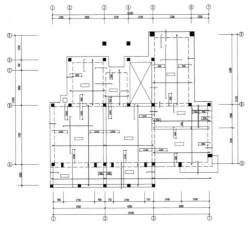

图13-44 添加轴号

5. 添加文字标注

（1）单击"注释"选项卡"文字"选项组中的"多行文字"按钮**A**，为图形添加构建名称，如图13-45所示。

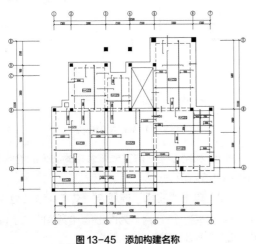

图13-45 添加构建名称

（2）单击"默认"选项卡"绘图"选项组中的"圆"下拉按钮下的"圆心，半径"按钮⊙，在支架钢筋上部位置绘制一个半径为"100"的圆，如图13-46所示。

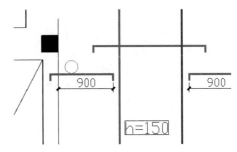

图13-46 绘制半径为100的圆

（3）单击"注释"选项卡"文字"选项组中的"多行文字"按钮**A**，为图形添加标注号，如图13-47所示。

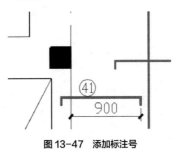

图13-47 添加标注号

（4）单击"注释"选项卡"文字"选项组中的"多行文字"按钮**A**，在图形右侧添加文字，如图13-48所示。

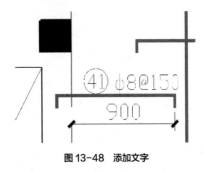

图13-48 添加文字

（5）利用上述方法完成支座配筋的标注，如图13-49所示。

（6）完成板底钢筋的标注，如图13-50所示。

（7）完成支座钢筋的标注，如图13-51所示。

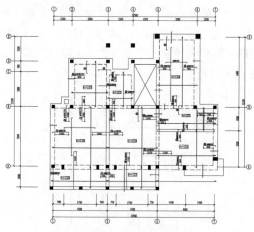

图13-49　添加支座配筋标注

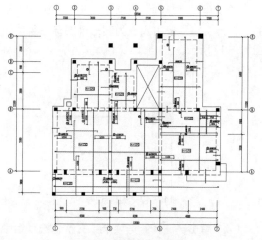

图13-50　添加板底钢筋标注

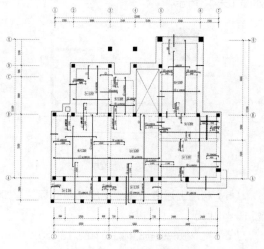

图13-51　添加支座钢筋标注

（8）单击"默认"选项卡"绘图"选项组中

的"多段线"按钮，指定起点宽度为"0"、端点宽度为"0"，在图形适当位置绘制连续多段线，如图13-52所示。

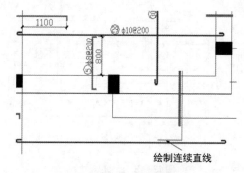

图13-52　绘制连续多段线

（9）单击"默认"选项卡"绘图"选项组中的"圆"下拉按钮下的"圆心，半径"按钮，在图形适当位置绘制一个半径为"228"的圆，如图13-53所示。

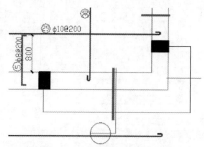

图13-53　绘制半径为228的圆

（10）单击"注释"选项卡"文字"选项组中的"多行文字"按钮**A**，在绘制的圆内添加文字，如图13-54所示。

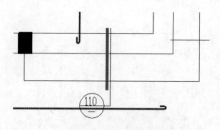

图13-54　在圆内添加文字

（11）利用上述方法完成剩余相同图形的绘制，如图13-55所示。

（12）单击"注释"选项卡"文字"选项组中的"多行文字"按钮**A**，为图形添加剩余的文字说明，如图13-56所示。

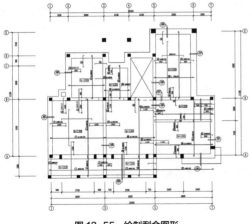

图 13-55　绘制剩余图形

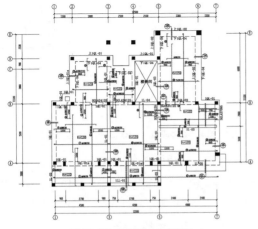

图 13-56　添加剩余文字说明

（13）在命令行中输入"QLEADER"命令，为图形添加引线标注，如图 13-57 所示。

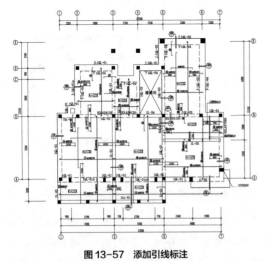

图 13-57　添加引线标注

（14）单击"默认"选项卡"绘图"选项组中

的"多段线"按钮 ⤵ 和"注释"选项卡"文字"选项组中的"多行文字"按钮 **A**，为图形添加文字标注，如图 13-58 所示。

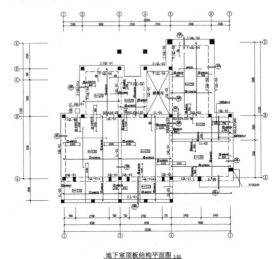

地下室顶板结构平面图 1:50

图 13-58　添加文字标注

13.2.2 绘制箍梁 101

本小节主要利用了较为简单的二维绘图命令和二维编辑命令来绘制箍梁 101，具体的绘制步骤如下。

（1）单击"默认"选项卡"绘图"选项组中的"直线"按钮 ╱，在图形适当位置绘制一条竖直直线，如图 13-59 所示。

（2）单击"默认"选项卡"修改"选项组中的"偏移"按钮 ⊆，选择绘制的竖直直线为偏移对象，将其向右进行偏移，偏移距离为"370"，如图 13-60 所示。

图 13-59　绘制竖直直线　　图 13-60　偏移竖直直线

（3）单击"默认"选项卡"绘图"选项组中的"直线"按钮 ╱，在偏移的竖直直线上方绘制一条水平直线，如图 13-61 所示。

（4）单击"默认"选项卡"修改"选项组中

的"偏移"按钮 ⊂ ，选择步骤（3）中绘制的水平
直线为偏移对象，将其向下进行偏移，偏移距离为
"1659"，如图 13-62 所示。

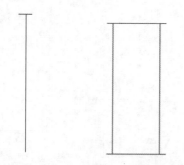

图 13-61 绘制水平直线　图 13-62 偏移水平直线

（5）单击"默认"选项卡"绘图"选项组中的
"直线"按钮 ／，在步骤（4）中绘制的图形内适当
位置绘制连续直线，如图 13-63 所示。

（6）单击"默认"选项卡"修改"选项组中的
"复制"按钮 ⊙，选择步骤（5）中绘制的连续直线
为复制对象，对其向下端进行复制，如图 13-64
所示。

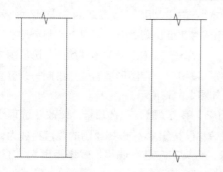

图 13-63 绘制连续直线　　　图 13-64 复制连续直线

（7）单击"默认"选项卡"修改"选项组中的
"修剪"按钮 ㄡ，选择图形中折线中的多余线段为
修剪对象，对其进行修剪处理，如图 13-65 所示。

（8）单击"默认"选项卡"绘图"选项组中的
"多段线"按钮 ，指定起点宽度为"0"、端点宽
度为"0"，绘制连续多段线，如图 13-66 所示。

（9）单击"默认"选项卡"修改"选项组中的
"修剪"按钮 ㄡ，对绘制的连续多段线进行修剪处
理，如图 13-67 所示。

（10）单击"默认"选项卡"绘图"选项组中的
"多段线"按钮 ，指定起点宽度为"50"、端点宽
度为"50"，绘制连续多段线，如图 13-68 所示。

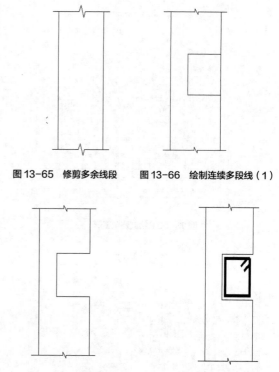

图 13-65 修剪多余线段　　图 13-66 绘制连续多段线（1）

图 13-67 修剪连续多段线　　图 13-68 绘制连续多段线（2）

（11）单击"默认"选项卡"绘图"选项组中的
"圆"下拉按钮下的"圆心，半径"按钮 ⊙，在图形
适当位置绘制一个适当半径的圆，如图 13-69 所示。

（12）单击"默认"选项卡"修改"选项组
中的"偏移"按钮 ⊂，选择绘制的圆为偏移对
象，将其向内进行偏移，偏移距离为"45"，如
图 13-70 所示。

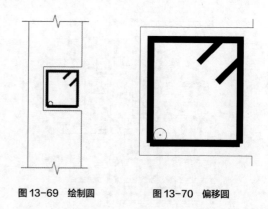

图 13-69 绘制圆　　　　　图 13-70 偏移圆

（13）单击"默认"选项卡"绘图"选项组中
的"图案填充"按钮 ，系统打开"图案填充创建"
选项卡，选择图案"SOLID"，设置"填充图案比
例"为"1"，如图 13-71 所示，拾取填充区域内一

点，效果如图13-72所示。

（14）单击"默认"选项卡"修改"选项组中的"复制"按钮，选择填充后的图形为复制对象，对其进行复制，如图13-73所示。

（15）单击"默认"选项卡"绘图"选项组中的"图案填充"按钮，系统打开"图案填充创建"选

项卡，选择图案"ANSI31"，设置"填充图案比例"为"50"，拾取填充区域内一点，效果如图13-74所示。

（16）单击"默认"选项卡"绘图"选项组中的"直线"按钮，完成剩余图形绘制，如图13-75所示。

图 13-71　"图案填充创建"选项卡

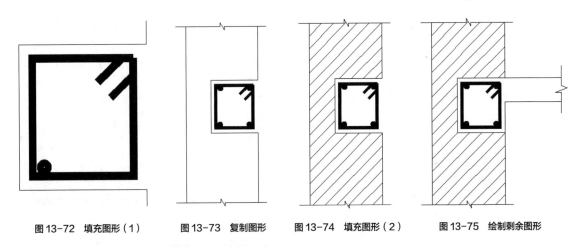

图13-72　填充图形（1）　　图13-73　复制图形　　图13-74　填充图形（2）　　图13-75　绘制剩余图形

（17）单击"注释"选项卡"标注"选项组中的"线性"按钮，为图形添加标注，如图13-76所示。

组中的"多行文字"按钮A，为图形添加文字标注，如图13-77所示。

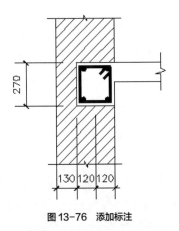

图 13-76　添加标注

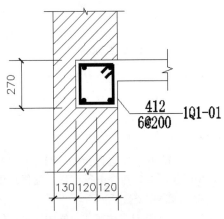

图 13-77　添加文字标注

（18）单击"默认"选项卡"绘图"选项组中的"直线"按钮和"注释"选项卡"文字"选项

（19）单击"默认"选项卡"绘图"选项组中的"直线"按钮和"注释"选项卡"文字"选项

组中的"多行文字"按钮 **A**，完成标高的添加，如图 13-78 所示。

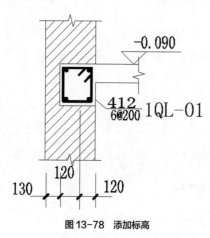

图 13-78　添加标高

（20）单击"默认"选项卡"绘图"选项组中的"圆"下拉按钮下的"圆心，半径"按钮 ⊙，在标注线下方绘制一个适当半径的圆，如图 13-79 所示。

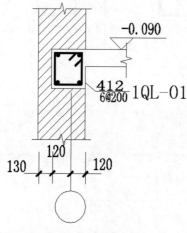

图 13-79　绘制圆（1）

（21）单击"默认"选项卡"绘图"选项组中的"圆"下拉按钮下的"圆心，半径"按钮 ⊙，在图形下方绘制一个适当半径的圆，如图 13-80 所示。

（22）单击"默认"选项卡"修改"选项组中的"偏移"按钮 ⊆，选择步骤（21）中绘制的圆为偏移对象，将其向外进行偏移，偏移距离为"40""93"，如图 13-81 所示。

（23）单击"默认"选项卡"绘图"选项组中的"图案填充"按钮 ▨，系统打开"图案填充创建"选项卡，选择图案"SOLID"，设置"填充图案比例"为"1"，拾取填充区域内一点，效果如图 13-82 所示。

（24）单击"注释"选项卡"文字"选项组中的"多行文字"按钮 **A**，在步骤 1、2、3、7 中绘制的图形内添加文字标注，结果如图 13-83 所示。

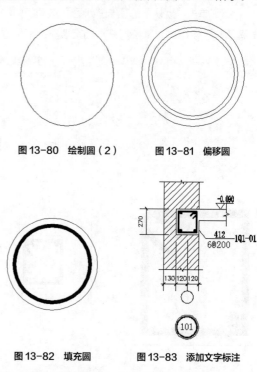

图 13-80　绘制圆（2）　　图 13-81　偏移圆

图 13-82　填充圆　　图 13-83　添加文字标注

13.2.3 │ 绘制箍梁 102 ～ 110

利用上述方法完成箍梁 102 ～ 110 的绘制，如图 13-84 ～图 13-92 所示。

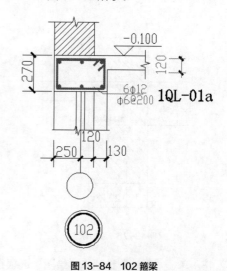

图 13-84　102 箍梁

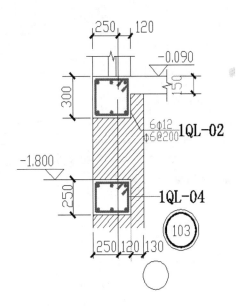

图 13-85 103 箍梁

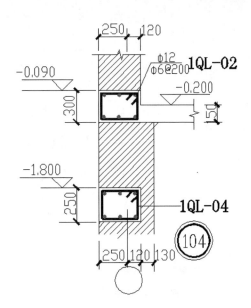

图 13-86 104 箍梁

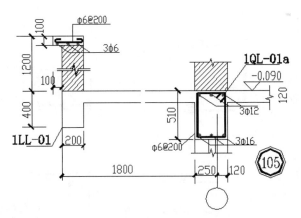

图 13-87 105 箍梁

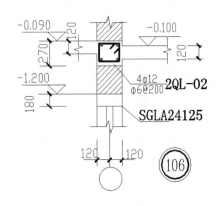

图 13-88 106 箍梁

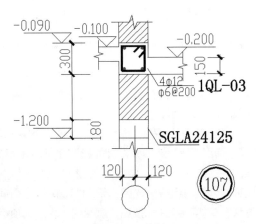

图 13-89 107 箍梁

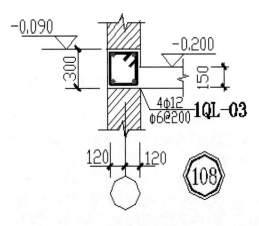

图 13-90 108 箍梁

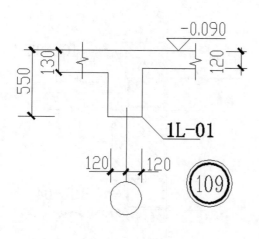

图 13-91　109 箍梁

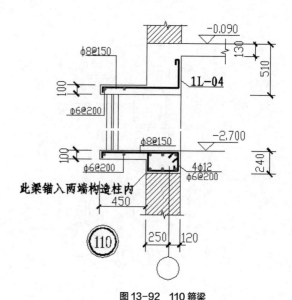

图 13-92　110 箍梁

13.2.4　绘制小柱 1 配筋

本小节讲解了小柱 1 配筋的绘制方法，具体步骤如下。

（1）单击"默认"选项卡"绘图"选项组中的"矩形"按钮 ▢，在图形空白区域绘制适当大小的矩形，如图 13-93 所示。

（2）单击"默认"选项卡"绘图"选项组中的"多段线"按钮，指定起点宽度为"50"、端点宽度为"50"，在绘制的矩形内绘制多段线，如图 13-94 所示。

图 13-93　绘制矩形　　　图 13-94　绘制多段线

（3）利用上述方法完成内部图形的绘制，如图 13-95 所示。

（4）单击"注释"选项卡"标注"选项组中的"线性"按钮，为图形添加标注，如图 13-96 所示。

（5）单击"默认"选项卡"绘图"选项组中的"直线"按钮 ／ 和"注释"选项卡"文字"选项组中的"多行文字"按钮 **A**，为图形添加文字标注，如图 13-97 所示。

（6）利用上述方法完成小柱 2 配筋的绘制，如图 13-98 所示。

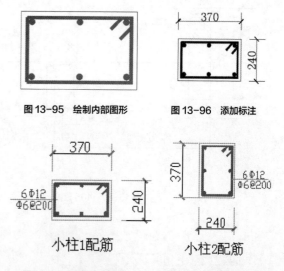

图 13-95　绘制内部图形　　　图 13-96　添加标注

图 13-97　添加文字标注　　　图 13-98　绘制小柱 2 配筋

（7）单击"注释"选项卡"文字"选项组中的"多行文字"按钮 **A**，为绘制的图形添加说明，如图 13-99 所示。

（8）单击菜单栏"插入"选项卡中的"块选项板"，弹出"块"选项板，如图 13-100 所示。继续单击选项板右上侧的"浏览"按钮 …，弹出"选择图形文件"对话框，选择"源文件\图块\A2图框"图块，单击"打开"按钮，返回到"块"选项板。双击图块，将其放置到图形适当位置。结合所学知

识为绘制图形添加图形名称，最终完成地下室顶板
结构平面图的绘制，如图13-1所示。

说明
　　1.钢筋等级：HPB235(Φ)HRB335(Φ)。
　　2.未标注板厚均为120 mm，未标注板顶标高均为-0.090 mm。
　　3.过梁图集选用02G05，120墙过梁选用SGLA12081、SGLA12091。
预制钢筋混凝土过梁不能正常放置时采用现浇。
　　4.混凝土选用C20，梁、板主筋保护层厚度分别为30 mm、20 mm。
　　5.小柱1、小柱2生根本层圈梁锚入上层圈梁配筋见详图。小柱3
生根本层1LL-01锚入女儿墙压顶配筋见详图。
　　6.板厚130、150内未注分布筋为Φ8@200。其他板内未注分布筋
为Φ8@200。

图13-99　添加说明

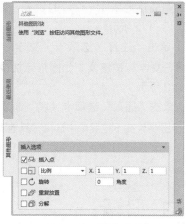

图13-100　"块"选项板

13.3　首层结构平面布置图

首层结构平面布置图的绘制方法与地下室顶板结构平面图的绘制方法基本相同，这里不赘述。

（1）利用前面介绍的方法完成首层结构平面布置图的绘制，如图13-101所示。

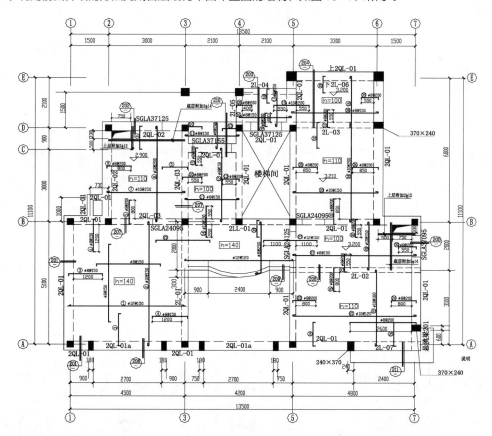

首层结构平面布置图 1:50

图13-101　首层结构平面布置图

（2）完成箍筋201～211的绘制，如图13-102～图13-112所示。

（3）单击"注释"选项卡"文字"选项组中的"多行文字"按钮**A**，为图形添加说明，如图13-113所示。

（4）单击"插入"选项卡"块"选项组中的"插入"按钮，在下拉菜单中选择"其他图形中的

块"，打开"块"选项板，如图13-114所示。继续单击选项板右上侧的"浏览"按钮…，选择"源文件\图块\A2图框"图块，单击"打开"按钮，双击图块，将其放置到图形适当位置。结合所学知识为绘制图形添加图形名称，最终完成首层结构平面布置图的绘制，结果如图13-115所示。

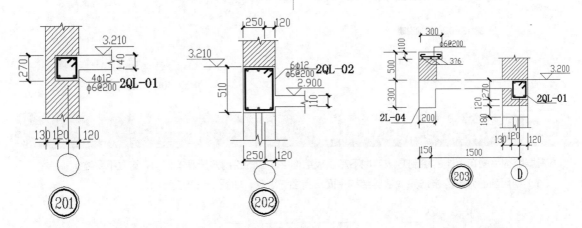

图 13-102　201 箍筋　　　　图 13-103　202 箍筋　　　　图 13-104　203 箍筋

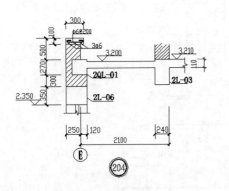 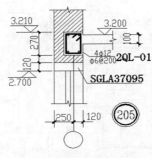 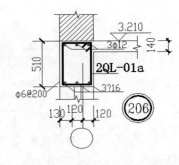

图 13-105　204 箍筋　　　　图 13-106　205 箍筋　　　　图 13-107　206 箍筋

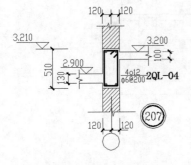 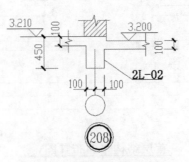 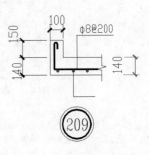

图 13-108　207 箍筋　　　　图 13-109　208 箍筋　　　　图 13-110　209 箍筋

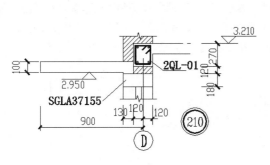

图 13-111 210 箍筋

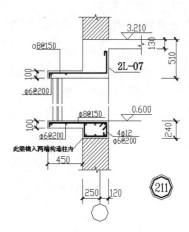

图 13-112 211 箍筋

说明

1. 钢筋等级：HPB235（φ）HRB335（Φ）。
2. 未标注板厚均为 100 mm 未标注板顶标高均为 3.210 mm。
3. 过梁图集选用 02G05 120墙过梁选用 SGLA12081。
   陶粒混凝土墙过梁选用 TGLA20092。
   预制钢筋混凝土过梁不能正常放置时采用现浇。
4. 混凝土选用 C20，梁 板主筋保护层厚度分别为 30 mm，20 mm。
5. 板内未注分布筋为 φ6@200。
6. 小柱1、小柱2生根本层圈梁锚入上层圈梁，小柱1、小柱2配筋见结03。

图 13-113 说明文字

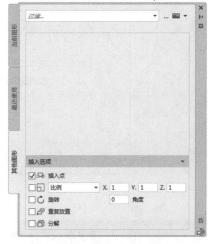

图 13-114 "块"选项板

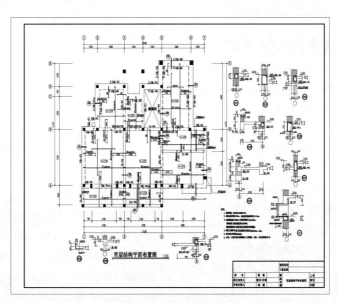

图 13-115 首层结构平面布置图

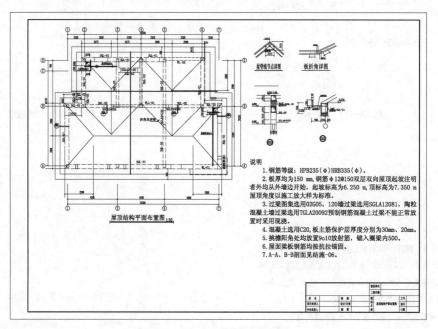

13.4 屋顶结构平面布置图

屋顶结构平面图主要用于表达屋顶顶板浇筑厚度、配筋布置和过梁、圈梁结构等具体结构信息，包括屋脊线节点详图、板折角详图等屋顶结构特有的结构造型情况。就本案例而言，由于该别墅设计成坡形屋顶，建筑结构和下面两层的结构有所区别。下面讲解屋顶结构平面布置图的绘制，如图13-116所示。

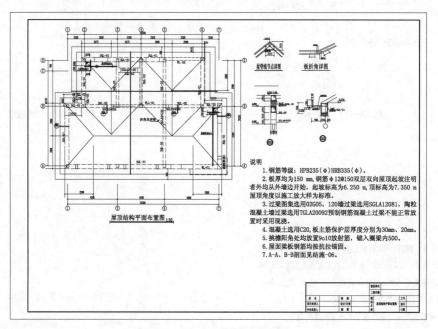

图 13-116　屋顶结构平面布置图

预习重点

（1）掌握屋顶结构平面布置图的绘制方法。

（2）掌握如何绘制屋脊节点详图及过梁。

13.4.1 绘制屋顶结构平面布置图

这里再次讲解了结构平面布置图的绘制方法，以"屋顶结构平面布置图"为例，使读者更加熟练地掌握结构平面布置图的绘制方法。

（1）单击"快速访问"工具栏中的"打开"按钮，打开"源文件\第13章\地下室顶板结构平面图"。

（2）单击"快速访问"工具栏中的"另存为"按钮，将打开的"地下室顶板结构平面图"另存为"屋顶结构平面布置图"。

（3）单击"默认"选项卡"修改"选项组中的"删除"按钮，删除图形中不要的元素并保留部分柱子外部图形墙线，关闭标注图层，然后结合所学命令补充缺少部分，结果如图13-117所示。

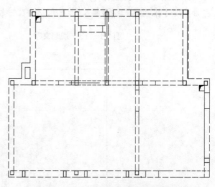

图 13-117　修改屋顶结构平面布置图

（4）单击"默认"选项卡"绘图"选项组中的"多段线"按钮，指定起点宽度为"0"、端点宽度为"0"，在整理后的平面图外围绘制连续多段线，如图13-118所示。

（5）单击"默认"选项卡"修改"选项组中的"偏移"按钮，选择绘制的连续多段线为偏移对象，将其向外进行偏移，偏移距离为"900"，如图

13-119所示。

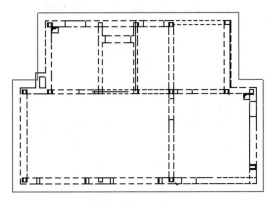

图 13-118　绘制连续多段线（1）

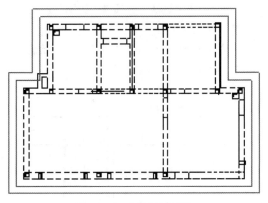

图 13-119　偏移连续多段线

（6）单击"默认"选项卡"绘图"选项组中的"多段线"按钮，指定起点宽度为"30"、端点宽度为"30"，在图形内绘制连续多段线，如图13-120所示。

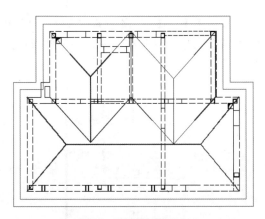

图 13-120　绘制连续多段线（2）

（7）单击"默认"选项卡"绘图"选项组中的"多段线"按钮，指定起点宽度为"45"、端

点宽度为"45"，在图形适当位置绘制一根支座钢筋，如图13-121所示。

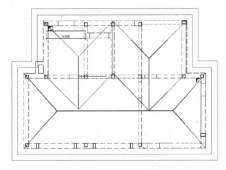

图 13-121　绘制支座钢筋

（8）单击"默认"选项卡"修改选项组中的"偏移"按钮，选择绘制的支座钢筋为偏移对象，将其向下进行偏移，偏移距离为"98"，如图13-122所示。

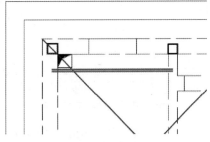

图 13-122　偏移支座钢筋

（9）单击"默认"选项卡"绘图"选项组中的"多段线"按钮，指定起点宽度为"45"、端点宽度为"45"，在绘制的支座钢筋上方选择一点为起点，向下绘制一条竖直多段线，如图13-123所示。

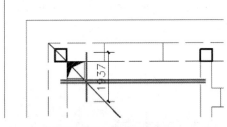

图 13-123　绘制竖直多段线

（10）单击"默认"选项卡"修改"选项组中的"偏移"按钮，选择绘制的竖直多段线为偏移对象，将其向右进行偏移，偏移距离为"98"，如图13-124所示。

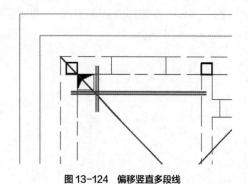

图 13-124　偏移竖直多段线

（11）利用上述方法完成剩余的支座钢筋的绘制，如图13-125所示。

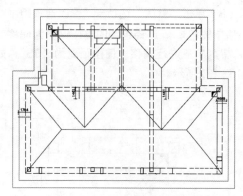

图 13-125　绘制剩余支座钢筋

（12）利用前面介绍的方法为图形添加标注及轴号，如图13-126所示。

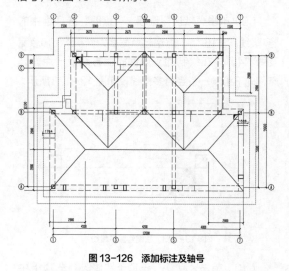

图 13-126　添加标注及轴号

（13）单击"默认"选项卡"绘图"选项组中的"多段线"按钮，在支撑梁左侧绘制连续多段线，如图13-127所示。

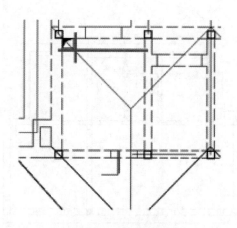

图 13-127　绘制连续多段线

（14）单击"默认"选项卡"绘图"选项组中的"圆"下拉按钮下的"圆心，半径"按钮，选择刚刚绘制的连续多段线的端点为圆心，绘制一个半径为"456"的圆，如图13-128所示。

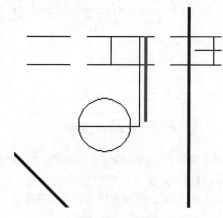

图 13-128　绘制圆

（15）单击"注释"选项卡"文字"选项组中的"多行文字"按钮 A，在绘制的圆内添加文字，如图13-129所示。

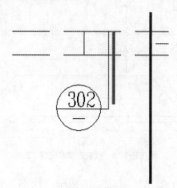

图 13-129　添加文字

（16）利用上述方法完成相同图形的绘制，如图13-130所示。

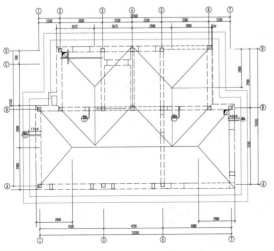

图13-130 绘制相同图形

（17）单击"默认"选项卡"绘图"选项组中的"直线"按钮╱和"注释"选项卡"文字"选项组中的"多行文字"按钮 **A**，为图形添加文字标注，打开关闭的标注图层，最终完成屋顶结构平面布置图的绘制，如图13-131所示。

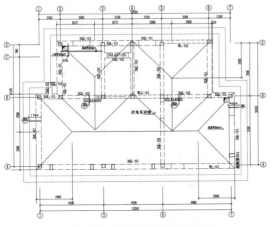

图13-131 绘制屋顶结构平面布置图

图13-132 绘制斜向直线

（2）单击"默认"选项卡"修改"选项组中的"镜像"按钮 ⚊，选择绘制的斜向直线为镜像对象，对其进行竖直镜像，如图13-133所示。

图13-133 镜像斜向直线

（3）单击"默认"选项卡"修改"选项组中的"偏移"按钮 ⊜，选择镜像图形为偏移对象，将其向下进行偏移，如图13-134所示。

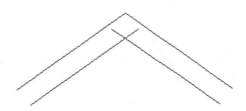

图13-134 偏移镜像图形

（4）单击"默认"选项卡"绘图"选项组中的"直线"按钮╱，在图形适当位置绘制一条水平直线，如图13-135所示。

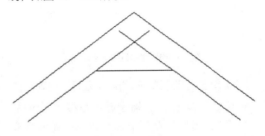

图13-135 绘制水平直线

13.4.2 | 绘制屋脊线节点详图

屋脊线节点详图大致由直线组合而成，并结合了配筋的绘制，具体步骤如下。

（1）单击"默认"选项卡"绘图"选项组中的"直线"按钮╱，在图形适当位置绘制一条角度为−142°的斜向直线，如图13-132所示。

（5）单击"默认"选项卡"修改"选项组中的"修剪"按钮 ，选择绘制的水平直线为修剪对象，对其进行修剪处理，如图13-136所示。

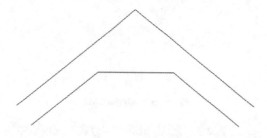

图 13-136 修剪水平直线

（6）单击"默认"选项卡"绘图"选项组中的"多段线"按钮 ，指定起点宽度为"25"、端点宽度为"25"，在图形中绘制两条斜向多段线，如图13-137所示。

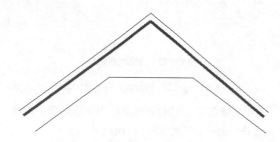

图 13-137 绘制斜向多段线

（7）单击"默认"选项卡"修改"选项组中的"偏移"按钮 ，选择绘制的斜向多段线为偏移对象，将其向下进行偏移，偏移距离为"450"，如图13-138所示。

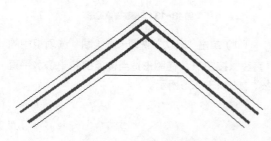

图 13-138 偏移斜向多线段

（8）单击"默认"选项卡"绘图"选项组中的"多段线"按钮 ，指定起点宽度为"50"、端点宽度为"50"，在图形适当位置绘制连续多段线，如图13-139所示。

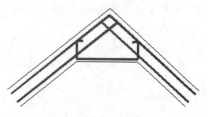

图 13-139 绘制连续多段线

（9）单击"默认"选项卡"绘图"选项组中的"圆"按钮 和"图案填充"按钮 ，完成图形剩余部分的绘制，如图13-140所示。

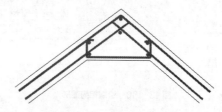

图 13-140 绘制图形的剩余部分

（10）单击"注释"选项卡"标注"选项组中的"线性"按钮 ，为图形添加线性标注，如图13-141所示。

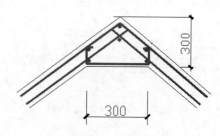

图 13-141 添加线性标注

（11）单击"默认"选项卡"绘图"选项组中的"直线"按钮 和"注释"选项卡"文字"选项组中的"多行文字"按钮 **A** ，为图形添加文字标注，如图13-142所示。

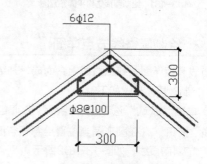

图 13-142 添加文字标注

（12）利用上述方法完成板折角详图的绘制，如图13-143所示。

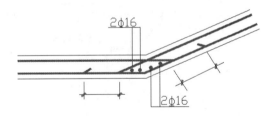

图 13-143　板折角详图

13.4.3 | 绘制 302 过梁

本小节以302过梁的绘制为例，讲解了过梁的绘制方法和技巧。

（1）单击"默认"选项卡"绘图"选项组中的"直线"按钮／，在图形空白位置绘制一条水平直线，如图13-144所示。

图 13-144　绘制水平直线（1）

（2）单击"默认"选项卡"修改"选项组中的"偏移"按钮 ⊑，选择绘制的水平直线为偏移对象，将其向下进行偏移，偏移距离为"130"，如图13-145所示。

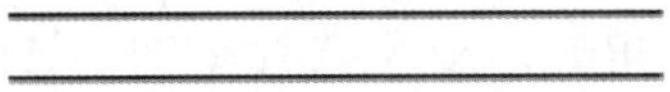

图 13-145　偏移水平直线

（3）单击"默认"选项卡"绘图"选项组中的"直线"按钮／，在偏移的水平直线上方选择一点为直线起点，向下绘制一条竖直直线，如图13-146所示。

（4）单击"默认"选项卡"修改"选项组中的"偏移"按钮 ⊑，选择绘制的竖直直线为偏移对象，将其向右进行偏移，偏移距离为"240"，如图13-147所示。

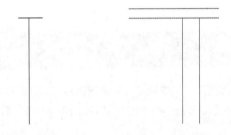

图 13-146　绘制竖直直线　　　　图 13-147　偏移竖直直线

（5）单击"默认"选项卡"修改"选项组中的"修剪"按钮 ⊁，选择偏移线段为修剪对象，对其进行修剪处理，如图13-148所示。

（6）单击"默认"选项卡"绘图"选项组中的"直线"按钮／，在图形内绘制水平直线，如图13-149所示。

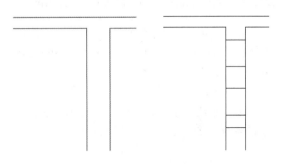

图 13-148　修剪偏移线段　　　图 13-149　绘制水平直线（2）

（7）利用所学知识完成直线内挑梁的绘制，如图13-150所示。

（8）单击"默认"选项卡"绘图"选项组中的"图案填充"按钮▨，打开"图案填充创建"选项卡，选择图案"ANSI31"，设置"填充图案比例"为"40"，拾取填充区域内一点，效果如图13-151所示。

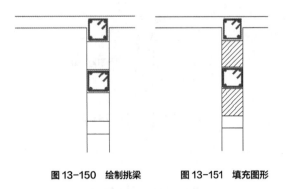

图 13-150　绘制挑梁　　　图 13-151　填充图形

（9）单击"默认"选项卡"绘图"选项组中的"直线"按钮／，在图形底部绘制几条竖直直线，如图13-152所示。

（10）单击"默认"选项卡"绘图"选项组中的"直线"按钮／和"注释"选项卡"文字"选项组中的"多行文字"按钮 A，为图形添加标高，如图13-153所示。

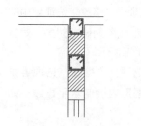

图 13-152　绘制竖直直线

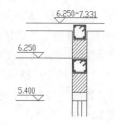

图 13-153　添加标高

（11）单击"注释"选项卡"标注"选项组中的"线性"按钮┠┨和"连续"按钮╟╢，为图形添加标注，如图 13-154 所示。

（12）单击"默认"选项卡"绘图"选项组中的"直线"按钮╱和"多行文字"按钮 A，为图形添加文字标注，如图 13-155 所示。

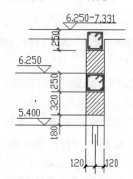

图 13-154　添加标注

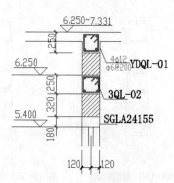

图 13-155　添加文字标注

（13）利用上述方法完成挑梁 301 的绘制，如

图 13-156 所示。

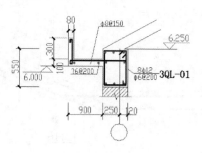

图 13-156　绘制挑梁 301

（14）单击"注释"选项卡"文字"选项组中的"多行文字"按钮 A，为图形添加说明，如图 13-157 所示。

说明

1. 钢筋等级：HPB235（φ）HRB335（φ）。
2. 板厚均为150 mm，钢筋 φ12@150双层双向屋顶起坡注明者外均从外墙边开始，起坡标高为6.250 m，顶标高为7.350 m屋顶角度以施工放大样为标准。
3. 过梁图集选用02G05，120墙过梁选用SGLA12081，陶粒混凝土墙过梁选用TGLA20092预制钢筋混凝土过梁不能正常放置时采用现浇。
4. 混凝土选用C20，板主筋保护层厚度分别为30mm、20mm。
5. 挑檐阳角处处放置9ο10放射筋，锚入圈梁内500。
6. 屋面梁板钢筋均按抗拉锚固。
7. A-A、B-B剖面见结施-06。

图 13-157　添加说明

（15）单击"插入"选项卡"块"选项组中的"插入"按钮🔲，在下拉菜单中选择"其他图形中的块"，打开"块"选项板。继续单击选项板右上侧的"浏览"按钮…，弹出"选择图形文件"对话框，选择"源文件\图块\A2图框"图块，单击"打开"按钮，返回到"块"选项板。双击图块，将其放置到图形适当位置。结合所学知识为绘制图形添加图形名称，最终完成屋顶结构平面布置图的绘制，如图 13-116 所示。

13.5　基础平面布置图

基础平面布置图与上面所讲解的地下室顶板结构平面图类似，其中的基础平面布置图与其他层的平面布置图类似，不再赘述。下面讲解基础平面布置图中相对独特的建筑结构，如自然地坪以下的防水做法、集水坑结构及各种构造柱剖面图等的绘制，如图 13-158 所示。

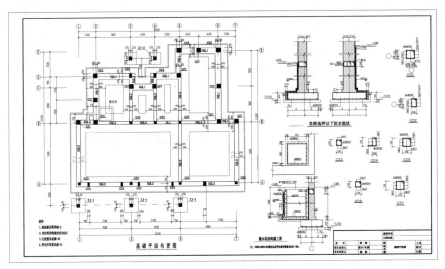

图 13-158　基础平面布置图

（1）掌握基础的防水做法。

（2）掌握集水坑结构施工图的绘制。

（3）掌握构造柱的绘制方法。

（4）掌握如何绘制基础平面图。

13.5.1　自然地坪以下的防水做法

防水做法一般较为复杂，这里介绍了自然地坪以下的防水做法的绘制方法，具体步骤如下。

（1）单击"默认"选项卡"绘图"选项组中的"多段线"按钮 ，指定起点宽度为"50"、端点宽度为"50"，在图形空白位置绘制连续多段线，如图 13-159 所示。

（2）单击"默认"选项卡"修改"选项组中的"镜像"按钮 ，选择绘制的连续多段线为镜像对象，对其进行镜像处理，如图 13-160 所示。

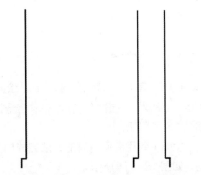

图 13-159　绘制连续多段线（1）　图 13-160　镜像连续多段线

（3）单击"默认"选项卡"绘图"选项组中的"多段线"按钮 ，指定起点宽度为"50"、端点宽度为"50"，在绘制的连续多段线底部继续绘制连续多段线，如图 13-161 所示。

（4）单击"默认"选项卡"绘图"选项组中的"直线"按钮 ，在图形适当位置绘制多条水平直线，如图 13-162 所示。

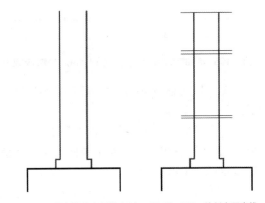

图 13-161　绘制连续多段线（2）　图 13-162　绘制水平直线

（5）单击"默认"选项卡"绘图"选项组中的"矩形"按钮 ，在图形下部位置绘制一个适当大小的矩形，如图 13-163 所示。

（6）单击"默认"选项卡"修改"选项组中的"修剪"按钮 ，对绘制的图形进行修剪处理，如图 13-164 所示。

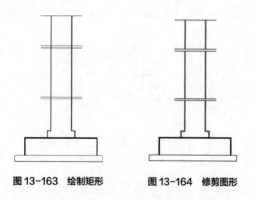

图 13-163　绘制矩形　　图 13-164　修剪图形

（7）单击"默认"选项卡"绘图"选项组中的"直线"按钮╱，在图形顶部位置绘制连续直线，如图 13-165 所示。

（8）单击"默认"选项卡"修改"选项组中的"修剪"按钮，以绘制的连续直线为修剪对象，对其进行修剪处理，如图 13-166 所示。

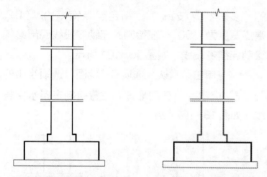

图 13-165　绘制连续直线（1）　　图 13-166　修剪连续直线

（9）利用上述方法完成剩余相同图形的绘制，如图 13-167 所示。

（10）单击"默认"选项卡"绘图"选项组中的"直线"按钮╱，在图形左侧绘制连续直线，如图 13-168 所示。

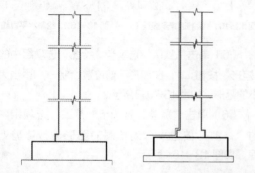

图 13-167　绘制剩余相同图形　图 13-168　绘制连续直线（2）

（11）单击"默认"选项卡"修改"选项组中的"偏移"按钮，选择绘制的连续直线为偏移对象，将其向外侧进行偏移，偏移距离为"120"，如图 13-169 所示。

（12）单击"默认"选项卡"绘图"选项组中的"直线"按钮╱，在图形适当位置绘制一条竖直直线，如图 13-170 所示。

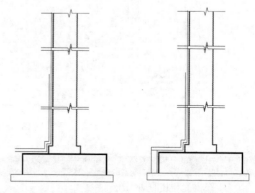

图 13-169　偏移连续直线　　图 13-170　绘制竖直直线

（13）单击"默认"选项卡"绘图"选项组中的"多段线"按钮，指定起点宽度为"30"、端点宽度为"30"，在图形适当位置绘制连续多段线，如图 13-171 所示。

（14）单击"默认"选项卡"修改"选项组中的"修剪"按钮，对线段进行修剪处理，如图 13-172 所示。

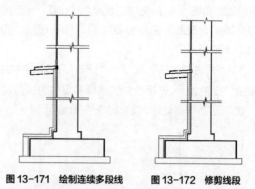

图 13-171　绘制连续多段线　　图 13-172　修剪线段

（15）单击"默认"选项卡"绘图"选项组中的"直线"按钮╱，在图形内绘制水平直线，如图 13-173 所示。

（16）利用前面讲解的方法完成内部图形的绘制，如图 13-174 所示。

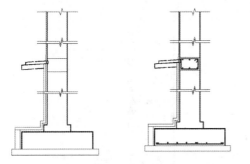

图13-173 绘制水平直线（1）　图13-174 绘制内部图形

（17）结合前面所学知识完成图形中图案的填充，完成基本图形的绘制，如图13-175所示。

（18）单击"注释"选项卡"标注"选项组中的"线性"按钮┤├和"连续"按钮┤┤├，为图形添加标注，如图13-176所示。

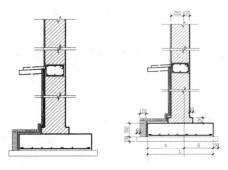

图13-175 填充图形　　图13-176 添加标注

（19）单击"默认"选项卡"绘图"选项组中的"直线"按钮╱和"注释"选项卡"文字"选项组中的"多行文字"按钮**A**，为图形添加标高，如图13-177所示。

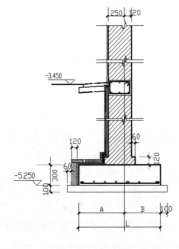

图13-177 添加标高

（20）单击"默认"选项卡"绘图"选项组中的"直线"按钮╱，在图形适当位置绘制一条水平直线，如图13-178所示。

（21）单击"默认"选项卡"绘图"选项组中的"圆"下拉按钮下的"圆心，半径"按钮⊘，在绘制的水平直线上选取一点为圆心，绘制一个适当半径的圆，如图13-179所示。

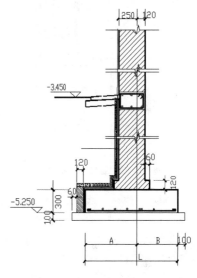

图13-178 绘制水平直线（2）

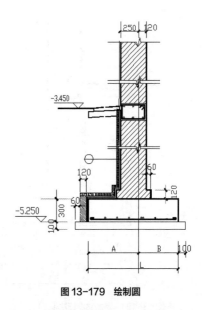

图13-179 绘制圆

（22）单击"注释"选项卡"文字"选项组中的"多行文字"按钮**A**，为图形添加文字标注，如图13-180所示。

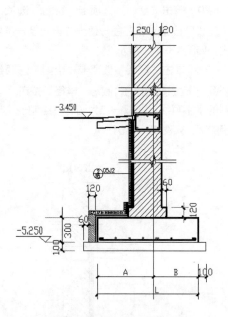

图 13-180　添加文字标注（1）

（23）单击"默认"选项卡"绘图"选项组中的"直线"按钮／和"注释"选项卡"文字"选项组中的"多行文字"按钮 **A**，为图形添加剩余文字标注，如图 13-181 所示。

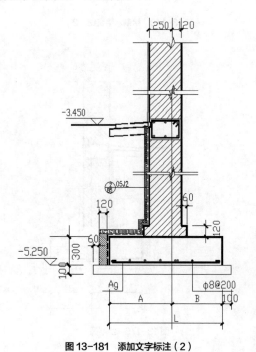

图 13-181　添加文字标注（2）

（24）利用上述方法完成剩余自然地坪以下防水做法的绘制，如图 13-182 所示。

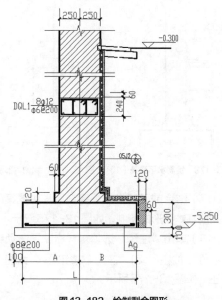

图 13-182　绘制剩余图形

13.5.2 绘制集水坑结构施工图

本小节主要利用"多段线""直线"等二维绘图命令以及"尺寸标注""多行文字"等命令来绘制集水坑结构施工图，具体的绘制步骤如下。

（1）单击"默认"选项卡"绘图"选项组中的"多段线"按钮 ⤳，指定起点宽度为"50"、端点宽度为"50"，在图形适当位置绘制连续多段线，如图 13-183 所示。

（2）单击"默认"选项卡"绘图"选项组中的"多段线"按钮 ⤳，指定起点宽度为"50"、端点宽度为"50"，在刚刚绘制的连续多段线下端绘制连续多段线，如图 13-184 所示。

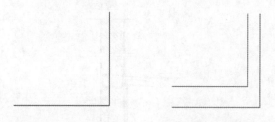

图 13-183　绘制连续多段线（1）

图 13-184　绘制连续多段线（2）

（3）单击"默认"选项卡"绘图"选项组中的"直线"按钮／，封闭绘制的直线，如图 13-185 所示。

（4）单击"默认"选项卡"绘图"选项组中的"直线"按钮／，在刚刚绘制的直线上绘制连续直线，如图13-186所示。

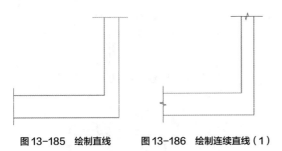

图13-185　绘制直线　　图13-186　绘制连续直线（1）

（5）单击"默认"选项卡"修改"选项组中的"修剪"按钮，对绘制的连续直线进行修剪，如图13-187所示。

（6）单击"默认"选项卡"绘图"选项组中的"直线"按钮，在图形适当位置绘制连续直线，如图13-188所示。

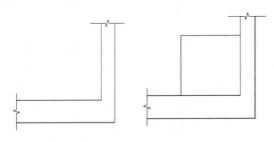

图13-187　修剪连续直线　　图13-188　绘制连续直线（2）

（7）单击"默认"选项卡"绘图"选项组中的"多段线"按钮，指定起点宽度为"35"、端点宽度为"35"，绘制连续多段线，如图13-189所示。

（8）单击"默认"选项卡"绘图"选项组中的"圆"按钮和"图案填充"按钮，绘制图13-190所示的圆。

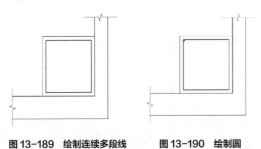

图13-189　绘制连续多段线　　图13-190　绘制圆

（9）单击"默认"选项卡"修改"选项组中的"复制"按钮，选择步骤（8）中绘制的圆为复制对象，对其进行连续复制，如图13-191所示。

（10）单击"默认"选项卡"绘图"选项组中

的"矩形"按钮，在图形内绘制一个适当大小的矩形，如图13-192所示。

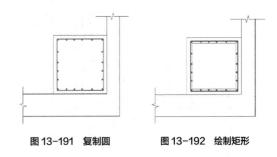

图13-191　复制圆　　图13-192　绘制矩形

（11）结合所学知识完成基本图形的绘制，如图13-193所示。

（12）单击"注释"选项卡"标注"选项组中的"线性"按钮和"连续"按钮，为图形添加标注，如图13-194所示。

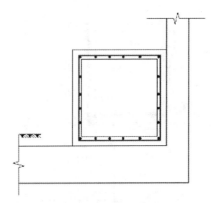

图13-193　绘制基本图形

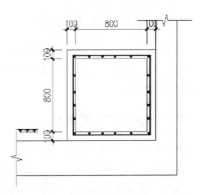

图13-194　添加标注

（13）单击"默认"选项卡"绘图"选项组中的"直线"按钮和"注释"选项卡"文字"选项组中的"单行文字"按钮A，为图形添加文字标注，如图13-195所示。

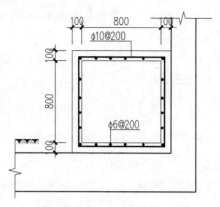

图 13-195　添加文字标注

（14）利用上述方法完成集水坑结构施工图的绘制，如图 13-196 所示。

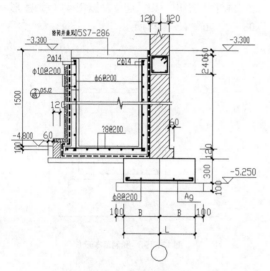

图 13-196　集水坑结构施工图

（15）单击"注释"选项卡"文字"选项组中的"多行文字"按钮 **A**，为集水坑结构施工图添加说明，如图 13-197 所示。

13.5.3　绘制构造柱剖面 1

本小节以构造柱剖面 1 的绘制为例讲解了构造柱剖面图的绘制方法。

（1）单击"默认"选项卡"绘图"选项组中的"矩形"按钮 口，在图形空白位置绘制一个矩形，如图 13-198 所示。

（2）单击"默认"选项卡"绘图"选项组中的"多段线"按钮 ⌐￫，指定起点宽度为"50"、端点宽度为"50"，在步骤（1）绘制的矩形内绘制多段

线，如图 13-199 所示。

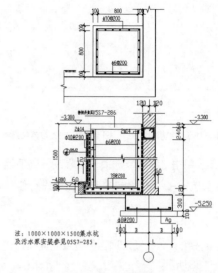

注：1000×1000×1500集水坑
及污水泵安装参见05S7-285。

图 13-197　添加说明

图 13-198　绘制矩形　　　图 13-199　绘制多段线

（3）单击"默认"选项卡"绘图"选项组中的"圆"按钮 ⊙ 和"图案填充"按钮 ▦，在绘制的多段线内填充圆图形，如图 13-200 所示。

（4）单击"注释"选项卡"标注"选项组中的"线性"按钮 ￨￫ 和"连续"按钮 ￨￨￨，为图形添加标注，如图 13-201 所示。

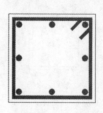

图 13-200　填充圆图形　　　图 13-201　添加标注

（5）单击"默认"选项卡"绘图"选项组中的"圆"下拉按钮下的"圆心，半径"按钮 ⊙，在图形标注线段上绘制两个相同半径的轴号圆，如图 13-202 所示。

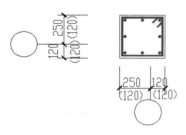

图 13-202 绘制轴号圆

（6）单击"默认"选项卡"绘图"选项组中的"直线"按钮╱和"注释"选项卡"文字"选项组中的"单行文字"按钮A，为图形添加文字标注，如图 13-203 所示。

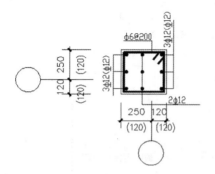

图 13-203 添加文字标注

13.5.4 绘制构造柱剖面 2

利用上述方法完成构造柱剖面 2 的绘制，如图 13-204 所示。

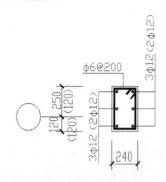

图 13-204 构造柱剖面 2

13.5.5 绘制构造柱剖面 3

利用上述方法完成构造柱剖面 3 的绘制，如图 13-205 所示。

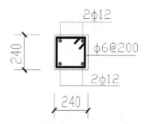

图 13-205 构造柱剖面 3

13.5.6 绘制构造柱剖面 4

利用上述方法完成构造柱剖面 4 的绘制，如图 13-206 所示。

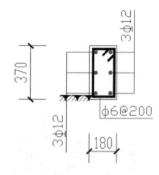

图 13-206 构造柱剖面 4

13.5.7 绘制构造柱剖面 5

利用上述方法完成构造柱剖面 5 的绘制，如图 13-207 所示。

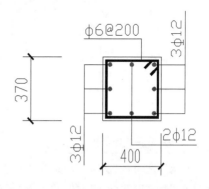

图 13-207 构造柱剖面 5

13.5.8 绘制构造柱剖面 6

利用上述方法完成构造柱剖面 6 的绘制，如图 13-208 所示。

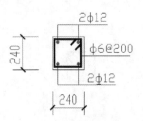

图 13-208 构造柱剖面 6

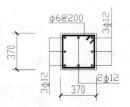

图 13-209 构造柱剖面 7

13.5.9 绘制构造柱剖面 7

利用上述方法完成构造柱剖面7的绘制，如图 13-209所示。

13.5.10 绘制基础平面图

利用上述方法完成基础平面图的绘制，如图 13-210所示。

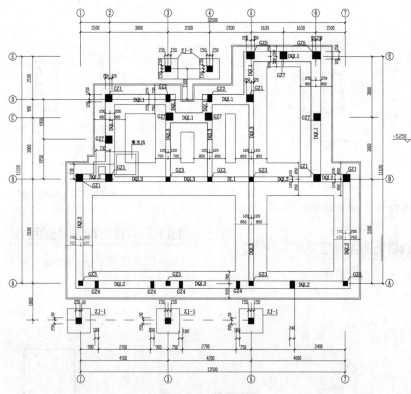

图 13-210 基础平面图

13.5.11 添加总图说明

单击"注释"选项卡"文字"选项组中的"多行文字"按钮 **A**，为图形添加说明，如图 13-211所示。

13.5.12 插入图框

单击"插入"选项卡"块"选项组中的"插入"按钮 ，在下拉菜单中选择"其他图形中的块"，打开"块"选项板，如图 13-212所示。继

续单击选项板右上侧的"浏览"按钮，选择"源文件\图块\A2图框"图块，单击"打开"按钮。双击图块，将其放置到图形适当位置，结合所学知识为绘制图形添加图形名称，最终完成2L—01、2L—02、2L—03、2L—04、2L—05、2L—06、2L—07悬挑梁201配筋2LL—01，如图 13-158所示。

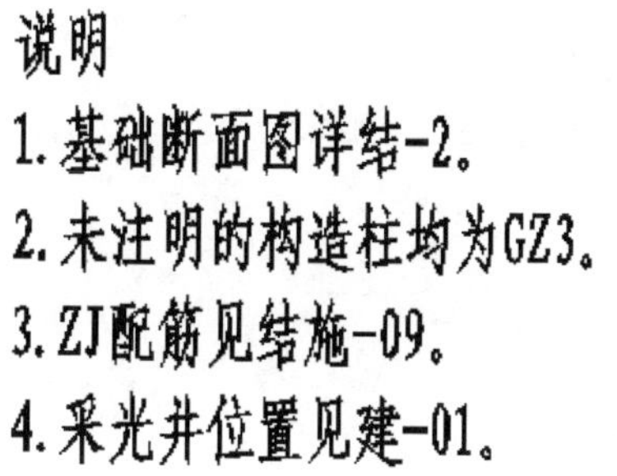

说明

1. 基础断面图详结-2。
2. 未注明的构造柱均为GZ3。
3. ZJ配筋见结施-09。
4. 采光井位置见建-01。

图 13-211　添加说明

图 13-212　"块"选项板

13.6　上机实验

【练习1】绘制图 13-213 所示的斜屋面板平面配筋图。

1. 目的要求

本练习主要要求读者通过练习进一步熟悉和掌握斜屋面板平面配筋图的绘制方法，如图13-213所示。本练习可以帮助读者学会完成斜屋面板平面配筋图绘制的全过程。

2. 操作提示

（1）绘制斜板平面图。

（2）绘制配筋。

（3）绘制屋顶立面。

（4）标注尺寸。

（5）标注文字。

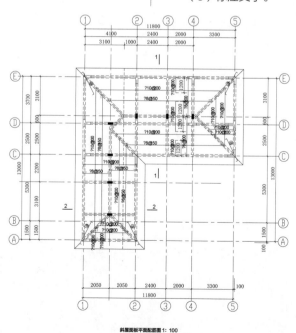

图 13-213　斜屋面板平面配筋图

【练习2】绘制图13-214所示的斜屋面板1—1剖面配筋图。

1. 目的要求

本练习主要要求读者通过练习进一步熟悉和掌握斜屋面板1—1剖面配筋图的绘制方法，如图13-214所示。本练习可以帮助读者学会完成斜屋面板1—1剖面配筋图绘制的全过程。

2. 操作提示

（1）使用"直线""修剪""偏移"命令绘制斜屋面板。

（2）绘制配筋。

（3）标注尺寸。

（4）标注轴号和标高。

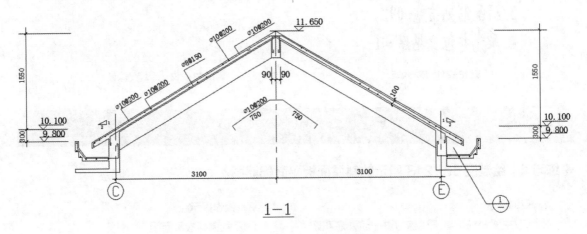

图13-214 斜屋面板1—1剖面配筋图

第14章

别墅建筑结构详图

本章将以别墅结构详图为例，详细讲解各种建筑结构详图的绘制过程。在讲解过程中，本书将逐步带领读者完成烟囱详图、基础断面图、楼梯结构配筋图的绘制，并讲解关于建筑结构详图设计的相关知识和技巧。本章包括住宅结构详图绘制的知识要点、尺寸标注、文字标注等内容。

知识点

- ⊃ 烟囱详图
- ⊃ 基础断面图
- ⊃ 楼梯结构配筋图

14.1 烟囱详图

相比普通单元住宅而言，烟囱是别墅建筑的独有建筑结构。在现代别墅建筑中，烟囱基本上失去了原本排烟的实际作用，变成了一种带有象征意义的建筑文化符号。本节主要讲解A—A、箍筋1—1、烟囱平面图和圈梁1等详图的绘制过程，如图14-1所示。

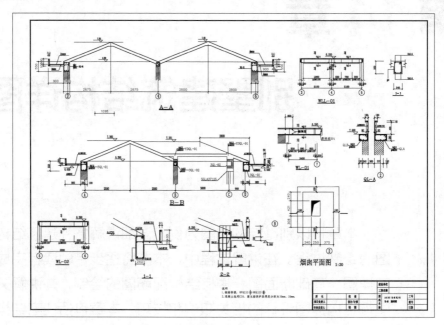

图 14-1 烟囱详图

（1）掌握绘制烟囱详图的方法。
（2）掌握箍筋剖面图的绘制。
（3）掌握绘制烟囱平面图的方法。
（4）掌握如何绘制烟囱的圈梁。

14.1.1 | 绘制 A—A 烟囱详图

本小节主要介绍A—A烟囱详图的绘制方法和技巧，主要用到了"直线"、"多段线"和"偏移"和"修剪"等命令来完成绘制。

（1）单击"默认"选项卡"绘图"选项组中的"直线"按钮 ╱，在图形空白区域任选一点为起点，绘制一条长度为"27500"的水平直线，如图14-2所示。

图 14-2 绘制水平直线

（2）单击"默认"选项卡"绘图"选项组中

的"直线"按钮 ╱，以绘制的水平直线左端点为起点，向上绘制一条长度为"2523"的竖直直线，如图14-3所示。

（3）单击"默认"选项卡"修改"选项组中的"偏移"按钮 ⊆，选择绘制的竖直直线为偏移对象，将其向右进行偏移，偏移距离为"925""12149""600""12900"和"925"，如图14-4所示。

图 14-3 绘制竖直直线

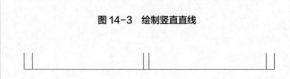

图 14-4 偏移竖直直线

（4）单击"默认"选项卡"绘图"选项组中的"多段线"按钮 ⊃，指定起点宽度为"50"端点宽度为"50"，在偏移线段上方绘制连续多段线，如图 14-5 所示。

图 14-5　绘制连续多段线（1）

（5）单击"默认"选项卡"绘图"选项组中的"圆心，半径"按钮⊙，在绘制的连续多段线内绘制一个半径为"50"的圆，如图 14-6 所示。

（6）单击"默认"选项卡"修改"选项组中的"偏移"按钮⊂，选择绘制的圆为偏移对象，将其向内进行偏移，偏移距离为"45"，如图 14-7 所示。

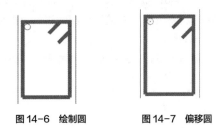

图 14-6　绘制圆　　　图 14-7　偏移圆

（7）单击"默认"选项卡"绘图"选项组中的"图案填充"按钮▨，系统打开"图案填充创建"选项卡，选择图案"SOLID"，拾取填充区域内一点，效果图如图 14-8 所示。

图 14-8　填充图案

（8）单击"默认"选项卡"修改"选项组中的"复制"按钮♢，选择填充图形为复制对象，对其进行复制，如图 14-9 所示。

（9）单击"默认"选项卡"绘图"选项组中的"多段线"按钮⤳，指定起点宽度为"50"、端点宽度为"50"，绘制连续多段线，如图 14-10 所示。

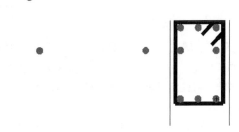

图 14-9　复制填充图形

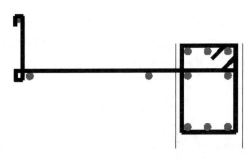

图 14-10　绘制连续多段线（2）

（10）单击"默认"选项卡"修改"选项组中的"镜像"按钮⚠，选择左侧已有图形为镜像对象，将其向右进行镜像，如图 14-11 所示。

利用同样的方法完成中间图形的绘制，如图 14-12 所示。

（11）单击"默认"选项卡"绘图"选项组中的"多段线"按钮⤳，指定起点宽度为"20"、端点宽度为"20"，绘制屋顶线，如图 14-13 所示。

图 14-11　镜像图形

图 14-12　绘制中间图形

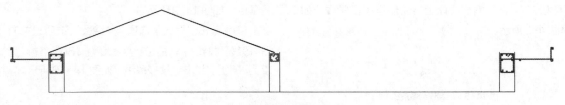

图 14-13　绘制屋顶线

（12）单击"默认"选项卡"修改"选项组中的"偏移"按钮 ⊆，选择绘制的屋顶线为偏移对象，将其向下进行偏移，偏移距离为"375"，如图 14-14 所示。

（13）单击"默认"选项卡"绘图"选项组中的"多段线"按钮 ⌐⊃，绘制一条水平多段线，如图 14-15 所示。

（14）单击"默认"选项卡"修改"选项组中的"修剪"按钮 飞，选择步骤（13）中绘制的图形为修剪线段，对其进行修剪处理，如图 14-16 所示。

（15）单击"默认"选项卡"绘图"选项组中的"直线"按钮 ╱，在图形适当位置绘制一条水平直线，并将修剪后的屋顶线进行延伸，如图 14-17 所示。

（16）单击"默认"选项卡"修改"选项组中的"修剪"按钮 飞，对绘制的直线进行修剪处理，如图 14-18 所示。

利用同样的方法完成剩余图形的绘制，如图 14-19 所示。

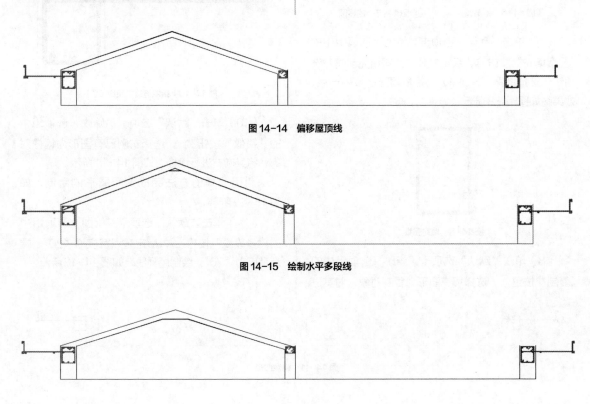

图 14-14　偏移屋顶线

图 14-15　绘制水平多段线

图 14-16　修剪屋顶线

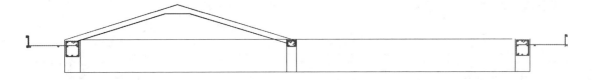

图 14-17　绘制水平直线并延伸屋顶线

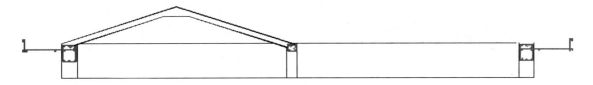

图 14-18　修剪水平直线

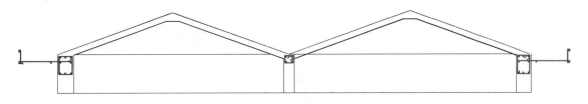

图 14-19　绘制剩余图形

（17）单击"默认"选项卡"修改"选项组中的"修剪"按钮，对绘制的图形进行适当的修剪，如图14-20所示。

（18）单击"默认"选项卡"绘图"选项组中的"直线"按钮，绘制水平直线并封闭填充区域，如图14-21所示。

（19）单击"默认"选项卡"绘图"选项组中的"图案填充"按钮，系统打开"图案填充创建"选项卡，选择图案"ANSI31"，设置"填充图案比例"为"40"，拾取填充区域内一点，效果如图14-22所示。

（20）单击"默认"选项卡"修改"选项组中的"删除"按钮，选择底部水平直线为删除对象，对其进行删除，如图14-23所示。

（21）单击"默认"选项卡"绘图"选项组中的"多段线"按钮，指定起点宽度为"0"、端点宽度为"0"，在图形左右两侧绘制连续多段线，如图14-24所示。

（22）单击"默认"选项卡"修改"选项组中的"修剪"按钮，选择多余的线段进行修剪，如图14-25所示。

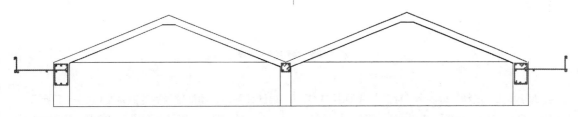

图 14-20　修剪图形

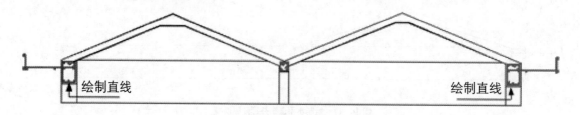

图 14-21　绘制水平直线并封闭填充区域

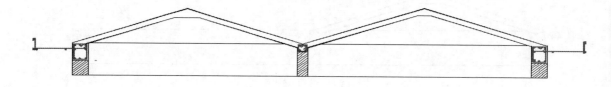

图 14-22　填充图形

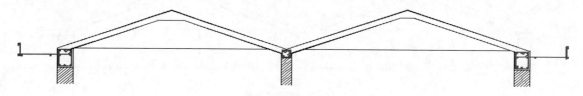

图 14-23　删除底部水平直线

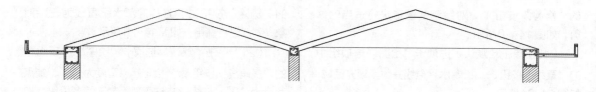

图 14-24　绘制连续多段线

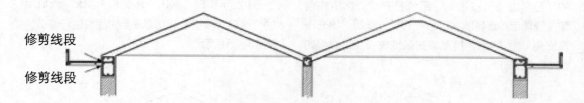

图 14-25　修剪多余的线段

（23）单击"注释"选项卡"标注"选项组中的"线性"按钮⊢┤和"连续"按钮⊢┼┤，为图形添加标注，如图 14-26 所示。

轴号的绘制方法前面已经详细讲解过，这里不再详细阐述，添加轴号后的效果如图 14-27 所示。

（24）单击"默认"选项卡"绘图"选项组中的"直线"按钮╱和"多行文字"按钮 **A**，为 A—A 剖面图添加标高，如图 14-28 所示。

（25）单击"默认"选项卡"绘图"选项组中的"直线"按钮 ╱ 和"多行文字"按钮 **A**，为图形添加文字标注及标高，最终完成A—A烟囱详图的绘制，如图14-29所示。

利用同样的方法完成B—B烟囱详图的绘制，如图14-30所示。

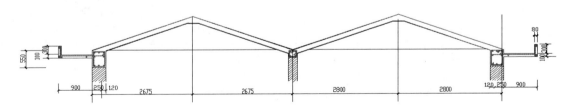

图14-26 添加标注

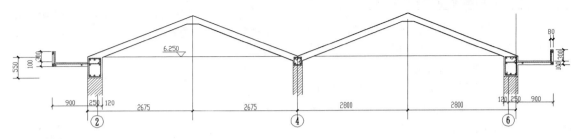

图14-27 添加轴号

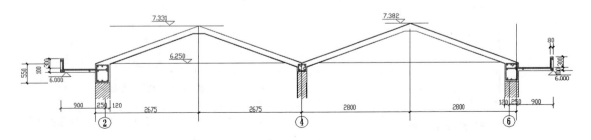

图14-28 添加标高

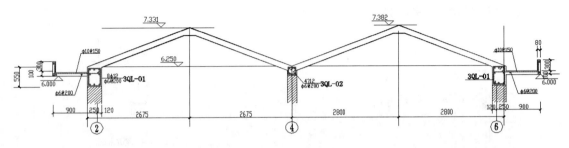

图14-29 A—A 烟囱详图

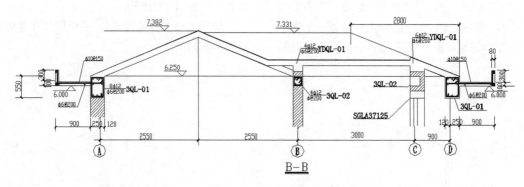

图 14-30　B—B 烟囱详图

14.1.2　绘制箍筋 1—1 剖面图

本小节主要介绍箍筋 1—1 剖面图的绘制方法和技巧，主要用到了"直线""多段线""尺寸标注"和"多行文字"等命令来完成绘制。

（1）单击"默认"选项卡"绘图"选项组中的"多段线"按钮，指定起点宽度为"50"、端点宽度为"50"，绘制连续多段线，如图 14-31 所示。

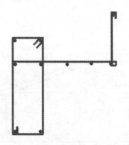

图 14-31　绘制连续多段线（1）

（2）单击"默认"选项卡"绘图"选项组中的"多段线"按钮，指定起点宽度为"0"、端点宽度为"0"，在图形外围绘制连续多段线，如图 14-32 所示。

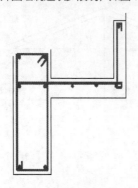

图 14-32　绘制连续多段线（2）

（3）单击"默认"选项卡"绘图"选项组中的"直线"按钮，在绘制图形上部位置绘制两条斜向直线，如图 14-33 所示。

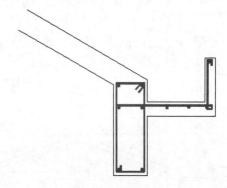

图 14-33　绘制斜向直线

（4）单击"注释"选项卡"标注"选项组中的"线性"按钮和"连续"按钮，为箍筋 1—1 剖面图添加标注，如图 14-34 所示。

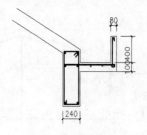

图 14-34　添加标注

文字与标高的添加前面已经讲解过，这里不再详细阐述，最终完成箍筋 1—1 剖面图的绘制，如图 14-35 所示。

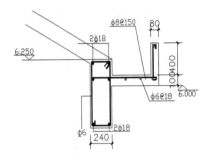

图 14-35　箍筋 1—1 剖面图

14.1.3 | 绘制箍筋 2—2 剖面图

利用前面讲解的方法完成箍筋 2—2 剖面图的绘制，如图 14-36 所示。

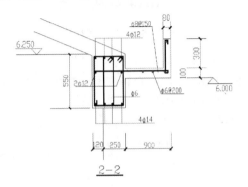

图 14-36　箍筋 2—2 剖面图

14.1.4 | 绘制箍筋 3—3 剖面图

利用同样的方法完成箍筋 3—3 剖面图的绘制，如图 14-37 所示。

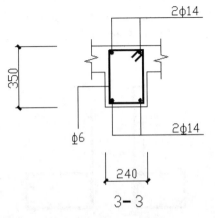

图 14-37　箍筋 3—3 剖面图

14.1.5 | 绘制烟囱平面图

本小节主要介绍烟囱平面图的绘制方法和技巧，主要用到了"矩形""直线""图案填充"和"线性"等命令来完成绘制。

（1）单击"默认"选项卡"绘图"选项组中的"矩形"按钮 ▭，在图形适当位置绘制一个适当大小的矩形，如图 14-38 所示。

（2）单击"默认"选项卡"修改"选项组中的"偏移"按钮 ⊂，选择绘制的矩形为偏移对象，将其向内进行偏移，偏移距离为"150"，如图 14-39 所示。

图 14-38　绘制矩形　　　　**图 14-39　偏移矩形**

（3）单击"默认"选项卡"绘图"选项组中的"矩形"按钮 ▭，在图形内适当位置选取矩形起点，绘制一个小矩形，如图 14-40 所示。

（4）单击"默认"选项卡"绘图"选项组中的"直线"按钮 ╱，在小矩形内绘制连续直线，如图 14-41 所示。

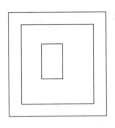 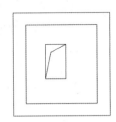

图 14-40　绘制小矩形　　　　**图 14-41　绘制连续直线**

（5）单击"默认"选项卡"绘图"面板中的"图案填充"按钮 ▨，系统打开"图案填充创建"选项卡，选择图案"ANSI31"，设置"填充图案比例"为"4"，拾取填充区域内一点，效果如图 14-42 所示。

图14-42 填充图形

（6）单击"注释"选项卡"标注"选项组中的"线性"按钮，为图形添加线性标注，如图14-43所示。

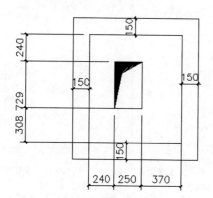

图14-43 添加线性标注

利用前面讲解的方法完成轴号的添加，如图14-44所示，最终完成烟囱平面图的绘制。

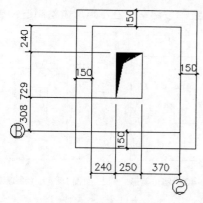

图14-44 添加轴号

14.1.6 | 绘制圈梁1

本小节主要介绍圈梁的绘制方法和技巧，使读者熟练地掌握另一种梁的绘制方法。

（1）单击"默认"选项卡"绘图"选项组中的"多段线"按钮，指定起点宽度为"45"、端点宽度为"45"，在图形适当位置绘制连续多段线。

（2）单击"默认"选项卡"绘图"选项组中的"圆"按钮和"图案填充"按钮，完成内部图形的绘制，如图14-45所示。

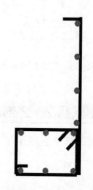

图14-45 绘制内部图形

（3）单击"默认"选项卡"修改"选项组中的"镜像"按钮，选择绘制的图形为镜像对象，对其进行竖直镜像处理，对镜像后的图形进行向右拉伸，如图14-46所示。

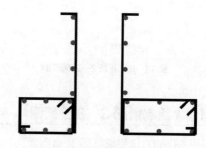

图14-46 镜像并拉伸图形

（4）单击"默认"选项卡"绘图"选项组中的"多段线"按钮，指定起点宽度为"0"、端点宽度为"0"，在图形上的外围位置绘制连续多段线，如图14-47所示。

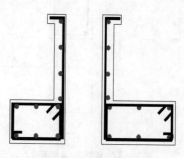

图14-47 绘制连续多段线

（5）单击"默认"选项卡"绘图"选项组中的"直线"按钮／，在图形适当位置绘制一条竖直直线，如图14-48所示。

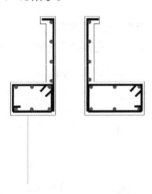

图14-48　绘制竖直直线

（6）单击"默认"选项卡"修改"选项组中的"偏移"按钮，选择绘制的竖直直线为偏移对象，将其向右进行偏移，偏移距离为"800""859"和"1233"，如图14-49所示。

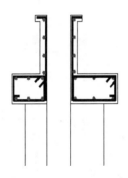

图14-49　偏移竖直直线

（7）单击"默认"选项卡"绘图"选项组中的"直线"按钮／，在图形底部位置绘制竖直直线底部的连接线，如图14-50所示。

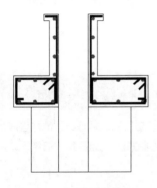

图14-50　绘制连接线

（8）单击"默认"选项卡"绘图"选项组中的"图案填充"按钮，系统将打开"图案填充创建"选项卡，选择图案"ANSI31"，设置"填充图案比例"为"60"，拾取填充区域内一点，效果如图14-51所示。

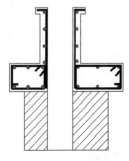

图14-51　填充图形

（9）单击"默认"选项卡"修改"选项组中的"删除"按钮，选择连接线为删除对象，将其删除，如图14-52所示。

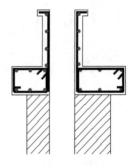

图14-52　删除连接线

（10）单击"注释"选项卡"标注"选项组中的"线性"按钮和"连续"按钮，为图形添加标注，如图14-53所示。

利用前面讲解的方法完成标高的添加，如图14-54所示。

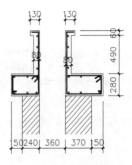

图14-53　添加标注

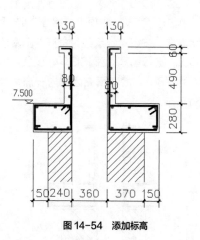

图 14-54　添加标高

利用前面讲解的方法完成轴号及文字标注的添加，如图 14-55 所示。

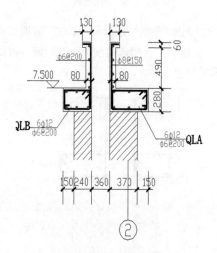

图 14-55　添加轴号及文字标注

14.1.7 │ 添加说明及图框

说明和图框的添加一般作为绘图的最后一步，这里详细介绍具体添加的方法。

（1）单击"注释"选项卡"文字"选项组中

的"多行文字"按钮 **A**，为图形添加说明，如图 14-56 所示。

说明

1.钢筋等级：HPB235(ϕ)HRB335(Φ)。

2.混凝土选用C20、梁主筋保护层厚度分别为30 mm、20 mm。

图 14-56　添加说明

（2）单击"插入"选项卡"块"选项组中的 🔲，在下拉菜单中选择"其他图形中的块"，打开"块"选项板，如图 14-57 所示。继续单击选项板右上侧的"浏览"按钮 …，弹出"选择图形文件"对话框，选择"源文件\图块\A2 图框"图块，单击"打开"按钮，返回到"块"选项板。双击图块，将其放置到图形适当位置，结合所学知识为绘制的图形添加图形名称，最终结果如图 14-1 所示。

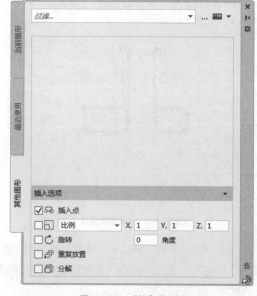

图 14-57　"块"选项板

14.2　基础断面图

基础断面的结构设计对建筑结构非常重要，一般能够体现出该建筑结构的抗震等级、结构强度、防水处理方法和浇筑方法等重要的建筑结构信息。本节主要讲解基础断面图的绘制方法，如图 14-58 所示。

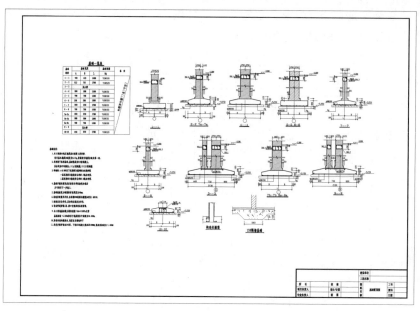

图 14-58　基础断面图

预习重点

（1）掌握各个基础断面图的绘制方法。

（2）掌握如何绘制隔墙基础。

（3）掌握绘制构造柱插筋的方法。

（4）掌握如何添加文字和图框。

14.2.1 绘制图例表

本小节主要介绍图例表的绘制方法和技巧，使读者熟练地掌握图例表的绘制方法。

（1）单击"默认"选项卡"绘图"选项组中的"矩形"按钮 ▢，在图形适当位置绘制一个适当大小的矩形，如图 14-59 所示。

（2）单击"默认"选项卡"修改"选项组中的"分解"按钮 ▥，选择绘制的矩形为分解对象，按 Enter 键确认进行分解。

（3）单击"默认"选项卡"修改"选项组中的"偏移"按钮 ⊆，选择分解矩形的左侧竖直直线为偏移对象，将其向右进行连续偏移，如图 14-60 所示。

（4）单击"默认"选项卡"修改"选项组中的"偏移"按钮 ⊆，选择分解矩形的顶部水平直线为偏移对象，将其连续向下进行偏移，如图 14-61 所示。

（5）单击"默认"选项卡"修改"选项组中的"修剪"按钮 ⊹，选择偏移直线为修剪对象，对其进行修剪处理，如图 14-62 所示。

（6）单击"默认"选项卡"绘图"选项组中的"直线"按钮 ╱，在图形内绘制一条斜向直线，如图 14-63 所示。

　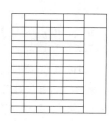

图 14-61　偏移水平直线　　　图 14-62　修剪偏移直线

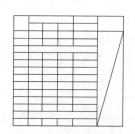

图 14-63　绘制斜向直线

图 14-59　绘制矩形　　图 14-60　连续偏移左侧竖直直线

（7）单击"注释"选项卡"文字"面板中的"多行文字"按钮 **A**，在图形内添加文字，如图 14-64 所示。

基础一览表

基础剖面	基础宽度			基础配筋	备注
	A	B	L	Ag	
1－1	765	635	1400	φ10@180	
2－2	915	785	1700	φ10@120	
3－3	见大样				
4－4	800	800	1600	φ10@150	
5－5	700	700	1400	φ10@180	
6－6	500	500	1000	φ10@200	
7－7	850	850	1700	φ10@120	
8－8	700	700	1400	φ10@180	
7a-7a	850	850	1700	φ10@120	
7b-7b	800	800	1600	φ10@150	
8a-8a	700	700	1400	φ10@180	
9－9	见大样				
10-10	850	850	1700	φ10@120	

地圈梁布置详见基础平面图

图 14-64 添加文字

14.2.2 绘制 1—1 断面剖面图

1—1 断面剖面图的绘制主要利用了"多段线""矩形""镜像"等二维绘图命令。

（1）单击"默认"选项卡"绘图"选项组中的"多段线"按钮 ⊃，指定起点宽度为"30"、端点宽度为"30"，在图形适当位置绘制连续多段线，如图 14-65 所示。

（2）单击"默认"选项卡"修改"选项组中的"镜像"按钮 ⚠，选择连续多段线为镜像对象，对其进行竖直镜像，如图 14-66 所示。

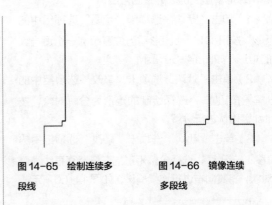

图 14-65 绘制连续多段线　　图 14-66 镜像连续多段线

（3）单击"默认"选项卡"绘图"选项组中的"矩形"按钮 ▭，在图形底部位置绘制一个适当大小的矩形，如图 14-67 所示。

（4）单击"默认"选项卡"绘图"选项组中的"直线"按钮 ╱，在图形内绘制一条水平直线，如

图14-68所示。

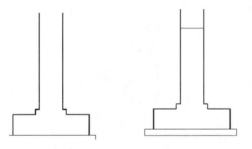

图14-67　绘制矩形　　　图14-68　绘制水平直线（1）

（5）单击"默认"选项卡"修改"选项组中的"偏移"按钮 ⊆，选择绘制的水平直线为偏移对象，将其向下进行偏移，如图14-69所示。

（6）单击"默认"选项卡"绘图"选项组中的"多段线"按钮 ⊃，指定起点宽度为"50"、端点宽度为"50"，在图形适当位置绘制连续多段线，如图14-70所示。

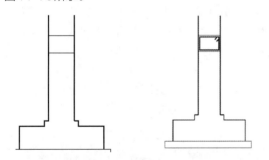

图14-69　偏移水平直线　　图14-70　绘制连续多段线（1）

（7）单击"默认"选项卡"绘图"选项组中的"直线"按钮 ／，在绘制的图形顶部位置绘制一条水平直线，如图14-71所示。

（8）单击"默认"选项卡"绘图"选项组中的"直线"按钮 ／，在绘制的水平直线上绘制连续直线，如图14-72所示。

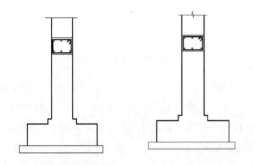

图14-71　绘制水平直线（2）　　图14-72　绘制连续直线

（9）单击"默认"选项卡"修改"选项组中的"修剪"按钮 下，选择绘制的线段之间的多余线段为修剪对象，对其进行修剪处理，如图14-73所示。

（10）单击"默认"选项卡"绘图"选项组中的"直线"按钮 ／，在步骤（9）中绘制的图形内部位置绘制一条水平直线，如图14-74所示。

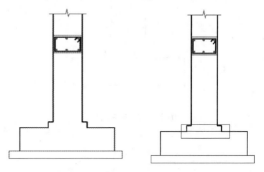

图14-73　修剪多余线段　　图14-74　绘制水平直线（3）

（11）单击"默认"选项卡"绘图"选项组中的"多段线"按钮 ⊃，在图形底部绘制连续多段线，如图14-75所示。

（12）单击"默认"选项卡"绘图"选项组中的"圆"按钮 ⊙ 和"图案填充"按钮 ▨，完成剩余图形的绘制，如图14-76所示。

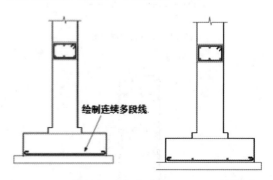

绘制连续多段线

图14-75　绘制连续多段线（2）　　图14-76　绘制剩余图形

（13）单击"默认"选项卡"绘图"选项组中的"图案填充"按钮 ▨，系统将打开"图案填充创建"选项卡，选择图案"ANSI31"，设置"填充图案比例"为"80"，拾取填充区域内一点，效果如图14-77所示。

结合所学知识完成1—1断面剖面图中剩余部分的绘制，如图14-78所示。

（14）单击"注释"选项卡"标注"选项组中的"线性"按钮 ┝ 和"连续"按钮 ┡┥，为图形添加标注，如图14-79所示。

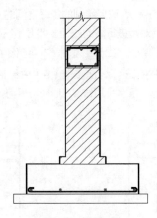

图14-77　填充图形

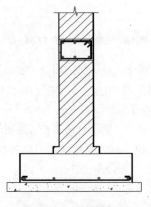

图14-78　绘制剩余部分

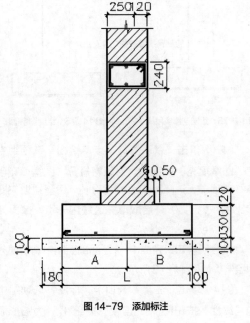

图14-79　添加标注

利用前面介绍的方法完成标高的添加，如图14-80所示。

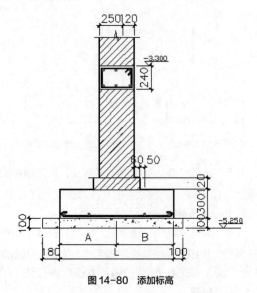

图14-80　添加标高

（15）单击"注释"选项卡"文字"选项组中的"多行文字"按钮 **A** 和"直线"按钮 ／，为图形添加文字标注，如图14-81所示。

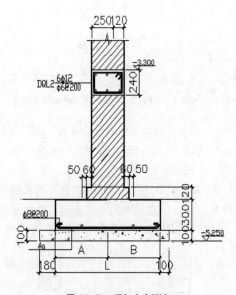

图14-81　添加文字标注

（16）单击"默认"选项卡"绘图"选项组中的"圆"按钮 ⊙ 和"直线"按钮 ／，在图形底部添加轴圆，如图14-82所示，最终完成1—1断面剖面图的绘制。

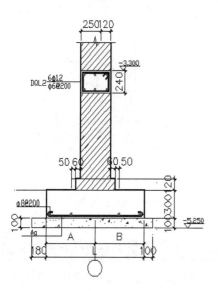

图 14-82　添加轴圆

14.2.3　绘制 2—2、7a—7a 断面剖面图

利用前面介绍的方法完成 2—2、7a—7a 断面剖面图的绘制，如图 14-83 所示。

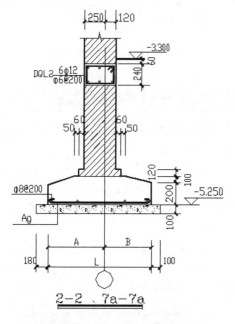

图 14-83　2—2、7a—7a 断面剖面图

14.2.4　绘制 3—3 断面剖面图

利用前面介绍的方法完成 3—3 断面剖面图的绘制，如图 14-84 所示。

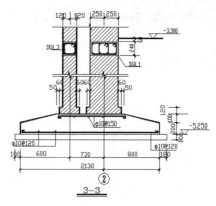

图 14-84　3—3 断面剖面图

14.2.5　绘制 4—4 断面剖面图

利用前面介绍的方法完成 4—4 断面剖面图的绘制，如图 14-85 所示。

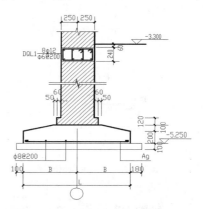

图 14-85　4—4 断面剖面图

14.2.6　绘制 5—5、6—6 断面剖面图

利用前面介绍的方法完成 5—5、6—6 断面剖面图的绘制，如图 14-86 所示。

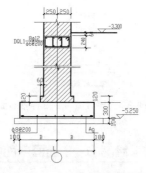

图 14-86　5—5、6—6 断面剖面图

14.2.7 绘制 7—7 断面剖面图

利用前面介绍的方法完成 7—7 断面剖面图的绘制,如图 14-87 所示。

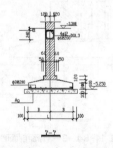

图 14-87　7—7 断面剖面图

14.2.8 绘制 8—8 断面剖面图

利用前面介绍的方法完成 8—8 断面剖面图的绘制,如图 14-88 所示。

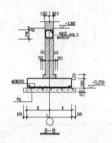

图 14-88　8—8 断面剖面图

14.2.9 绘制 7b—7b、8a—8a 断面剖面图

利用前面介绍的方法完成 7b—7b、8a—8a 断面剖面图的绘制,如图 14-89 所示。

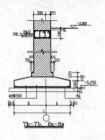

图 14-89　7b—7b、8a—8a 断面剖面图

14.2.10 绘制 9—9 断面剖面图

利用前面介绍的方法完成 9—9 断面剖面图的绘

制,如图 14-90 所示。

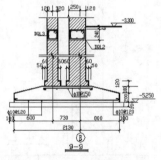

图 14-90　9—9 断面剖面图

14.2.11 绘制 10—10 断面剖面图

利用前面介绍的方法完成 10—10 断面剖面图的绘制,如图 14-91 所示。

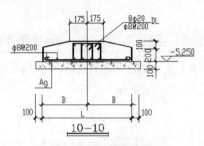

图 14-91　10—10 断面剖面图

14.2.12 绘制 120 隔墙基础

绘制 120 隔墙基础共分为三大步,包括绘制外部轮廓、填充图案以及标注尺寸。

（1）单击“默认”选项卡“绘图”选项组中的“多段线”按钮 ,指定起点宽度为“50”、端点宽度为“50”,在图形适当位置绘制一条水平多段线,如图 14-92 所示。

（2）单击“默认”选项卡“绘图”选项组中的“直线”按钮 ,在绘制的水平多段线上方绘制一条水平直线,如图 14-93 所示。

———————————————————

图 14-92　绘制水平多段线

———————————————————

图 14-93　绘制水平直线

（3）单击“默认”选项卡“绘图”选项组中的

"多段线"按钮，指定起点宽度为"0"、端点宽度为"0"，在绘制的图形下端位置绘制连续多段线，如图14-94所示。

图14-94　绘制连续多段线

（4）单击"默认"选项卡"绘图"选项组中的"直线"按钮，在绘制的图形上端位置选取一点为直线起点，绘制一条竖直直线，如图14-95所示。

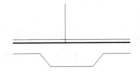

图14-95　绘制竖直直线

（5）单击"默认"选项卡"修改"选项组中的"偏移"按钮，选择绘制的竖直直线为偏移对象，将其向右进行偏移，如图14-96所示。

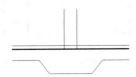

图14-96　偏移竖直直线

（6）单击"默认"选项卡"修改"选项组中的"修剪"按钮，选择绘制的竖直直线间的多余线段为修剪对象，对其进行修剪，如图14-97所示。

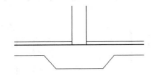

图14-97　修剪多余线段（1）

（7）单击"默认"选项卡"绘图"选项组中的"直线"按钮，在图形的适当位置绘制封闭区域线，如图14-98所示。

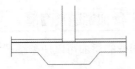

图14-98　绘制封闭区域线

（8）单击"默认"选项卡"绘图"选项组中的"直线"按钮，在图形的适当位置绘制多条斜向直线，如图14-99所示。

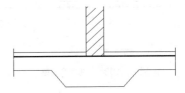

图14-99　绘制斜向直线

结合所学知识，完成图形填充物的绘制，如图14-100所示。

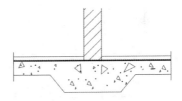

图14-100　绘制图形填充物

（9）单击"默认"选项卡"绘图"选项组中的"直线"按钮，在图形左侧竖直边上绘制连续直线，如图14-101所示。

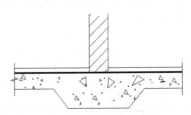

图14-101　绘制连续直线

（10）单击"默认"选项卡"修改"选项组中的"修剪"按钮，选择绘制的连续直线间的多余线段为修剪对象，对其进行修剪处理，如图14-102所示。

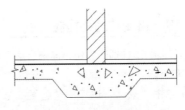

图14-102　修剪多余线段（2）

利用同样的方法修剪另一侧相同图形，如图14-103所示。

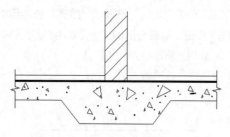

图 14-103　修剪多余线段

（11）单击"注释"选项卡"标注"选项组中的"线性"按钮⊢⊣，为图形添加线性标注，如图 14-104 所示。

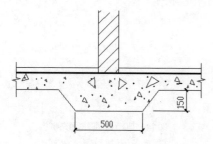

图 14-104　添加线性标注

（12）单击"注释"选项卡"标注"选项组中的"角度"按钮△，为图形添加角度标注，如图 14-105 所示。

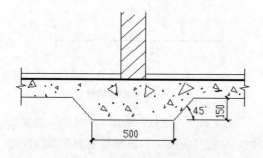

图 14-105　添加角度标注

14.2.13　绘制构造柱插筋

本小节以构造柱插筋为例，详细讲解了插筋的绘制方法和技巧。

（1）单击"默认"选项卡"绘图"选项组中的"多段线"按钮、⊃，指定起点宽度为"50"、端点宽度为"50"，在图形空白区域绘制连续多段线，如图 14-106 所示。

（2）单击"默认"选项卡"修改"选项组中的"镜像"按钮▲，选择绘制的连续多段线为镜像对象，对其进行竖直镜像，如图 14-107 所示。

图 14-106　绘制连续多段线　　图 14-107　镜像连续多段线

（3）单击"默认"选项卡"绘图"选项组中的"直线"按钮╱，在图形适当位置绘制连续直线，如图 14-108 所示。

（4）单击"默认"选项卡"绘图"选项组中的"直线"按钮╱，在绘制的图形底部位置绘制一条水平直线，如图 14-109 所示。

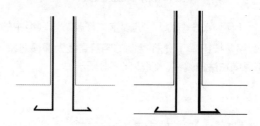

图 14-108　绘制连续直线　　图 14-109　绘制水平直线

（5）单击"默认"选项卡"绘图"选项组中的"直线"按钮╱和"修改"选项组中的"修剪"按钮▼，完成图形剩余部分的绘制，如图 14-110 所示。

（6）单击"注释"选项卡"标注"选项组中的"线性"按钮⊢⊣，为图形添加线性标注，如图 14-111 所示。

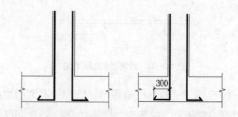

图 14-110　绘制图形的剩余部分　　图 14-111　添加线性标注

14.2.14　添加说明及图框

说明和图框的添加可以使整幅图纸变得更加完整。

（1）单击“注释”选项卡“文字”选项组中的“多行文字”按钮 A，为绘制完成的图形添加说明，如图 14-112 所示。

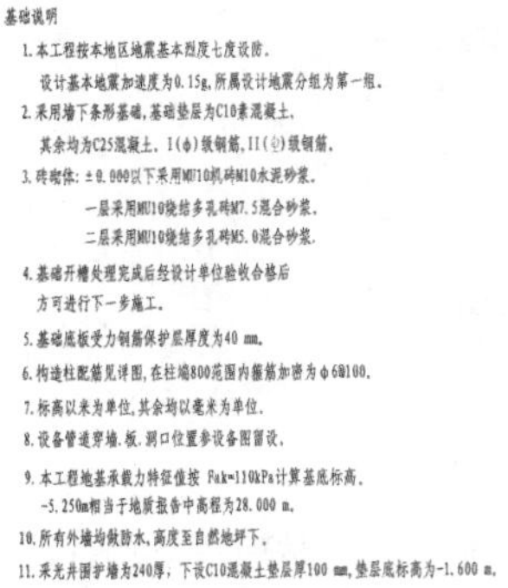

基础说明
1.本工程按本地区地震基本烈度七度设防.
设计基本地震加速度为0.15g,所属设计地震分组为第一组.
2.采用墙下条形基础,基础垫层为C10素混凝土.
其余均为C25混凝土. I(φ)级钢筋,II(Φ)级钢筋.
3.砖砌体: ±0.000以下采用MU10机砖M10水泥砂浆.
一层采用MU10烧结多孔砖M7.5混合砂浆.
二层采用MU10烧结多孔砖M5.0混合砂浆.
4.基础开槽处理完成后经设计单位验收合格后
方可进行下一步施工.
5.基础底板受力钢筋保护层厚度为40 mm.
6.构造柱配筋见详图,在柱端800范围内箍筋加密为φ6@100.
7.标高以米为单位,其余均以毫米为单位.
8.设备管道穿墙.板.洞口位置参设备图留设.
9.本工程地基承载力特征值按 Fak=110kPa计算基底标高.
-5.250m相当于地质报告中高程为28.000 m.
10.所有外墙均做防水,高度至自然地坪下.
11.采光井围护墙为240厚，下设C10混凝土垫层厚100 mm,垫层底标高为-1.600 m.

图 14-112　添加说明

（2）单击“插入”选项卡“块”选项组中的“插入”按钮，在下拉菜单中选择“其他图形中的块”，打开“块”选项板。继续单击选项板右上侧的“浏览”按钮…，打开“选择图形文件”对话框，选择“源文件\图块\A2 图框”图块，单击“打开”按钮，将返回“块”选项板。双击图块，将其放置到图形适当位置，结合所学知识为绘制的图形添加图形名称，最终完成基础断面图的绘制，如图 14-58 所示。

14.3 楼梯结构配筋图

楼梯是建筑物中必不可少的附件。楼梯结构配筋图主要用于表达本案例中各处楼梯的结构尺寸、材料选取、具体做法等。本节主要讲解楼梯结构配筋图的绘制方法，如图 14-113 所示。

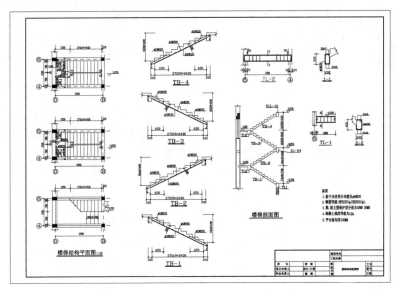

TB-4
TB-3
TB-2
TB-1
TL-2
TL-1
1-1
2-2
楼梯剖面图
楼梯结构平面图1:50

图 14-113　楼梯结构配筋图

预习重点

（1）掌握楼梯结构平面图的绘制方法。

（2）掌握楼梯台阶板剖面图的绘制方法。

（3）掌握楼梯剖面图的绘制方法。

（4）掌握如何绘制箍梁和挑梁。

14.3.1 绘制楼梯结构平面图

楼梯结构平面图是在其建筑平面图的基础上修改和添加配筋绘制而成的，具体的绘制步骤如下。

（1）单击“快速访问”工具栏中的“打开”按钮，打开“源文件\第 14 章\楼梯结构平面图”，如图 14-114 所示。

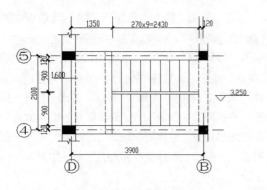

图 14-114　楼梯结构平面图

（2）单击"默认"选项卡"绘图"选项组中的"多段线"按钮 ，指定起点宽度为"50"、端点宽度为"50"，在楼梯间绘制连续多段线，如图 14-115 所示。

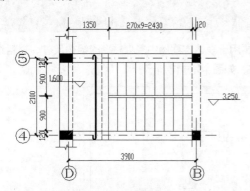

图 14-115　绘制连续多段线（1）

利用同样的方法完成剩余筋的绘制，如图 14-116 所示。

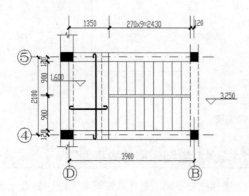

图 14-116　绘制剩余筋

（3）单击"默认"选项卡"绘图"选项组中的"多段线"按钮 ，指定起点宽度为"50"、端点宽度为"50"，在图形的适当位置绘制连续多段线，

如图 14-117 和图 14-118 所示。

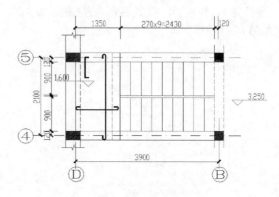

图 14-117　绘制连续多段线（2）

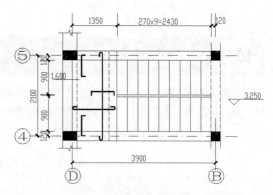

图 14-118　绘制连续多段线（3）

（4）单击"注释"选项卡"标注"选项组中的"线性"按钮 ，为绘制的图形添加标注，如图 14-119 所示。

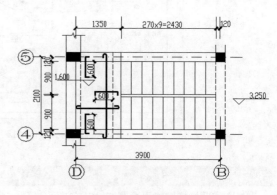

图 14-119　添加标注

（5）单击"注释"选项卡"文字"选项组中的"单行文字"按钮 A ，为图形添加文字标注，如图 14-120 所示。

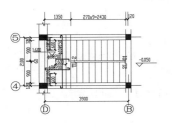

图 14-120 添加文字标注

利用同样的方法完成剩余楼梯结构图的绘制，如图 14-121 所示。

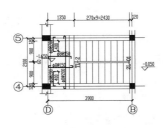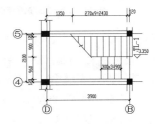

楼梯结构平面图1:50

图 14-121 绘制剩余楼梯结构图

14.3.2 绘制台阶板剖面 TB—4

在原有的"台板"建筑图的基础上为其添加详细的配筋，具体绘制步骤如下。

（1）单击"快速访问"工具栏中的"打开"按钮，打开"源文件\第14章\台板"，如图 14-122 所示。

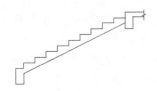

图 14-122 台阶

（2）单击"默认"选项卡"绘图"选项组中的"多段线"按钮，指定起点宽度为"30"、端点宽度为"30"，在打开的图形内绘制连续多段线，如图 14-123 所示。

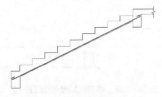

图 14-123 绘制连续多段线（1）

（3）单击"默认"选项卡"绘图"选项组中的"多段线"按钮，指定起点宽度为"30"、端点宽度为"30"，在刚刚绘制的连续多段线下部绘制连续多段线，如图 14-124 所示。

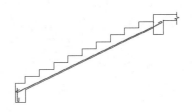

图 14-124 绘制连续多段线（2）

（4）单击"默认"选项卡"修改"选项组中的"复制"按钮，选择绘制的连续多段线为复制对象，对其向右进行复制，如图 14-125 所示。

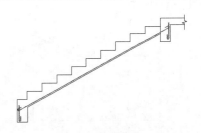

图 14-125 复制连续多段线

（5）单击"默认"选项卡"绘图"选项组中的"多段线"按钮 ⤵️，指定起点宽度为"30"、端点宽度为"30"，绘制剩余连接线，如图14-126所示。

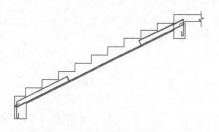

图14-126 绘制剩余连接线

（6）单击"注释"选项卡"标注"选项组中的"半径"按钮 ⊘ 和"图案填充"按钮 ▨，在绘制的图形内填充图形，如图14-127所示。

（7）单击"默认"选项卡"修改"选项组中的"复制"按钮 ⬚，选择步骤（6）中绘制的图形为复制对象，对其向右进行连续复制，如图14-128所示。

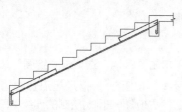

图14-127 填充图形

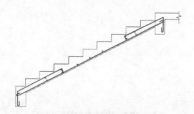

图14-128 连续复制图形

（8）单击"注释"选项卡"标注"选项组中的"线性"按钮 ⊢ 和"连续"按钮 ⊩，为图形添加标注，如图14-129所示。

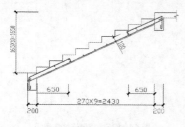

图14-129 添加标注

（9）单击"注释"选项卡"文字"选项组中的"多行文字"按钮 **A**，为图形添加文字标注，如图14-130所示。

利用同样的方法完成台阶板剖面TB—3的绘制，如图14-131所示。

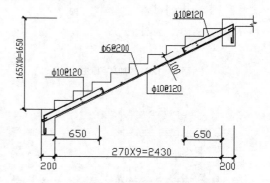

图14-130 添加文字标注

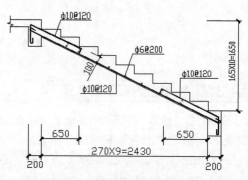

图14-131 绘制台阶板剖面 TB—3

利用同样的方法完成台阶板剖面TB—2的绘制，如图14-132所示。

利用同样的方法完成台阶板剖面TB—1的绘制，如图14-133所示。

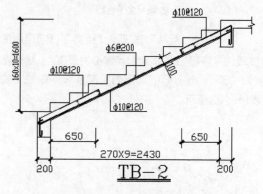

图14-132 绘制台阶板剖面 TB—2

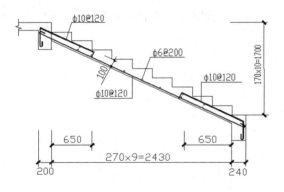

图 14-133　绘制台阶板剖面 TB—1

14.3.3 绘制楼梯剖面图

本小节讲解楼梯剖面图的绘制方法和技巧，具体的绘制步骤如下。

（1）单击"默认"选项卡"绘图"选项组中的"多段线"按钮 ，指定起点宽度为"66"、端点宽度为"66"，在图形适当位置绘制连续多段线，如图 14-134 所示。

（2）单击"默认"选项卡"绘图"选项组中的"直线"按钮 ，在绘制的图形底部绘制一条水平直线，如图 14-135 所示。

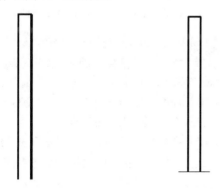

图 14-134　绘制连续　　　　图 14-135　绘制水平

多段线　　　　　　　　　　　直线（1）

（3）单击"默认"选项卡"绘图"选项组中的"直线"按钮 ，在图形的适当位置绘制连续直线，如图 14-136 所示。

（4）单击"默认"选项卡"绘图"选项组中的"图案填充"按钮 ，系统将打开"图案填充创建"选项卡，选择图案"ANSI31"，设置"填充图案比例"为"2"，拾取填充区域内一点，效果如图 14-137 所示。

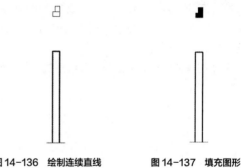

图 14-136　绘制连续直线　　　图 14-137　填充图形

（5）单击"默认"选项卡"绘图"选项组中的"直线"按钮 ，绘制图形之间的连接线，如图 14-138 所示。

（6）单击"默认"选项卡"绘图"选项组中的"直线"按钮 ，在绘制的图形上部绘制两条竖直直线，如图 14-139 所示。

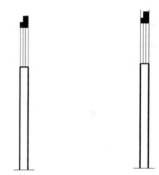

图 14-138　绘制连接线　　　图 14-139　绘制竖直直线

（7）单击"默认"选项卡"绘图"选项组中的"直线"按钮 ，在图形的适当位置绘制一条水平直线，如图 14-140 所示。

（8）单击"默认"选项卡"绘图"选项组中的"直线"按钮 ，在图形的适当位置绘制连续折弯线，如图 14-141 所示。

图 14-140　绘制水平直线（2）　图 14-141　绘制连续折弯线

（9）单击"默认"选项卡"修改"选项组中的"修剪"按钮，对绘制的连续折弯线进行修剪，如图14-142所示。

利用同样的方法完成底部相同图形的绘制，如图14-143所示。

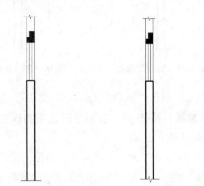

图 14-142　修剪连续折弯线　　图 14-143　绘制底部相同图形

（10）单击"默认"选项卡"绘图"选项组中的"直线"按钮，在图形的适当位置绘制连续直线，如图14-144所示。

图 14-144　绘制连续直线

（11）单击"默认"选项卡"修改"选项组中的"修剪"按钮，选择绘制的连续直线为修剪对象，对其进行修剪，如图14-145所示。

（12）单击"默认"选项卡"绘图"选项组中的"多段线"按钮，指定起点宽度为"0"、端点宽度为"0"，在步骤（11）中绘制的图形上绘制连续多段线，如图14-146所示。

（13）单击"默认"选项卡"绘图"选项组中的"直线"按钮，在图形的适当位置绘制一条斜向直线，如图14-147所示。

（14）单击"默认"选项卡"绘图"选项组中

的"矩形"按钮，在图形的底部绘制一个矩形，如图14-148所示。

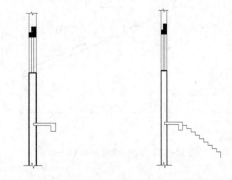

图 14-145　修剪连续直线　　图 14-146　绘制连续多段线

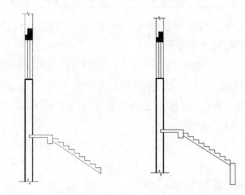

图 14-147　绘制斜向直线　　图 14-148　绘制矩形

（15）单击"默认"选项卡"修改"选项组中的"分解"按钮，选择绘制的矩形为分解对象，按Enter键确认进行分解。

（16）选择分解的矩形底部水平线为删除对象，对其进行删除，如图14-149所示。

（17）单击"默认"选项卡"绘图"选项组中的"直线"按钮，在步骤（16）中绘制的图形的适当位置绘制一条水平直线，如图14-150所示。

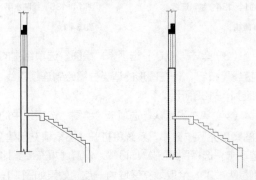

图 14-149　删除底部水平线　　图 14-150　绘制水平直线

（18）单击"默认"选项卡"绘图"选项组中的"直线"按钮╱，在步骤（17）中绘制的图形内绘制斜向直线，如图14-151所示。

利用同样的方法完成剩余相同图形的绘制，如图14-152所示。

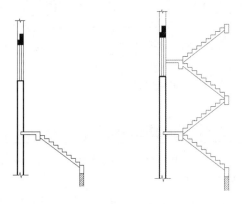

图 14-151 绘制斜向直线　　**图 14-152 绘制剩余相同图形**

（19）单击"注释"选项卡"标注"选项组中的"线性"按钮╫和"连续"按钮╫╫，为图形添加标注，如图14-153所示。

（20）单击"默认"选项卡"绘图"选项组中的"直线"按钮╱和"注释"选项卡"文字"选项组中的"多行文字"按钮**A**，为图形添加标高，如图14-154所示。

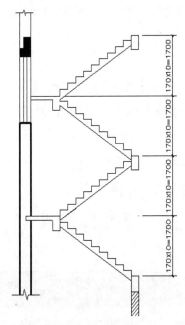

图 14-153 添加标注

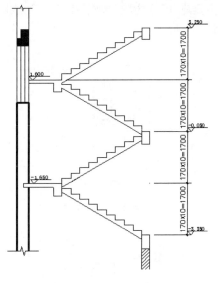

图 14-154 添加标高

（21）单击"默认"选项卡"绘图"选项组中的"直线"按钮╱和"注释"选项卡"文字"选项组中的"多行文字"按钮**A**，为图形添加文字标注，完成楼梯剖面图的绘制，如图14-155所示。

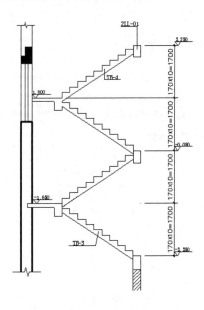

图 14-155 添加文字标注

14.3.4 绘制箍梁

利用前面介绍的方法完成箍梁1—1的绘制，如图14-156所示。

利用前面介绍的方法完成箍梁2—2的绘制，如图14-157所示。

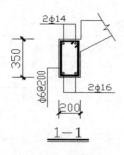

图 14-156　箍梁 1—1

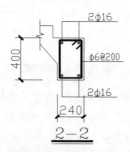

图 14-157　箍梁 2—2

14.3.5 | 绘制挑梁

利用前面介绍的方法完成挑梁TL—1的绘制，如图14-158所示。

利用前面介绍的方法完成挑梁TL—2的绘制，如图14-159所示。

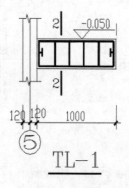

图 14-158　挑梁 TL—1

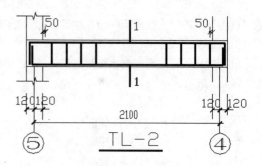

图 14-159　挑梁 TL—2

14.3.6 | 添加说明及图框

结构图中的说明和图框的添加与建筑图是相同的，具体步骤如下。

（1）单击"注释"选项卡"文字"选项组中的"多行文字"按钮 **A**，为图形添加说明，如图14-160所示。

（2）单击"插入"选项卡"块"选项组中的"插入"按钮，在下拉菜单中选择"其他图形中的块"，打开"块"选项板。继续单击选项板右上侧的"浏览"按钮…，打开"选择图形文件"对话框，选择"源文件\图块\A2 图框"图块，单击"打开"按钮，将返回"块"选项板。双击图块，将其放置到图形适当位置，结合所学知识为绘制图形添加图形名称，最终完成楼梯结构配筋图的绘制，如图14-113所示。

说明

1.板中未注明分布筋为φ6@200。

2.钢筋等级：HPB235（φ）HRB335（Φ）。

3.梁.板主筋保护层分别为30 mm、20 mm。

4.混凝土强度等级为C20。

5.平台板均厚100 mm。

图 14-160　添加说明

14.4　悬挑梁配筋图

利用前面介绍的方法绘制出悬挑梁配筋图，如图14-161所示，具体绘制过程这里不再赘述。

14.5 上机实验

【练习 1】绘制图 14-162 所示的别墅结构独立基础大样详图。

1. 目的要求

本练习主要要求读者通过练习进一步熟悉和掌握别墅结构独立基础大样详图的绘制方法，如图 14-162 所示。该练习可以帮助读者掌握别墅结构独立基础大样详图绘制的全过程。

2. 操作提示

（1）绘制柱截面图。

（2）绘制预留柱插筋。

（3）绘制底板配筋。

（4）标注尺寸。

（5）标注文字。

【练习 2】绘制图 14-163 所示的别墅结构组合基础大样详图。

1. 目的要求

本练习主要要求读者通过练习进一步熟悉和掌握别墅结构组合基础大样详图的绘制方法，如图 14-163 所示。该练习可以帮助读者掌握别墅结构组合基础大样详图绘制的全过程。

2. 操作提示

（1）绘制柱截面图。

（2）绘制预留柱插筋。

（3）绘制底板配筋。

（4）标注尺寸。

（5）标注文字。

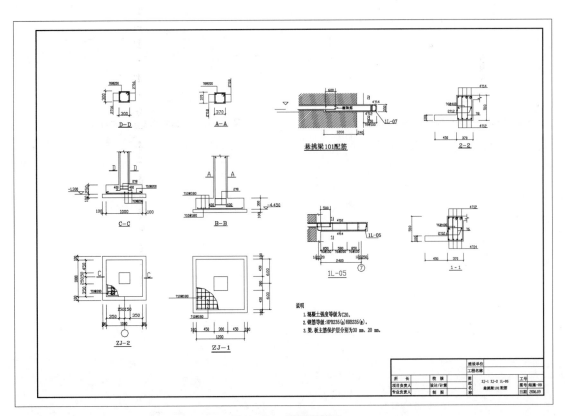

图 14-161　悬挑梁配筋图

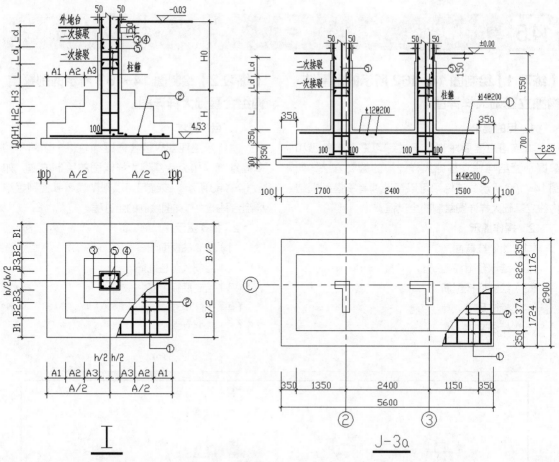

图 14-162　别墅结构独立基础大样详图　　　　　图 14-163　别墅结构组合基础大样详图

第15章

建筑电气工程基础

本章将结合电气工程专业的专业知识，介绍建筑电气工程图的相关理论基础知识，以及在 AutoCAD 中进行建筑电气设计的一些基础知识。本章的概要性叙述可以帮助读者建立一种将专业知识与工程制图技巧相联系的思维模式，使读者初步掌握建筑电气 CAD 的一些技巧。

知识点

- ❯ 建筑电气工程概述
- ❯ 电气工程施工图的设计深度
- ❯ 行业相关法规及规范标准

15.1 建筑电气工程概述

现代工业与民用建筑中，为满足一定的生产、生活需求，都需要安装许多不同功能的电气设施，如照明灯具、电源插座、电视、电话、消防控制装置、各种工业与民用的动力装置、控制设备、智能系统、娱乐电气设施及避雷装置等。电气工程或设施，都要经过专业人员的专门设计表达在图纸上，这些相关图纸就被称为电气施工图（也可称电气安装图）。在建筑施工图中，它与给水排水施工图、采暖通风施工图被统称为设备施工图。其中电气施工图按"电施"编号。

各种电气设施都需表达在图纸中，其主要涉及两方面内容：一是供电、配电线路的规格与敷设方式；二是各类电气设备与配件的选型、规格与安装方式。而导线、各种电气设备及配件等在图纸中多数并不是采用其投影制图，而是用国际或国内统一规定的图例、符号及文字表示。设计人员可参见相关标准规程的图例说明，亦可于图纸中予以详细说明，并将其标绘在按比例绘制的建筑结构的各种投影图中（系统图除外），这也是电气施工图的一个特点。

预习重点

（1）了解建筑电气工程施工图纸的分类。
（2）了解建筑电气工程项目的分类。
（3）了解建筑电气工程图的基本规定及特点。

15.1.1 建筑电气工程施工图纸的分类

建筑电气工程项目的规模大小、功能不同，其图纸的数量、类别是有差异的。注意每套图纸的各类型图纸的排放顺序，一套完整优秀的施工图应非常方便施工人员的阅读、识图，其必须遵循一定的顺序。常用的建筑电气工程图大致可分为以下几类。

1. 目录、设计说明、图例、设备材料明细表

图纸目录应表达有关序号、图纸名称、图纸编号、图纸张数、篇幅、设计单位等内容。

设计说明（施工说明）应主要阐述电气工程的设计基本概况，如设计的依据、工程的要求和施工原则、建筑功能特点、电气安装标准、安装方法、工程等级、工艺要求及有关设计的补充说明等。

图例即为各种电气装置为便于表达，简化而成的图形符号，通常只列出本套图纸中涉及的一些图形符号，一些常见的标准通用图例则省略。相关图形符号可参见《电气图用图形符号》（GB/T 4728—2008）的有关解释。

设备材料明细表则应列出该项电气工程所需要的各种设备和材料的名称、型号、规格和数量，可供进一步进行设计概算和施工预算时参考。

2. 电气系统图

电气系统图是用于表达该项电气工程的供电方式及途径、电力输送、分配及控制关系和设备运转等情况的图纸。从电气系统图中可看出该电气工程的概况。电气系统图又包括变配电系统图、动力系统图、照明系统图、弱电系统图等子项。

3. 电气平面图

电气平面图是用于表示电气设备、相关装置及各种管线路平面布置位置关系的图纸，是进行电气安装施工的依据。电气平面图以建筑总平面图为依据，在建筑图上绘出电气设备、相关装置及各种线路的安装位置、敷设方法等。常用的电气平面图有变配电平面图、动力平面图、照明平面图、防雷平面图、接地平面图、弱电平面图等。

4. 设备平面布置图

设备平面布置图是用于表达各种电气设备或器件的平面与空间的位置、安装方式及其相互关系的图纸，通常由平面图、立面图、剖面图及各种构件详图等组成。设备布置图是按三视图原理绘制的，类似于建筑结构制图方法。

5. 安装接线图

安装接线图又被称为安装配线图，是用来表示电气设备、电气元器件和线路的安装位置、配线方式、接线方法、配线场所特征等的图纸。

6. 电气原理图

电气原理图是表达某一电气设备或系统的工作原理的图纸，它是按照各个部分的动作原理采用展开法来绘制的。分析电气原理图可以清楚地看出整个系统的动作顺序。电气原理图可以用来指导电气设备和器件的安装、接线、调试、使用与维修。

7. 详图

详图是用于表达电气工程中设备的某一部分、某一节点的具体安装要求和工艺的图纸，可参照标准图集或作单独制图予以表达。

工程人员的识图阅读顺序应按如下顺序进行。

标题栏及图纸说明——总说明——系统图——电路图与接线图——平面图——详图——设备材料明细表。

15.1.2 建筑电气工程项目的分类

建筑电气工程满足了不同的生产生活以及安全等方面的需求，这些功能的实现又涉及了多项更详细具体的功能项目，这些项目环节共同组建起来以满足整个建筑电气的整体功能。建筑电气工程一般包括以下项目。

1. 外线工程

室外电源供电线路、室外通信线路等，涉及强电和弱电，如电力线路和电缆线路。

2. 变配电工程

由变压器、高低压配电框、母线、电缆、继电保护与电气计量等设备组成的变配电所。

3. 室内配线工程

主要有线管配线、桥架线槽配线、瓷瓶配线、瓷夹配线、钢索配线等。

4. 电力工程

各种风机、水泵、电梯、机床、起重机以及其他工业与民用、人防等动力设备（电动机）和控制器与动力配电箱等。

5. 照明工程

照明电器、开关按钮、插座和照明配电箱等相关设备。

6. 接地工程

各种电气设施的工作接地系统、保护接地系统。

7. 防雷工程

建筑物、电气装置和其他构筑物、设备的防雷设施，一般需经有关气象部门防雷中心检测。

8. 发电工程

各种发电动力装置，如风力发电装置、柴油发电机设备。

9. 弱电工程

智能网络系统、通信系统（广播、电话、闭路电视系统）、消防报警系统、安保检测系统等。

15.1.3 建筑电气工程图的基本规定

工业与民用建筑的各个环节均离不开图纸的表达，建筑设计单位设计、绘制图纸，建筑施工单位按图纸组织工程施工，图纸成为双方信息表达交换的载体，所以图纸必须有设计和施工等部门共同遵守的一定规定。这些规定包括建筑电气工程自身的规定，另外也涉及机械制图、建筑制图等相关工程方面的一些规定。

建筑电气制图一般可参见《房屋建筑制图统一标准》（GB/T 500016—2017）及《电气工程CAD制图规则》（GB/T 18135—2008）等。

电气制图中涉及的图例、符号、文字符号及项目代号可参照标准《工业机械电气图用图形符号》（GB/T 24340—2009）、《电气设备用图形符号》（GB/T 5465.2—2008）等。

同时，对于电气工程中的一些常用术语，读者应认识和理解，以方便识图。我国的相关行业标准，国际上通用的"IEC"标准，都比较严格地规定了电气图的有关名词术语概念。这些名词术语是电气工程图制图及阅读所必需的。读者若有需要可查阅相关文献资料，以详细认识了解。

15.1.4 建筑电气工程图的特点

建筑电气工程图的内容则主要通过一些图表表达，即系统图、位置图（平面图）、电路图（控制原理图）、接线图、端子接线图、设备材料表等。建筑电气工程图不同于机械图、建筑图，掌握了建筑电气工程图的特点，将会为建筑电气工程制图及识图提供很多方便。建筑电气工程图有如下特点。

（1）建筑电气工程图大多是在建筑图上采用统一的图形符号，并加注文字符号绘制出来的。绘制和阅读建筑电气工程图时，必须明确和熟悉这些图形符号、文字符号及项目代号所代表的内容和物理意义，以及它们之间的相互关系。关于图形符号、文字符号及项目代号可查阅相关标准的解释，如《工业机械电气图用图形符号》（GB/T 24340—2009）。

（2）任何电路均为闭合回路，一个合理的闭合回路一定包括4个基本元素，即电源、用电设备、导线和开关控制设备。要正确读懂图纸，还必须了解各种设备的基本结构、工作原理、工作程序、主要性能和用途，从而便于了解设备安装及运行时的情况。

（3）电路中的电气设备、元器件等，彼此之间都是通过导线将其连接起来，构成一个整体的。识图时，可将各有关的图纸联系起来，相互参照，并且应通过系统图、电路图联系，通过布置图、接线图找位置，交叉查阅，从而达到事半功倍的效果。

（4）建筑电气工程施工通常是与土建工程及其他设备安装工程（给排水管道、工艺管道、采暖通风管道、通信线路、消防系统及机械设备等设备安装工程）施工相互配合进行的。故识读建筑电气工程图时应与有关的土建工程图、管道工程图等对应、

参照起来阅读，仔细研究电气工程的各施工流程，提高施工效率。

（5）有效识读电气工程图也是编制工程预算和施工方案必须具备的一个基本能力。拥有该能力可以有效指导施工、指导设备的维修和管理。同时我们必须在识图时熟悉有关规范、规程及标准的要求，才能真正读懂、读通图纸。

（6）电气图是采用图形符号绘制表达的，表现的是示意图（如电路图、系统图等），所以其不必按比例绘制。但电气工程平面图一般是在建筑平面图的基础上表示相关电气设备位置关系的图纸，故位置图一般采用与建筑平面图相同的比例绘制，其缩小比例可取 1∶10、1∶20、1∶50、1∶100、1∶200、1∶500 等。

15.2 电气工程施工图的设计深度

该部分为住建部颁发的文件《建筑工程设计文件编制深度规定》（2016 年版）中电气工程部分施工图设计的有关内容，供读者学习参考。

预习重点

（1）掌握电气工程施工图的设计原则。

（2）掌握电气工程施工图的设计阶级。

15.2.1 总则

（1）民用建筑工程一般应分为方案设计、初步设计和施工图设计 3 个阶段。对于技术要求简单的民用建筑工程，经有关主管部门同意，并且合同中有不做初步设计的约定，可在方案设计审批后直接进入施工图设计阶段。

（2）各阶段设计文件编制深度应按以下原则进行。

 对于投标方案，设计文件深度应满足标书要求；若标书无明确要求，设计文件深度可参照相关规定的有关条款。

① 方案设计文件，应满足编制初步设计文件的需要。

② 初步设计文件，应满足编制施工图设计文件的需要。

③ 施工图设计文件，应满足设备材料采购、非

标准设备制作和施工的需要。对于将项目分别发包给几个设计单位或实施设计分包的情况，设计文件相互关联处的深度应当满足各承包或分包单位设计的需要。

15.2.2 方案设计

建筑电气设计说明。

1. 设计范围

本工程拟设置的电气系统。

2. 变、配电系统

（1）确定负荷级别（1、2、3 级负荷）的主要内容。

（2）负荷估算。

（3）电源。根据负荷性质和负荷量，确定外供电源的回路数、容量、电压等级。

（4）确定变、配电所的位置、数量、容量。

3. 应急电源系统

确定备用电源和应急电源形式。

4. 照明、防雷、接地、智能建筑设计

确定照明、防雷、接地、智能建筑设计的相关系统内容。

15.2.3 | 初步设计

1. 初步设计阶段

建筑电气专业设计文件应包括设计说明书、设计图纸、主要电气设备表、计算书（供内部使用及存档）。

2. 设计说明书

（1）设计依据。

① 建筑概况，应说明建筑类别、性质、面积、层数、高度等。

② 相关专业提供给本工程的工程设计资料。

③ 建设方提供给有关职能部门（如供电部门、消防部门、通信部门、公安部门等）认定的工程设计资料，建设方设计要求等。

④ 本工程采用的主要标准及法规。

（2）设计范围。

① 根据设计任务书和有关设计资料说明本工程的设计工作内容和分工。

② 本工程拟设置的电气系统。

（3）变、配电系统。

① 确定负荷等级和各类负荷容量。

② 确定供电电源及电压等级，电源由何处引来，电源数量及回路数，专用线或非专用线，电缆埋地或架空，近远期发展情况。

③ 备用电源和应急电源容量确定原则及性能要求；有自备发电机时，说明启动方式及与市电网的关系。

④ 高、低压供电系统的结线形式及运行方式：正常工作电源与备用电源之间的关系；母线联络开关运行和切换方式；变压器之间低压侧联络方式；重要负荷的供电方式。

⑤ 变、配电站的位置、数量、容量（包括设备安装容量，计算有功、无功，变压器台数、容量）及形式（户内、户外或混合）；设备技术条件和选型要求。

⑥ 继电保护装置的设置。

⑦ 电能计量装置：采用高压或低压；采用专用柜或非专用柜（满足供电部门要求和建设方内部核算要求）；监测仪表的配置情况。

⑧ 功率因数补偿方式：说明功率因数是否达到供用电规则的要求，应补偿的容量，采取的补偿方式以及补偿前后的状态。

⑨ 操作电源和信号：说明高压设备操作电源和运行信号装置配置情况。

⑩ 工程供电：说明高、低压进出线路的型号及敷设方式。

（4）配电系统。

① 电源由何处引来、电压等级、配电方式；对重要负荷和特别重要负荷及其他负荷的供电措施。

② 选用导线、电缆、母干线的材质和型号以及敷设方式。

③ 开关、插座、配电箱、控制箱等配电设备选型及安装方式。

④ 电动机启动及控制方式的选择。

（5）照明系统。

① 照明种类及照度标准。

② 光源及灯具的选择、照明灯具的安装及控制方式。

③ 室外照明的种类（如路灯、庭院灯、草坪灯、地灯、泛光照明、水下照明等）、电压等级、光源选择及其控制方法等。

④ 照明线路的选择及敷设方式（包括室外照明线路的选择和接地方式）。

（6）热工检测及自动调节系统。

① 按工艺要求说明热工检测及自动调节系统的组成。

② 自动化仪表的选择。

③ 仪表控制盘、控制台的选型及安装。

④ 线路的选择及敷设。

⑤ 仪表控制盘、控制台的接地。

（7）火灾自动报警系统。

① 按建筑性质确定保护等级及系统组成。

② 消防控制室位置的确定和要求。

③ 火灾探测器、报警控制器、手动报警按钮、控制台（柜）等设备的选择。

④ 火灾报警与消防联动的控制要求，控制逻辑关系及控制显示的要求。

⑤ 火灾应急广播及消防通信概述。

⑥ 消防主电源、备用电源的供给方式，接地及接地电阻的要求。

⑦ 线路的选型及敷设方式。

⑧ 当有智能化系统集成要求时，应说明火灾自动报警系统与其他子系统的接口方式及联动关系。

⑨ 应急照明的电源形式、灯具配置、线路选择及敷设方式、控制方式等。

（8）通信系统。

① 对工程中不同性质的电话用户和专线，应分别统计其数量。

② 电话站总配线设备及其容量的选择和确定。

③ 电话站交、直流供电方案。

④ 电话站站址的确定及对土建工程的要求。

⑤ 通信线路容量的确定及线路网络的组成和敷设。

⑥ 对市政中继线路的设计分工，线路敷设和引入位置的确定。

⑦ 室内配线及敷设要求。

⑧ 防电磁脉冲接地、工作接地方式及接地电阻的要求。

（9）有线电视系统。

① 系统规模、网络组成、用户输出口电平值的确定。

② 节目源的选择。

③ 机房位置、前端设备的配置。

④ 用户分配网络、导体选择及敷设方式、用户终端数量的确定。

（10）闭路电视系统。

① 系统组成。

② 控制室的位置及设备的选择。

③ 传输方式、导体选择及敷设方式。

④ 电视制作系统的组成及主要设备的选择。

（11）有线广播系统。

① 系统组成。

② 输出功率、馈送方式和用户线路敷设的确定。

③ 广播设备的选择，并确定广播室位置。

④ 导体选择及敷设方式。

（12）扩声和同声传译系统。

① 系统组成。

② 设备选择及声源布置的要求。

③ 确定机房位置。

④ 同声传译方式。

⑤ 导体选择及敷设方式。

（13）呼叫信号系统。

① 系统组成及功能要求（包括有线或无线）。

② 导体选择及敷设方式。

③ 设备选型。

（14）公共显示系统。

① 系统组成及功能要求。

② 显示装置安装部位、种类、导体选择及敷设方式。

③ 显示装置规格。

（15）时钟系统。

① 系统组成、安装位置、导体选择及敷设方式。

② 设备选型。

（16）安全技术防范系统。

① 系统防范等级、组成和功能要求。

② 保安监控及探测区域的划分、控制、显示及报警要求。

③ 摄像机、探测器安装位置的确定。

④ 访客对讲、巡更、门禁等子系统的配置及安装。

⑤ 机房位置的确定。

⑥ 设备选型、导体选择及敷设方式。

（17）综合布线系统。

① 根据工程项目的性质、功能、环境条件和近、远期用户的要求确定综合布线的类型及配置标准。

② 系统组成及设备选型。

③ 总配线架、楼层配线架及信息终端的配置。

④ 导体选择及敷设方式。

⑤ 建筑设备监控系统及系统集成，包括系统组成、监控点数及其功能要求、设备选型等。

（18）信息网络交换系统。

① 系统组成、功能及用户终端接口的要求。

② 导体选择及敷设要求。

（19）车库管理系统。

① 系统组成及功能要求。

② 监控室设置。

③ 导体选择及敷设要求。

（20）智能化系统集成。

① 集成形式及要求。

② 设备选择。

（21）建筑物防雷。

① 确定防雷类别。

② 防直接雷击、防侧雷击、防雷击电磁脉冲、防高电位侵入的措施。

③ 当利用建（构）筑物混凝土内钢筋制作接闪器、引下线、接地装置时，应说明采取的措施和要求。

（22）接地及安全。

① 本工程各系统要求接地的种类及接地电阻要求。

② 总等电位、局部等电位的设置要求。

③ 接地装置要求，当接地装置需做特殊处理时，应说明采取的措施、方法等。

④ 安全接地及特殊接地的措施。

（23）需提请在设计审批时解决或确定的主要问题。

3．设计图纸

（1）电气总平面图（仅有单体设计时，可无此项内容）。

① 标示建（构）筑物名称、容量，高、低压线路及其他系统线路走向，回路编号，导线及电缆型号规格，架空线杆位，路灯、庭院灯的杆位（路灯、庭院灯可不绘线路），重复接地点等。

② 变、配电站的位置、编号和变压器的容量。

③ 比例、指北针。

（2）变、配电系统。

① 高、低压供电系统图：应注明开关柜编号、型号及回路编号、一次回路设备型号、设备容量、计算电流、补偿容量、导体型号规格、用户名称、二次回路方案编号。

② 平面布置图：应包括高、低压开关柜、变压器、母干线、发电机、控制屏、直流电源及信号屏等设备平面布置和主要尺寸，图纸的应有比例。

③ 标示房间层高、地沟位置、标高（相对标高）。

（3）配电系统（一般只绘制内部作业草图，不对外出图）。

主要干线平面布置图，竖向干线系统图（包括配电及照明干线、变配电站的配电回路及回路编号）。

（4）照明系统。

对于特殊建筑，如大型体育场馆、大型影剧院等，有条件时应绘制照明平面图。照明平面图应包括灯位（含应急照明灯）、灯具规格，配电箱（或控制箱）位，不需要连线。

（5）热工检测及自动调节系统。

① 需专项设计的自控系统，需绘制热工检测及自动调节原理系统图。

② 控制室设备平面布置图。

（6）火灾自动报警系统。

① 火灾自动报警系统图。

② 消防控制室设备布置平面图。

（7）通信系统。

① 电话系统图。

② 站房设备布置图。

（8）防雷系统、接地系统。

一般不出图纸，特殊工程只出接地平面图。

（9）其他系统。

① 各系统所属系统图。

② 各控制室设备平面布置图（若已经在相应系统图中说明清楚，可不出此图）。

4．主要设备表

注明设备名称、型号、规格、单位、数量。

5．设计计算书（供内部使用及存档）

（1）用电设备负荷计算。

（2）变压器选型计算。

（3）电缆选型计算。

（4）系统短路电流计算。

（5）防雷类别计算及避雷针保护范围计算。

（6）各系统计算结果应标示在设计说明或相应图纸中。

（7）因条件不具备不能进行计算的内容，应在初步设计中说明，并应在施工图设计阶段补算。

15.2.4 施工图设计

1．设计文件

建筑电气专业设计文件应包括图纸目录、施工设计说明、设计图纸主要设备表、计算书（供内部使用及存档）。

2．图纸目录

先列新绘制的图纸，后列重复使用的图纸。

3．施工设计说明

（1）工程设计概况：应将经审批定案后的初步（或方案）设计说明书中的主要指标录入。

（2）各系统的施工要求和注意事项（包括布线、设备安装等）。

（3）设备订货要求（可附在相应图纸上）。

（4）防雷及接地保护等其他系统有关内容（可附在相应图纸上）。

（5）本工程选用标准图图集编号、页号。

4．设计图纸

（1）设计说明。

施工设计说明、补充图例符号、主要设备表等可组成首页，当内容较多时，可分设专页。

（2）电气总平面图（仅有单体设计时，可无此项内容）。

① 标注建（构）筑物名称或编号、层数或标高、道路、地形等高线和用户的安装容量。

② 标注变、配电站位置、编号，变压器台数、容量，发电机台数、容量，室外配电箱的编号、型号；室外照明灯具的规格、型号、容量。

③ 架空线路应标注线路规格及走向、回路编号、杆位编号、档数、档距、杆高、拉线、重复接地、避雷器等（附标准图集选择表）。

④ 电缆线路应标注线路走向、回路编号、电缆型号及规格、敷设方式（附标准图集选择表）、人（手）孔位置。

⑤ 比例、指北针。

⑥ 图中未表达清楚的内容可附图做统一说明。

（3）变、配电站。

① 高、低压配电系统图（一次线路图）。

图中应标明母线的型号、规格；标明变压器、发电机的型号、规格；标明开关、断路器、互感器、继电器、电工仪表（包括计量仪表）等的型号、规格、整定值。

图下方表格应标注开关柜编号、开关柜型号、回路编号、设备容量、计算电流、导体型号及规格、敷设方法、用户名称、二次原理图方案号（当选用分格式开关柜时，可相应增加高度或模数等栏目）。

② 平、剖面图。

按比例绘制变压器，发电机，开关柜，控制柜，直流及信号柜，补偿柜，支架，地沟，接地装置等平、剖面布置图和安装尺寸等。当选用标准图时，应标注标准图编号、页次；标注进出线回路编号、敷设安装方法、图纸应有比例。

③ 继电保护及信号原理图。

继电保护及信号二次原理方案应选用标准图或通用图。当需要对所选用标准图或通用图进行修改时，只需绘制修改部分并说明修改要求即可。

控制柜、直流电源及信号柜、操作电源均应选用企业标准产品，图中标示相关产品型号、规格和要求。

④ 竖向配电系统图。

以建（构）筑物为单位，自电源点开始至终端配电箱止，按设备所处相应楼层绘制，应包括变、配电站变压器台数、容量，发电机台数、容量，各处终端配电箱编号，自电源点引出回路编号（与系统图一致），接地干线规格。

⑤ 相应图纸说明。

图中表达不清楚的内容，可随图做相应说明。

（4）配电、照明。

① 配电箱（或控制箱）系统图，应标注配电箱编号、型号，进线回路编号；标注各开关（或熔断器）型号、规格、整定值；标注配电回路编号、导线型号规格（对于单相负荷应标明相别），对有控制要求的回路应提供控制原理图；对重要负荷供电回路宜标明用户名称。上述配电箱（或控制箱）系统内容在平面图上标注完整的，可不单独绘制配电箱（或控制箱）系统图。

② 配电平面图应包括建筑门窗、墙体、轴线、主要尺寸、工艺设备编号及容量；应布置配电箱、控制箱，并注明编号、型号及规格；应绘制线路始、终位置（包括控制线路），标注回路规模、编号、敷设方式；应标注图纸应有比例。

③ 照明平面图，应包括建筑门窗、墙体、轴线、主要尺寸、标注房间名称、配电箱、灯具、开关、插座、线路等平面布置。应标明配电箱编号，干线、分支线回路编号、相别、型号、规格、敷设方式等；凡需二次装修部位，其照明平面图随二次装修设计，但配电或照明平面上应相应标注预留的照明配电箱，并标注预留容量；应标注图纸应有比例。

④ 图中表达不清楚的可随图做相应说明。

（5）热工检测及自动调节系统

① 普通工程宜选定型产品，仅列出工艺要求。

② 需专项设计的自控系统需绘制热工检测及自动调节原理系统图、自动调节方框图、仪表盘及台

面布置图、端子排接线图、仪表盘配电系统图、仪表管路系统图、锅炉房仪表平面图、主要设备材料表、设计说明。

（6）建筑设备监控系统及系统集成。

① 监控系统方框图，绘至 DDC 站止。

② 随图说明相关建筑设备监控（测）要求、点数、位置。

③ 配合承包方了解建筑情况及要求，审查承包方提供的深化设计图纸。

（7）防雷、接地及安全。

① 绘制建筑物顶层平面，应有主要轴线号、尺寸、标高、避雷针、避雷带、引下线位置，还应标明材料型号规格、所涉及的标准图编号、页次，图纸应标注比例。

② 绘制接地平面图（可与防雷顶层平面相似），应绘制接地线、接地极、测试点、断接卡等的平面位置，标明材料型号、规格、相对尺寸等涉及的标准图编号、页次图纸应标注比例。当利用自然接地装置时，可不出此图。

③ 当利用建筑物（或构筑物）钢筋混凝土内的钢筋作为防雷接闪器、引下线、接地装置时，应标注连接点，接地电阻测试点，预埋件位置及敷设方式，注明所涉及的标准图编号、页次。

④ 随图说明应包括：防雷类别和采取的防雷措施（包括防侧雷击、防击电磁脉冲、防高电位引入）；接地装置形式，接地极材料要求、敷设要求、接地电阻值要求；当用桩基、基础内钢筋作接地极时应采取的措施。

⑤ 除防雷接地外的其他电气系统的工作或安全接地的要求（如电源接地形式：直流接地，局部等电位、总等电位接地等），如果采用共用接地装置，应在接地平面图中叙述清楚，交代不清楚的应绘制相关图纸（如局部等电位平面图等）。

（8）火灾自动报警系统。

① 应绘制火灾自动报警及消防联动控制系统图、施工设计说明、报警及联动控制要求。

② 各层平面图应包括设备及器件布点、连线，线路型号、规格及敷设要求。

（9）其他系统。

① 各系统的系统框图。

② 说明各设备定位安装、线路型号规格及敷设要求。

③ 配合系统承包方了解相应系统的情况及要求，审查系统承包方提供的深化设计图纸。

5．主要设备表

注明主要设备名称、型号、规格、单位、数量。

6．计算书（供内部使用及归档）

施工图设计阶段的计算书，只补充初步设计阶段时应进行计算而未进行计算的部分，修改因初步设计文件审查变更后需重新进行计算的部分。

15.3 行业相关法规及规范标准

预习重点

了解行业相关法规及规范标准。

规范或标准是工程设计的依据，一名合格的设计专业人员应首先熟悉专业规范的各相关条文、规范或标准，并将这些规范和标准贯穿于整体工程设计过程中。本节归纳列出了一些建筑电气工程设计中的常用规范标准，供读者选用查询。

电气工程设计人员在设计过程中应严格执行相关条文，保证工程设计的合理安全，符合相关质量要求，特别是对于一些强制性条文，更应提高警惕，严格遵守。设计人员在工作中应注意以下几点。

（1）掌握我国电气工程设计中法律法规强制执行的概念。

（2）了解电气工程设计中强制执行法律法规文件的名称。

（3）了解我国电气工程设计相关法律法规的归口管理、编制、颁布、等级、分类、版本的基本概念。

（4）了解我国电气工程中工程管理、工程经济、环境保护、监理、咨询、招标、施工、验收，试运行、达标投产、交付运行等环节，执行有关法律法规的基本要求。

（5）了解 IEC、IEEE、ISO 的基本概念和这些标准在我国电气工程勘察设计中的使用条件及与我国各种法律法规的关系。

表15-1列出了电气工程设计中的常用法律法规及规范标准目录，读者可自行查阅，以便工程设计之用。这些法规和规范标准涉及建设法规、高压供配电、低压配电、建筑物电气装置、职能建筑与自动化、公共部分、电厂与电网等，包含了我国勘察设计注册电气工程师复习推荐用法律、规程、规范。

表15-1 行业相关法规及规范标准

序 号	文件编号	文件名称
1	GB 50062—2008	《电力装置的继电保护和自动装置设计规范》
2	GB 50217—2018	《电力工程电缆设计规范》
3	GB 50056—2014	《爆炸和火灾危险环境电力装置设计规范》
4	GB 50016—2014	《建筑设计防火规范》
5	GB 50045—1995（2005）	《高层民用建筑设计防火规范》
6	GB/T 50314—2015	《智能建筑设计标准》
7	GB/T 50312—2016	《建筑与建筑群综合布线系统工程设计规范》
8	GB 50052—2009	《供配电系统设计规范》
9	GB 5005—1994	《10kV及以下变电所设计规范》
10	GB 50054—2011	《在地低压配电设计规范》
11	GB 50227—2017	《并联电容器装置设计规范》
12	GB 50060—2008	《3～110kV高压配电装置设计规范》
13	GB 50055—2011	《通用用电设备配电设计规范》
14	GB 50057—2010	《建筑物防雷设计规范》
15	JGJ/T 16—2008	《民用建筑电气设计规范》
16	GB 50260—2013	《电力设施抗震设计规范》
17	GB/T 25295—2010	《电气设备安全设计导则》
18	GB 50150—2006	《电气装配安装工程电气设备交接实验标准》
19	DL 5053—1996	《火力发电厂劳动安全和工业卫生设计规程》

序 号	文件编号	文件名称
20	DL 5000—2000	《火力发电厂设计技术规程》
21	GB 50116—2013	《火灾自动报警系统设计规范》
22	GB 50174—2008	《电子计算机房设计规范》
23	GB 50038—2005	《人民防空地下室设计规范》
24	GB 50034—2013	《民用建筑照明设计规范》
25	GB 50034—2004	《工业企业照明设计标准》
26	GB 50200—1994	《有线电视系统工程技术规范》
27	GB/T 4728—2008	《电气简图用图形符号》
28	GB/T 5465.2—1996	《电气设备用图形符号》
29	GB/T 6988.1—2008	《电气技术用文件的编制》
30	GB/T 16571—1996	《文物系统博物馆安全防范工程设计规范》
31	GB/T 16676—1996	《银行营业场所安全防范工程设计规范》
32	GB 50056—1993	《电热设备、电力装置设计规范》
33	GBJ 147～149—2014	《电气装置安装工程施工及验收规范》
	GB 50168—2018	《电气装置安装工程电缆线路施工及验收规范》
	GB 50173—1992	《电气装置安装工程35kV及以下架空电力线路施工及验收规范》
	GB 50182—1993	《电气装置安装工程电梯电气装置施工及验收规范》
	GB 50254—2014	《电气装置安装工程低压电气施工及验收规范》
	GB 50256—2014	《电气装置安装工程起重机电气装置施工及验收规范》
34	GB/T 19000—2008	《中华人民共和国质量管理体系标准》
35	GB 12501.2	《电工和电子设备按防电击保护的分类 第2部分：对电击防护要求的导则》
36	GB 16895.1—2008	《建筑物电气装置 第1部分：范围、目的和基本原则》

序 号	文件编号	文件名称
37	GB 16895.21—2004	《建筑物电气装置 电击保护》
38	GB 16895.2—2005	《建筑物电气装置 第4部分：安全防护 第42章：热效应保护》
39	GB 16895.5—2000	《建筑物电气装置 第4部分：安全防护 第43章：过电流保护》
40	GB 16895.6—2000	《建筑物电气装置 第5部分：电气设备的选择和安装 第52章：布线系统》
41	GB 16895.4—1997	《建筑物电气装置 第5部分：电气设备的选择和安装 第53章：开关设备和控制设备》
42	GB 16895.3—2004	《建筑物电气装置 第5部分：电气设备的选择和安装 第54章：接地配置和保护导体》
43	GB 16895.8—2010	《建筑物电气装置 第7部分：特殊装置或场所的要求 第706节：狭窄的可导电场所》
44	GB/T 16895.9—2000	《建筑物电气装置 第7部分：特殊装置或场所的要求 第707节：数据处理设备用电气装置的接地要求》
45	GB/T 18379—2001	《建筑物电气装置的电压区段》
46	GB/T 13869—2017	《安全用电导则》
47	GB 14050—2008	《系统接地的形式和安全技术要求》
48	GB 13955—2005	《漏电保护器安装和运行》
49	GB/T 13870.1	《电流通过人体的效应 第1部分：常用部分》
50	GB/T 13870.2	《电流通过人体的效应 第1部分：特殊情况》
51	JGJ 36—2015	《图书馆建筑设计规范》
52	JGJ 57—2016	《剧场建筑设计规范》
53	JGJ 60—1999	《汽车客运站建筑设计规范》
54	CESC 31—2017	《钢制电缆桥架工程设计规范》
55	DBJ 01—601—1999	《北京市住宅区、住宅楼房电信设施设计技术规定》
56	DBJ 01—606—2002	《北京市住宅区、住宅安全防范设计标准》
57	GB 50222—2017	《建筑内部装修设计防火规范》
58	GB 50263—2007	《气体灭火系统施工及验收规范》

序 号	文件编号	文件名称
59	GBJ 36—1990	《乡村建筑设计防火规范》
60	GB 50067—2014	《汽车库、修车库、停车场设计防火规范》
61	GB 50096—2005	《人民防空地下室设计防火规范》
62	GA/T 269、296—2001	《黑白可视对讲系统》
63	GB 50166—2007	《火灾自动报警系统施工及验收规范》
64	GB 50284—2008	《飞机库设计防火规范》
65	GB 50326—2006	《建筑工程文件归档整理规范》
66	GB/T 50001—2017	《房屋建筑制图统一标准》
67	GB/T 50311—2016	《建筑与建筑群综合布线系统工程验收规范》
68	GB 50099—2011	《中小学校建筑设计规范》
69	GB 50198—2011	《民用闭路监视电视系统工程技术规范》
70	GB 50096—2011	《住宅设计规范》
71	GB 50059—2011	《35～110kV变电所设计规范》
72	GB 50061—2010	《66kV及以下架空电力线路设计规范》
73	GB/T 12501—1990	《电工电子设备防触电保护分类》
74	GB 5030—2015	《建筑电气安装工程施工质量验收规范》
75	DBJ 01—606—2002	《北京市住宅区及住宅建筑有线广播电视设施设计规定》
76	GBJ 143—2018	《架空电力线路、变电所对电视差转台、转播台无线电干扰防护间距标准》
77	GB 50063—2017	《电力装置的电测量仪表装置设计规范》
78	GB 50073—2001	《洁净厂房设计规范》
79	GB 50300—2013	《建筑工程施工质量验收统一标准》
80	GB 6986—1986	《电气制图》

序　号	文件编号	文件名称
81	GB 50156—2014	《汽车加油加气站设计与施工规范》
82	GA/T 308—2001	《安全防范系统验收规则》
83	GA/T 367—2001	《视频安防监控系统技术要求》
84	GA/T 368—2001	《入侵报警系统技术要求》
85	YDJ 9—1990	《市内通信全塑电缆线路工程设计规范》
86	YD/T 2009—1993	《城市住宅区和办公楼电话通信设施设计规范》
87	YD 5010—1995	《城市居住区建筑电话通信设计安装图集》
88	YD/T 5033—2018	《会议电视系统工程设计规范》
89	YD 5040—2005	《通信电源设备安装设计规范》
90	CECS 45—1992	《地下建筑照明设计标准》
91	CECS 37—1991	《工业企业通信工程设计图形及文字符号标准》
92	CECS 115—2000	《干式电力变压器选用、验收、运行及维护规程》
93	GB 50333—2013	《医院洁净手术部建筑技术规程》
94	JGJ 46—2014	《综合医院建筑设计规范》
95	JGJ 57—2016	《剧场建筑设计规范》
96	GB 17945—2010	《消防应急灯具》
97	GB/T 14549—1993	《电能质量专用电网谐波》
98	GB 50034—2013	《建筑照明设计标准》

第 16 章

别墅建筑电气设计

本章主要结合前面所讲解的别墅建筑设计实例，讲解别墅强电设计说明系统图、弱电设计说明系统图、照明平面图、电视电话平面图、接地防雷平面图的绘制方法。

知识点

- 电气系统图
- 电气平面图

16.1 电气系统图

电气系统图一般包括强电系统图和弱电系统图，本节将简要介绍别墅强电设计说明系统图和别墅弱电设计说明系统图的绘制。

预习重点

（1）掌握强电系统图的绘制方法。
（2）掌握弱电系统图的绘制方法。

16.1.1 绘制别墅强电设计说明系统图

别墅强电设计说明系统图如图 16-1 所示，主要包括文字标注、图表说明和相关系统图，下面具体讲解其中的锅炉配电箱系统图和排污泵配电箱系统图的绘制方法。

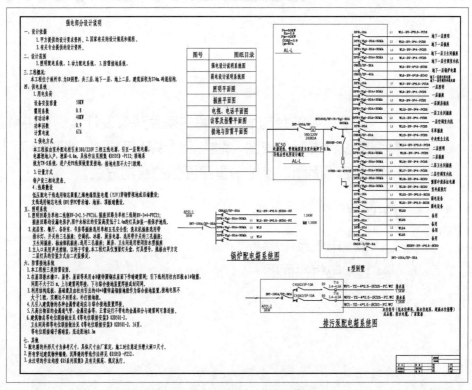

图 16-1 别墅强电设计说明系统图

本小节主要讲解锅炉配电箱系统图的绘制方法，具体的绘制步骤如下。

（1）单击"默认"选项卡"绘图"选项组中的"多段线"按钮 ，指定起点宽度为"48"、端点宽度为"48"，在图形空白区域任选一点为起点向右绘制一条长度为"807"的水平多段线，如图 16-2 所示。

图 16-2 绘制水平多段线

（2）单击"默认"选项卡"绘图"选项组中的"多段线"按钮 ，指定起点宽度为"48"、端点宽度为"48"，在绘制的水平多段线的端点处绘制十字交叉线，如图 16-3 所示。

图 16-3 绘制十字交叉线

（3）单击"默认"选项卡"绘图"选项组中的

"多段线"按钮 ⊃，指定起点宽度为"48"、端点宽度为"48"，单击"对象捕捉"按钮 □，在不按鼠标按键的情况下向右拉伸追踪线，绘制一条水平直线，如图16-4所示。

图16-4　绘制水平直线

（4）右击"状态"工具栏中的"对象捕捉"按钮 □，在打开的下拉菜单中选择"对象捕捉设置"，打开"草图设置"对话框，选择"极轴追踪"选项卡，选中"启用极轴追踪"复选框，在"增量角"下拉列表框中选择"15"选项，如图16-5所示。

图16-5　"草图设置"对话框

（5）单击"默认"选项卡"绘图"选项组中的"多段线"按钮 ⊃，指定起点宽度为"48"、端点宽度为"48"，在165°追踪线上向左拖动鼠标，直至165°追踪线与竖向追踪线出现交点，选此交点为斜向直线的终点，如图16-6所示。

（6）单击"注释"选项卡"文字"选项组中的"多行文字"按钮 **A**，在步骤（5）中绘制的图形上添加文字标注，如图16-7所示。

（7）单击"默认"选项卡"修改"选项组中的

"复制"按钮，选择添加的文字标注为复制对象，对其向右进行复制，如图16-8所示。

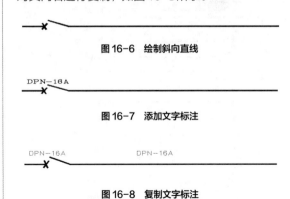

图16-6　绘制斜向直线

图16-7　添加文字标注

图16-8　复制文字标注

（8）双击步骤（7）中复制的文字标注，弹出"文字编辑器"选项卡，在其中输入新的文字标注，如图16-9所示。

图16-9　修改文字标注

利用上述方法继续添加文字标注，如图16-10所示。

（9）单击"默认"选项卡"修改"选项组中的"复制"按钮，选择步骤（8）中绘制的图形为复制对象，对其向下进行复制，如图16-11所示。

（10）单击"默认"选项卡"绘图"选项组中的"轴，端点"按钮 ◯，在图形的适当位置绘制一个适当大小的椭圆，如图16-12所示。

（11）单击"默认"选项卡"修改"选项组中的"复制"按钮，选择绘制的椭圆为复制对象，对其连续向下进行复制，如图16-13所示。

（12）单击"默认"选项卡"绘图"选项组中的"多段线"按钮 ⊃，指定起点宽度为"48"、端点宽度为"48"，在图形左侧位置绘制一条竖直直线，如图16-14所示。

利用上述方法在图形的左侧绘制相同的图形，如图16-15所示。

图16-10　继续添加文字标注

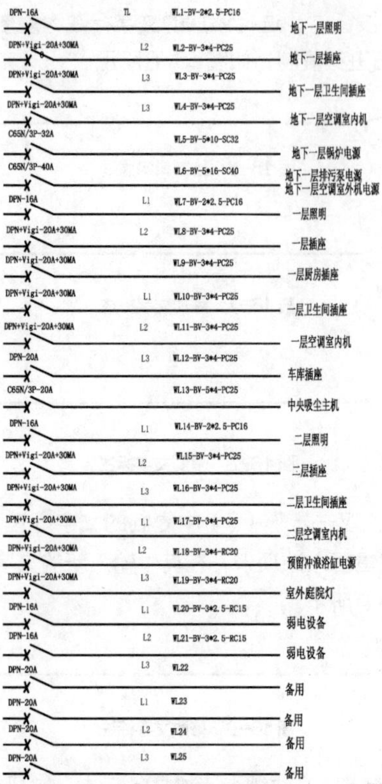

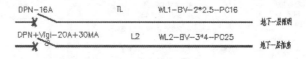

图 16-11 继续复制文字标注

图 16-12 绘制椭圆

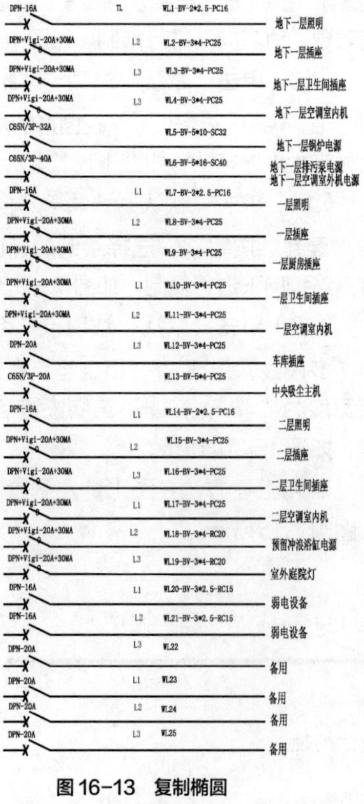

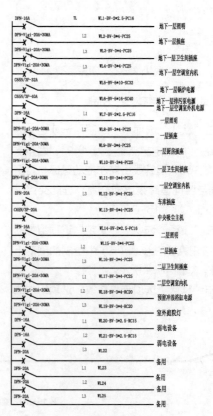

图 16-13 复制椭圆

图 16-14 绘制竖直直线

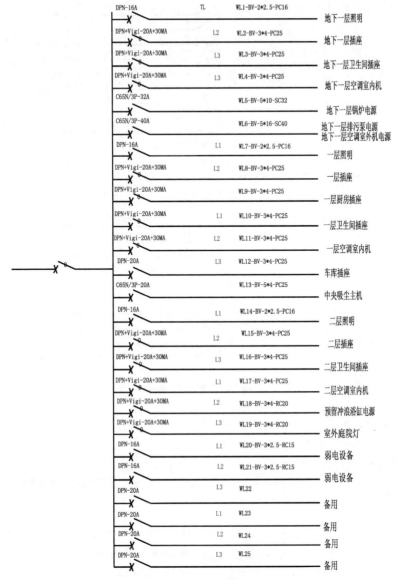

DPN-16A	TL	WL1-BV-2*2.5-PC16	地下一层照明
DPN+Vigi-20A+30MA	L2	WL2-BV-3*4-PC25	地下一层插座
DPN+Vigi-20A+30MA	L3	WL3-BV-3*4-PC25	地下一层卫生间插座
DPN+Vigi-20A+30MA	L3	WL4-BV-3*4-PC25	地下一层空调室内机
C65N/3P-32A		WL5-BV-5*10-SC32	地下一层锅炉电源
C65N/3P-40A		WL6-BV-5*16-SC40	地下一层排污泵电源 地下一层空调室外机电源
DPN-16A	L1	WL7-BV-2*2.5-PC16	一层照明
DPN+Vigi-20A+30MA	L2	WL8-BV-3*4-PC25	一层插座
DPN+Vigi-20A+30MA		WL9-BV-3*4-PC25	一层厨房插座
DPN+Vigi-20A+30MA	L1	WL10-BV-3*4-PC25	一层卫生间插座
DPN+Vigi-20A+30MA	L2	WL11-BV-3*4-PC25	一层空调室内机
DPN-20A	L3	WL12-BV-3*4-PC25	车库插座
C65N/3P-20A		WL13-BV-5*4-PC25	中央吸尘主机
DPN-16A	L1	WL14-BV-2*2.5-PC16	二层照明
DPN+Vigi-20A+30MA	L2	WL15-BV-3*4-PC25	二层插座
DPN+Vigi-20A+30MA	L3	WL16-BV-3*4-PC25	二层卫生间插座
DPN+Vigi-20A+30MA	L1	WL17-BV-3*4-PC25	二层空调室内机
DPN+Vigi-20A+30MA	L2	WL18-BV-3*4-RC20	预留冲浪浴缸电源
DPN+Vigi-20A+30MA	L3	WL19-BV-3*4-RC20	室外庭院灯
DPN-16A	L1	WL20-BV-3*2.5-RC15	弱电设备
DPN-16A	L2	WL21-BV-3*2.5-RC15	弱电设备
DPN-20A	L3	WL22	备用
DPN-20A	L1	WL23	备用
DPN-20A	L2	WL24	备用
DPN-20A	L3	WL25	备用

图 16-15　绘制相同图形

（13）单击"默认"选项卡"绘图"选项组中的"多段线"按钮，指定起点宽度为"15"、端点宽度为"15"，在图形的左侧位置绘制一个"500×500"的矩形，如图16-16所示。

（14）单击"默认"选项卡"绘图"选项组中的"多段线"按钮，指定起点宽度为"15"、端点宽度为"15"，在步骤（14）中绘制的矩形内绘

制一条水平多段线，如图16-17所示。

（15）单击"默认"选项卡"绘图"选项组中的"多段线"按钮，指定起点宽度为"45"、端点宽度为"45"，在矩形的左侧绘制一条水平多段线，如图16-18所示。

利用上述方法完成左侧剩余部分图形的绘制，如图16-19所示。

图 16-16　绘制矩形　　　**图 16-17　绘制水平多段线（1）**　　　**图 16-18　绘制水平多段线（2）**

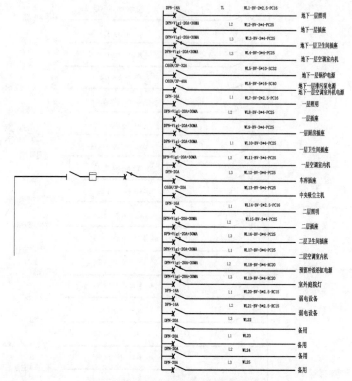

图 16-19　绘制剩余部分图形

（16）单击"默认"选项卡"绘图"选项组中的"多段线"按钮，在图形的适当位置绘制一条竖直多段线，如图 16-20 所示。

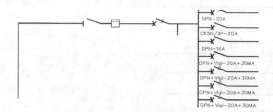

图 16-20　绘制竖直多段线

（17）单击"默认"选项卡"绘图"选项组中的"多段线"按钮，在绘制的竖直多段线下端绘制十字交叉线，如图 16-21 所示。

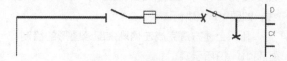

图 16-21　绘制十字交叉线

（18）单击"默认"选项卡"绘图"选项组中的"多段线"按钮，指定起点宽度为"48"、端点宽度为"48"，绘制多段线，如图 16-22 所示。

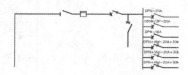

图 16-22　绘制多段线

（19）单击"默认"选项卡"绘图"选项组中的"矩形"按钮，在步骤（18）中绘制的多段线下方绘制一个"315×788"的矩形，如图 16-23 所示。

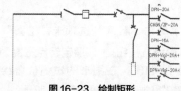

图 16-23　绘制矩形

（20）单击"默认"选项卡"绘图"选项组中的"多边形"按钮，在步骤（19）中绘制的矩形内绘制一个三角形，如图 16-24 所示。

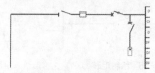

图 16-24　绘制三角形

（21）单击"默认"选项卡"绘图"选项组中的"多段线"按钮 ⤵ 和"直线"按钮 ∕，完成底部图形的绘制，如图16-25所示。

利用上述方法完成配电箱主体图的绘制，如图16-26所示。

（22）单击"默认"选项卡"绘图"选项组中的"直线"按钮 ∕，在图形的适当位置绘制连续直线，如图16-27所示。

（23）单击"默认"选项卡"绘图"选项组中的"直线"按钮 ∕ 和"注释"选项卡"文字"选项组中的"多行文字"按钮 A，为图形添加说明，最终完成别墅锅炉配电箱系统图的绘制，如图16-28所示。

（24）利用上述方法完成排污泵配电箱系统图的绘制，如图16-29所示。

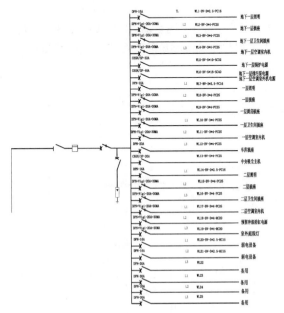

图 16-25　绘制底部图形

图 16-26　绘制配电箱主体图

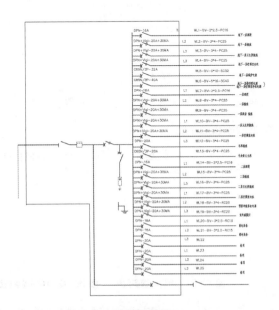

图 16-27　绘制连续直线

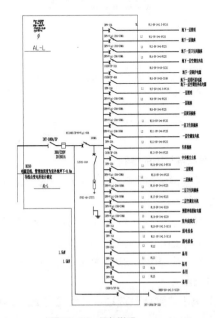

图 16-28　添加说明

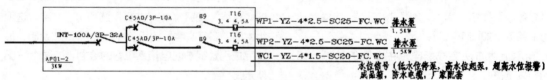

排污泵配电箱系统图

图 16-29　排污泵配电箱

16.1.2　绘制别墅弱电设计说明系统图

别墅弱电设计说明系统图如图 16-30 所示，主要包括文字标注、图表说明和相关系统图，下面具体讲解其中的弱电系统图和监控系统图的绘制方法。

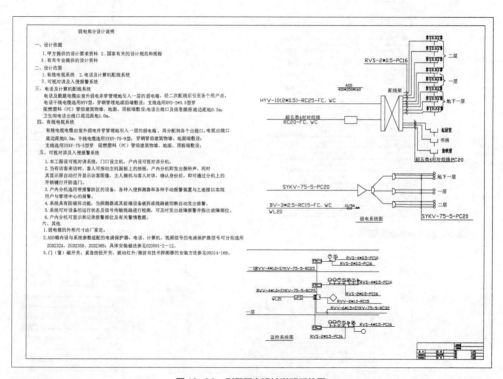

图 16-30　别墅弱电设计说明系统图

1. 弱电系统图的绘制

这里主要讲解弱电系统图的绘制方法，具体的绘制步骤如下。

（1）单击"默认"选项卡"绘图"选项组中的"多段线"按钮，指定起点宽度为"0"、端点宽度为"0"，在图形空白区域绘制连续多段线，如图 16-31 所示。

（2）单击"默认"选项卡"绘图"选项组中的"直线"按钮，选择绘制的连续多段线的底部水平线中点为起点，向下绘制一条竖直直线，如图 16-32 所示。

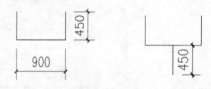

图 16-31　绘制连续多段线　图 16-32　绘制竖直直线

（3）单击"注释"选项卡"文字"选项组中

的"多行文字"按钮 **A**，在绘制的图形上添加文字"TP"，如图 16-33 所示。

（4）单击"默认"选项卡"修改"选项组中的"复制"按钮，选择绘制的图形为复制对象，对其向下进行连续复制，复制间距为"1425"，如图 16-34 所示。

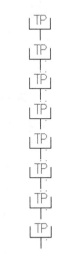

图 16-33 添加文字　图 16-34 连续复制图形

（5）单击"默认"选项卡"修改"选项组中的"复制"按钮，选择步骤（1）中和步骤（2）中绘制的图形为复制对象，对其向下复制，复制间距为"2434""1237""1302"，如图 16-35 所示。

（6）单击"默认"选项卡"绘图"选项组中的"多段线"按钮，指定起点宽度为"40"端点宽度为"40"，绘制图形的首条连接线，如图 16-36 所示。

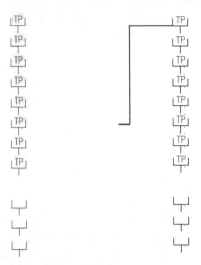

图 16-35 复制图形　图 16-36 绘制首条连接线

利用上述方法绘制剩余的连接线，如图 16-37 所示。

（7）单击"默认"选项卡"绘图"选项组中的"矩形"按钮，在图形左侧绘制一个"4777×466"的矩形，如图 16-38 所示。

（8）单击"默认"选项卡"修改"选项组中的"复制"按钮，选择绘制的矩形为复制对象，对其向左进行复制，复制间距为"2204"，如图 16-39 所示。

（9）单击"默认"选项卡"绘图"选项组中的"直线"按钮，绘制连接线连接绘制的两个矩形，如图 16-40 所示。

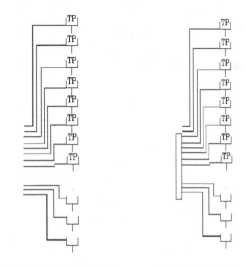

图 16-37 绘制剩余连接线　图 16-38 绘制矩形

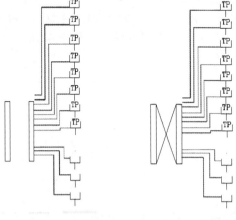

图 16-39 复制矩形　图 16-40 绘制连接线

（10）单击"默认"选项卡"绘图"选项组中的"直线"按钮，在图形的适当位置绘制一条水平直线，如图 16-41 所示。

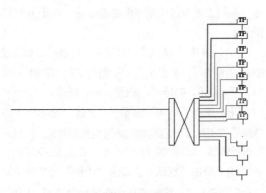

图 16-41　绘制水平直线

（11）单击"默认"选项卡"修改"选项组中的"偏移"按钮 ⊂，选择绘制的水平直线为偏移对象，将其向下进行偏移，偏移距离为"1893"，如图 16-42 所示。

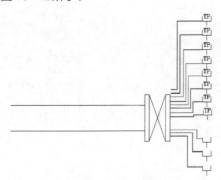

图 16-42　偏移水平直线

（12）单击"默认"选项卡"绘图"选项组中的"矩形"按钮 ☐，在偏移的水平直线的适当位置绘制一个"1515×852"的矩形，如图 16-43 所示。

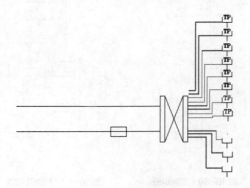

图 16-43　绘制矩形

（13）单击"默认"选项卡"修改"选项组中的"修剪"按钮，选择绘制的矩形里面的线段为

修剪对象，对其进行修剪，如图 16-44 所示。

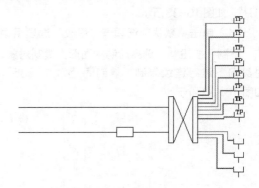

图 16-44　修剪线段

（14）在图形的下方适当位置选一点作为圆的圆心，绘制一个半径为"130"的圆，如图 16-45 所示。

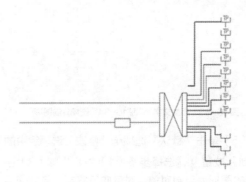

图 16-45　绘制圆

（15）单击"默认"选项卡"修改"选项组中的"复制"按钮 ，选择绘制的圆为复制对象，对其向下进行复制，复制间距为"291""323""1376""379""1001""344""327"，如图 16-46 所示。

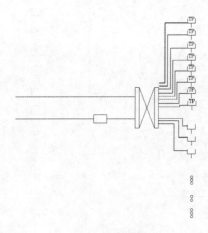

图 16-46　复制圆

（16）单击"默认"选项卡"绘图"选项组中的"多段线"按钮，在步骤（15）中绘制的图形的左侧绘制一个由多段线组成的半圆，如图16-47所示。

图 16-47　绘制半圆

（17）单击"默认"选项卡"修改"选项组中的"复制"按钮，选择绘制的半圆为复制对象，对其进行水平复制及垂直复制，如图16-48所示。

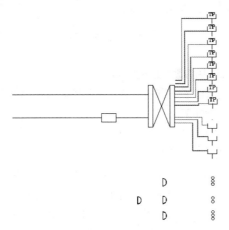

图 16-48　复制半圆

（18）单击"默认"选项卡"绘图"选项组中的"多段线"按钮，指定起点宽度为"20"、端点宽度为"20"，绘制圆形间的连接线，如图16-49所示。

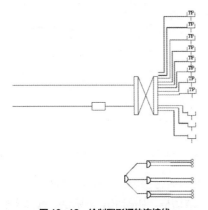

图 16-49　绘制圆形间的连接线

（19）单击"默认"选项卡"绘图"选项组中

的"矩形"按钮，在步骤（18）绘制图形的左侧位置绘制一个"1064×1423"的矩形，如图16-50所示。

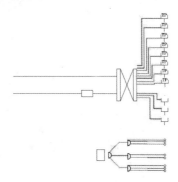

图 16-50　绘制矩形

（20）单击"默认"选项卡"绘图"选项组中的"直线"按钮，在步骤（19）中绘制的矩形内绘制连续直线，如图16-51所示。

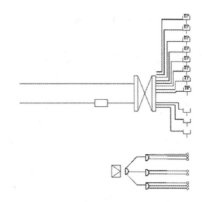

图 16-51　绘制连续直线

（21）单击"默认"选项卡"修改"选项组中的"删除"按钮，选择步骤（19）中绘制的矩形为删除对象，将矩形删除，如图16-52所示。

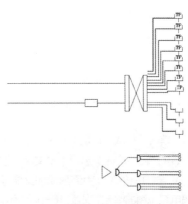

图 16-52　删除矩形

（22）单击"默认"选项卡"绘图"选项组中的"直线"按钮╱，绘制图形中剩余的连接线，如图16-53所示。

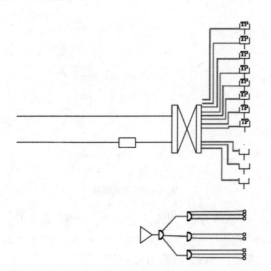

图16-53　绘制剩余连接线

利用上述方法完成剩余图形的绘制，如图16-54所示。

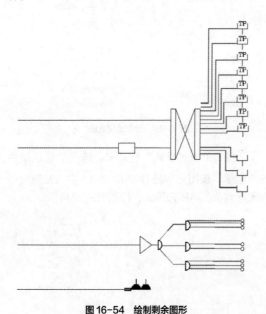

图16-54　绘制剩余图形

（23）单击"默认"选项卡"绘图"选项组中的"直线"按钮╱和"注释"选项卡"文字"选项组中的"多行文字"按钮 **A**，为图形添加文字标注，最终完成弱电系统图的绘制，如图16-55所示。

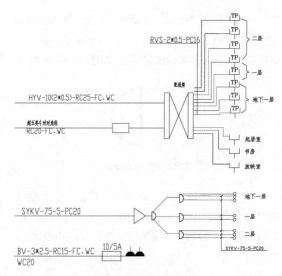

图16-55　添加文字标注

2. 监控系统图的绘制

这里主要讲解监控系统图的绘制方法，具体的绘制步骤如下。

（1）绘制监控系统图图块。

①绘制紧急按钮开关。

a.单击"默认"选项卡"绘图"选项组中的"圆"下拉按钮下的"圆心，半径"按钮⊙，在图形空白区域绘制一个半径为"225"的圆，如图16-56所示。

b.单击"默认"选项卡"绘图"选项组中的"圆"下拉按钮下的"圆心，半径"按钮⊙，在绘制的圆内绘制一个半径为"86"的圆，如图16-57所示。

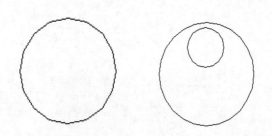

图16-56　绘制圆（1）　　　**图16-57　绘制圆（2）**

c.在命令行中输入"WBLOCK"命令，打开"写块"对话框，如图16-58所示。选择步骤（2）中绘制的对象为定义对象，任选一点为定义基点，将其命名为"紧急按钮开关"图块。

图 16-58 "写块"对话框

②绘制探测器。

a.单击"默认"选项卡"绘图"选项组中的"矩形"按钮 ▢，在图形空白区域绘制一个"360×360"的矩形，如图 16-59 所示。

b.单击"默认"选项卡"绘图"选项组中的"直线"按钮 ／，在绘制的矩形内绘制连续直线，如图 16-60 所示。

 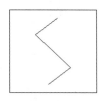

图 16-59 绘制矩形（1）　图 16-60 绘制连续直线

c.在命令行中输入"WBLOCK"命令，打开"写块"对话框，选择步骤（2）中绘制的对象为定义对象，任选一点为定义基点，将其命名为"探测器"图块。

③绘制门（窗）瓷开关。

a.单击"默认"选项卡"绘图"选项组中的"圆"下拉按钮下的"圆心，半径"按钮 ⊙，在图形空白处绘制一个半径为"225"的圆，如图 16-61 所示。

b.单击"默认"选项卡"绘图"选项组中的"直线"按钮 ／，在绘制的圆内绘制连续直线，如图 16-62 所示。

图 16-61 绘制圆（1）　图 16-62 绘制连续直线

c.在命令行中输入"WBLOCK"命令，打开"写块"对话框，选择步骤（2）中绘制的对象为定义对象，任选一点为定义基点，将其命名为"门（窗）瓷开关"图块。

④绘制可燃气体探测器。

a.单击"默认"选项卡"绘图"选项组中的"矩形"按钮 ▢，在图形空白区域绘制一个"360×360"的矩形，如图 16-63 所示。

b.单击"默认"选项卡"绘图"选项组中的"圆"下拉按钮下的"圆心，半径"按钮 ⊙，在绘制的矩形内绘制一个半径为"47"的圆，如图 16-64 所示。

图 16-63 绘制矩形（2）　图 16-64 绘制圆（2）

c.单击"默认"选项卡"绘图"选项组中的"图案填充"按钮 ▨，弹出"图案填充创建"选项卡，选择图案"SOLID"，拾取填充区域内一点，效果如图 16-65 所示。

d.单击"默认"选项卡"绘图"选项组中的"直线"按钮 ／，在填充的圆上绘制斜向直线，如图 16-66 所示。

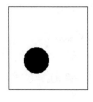 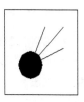

图 16-65 填充图形　图 16-66 绘制斜向直线

e.在命令行中输入"WBLOCK"命令，打开"写块"对话框，选择步骤（4）中绘制的对象为定义对象，任选一点为定义基点，将其命名为"可燃气体探测器"图块。

⑤绘制感温探测器。

a.单击"默认"选项卡"绘图"选项组中的"矩形"按钮 ▢，在图形空白区域绘制一个"360×360"的矩形，如图 16-67 所示。

b.单击"默认"选项卡"绘图"选项组中的

"直线"按钮 ╱，在绘制的矩形内绘制一条竖直直线，如图16-68所示。

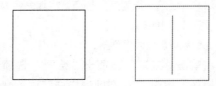

图16-67　绘制矩形（1）　　图16-68　绘制竖直直线

c.单击"默认"选项卡"绘图"选项组中的"圆"下拉按钮下的"圆心，半径"按钮 ⊙，在竖直直线下端绘制一个半径为"23"的圆，如图16-69所示。

d.单击"默认"选项卡"绘图"选项组中的"图案填充"按钮 ▨，弹出"图案填充创建"选项卡，选择图案"SOLID"，拾取填充区域内一点，效果如图16-70所示。

e.在命令行中输入"WBLOCK"命令，打开"写块"对话框，选择步骤（4）中绘制的对象为定义对象，任选一点为定义基点，将其命名为"感温探测器"图块。

图16-69　绘制圆　　　　图16-70　填充图形

⑥绘制被动红外/微波双技术探测器。

a.单击"默认"选项卡"绘图"选项组中的"直线"按钮 ╱，在图形空白区域绘制连续直线，如图16-71所示。

b.单击"注释"选项卡"文字"选项组中的"多行文字"按钮 A，在绘制的连续段内添加文字，如图16-72所示。

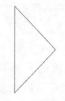 

图16-71　绘制连续直线（1）　　图16-72　添加文字

c.在命令行中输入"WBLOCK"命令，打开"写块"对话框，选择步骤②中绘制的对象为定义对象，任选一点为定义基点，将其命名为"被动红外/微波双技术探测器"图块。

⑦绘制可视对讲机。

a.单击"默认"选项卡"绘图"选项组中的"矩形"按钮 ▭，在图形空白区域绘制一个"1130×510"的矩形，如图16-73所示。

图16-73　绘制矩形（2）

b.单击"默认"选项卡"绘图"选项组中的"直线"按钮 ╱，在绘制的矩形内绘制连续直线，如图16-74所示。

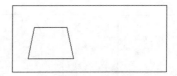

图16-74　绘制连续直线（2）

c.单击"默认"选项卡"绘图"选项组中的"直线"按钮 ╱和"圆弧"按钮 ⌒，在步骤（2）中绘制的图形的适当位置绘制图形，如图16-75所示。

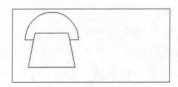

图16-75　绘制图形

d.单击"默认"选项卡"绘图"选项组中的"矩形"按钮 ▭，在步骤（3）中绘制的图形的右侧绘制一个"528×288"的矩形，如图16-76所示。

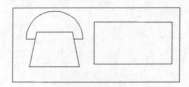

图16-76　绘制矩形（3）

e.单击"默认"选项卡"修改"选项组中的"偏移"按钮⊆，选择矩形为偏移对象，将其向内进行偏移，偏移距离为"24"，如图16-77所示。

f.单击"默认"选项卡"修改"选项组中的"圆角"按钮⌐，选择内部矩形为圆角对象，对其进行圆角处理，圆角半径为"54"，如图16-78所示。

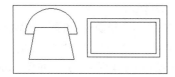

图16-77　偏移矩形

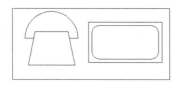

图16-78　圆角处理

g.在命令行中输入"WBLOCK"命令，打开"写块"对话框，选择步骤（6）中绘制的对象为定义对象，任选一点为定义基点，将其命名为"可视对讲机"图块。

⑧绘制访客对讲电控防盗门主机。

a.单击"默认"选项卡"绘图"选项组中的"矩形"按钮▭，在图形空白区域绘制一个"813×557"的矩形，如图16-79所示。

b.单击"默认"选项卡"绘图"选项组中的"直线"按钮╱，在绘制的矩形内绘制一条竖直直线，如图16-80所示。

图16-79　绘制矩形

图16-80　绘制竖直直线

c.单击"默认"选项卡"修改"选项组中的"偏移"按钮⊆，选择绘制的竖直直线为偏移对象，将其向右进行偏移，偏移距离为"24""22""22""30""24"，如图16-81所示。

d.单击"默认"选项卡"修改"选项组中的"复制"按钮❖，选择步骤（3）中绘制的竖直直线为复制对象，将其向下进行复制，复制间距为

"277"，如图16-82所示。

图16-81　偏移竖直直线　　图16-82　复制竖直直线

e.单击"默认"选项卡"绘图"选项组中的"圆"下拉按钮下的"圆心，半径"按钮⊙，在绘制的图形内右侧位置绘制一个半径为"29"的圆，如图16-83所示。

f.在命令行中输入"WBLOCK"命令，打开"写块"对话框，选择步骤（5）中绘制的对象为定义对象，任选一点为定义基点，将其命名为"访客对讲电控防盗门主机"图块。

g.利用上述方法完成电控锁的绘制，并将其定义为块，如图16-84所示。

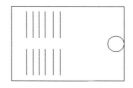

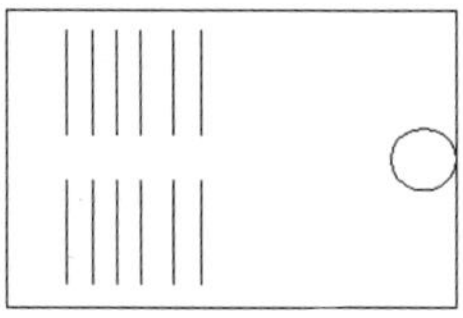

图16-83　绘制圆 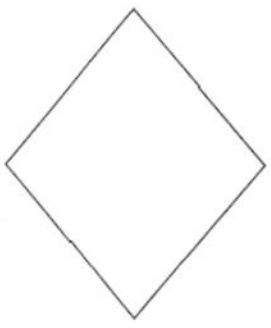　　　　图16-84　绘制电控锁

h.利用上述方法完成UPS电源的绘制，并将其定义为块，如图16-85所示。

图16-85　绘制 UPS 电源

（2）绘制监控系统图。

①单击"默认"选项卡"绘图"选项组中的"直线"按钮╱，将线型设置为虚线，在图形适当位置绘制一条水平虚线，如图16-86所示。

————————————————————

图16-86　绘制水平虚线

②单击"默认"选项卡"修改"选项组中的"偏移"按钮⊆，选择绘制的水平虚线为偏移对象，将其向下进行偏移，偏移距离为"2599""5183"如图16-87所示。

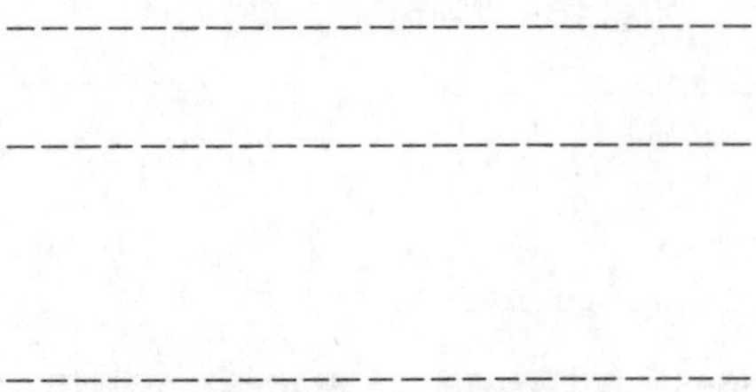

_____

_____

_____

图 16-87　偏移水平虚线

③单击"默认"选项卡"修改"选项组中的"移动"按钮 ✛，选择绘制的图块为移动对象，将其移到适当位置，如图 16-88 所示。

④单击"默认"选项卡"绘图"选项组中的"多段线"按钮 ⊃，指定起点宽度为"20"、端点宽度为"20"，绘制图块之间的连接线，如图 16-89 所示。

⑤单击"默认"选项卡"绘图"选项组中的"多段线"按钮 ⊃，在图形的适当位置绘制多段线，如图 16-90 所示。

⑥单击"默认"选项卡"绘图"选项组中的"圆"下拉按钮下的"圆心，半径"按钮 ⊘，在绘制的多段线的端口处绘制一个半径为"261"的圆，如图 16-91 所示。

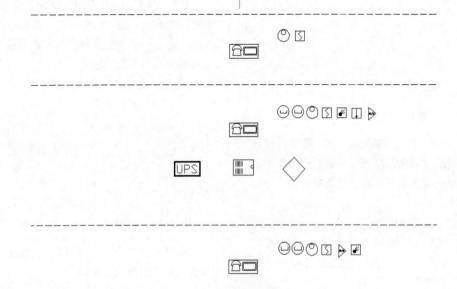

图 16-88　移动图块

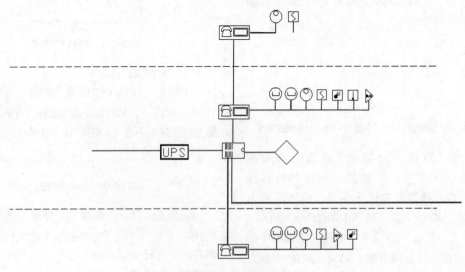

图 16-89　绘制连接线

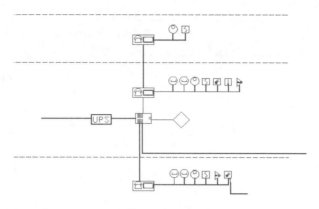

图 16-90　绘制多段线

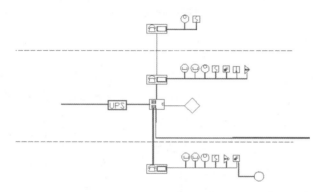

图 16-91　绘制圆

⑦单击"默认"选项卡"绘图"选项组中的"直线"按钮／，在图形适当位置绘制一条斜向直线，如图 16-92 所示。

⑧单击"默认"选项卡"绘图"选项组中的"直线"按钮／，选择绘制的斜向直线的中点为直线起点，向右绘制一条水平直线，如图 16-93 所示。

⑨单击"注释"选项卡"文字"选项组中的"多行文字"按钮 **A**，在绘制的水平直线上添加文字标注，如图 16-94 所示。

⑩利用上述方法完成剩余文字标注的添加，最终完成监控系统图的绘制，如图 16-95 所示。

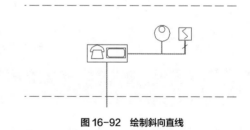

图 16-92　绘制斜向直线

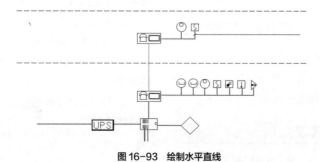

图 16-93　绘制水平直线

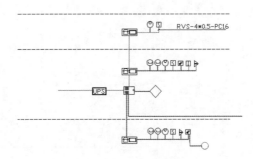

图 16-94　添加文字标注

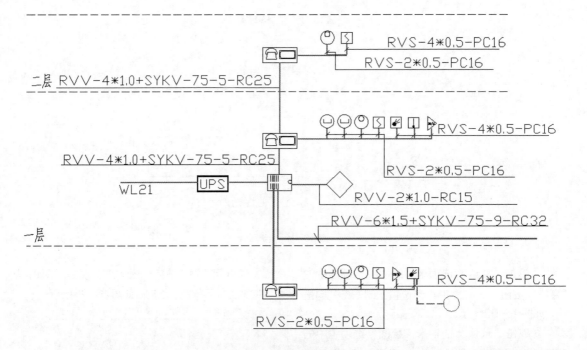

图 16-95　添加剩余文字标注

16.2 电气平面图

本例电气平面图包括照明平面图、电视电话平面图以及接地防雷平面图。

预习重点

（1）掌握照明平面图的绘制方法。
（2）掌握电视电话平面图的绘制方法。
（3）掌握接地防雷平面图的绘制方法。

16.2.1 绘制照明平面图

照明平面图绘制的基本原则是在满足照明电

力需求功能的前提下，要求：线路尽量短，以节省成本；线缆集成尽量条理清晰，以便于后期维修查找；布线尽量美观。

本小节将介绍别墅照明平面图的绘制方法，包括地下室照明平面图、首层照明平面图和二层照明平面图。

地下室照明平面图如图 16-96 所示，下面讲解其具体绘制方法。

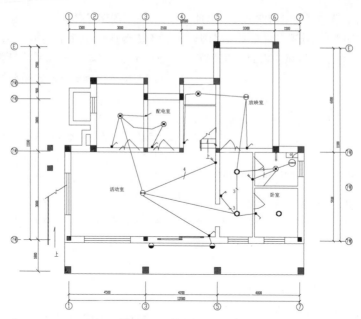

图 16-96　地下室照明平面图

1. 绘图准备

（1）单击"快速访问"工具栏中的"打开"按钮 🗁，打开"源文件\地下层平面图"。

（2）单击"快速访问"工具栏中的"另存为"按钮 💾，将打开的"地下层平面图"另存为"地下照明平面图"。结合所学知识对平面图进行调整，如图 16-97 所示。

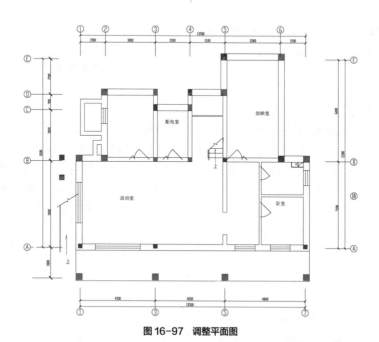

图 16-97　调整平面图

2. 绘制图块

（1）绘制配电箱。

① 单击"默认"选项卡"绘图"选项组中的"矩形"按钮 ▭，在图形空白区域绘制一个"720×352"的矩形，如图 16-98 所示。

② 单击"默认"选项卡"绘图"选项组中的

"图案填充"按钮▨，弹出"图案填充创建"选项卡，选择图案"ANSI31"，设置"填充图案比例"为"15"，选择矩形为填充区域，将其填充，如图16-99所示。

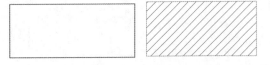

图16-98　绘制矩形　　　　图16-99　填充矩形

③ 在命令行中输入"WBLOCK"命令，打开"写块"对话框，如图16-100所示。选择步骤②中绘制的图形为定义对象，任选一点为定义基点，将其定义为"配电箱"图块。

图16-100　"写块"对话框

（2）绘制圆球壁灯及防水圆球壁灯。

① 单击"默认"选项卡"绘图"选项组中的"圆"下拉按钮下的"圆心，半径"按钮⊘，在图形空白区域任选一点为圆心，绘制一个半径为"150"的圆，如图16-101所示。

② 单击"默认"选项卡"绘图"选项组中的"直线"按钮／，过圆的圆心绘制一条水平直线，如图16-102所示。

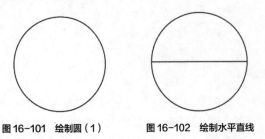

图16-101　绘制圆（1）　　　图16-102　绘制水平直线

③ 单击"默认"选项卡"绘图"选项组中的"图案填充"按钮▨，弹出"图案填充创建"选项卡，选择图案"SOLID"，设置"填充图案比例"为1，选择绘制的图形为填充区域，将其填充，如图16-103所示。

④ 在命令行中输入"WBLOCK"命令，打开"写块"对话框，如图16-100所示。选择步骤③绘制的图形为定义对象，任选一点为定义基点，将其定义为"圆球壁灯"图块。

防水圆球壁灯的绘制方法基本与圆球壁灯的绘制方法基本相同，这里不再详细阐述，如图16-104所示。

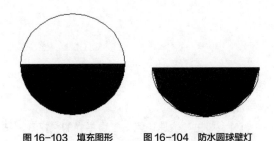

图16-103　填充图形　　　图16-104　防水圆球壁灯

⑤ 在命令行中输入"WBLOCK"命令，打开"写块"对话框，如图16-100所示。选择步骤④中绘制的图形为定义对象，任选一点为定义基点，将其定义为"防水圆球壁灯"图块。

（3）绘制防水防尘灯。

① 单击"默认"选项卡"绘图"选项组中的"圆"下拉按钮下的"圆心，半径"按钮⊘，在图形空白区域任选一点为圆心，绘制一个半径为"150"的圆，如图16-105所示。

② 单击"默认"选项卡"修改"选项组中的"偏移"按钮⊏，选择绘制的圆为偏移对象，将其向内进行偏移，偏移距离为"99"，如图16-106所示。

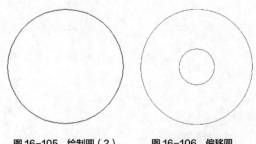

图16-105　绘制圆（2）　　　图16-106　偏移圆

③ 单击"默认"选项卡"绘图"选项组中的

"图案填充"按钮▨，弹出"图案填充创建"选项卡，选择图案"SOLID"，设置"填充图案比例"为"1"，选择绘制的图形为填充区域，将其填充，如图16-107所示。

④ 单击"默认"选项卡"绘图"选项组中的"直线"按钮／，在填充的圆上选择直线的起点并绘制几条斜向直线，如图16-108所示。

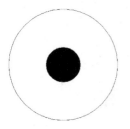 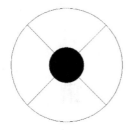

图 16-107　填充圆　　　图 16-108　绘制斜向直线

⑤ 在命令行中输入"WBLOCK"命令，打开"写块"对话框，如图16-100所示。选择步骤④中绘制的图形为定义对象，任选一点为定义基点，将其定义为"防水防尘灯"图块。

（4）绘制花灯。

① 单击"默认"选项卡"绘图"选项组中的"圆"下拉按钮下的"圆心，半径"按钮⊙，在图形空白区域任选一点为圆心，绘制一个半径为"150"的圆，如图16-109所示。

② 单击"默认"选项卡"绘图"选项组中的"直线"按钮／，绘制一条通过绘制圆的圆心的水平直线，如图16-110所示。

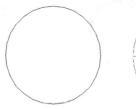 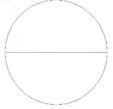

图 16-109　绘制圆（1）　图 16-110　绘制水平直线

③ 单击"默认"选项卡"修改"选项组中的"旋转"按钮↻，选择绘制的水平直线为旋转对象，对其进行旋转复制，旋转角度为23.96°和-23.96°，如图16-111所示。

④ 在命令行中输入"WBLOCK"命令，打开"写块"对话框，如图16-100所示。选择步骤③中绘制的图形为定义对象，任选一点为定义基点，将

其定义为"花灯"图块。

（5）绘制排风扇。

① 单击"默认"选项卡"绘图"选项组中的"圆"下拉按钮下的"圆心，半径"按钮⊙，在图形空白区域任选一点为圆心，绘制一个半径为"206"的圆，如图16-112所示。

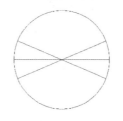 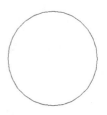

图 16-111　旋转复制水平直线　　图 16-112　绘制圆（2）

② 单击"默认"选项卡"修改"选项组中的"偏移"按钮⊏，选择绘制的圆为偏移对象，将其向内进行偏移，偏移距离为"175"，如图16-113所示。

③ 单击"默认"选项卡"绘图"选项组中的"矩形"按钮▢，在图形内绘制一个"375×78"的矩形，如图16-114所示。

④ 单击"默认"选项卡"绘图"选项组中的"直线"按钮／，在绘制的矩形内绘制对角线，如图16-115所示。

⑤ 单击"默认"选项卡"修改"选项组中的"修剪"按钮ⵣ，对绘制的矩形线段进行修剪，如图16-116所示。

图 16-113　偏移圆　　　图 16-114　绘制矩形

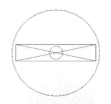 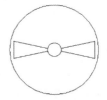

图 16-115　绘制对角线　　图 16-116　修剪矩形线段

⑥ 在命令行中输入"WBLOCK"命令，打开"写块"对话框，如图16-100所示。选择步骤⑤中

绘制的图形为定义对象，任选一点为定义基点，将其定义为"排风扇"图块。

（6）绘制防雾型镜前壁灯。

① 单击"默认"选项卡"绘图"选项组中的"直线"按钮 ╱ ，在图形空白区域选一点作为直线起点，绘制一条竖直直线，如图 16-117 所示。

② 单击"默认"选项卡"修改"选项组中的"偏移"按钮 ⊆ ，选择步骤①中绘制的竖直直线为偏移对象，将其向右偏移，偏移距离为"720"，如图 16-118 所示。

图 16-117　绘制竖直直线　　图 16-118　偏移直线

③ 单击"默认"选项卡"绘图"选项组中的"多段线"按钮 ╰╮，指定起点宽度为"42"、端点宽度为"42"，选择左侧竖直直线的中点为多段线起点，向右绘制一条水平多段线，如图 16-119 所示。

④ 在命令行中输入"WBLOCK"命令，打开"写块"对话框，如图 16-100 所示。选择步骤③中绘制的图形为定义对象，任选一点为定义基点，将其定义为"防雾型镜前壁灯"图块。

图 16-119　绘制水平多段线

（7）绘制单极安装开关。

① 单击"默认"选项卡"绘图"选项组中的"圆"下拉按钮下的"圆心，半径"按钮 ⊙ ，在图形空白区域绘制一个半径为"63"的圆，如图 16-120 所示。

② 单击"默认"选项卡"绘图"选项组中的"图案填充"按钮 ▨ ，弹出"图案填充创建"选项卡，选择图案"SOLID"，设置"填充图案比例"为"1"，选择绘制的圆为填充区域，将其填充，如图 16-121 所示。

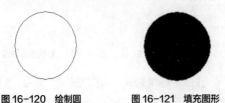

图 16-120　绘制圆　　　　图 16-121　填充图形

③ 单击"默认"选项卡"绘图"选项组中的"直线"按钮 ╱ ，在步骤②中绘制的图形上绘制两段连续多段线，如图 16-122 所示。

④ 在命令行中输入"WBLOCK"命令，打开"写块"对话框，选择步骤③中绘制的图形为定义对象，任选一点为定义基点，将其定义为"单极安装开关"图块。

利用上述方法完成剩余的双极暗装开关的绘制，并将其定义为块，如图 16-123 所示。

图 16-122　绘制连续多段线　　图 16-123　双极暗装开关

（8）利用上述方法完成剩余的三极暗装开关的绘制，并将其定义为块，如图 16-124 所示。

（9）利用上述方法完成剩余的四极暗装开关的绘制，并将其定义为块，如图 16-125 所示。

图 16-124　三级暗装开关　　图 16-125　四级暗装开关

（10）利用上述方法完成节能灯的绘制，并将其定义为块如图 16-126 所示。

图 16-126　节能灯

3. 插入图块

（1）单击"插入"选项卡"块"选项组中的"插入"按钮 ，在下拉菜单中选择"其他图形中的块"，打开"块"选项板。继续单击选项板右上侧的"浏览"按钮 … ，弹出"选择图形文件"对话框，选择"源文件\图块\防水防尘灯"图块，单击"打开"按钮，回到"块"选项板。双击图块，将图块插入图中的合适位置，完成"防水防尘灯"图块的插入，如图 16-127 所示。

（2）单击"插入"选项卡"块"选项组中的"插入"按钮🔲，在下拉菜单中选择"其他图形中的块"，打开"块"选项板。继续单击选项板右上侧的"浏览"按钮⋯，弹出"选择图形文件"对话框，选择"源文件\图块\花灯"图块，单击"打开"按钮，回到"块"选项板。双击图块，将图块插入图中的合适位置，完成"花灯"图块的插入，如图16-128所示。

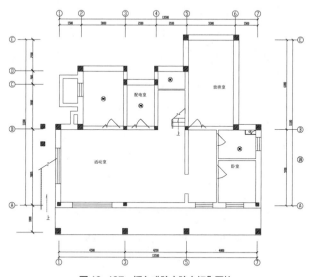

图 16-127　插入"防水防尘灯"图块

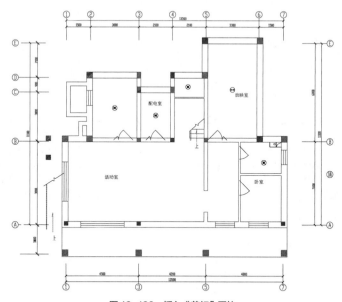

图 16-128　插入"花灯"图块

（3）单击"插入"选项卡"块"选项组中的"插入"按钮🔲，在下拉菜单中选择"其他图形中的块"，打开"块"选项板。继续单击选项板右上侧的"浏览"按钮⋯，弹出"选择图形文件"对话框，选择"源文件\图块\防水圆球壁灯"图块，单击"打开"按钮，回到"块"选项板。双击图块，将图块插入图中的合适位置，完成"防水圆球壁灯"图块的插入，如图16-129所示。

利用上述方法完成剩余图块的插入，如图16-130所示。

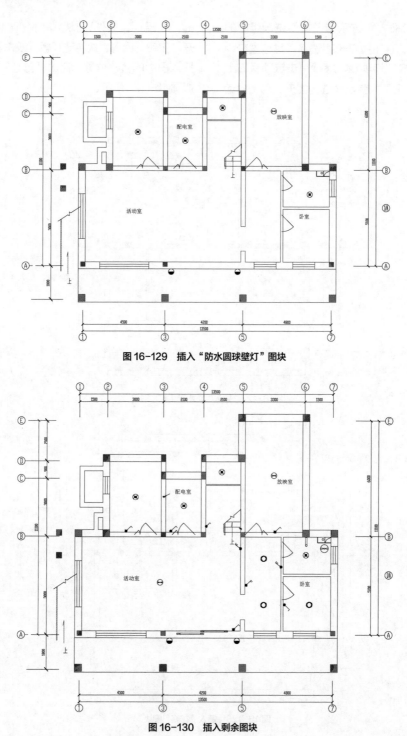

图 16-129　插入"防水圆球壁灯"图块

图 16-130　插入剩余图块

（4）单击"默认"选项卡"绘图"选项组中的"多段线"按钮 ⟍，指定起点宽度为"35"、端点宽度为"35"，绘制连接线，如图16-131所示。

（5）单击"默认"选项卡"绘图"选项组中的"圆"下拉按钮下的"圆心，半径"按钮 ⊙，在图形适当位置绘制一个半径为"43"的圆，如图16-132所示。

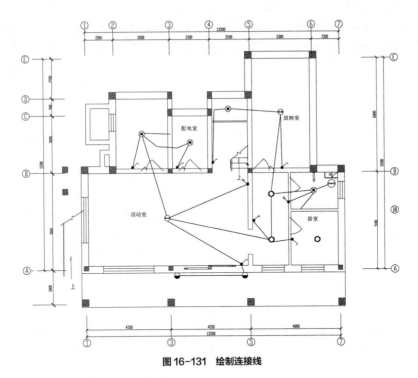

图 16-131　绘制连接线

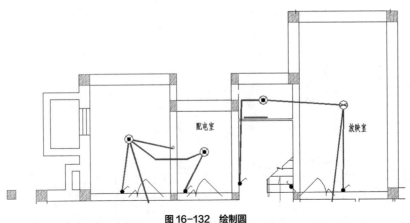

图 16-132　绘制圆

（6）单击"默认"选项卡"绘图"选项组中的"图案填充"按钮▨，弹出"图案填充创建"选项卡，选择图案"SOLID"，选择绘制的图形为填充区域，将其填充，如图 16-133 所示。

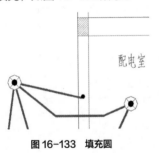

图 16-133　填充圆

（7）单击"默认"选项卡"绘图"选项组中的"多段线"按钮⤵，在填充的图形上绘制连续多段线，如图 16-134 所示。

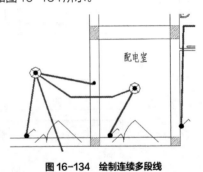

图 16-134　绘制连续多段线

（8）单击"默认"选项卡"绘图"选项组中的"直线"按钮／，在图形中绘制一条斜向直线，如图16-135所示。

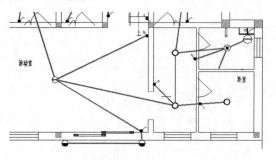

图16-135　绘制斜向直线

（9）单击"注释"选项卡"文字"选项组中的"多行文字"按钮Ａ，在绘制的斜向直线上添加文字标注，如图16-136所示。

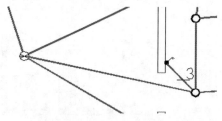

图16-136　添加文字标注

（10）利用上述方法完成剩余文字标注的添加，最终结果如图16-96所示。

（11）利用上述方法完成其他楼层照明平面图的绘制，如图16-137、图16-138所示。

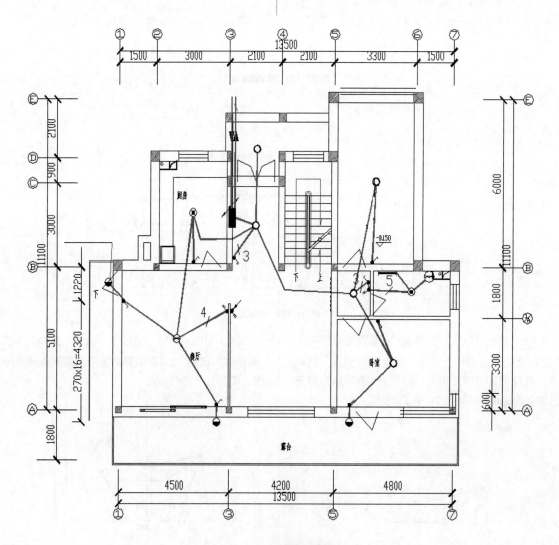

图16-137　首层照明平面图

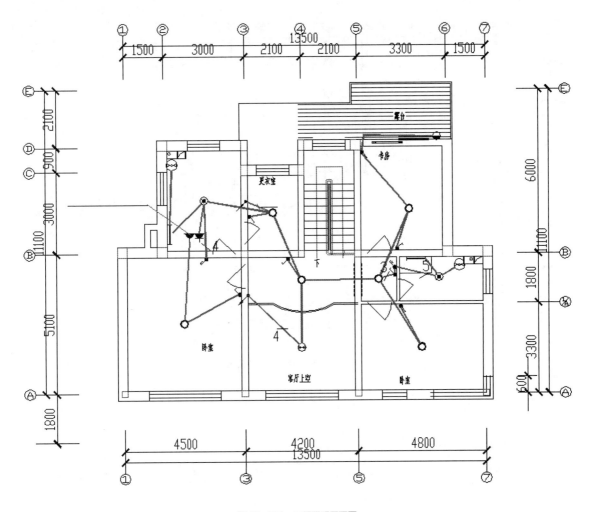

图 16-138 二层照明平面图

16.2.2 绘制电视电话平面图

本小节将介绍别墅电视电话平面图的绘制方法，包括地下室电视电话、首层电视电话和二层电视电话。

地下室电视电话平面图如图 16-139 所示。下面讲解其具体绘制方法。

（1）单击"快速访问"工具栏中的"打开"按钮 ，打开"源文件\地下层平面图"。

（2）单击"快速访问"工具栏中的"另存为"

按钮 ，将打开的"地下层平面图"另存为"地下室电视电话平面图"。

（3）结合所学知识对平面图进行调整，如图 16-140 所示。

（4）绘制图块。

①绘制电话插座。

a.单击"默认"选项卡"绘图"选项组中的"多段线"按钮 ，指定起点宽度为"0"、端点宽度为"0"，在图形空白区域绘制连续多段线，如图 16-141 所示。

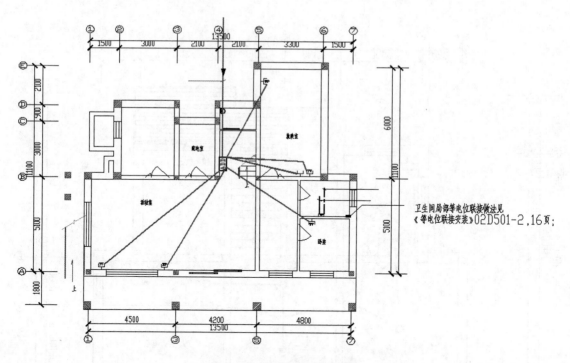

图 16-139　地下室电视电话平面图

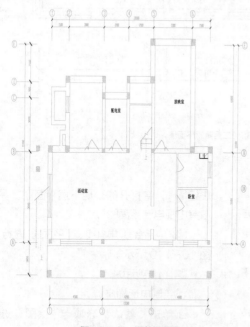

图 16-140　调整平面图

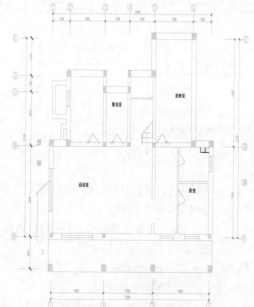

图 16-141　绘制连续多段线

b.单击"默认"选项卡"绘图"选项组中的"直线"按钮／，选择绘制的连续多段线的底部中点为起点，向下绘制一条竖直直线，如图 16-142 所示。

c.单击"注释"选项卡"文字"选项组中的"多行文字"按钮 **A**，在绘制的连续多段线上添加文字，如图 16-143 所示。

图 16-142　绘制竖直直线　　　图 16-143　添加文字

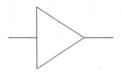

图 16-148　修剪矩形　　　图 16-149　绘制水平直线

　　d.在命令行中输入"WBLOCK"命令，打开"写块"对话框，如图 16-100 所示。选择步骤（3）中绘制的图形为定义对象，任选一点为定义基点，将其定义为"电话插座"图块。

　　②绘制电视插座。

　　电视插座的绘制方法基本与电话插座的绘制方法相同，这里不再详细阐述，绘制完成后将其定义为块，如图 16-144 所示。

　　利用上述方法完成网络插座的绘制，如图 16-145 所示。

图 16-144　电视插座　　　图 16-145　网络插座

　　③绘制放大器。

　　a.单击"默认"选项卡"绘图"选项组中的"矩形"按钮 ▢，在图形空白区域绘制一个"355×474"的矩形，如图 16-146 所示。

　　b.单击"默认"选项卡"绘图"选项组中的"直线"按钮／，在绘制的矩形内绘制对角线，如图 16-147 所示。

图 16-146　绘制矩形　　　图 16-147　绘制对角线

　　c.单击"默认"选项卡"修改"选项组中的"修剪"按钮，选择绘制的矩形为修剪对象，对其进行修剪，如图 16-148 所示。

　　d.单击"默认"选项卡"绘图"选项组中的"直线"按钮／，在绘制的图形上绘制两条水平直线，如图 16-149 所示。

　　e.在命令行中输入"WBLOCK"命令，打开"写块"对话框，如图 16-100 所示。选择步骤4）中绘制的图形为定义对象，任选一点为定义基点，将其定义为"放大器"图块。

　　④绘制电视天线三分配器。

　　a.单击"默认"选项卡"绘图"选项组中的"多段线"按钮，指定起点宽度为"10"、端点宽度为"10"，绘制连续多段线，如图 16-150 所示。

　　b.单击"默认"选项卡"绘图"选项组中的"直线"按钮／，在绘制的图形上选一点作为起点，绘制一条水平直线，如图 16-151 所示。

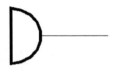

图 16-150　绘制连续　　　图 16-151　绘制水平
多段线　　　　　　　　　　　直线

　　c.单击"默认"选项卡"绘图"选项组中的"直线"按钮／，在水平直线的上下两侧绘制两条斜向 15°的直线，如图 16-152 所示。

　　d.单击"默认"选项卡"绘图"选项组中的"圆"下拉按钮下的"圆心，半径"按钮，在绘制的水平直线上任选一点作为圆的圆心，绘制一个半径为"28"的圆，如图 16-153 所示。

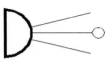

图 16-152　绘制斜向直线　　　图 16-153　绘制圆

　　e.单击"默认"选项卡"修改"选项组中的"复制"按钮，选择绘制的圆为复制对象，对其向上下进行复制，如图 16-154 所示。

　　f.在命令行中输入"WBLOCK"命令，打开"写块"对话框，选择步骤（5）中绘制的图形为定义对象，任选一点为定义基点，将其定义为"电视天线三分配器"图块。

利用上述方法完成弱电接电箱的绘制，如图16-155所示。

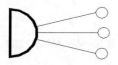

图16-154　复制圆

图16-155　弱电接电箱

（5）插入图块。

①单击菜单栏"插入"选项卡下的"块选项板"，弹出"块"选项板。继续单击选项板右上侧的"浏览"按钮…，弹出"选择图形文件"对话框，选择"源文件\图块\电话插座"图块，单击"打开"按钮，回到"块"选项板。双击图块，将图块插入图形中的合适位置，完成"电话插座"图块的插入，如图16-156所示。

②同样方法，完成"电视插座"图块的插入，结合上述知识在绘制的图形内绘制连接线，如图16-157所示。

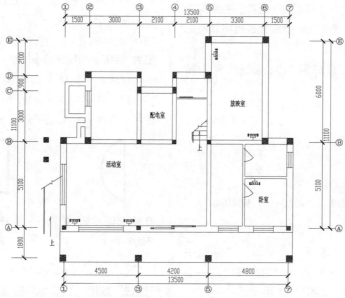

图16-156　插入"电话插座"图块

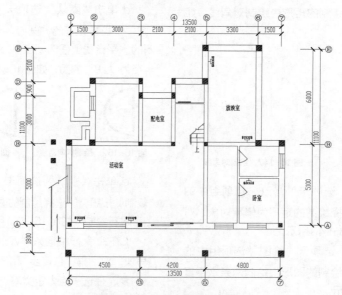

图16-157　插入"电视插座"图块

③利用同样方法完成"弱电接线箱"图块的插入，如图16-158所示。

④利用同样方法完成"网络插座"图块的插入，如图16-159所示。

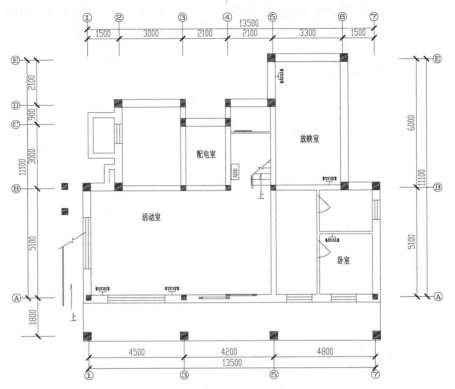

图16-158　插入"弱电接线箱"图块

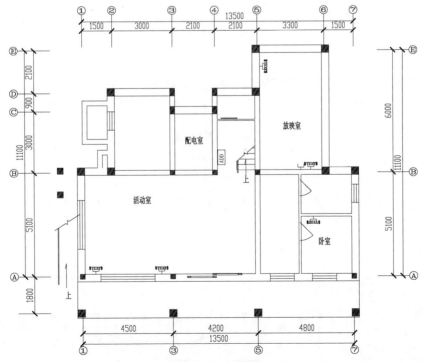

图16-159　插入"网络插座"图块

（6）单击"默认"选项卡"绘图"选项组中的"多段线"按钮 ⟶，指定起点宽度为"35"、端点宽度为"35"，绘制图块之间的连接线，如图 16-160 所示。

（7）单击"默认"选项卡"绘图"选项组中的"多段线"按钮 ⟶，指定起点宽度为"180"、端点

宽度为"0"，在绘制的连接线上绘制一个适当长度的箭头，如图 16-161 所示。

（8）单击"默认"选项卡"绘图"选项组中的"直线"按钮 ╱ 和"多段线"按钮 ⟶，完成电视电话平面图剩余部分图形的绘制，如图 16-162 所示。

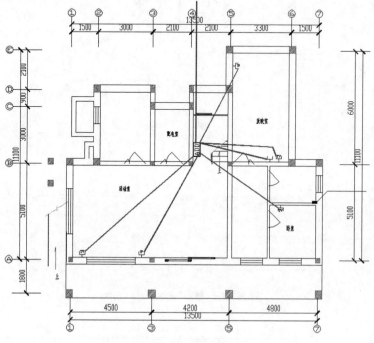

图 16-160　绘制连接线

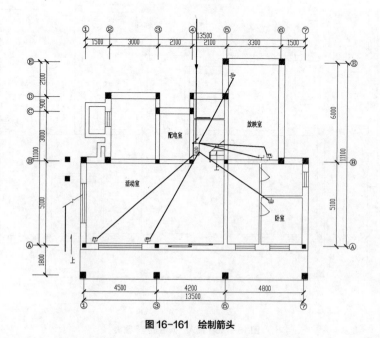

图 16-161　绘制箭头

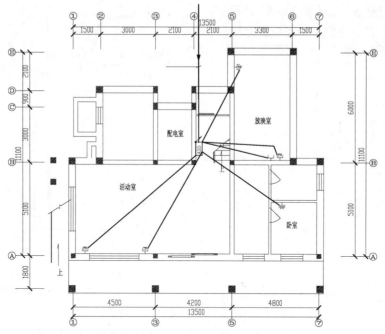

图 16-162　绘制电视电话平面图的剩余图形

（9）单击"默认"选项卡"绘图"选项组中的"矩形"按钮 □，在图形适当位置绘制一个"270×80"的矩形，如图16-163所示。

（10）单击"默认"选项卡"修改"选项组中的"修剪"按钮，选择绘制的矩形内的多余线段为修剪对象，对其进行修剪，如图16-164所示。

（11）单击"默认"选项卡"绘图"选项组中的"图案填充"按钮，弹出"图案填充创建"选项卡，选择图案"SOLID"，选择步骤（10）中绘制的图形为填充区域，将其填充，如图16-165所示。

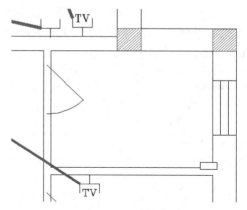

图 16-164　修剪多余线段

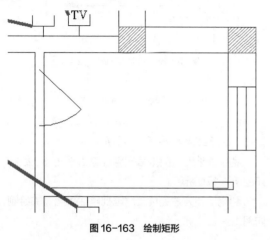

图 16-163　绘制矩形

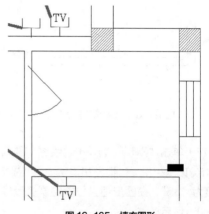

图 16-165　填充图形

（12）单击"默认"选项卡"绘图"选项组中的"矩形"按钮 ▭，在图形适当位置绘制一个"278×155"的矩形，如图16-166所示。

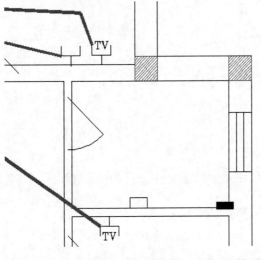

图16-166 绘制矩形

（13）单击"默认"选项卡"绘图"选项组中的"直线"按钮 ╱，在步骤（12）中绘制的矩形内绘制水平直线，如图16-167所示。

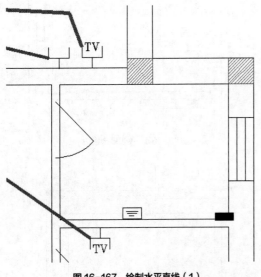

图16-167 绘制水平直线（1）

（14）单击"默认"选项卡"绘图"选项组中的"多段线"按钮 ⌐⊃，指定起点宽度为"35"、端点宽度为"35"，在图形适当位置绘制多段线，如图16-168所示。

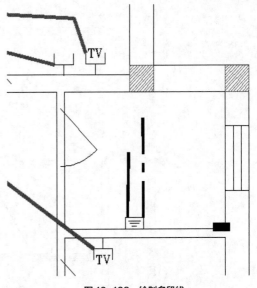

图16-168 绘制多段线

（15）单击"默认"选项卡"绘图"选项组中的"直线"按钮 ╱，在图形适当位置绘制水平直线，如图16-169所示。

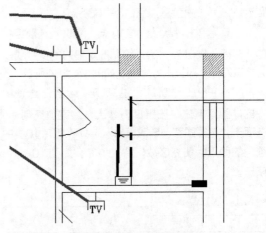

图16-169 绘制水平直线（2）

（16）单击"注释"选项卡"文字"选项组中的"多行文字"按钮 **A**，在图形适当位置添加文字标注，最终结果如图16-139所示。

利用上述方法完成首层电视电话平面图的绘制，如图16-170所示。

利用上述方法完成二层电视电话平面图的绘制，如图16-171所示。

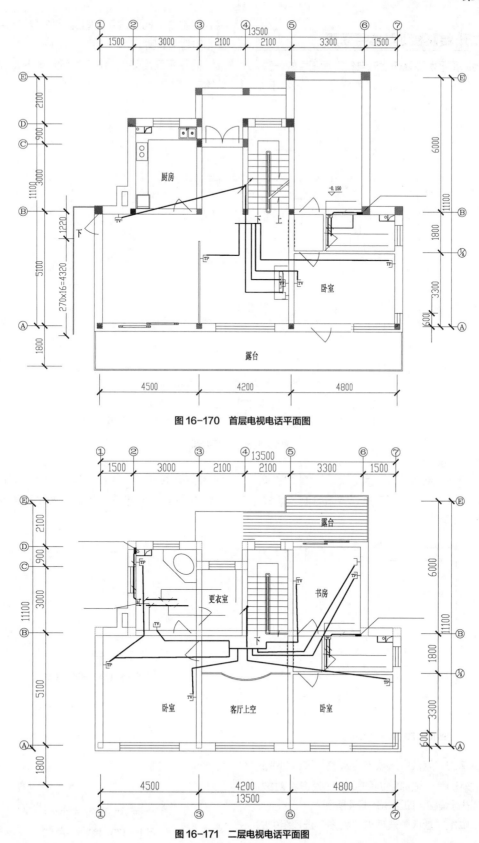

图 16-170 首层电视电话平面图

图 16-171 二层电视电话平面图

16.2.3 | 绘制接地防雷平面图

接地防雷平面图属于建筑电气工程图中的一种，是建筑电气设计人员应该关注的重要部分。本小节将介绍别墅接地防雷平面图的绘制，包括接地平面图和防雷平面图。

防雷平面图如图16-172所示。下面讲解其具体绘制方法。

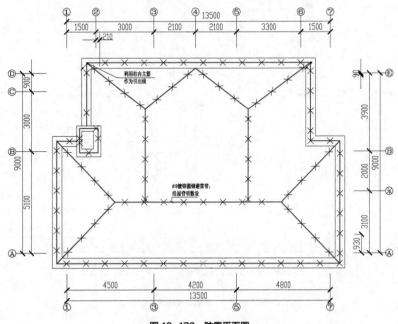

图 16-172 防雷平面图

（1）单击"默认"选项卡"绘图"选项组中的"多段线"按钮⊃，在图形适当位置绘制多段线，如图16-173所示。

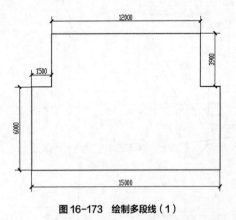

图 16-173 绘制多段线（1）

（2）单击"默认"选项卡"修改"选项组中的"偏移"按钮⊆，选择绘制的多段线为偏移对象，将其向内进行偏移，如图16-174所示。

（3）单击"默认"选项卡"绘图"选项组中的

"多段线"按钮⊃，指定起点宽度为"40"、端点宽度为"40"，在两个多段线之间绘制多段线，如图16-175所示。

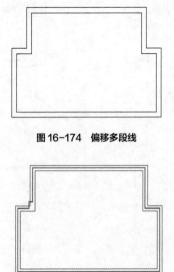

图 16-174 偏移多段线

图 16-175 绘制多段线（2）

（4）单击"默认"选项卡"绘图"选项组中的"矩形"按钮 ▢，在绘制的图形适当位置绘制一个"1270×1540"的矩形，如图16-176所示。

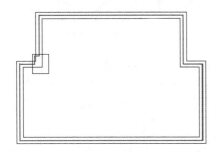

图 16-176　绘制矩形（1）

（5）单击"默认"选项卡"修改"选项组中的"修剪"按钮 ✂，选择绘制的矩形内的多余线段为修剪对象，对其进行修剪处理，如图16-177所示。

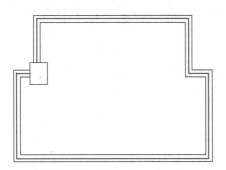

图 16-177　修剪多余线段

（6）单击"默认"选项卡"绘图"选项组中的"矩形"按钮 ▢，在步骤（5）中绘制的矩形内绘制一个适当大小的矩形，如图16-178所示。

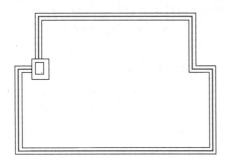

图 16-178　绘制矩形（2）

（7）单击"默认"选项卡"绘图"选项组中的"多段线"按钮 ⟂，指定起点宽度为"40"、端点宽度为"40"，在图形内绘制多段线，如图16-179所示。

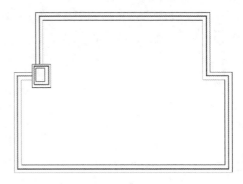

图 16-179　绘制多段线（1）

（8）单击"默认"选项卡"绘图"选项组中的"多段线"按钮 ⟂，指定起点宽度为"40"、端点宽度为"40"，在图形适当位置绘制多段线，如图16-180所示。

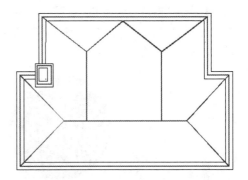

图 16-180　绘制多段线（2）

（9）单击"默认"选项卡"绘图"选项组中的"直线"按钮 ╱，在图形适当位置绘制交叉线，如图16-181所示。

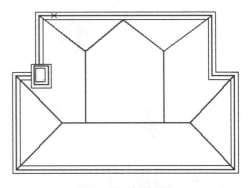

图 16-181　绘制交叉线

（10）单击"默认"选项卡"修改"选项组中的"复制"按钮 ❏，选择绘制的交叉线为复制对象，对其进行连续复制，如图16-182所示。

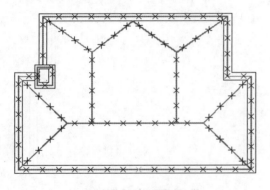

图 16-182 复制交叉线

（11）单击"默认"选项卡"绘图"选项组中的"圆"下拉按钮下的"圆心，半径"按钮⊘，在图形空白区域绘制一个半径为"21"的圆，如图 16-183 所示。

（12）单击"默认"选项卡"绘图"选项组中的"图案填充"按钮▨，选择绘制的圆为填充区域，将其填充为黑色，如图 16-184 所示。

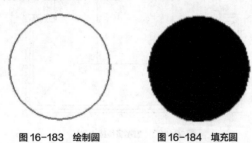

图 16-183 绘制圆   图 16-184 填充圆

（13）单击"默认"选项卡"绘图"选项组中的"多段线"按钮 ⤵，以填充圆的圆心为多段线起点绘制多段线，如图 16-185 所示。

图 16-185 绘制多段线

（14）单击"默认"选项卡"修改"选项组中的"移动"按钮✥，选择步骤（13）中绘制的图形为移动对象，将其放置到适当位置，如图 16-186 所示。

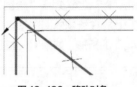

图 16-186 移动对象

（15）单击"默认"选项卡"修改"选项组中的"复制"按钮 ⸬，选择绘制的图形为复制对象，对其进行复制，如图 16-187 所示。

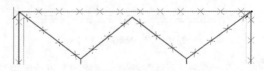

图 16-187 复制对象

（16）单击"默认"选项卡"绘图"选项组中的"直线"按钮╱，在图形适当位置绘制连续直线，如图 16-188 所示。

（17）单击"注释"选项卡"标注"选项组中的"线性"按钮┠ 和"连续"按钮┠┠，为图形添加线性标注，如图 16-189 所示。

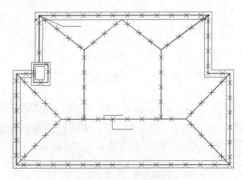

图 16-188 绘制连续直线

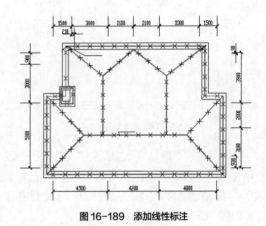

图 16-189 添加线性标注

（18）单击"注释"选项卡"标注"选项组中的"线性"按钮⊢⊣，为图形添加总标注，如图 16-190 所示。

（19）单击"注释"选项卡"文字"选项组中的"多行文字"按钮 **A** 和"默认"选项卡"绘图"选项组中的"圆"按钮⊙，最终完成别墅防雷图的绘制，如图 16-172 所示。

绘制图 16-191 所示的接地平面图，其操作步骤如下。

（1）单击"快速访问"工具栏中的"打开"按钮，打开"源文件\第 16 章\地下室平面图"。结合所学知识对其进行调整，如图 16-192 所示。

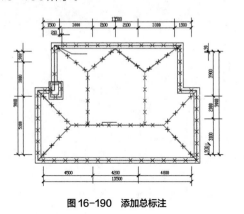

图 16-190　添加总标注

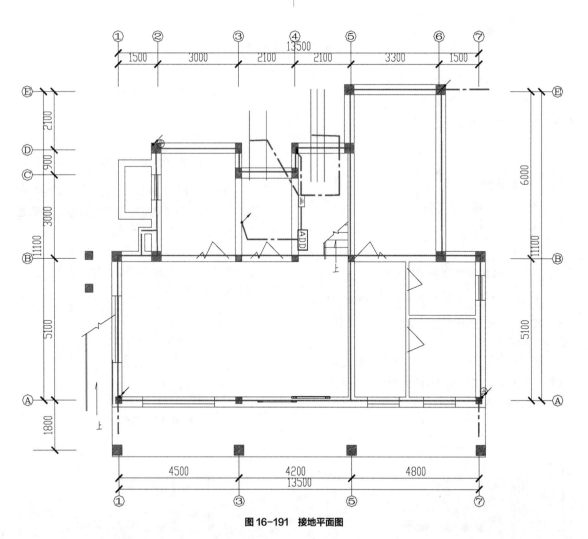

图 16-191　接地平面图

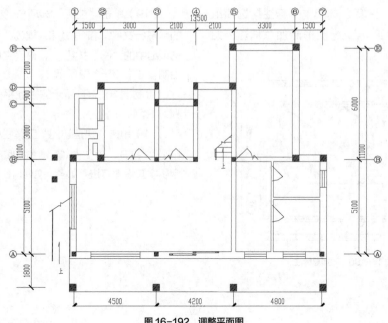

图 16-192　调整平面图

（2）单击"默认"选项卡"绘图"选项组中的"矩形"按钮 ▭ 和"图案填充"按钮 ▨，在图形内绘制矩形并填充，如图 16-193 所示。

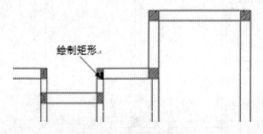

图 16-193　绘制矩形并填充

（3）单击"默认"选项卡"绘图"选项组中的"圆"按钮 ⊙，在图形的适当位置绘制一个圆，如图 16-194 所示。

（4）单击"默认"选项卡"绘图"选项组中的"直线"按钮 ╱，在绘制的圆内绘制几条水平直线，完成变电符号的绘制，如图 16-195 所示。

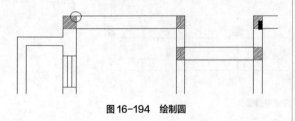

图 16-194　绘制圆

图 16-195　绘制水平直线

（5）单击"默认"选项卡"绘图"选项组中的"矩形"按钮 ▭，在图形的适当位置绘制一个适当大小的矩形，如图 16-196 所示。

（6）单击"默认"选项卡"绘图"选项组中的"直线"按钮 ╱，在绘制的矩形内绘制多条竖直直线，如图 16-197 所示。

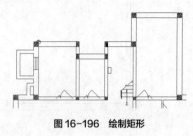

图 16-196　绘制矩形

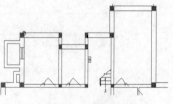

图 16-197　绘制竖直直线

（7）单击"默认"选项卡"绘图"选项组中的"多段线"按钮，指定起点宽度为"22"、端点宽度为"22"，在图形的适当位置绘制一条多段线，如图 16-198 所示。

（8）单击"注释"选项卡"文字"选项组中的"多行文字"按钮 **A**，在绘制的多段线内添加文字，如图 16-199 所示。

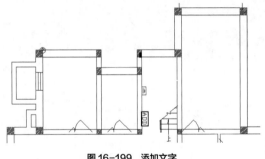

图 16-199 添加文字

利用上述方法完成剩余图形的绘制，如图 16-200 所示。

（9）单击"默认"选项卡"绘图"选项组中的"多段线"按钮，指定起点宽度为"40"、端点宽度为"40"，在图形的适当位置绘制连续多段线，如图 16-201 所示。

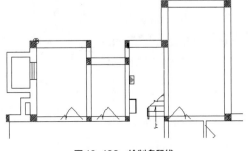

图 16-198 绘制多段线

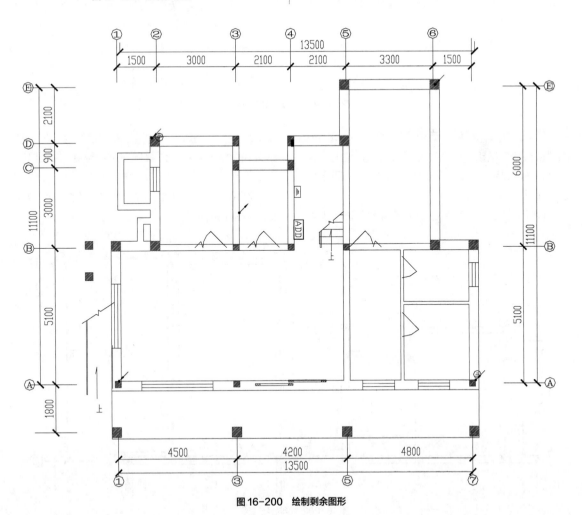

图 16-200 绘制剩余图形

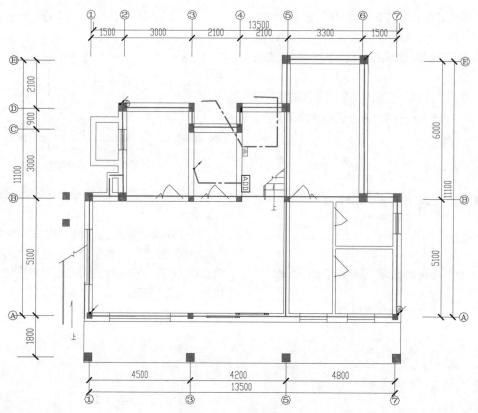

图 16-201　绘制连续多段线

（10）单击"默认"选项卡"绘图"选项组中的"多段线"按钮，指定起点宽度为"20"、端点宽度为"20"，在图形适当位置绘制一条竖直直线，如图 16-202 所示。

（11）单击"默认"选项卡"修改"选项组中的"复制"按钮，选择步骤（10）中绘制的竖直直线为复制对象，对其向右进行复制，如图 16-203 所示。

利用上述方法完成剩余图形的绘制，最终结果见图 16-191 所示。

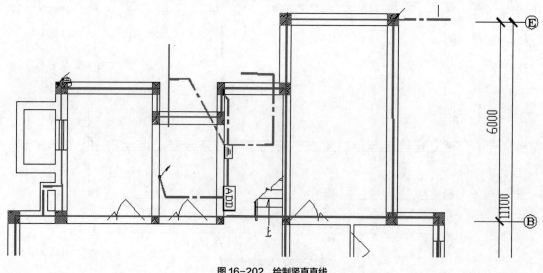

图 16-202　绘制竖直直线

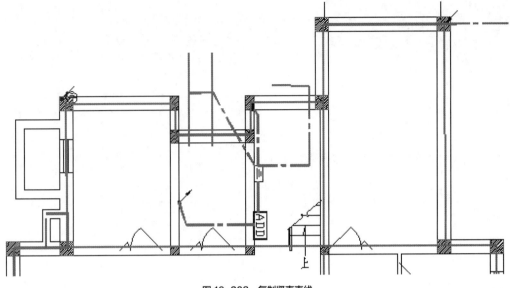

图 16-203　复制竖直直线

16.3　上机实验

【练习 1】绘制图 16-204 所示的独立别墅接地防雷平面图。

1．目的要求

本练习主要要求读者通过练习进一步熟悉和掌握独立别墅接地防雷平面图的绘制方法，如图 16-204 所示。本练习可以帮助读者学习独立别墅防雷接地平面图绘制的全过程。

2．操作提示

（1）绘图前准备。

（2）绘制别墅顶层屋面平面图。

（3）绘制屋顶立面。

（4）绘制防雷带或避雷网。

（5）添加尺寸标注、文字标注以及说明。

【练习 2】绘制图 16-205 所示的独立别墅电气照明系统图。

1．目的要求

本练习主要要求读者通过练习进一步熟悉和掌握独立别墅电气照明系统图的绘制方法，如图 16-205 所示。本练习可以帮助读者练习基本操作，进一步巩固建筑电气平面图的绘制方法，学习独立别墅电气照明系统图绘制的全过程。

2．操作提示

（1）设置绘图环境。

（2）绘制进户线、总配电箱、干线、分配电箱以及各相线分配。

（3）添加尺寸标注、文字标注以及说明。

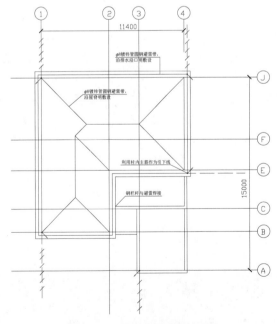

图 16-204　独立别墅防雷接地平面图

照明系统图

图 16-205　独立别墅电气照明系统图

第 17 章

建筑给水排水工程图基本知识

本章将结合建筑给水排水工程专业知识，介绍建筑给水排水工程施工图的相关制图知识及其在 AutoCAD 中实现的基本操作、方法和技巧，以及工程制图中的各绘图手法在 AutoCAD 中的具体操作步骤及注意事项，以引导读者顺利进入第 18 章实际案例的学习。

本章的内容可以帮助读者了解相关专业知识与 AutoCAD 给水排水工程制图基础知识，为后面具体学习建筑给水排水工程图的 AutoCAD 制图的基本操作及技巧做铺垫。

知识点

- 建筑给水排水概述
- 给水排水施工图的分类
- 给水排水施工图的表达特点及参照标准
- 给水排水施工图的表达内容
- 给水排水施工图的设计深度
- 行业法规及规范标准
- 给水排水施工图的制图标准

17.1 建筑给水排水概述

建筑给水排水工程是现代城市基础设施的重要组成部分，其在城市生活、生产及发展中的作用和意义重大。给水排水工程是指城市或工业单位从水源取水到最终处理的整个工业流程，一般包括给水工程，即水源取水工程；净水工程（水质净化、净水输送、配水使用）；排水工程，即污水净化工程；污泥处理处置工程；污水最终处置工程等。整个给水排水工程由主要枢纽工程及给水排水管道网工程组成。

建筑给水排水工程制图涉及多方面的内容，包括基本的工程制图方法、建筑施工图制图方法及建筑结构施工图制图方法等。在识读及绘制建筑给水排水工程制图前，读者应对上述的一些制图方法有所了解，应重点学习《建筑给水排水制图标准》（GB/T 50106—2010）。

17.1.1 建筑给水概述

1. 室内给水系统图表达的主要内容

室内给水系统图即室内给水系统平面布置图，主要表达了房屋内部给水设备的配置、管道的布置及连接的空间情况。其主要内容如下。

（1）系统编号。在系统图中，系统的编号与给水排水平面图中的编号应该是一致的。

（2）管道的管径、标高、走向、坡度及连接方式等内容。在平面图中，管长的变化无法表示，但在系统轴测图中应标注各管段的管径，管径的大小通常用公称直径来表示。在平面图中，管道相关设备的标高亦无法表示，在系统图中，应标注相关标高，主要包括建筑标高、给水排水管道的标高、卫生设备的标高、管件标高、管径变化处标高以及管道的埋深等。管道的埋深采用负标高进行标注。管道的坡度值及走向也应标明。

（3）管道和设备与建筑的关系，主要是指管道穿墙、穿梁、穿地下室、穿水箱、穿基础的位置及卫生设备与管道接口的位置等。

（4）重要管件的位置，如给水管道中的阀门、污水管道中的检查口等，皆应在系统轴测图中标注出来。

（5）标明与管道相关的给水排水设施的空间位置，如屋顶水箱、室外储水池、水泵、加压设备、室外阀门井等与给水相关的设施，以及与排水有关

的设施，如室外排水检查井、管道等。

（6）建筑分区供水，系统轴测图中应反映分区供水的区域。分质供水的建筑，应按照不同的水质独立绘制各系统的供水系统图。

2. 图例符号及文字符号的应用

建筑给水系统图的绘制涉及很多设备图例及一些设备的简化表达方法，关于这些图例符号及标注的文字符号的表达意义，在后续内容中将一并介绍。

3. 管线位置

给水排水系统轴测图的布图方向一般与平面图一致，一般采用正面斜等测方法进行绘制，以表达出管线及设备的立体空间位置关系。当管道或管道附件被遮挡，或转弯管道变成直线等局部表达不清晰时，可不按比例绘制。系统图中水平方向的长度尺寸可直接在平面图中量取，高度方向的尺寸可根据建筑物的层高和卫生器具的安装高度确定。

4. 建筑室内给水系统图的绘制步骤

建筑室内给水系统图的绘制一般遵循以下步骤。

（1）绘制竖向立管及水平向管道。

（2）绘制各楼层标高线。

（3）绘制各支管及附属用水设备。

（4）对管线、设备等进行尺寸（管径、标高、坡度等）标注。

（5）附加必要的文字说明。

17.1.2 建筑排水概述

建筑室内给水排水平面图是在建筑平面图的基础上，根据建筑给水排水制图的规定绘制出的用于反映给水排水设备、管线的平面布置状况的图样。图中应标注各种管道、附件、卫生器具、用水设备和立管的平面位置以及管道规格、排水管道坡度等相关数值。通常制图时，设计人员会将各系统的管道绘制在同一张平面布置图上。根据工程规模，当管道及设备较复杂，在同一张图纸上表达不清晰时，或管道局部布置复杂时，可分类（如卫生器具、其他用水设备、附件等）、分层（如底层、标准层、顶层）表达在不同的图纸上或绘制不同的详图，以便于整个工程图纸的绘制及识读。建筑排水平面图是建筑给水排水施工图的重要组成部分，该施工图是

绘制及识读其他给水排水施工图的基础。

1. 室内排水平面图表达的主要内容

室内排水平面图即室内排水系统平面布置图，其主要表达了房屋内部排水设备的配置和管道的布置情况。其主要内容如下。

（1）相关排水设备在建筑平面图中的所在平面位置。

（2）各排水设备的平面位置、规格类型等尺寸关系。

（3）排水管网的各干管、立管和支管的平面位置、走向、立管编号和管道安装方式（明装或暗装），管道的名称、规格、尺寸等。

（4）管道器材设备（阀门、消火栓、地漏等）、与排水系统相关的室内引出管。

（5）屋顶给水平面图中应注明屋顶水箱的平面位置、水箱容量、进出水箱的各种管道的平面位置、设备支架及保温措施等内容。

（6）应注明管道及设备安装预留洞位置、预埋件、管沟等方面对土建工程的要求。

（7）与室内排水相关的室外检查井、化粪池、排出管等平面位置。

（8）屋面雨水排水设施及管道的平面位置，雨水排水口的平面位置，水流组织，管道安装敷设方式及阳台、雨篷、走廊等与雨水管相连的排水设施。

2. 图例符号及文字符号的应用

建筑排水平面图的绘制涉及很多的设备图例及一些设备的简化表达方法，关于这些图例符号及标注的文字符号的表达意义，在后续内容中将一并介绍。

3. 管线位置的确定

管道设备一般采用图例符号和标注文字的方式来表示。在给水排水平面图中，一般不表示线路及设备本身的尺寸大小形状，但必须确定其敷设和安装的位置。其中，平面位置是根据建筑平面图的定位轴线和某些构筑物来确定照明线路和设备布置的位置，而垂直位置，即安装高度，一般采用标高、文字符号等方式来表示。

4. 建筑室内排水平面图的绘制步骤

建筑室内排水平面图的绘制一般遵循以下步骤。

（1）绘制房屋平面图（包括外墙、门窗、房间、楼梯等）。

（2）绘制排水设备图例及其平面位置。

（3）绘制各排水管道的走向及位置。

（4）对管线、设备等进行尺寸及文字标注。

（5）附加必要的说明。

17.2 给水排水施工图的分类

给水排水施工图是建筑工程图的组成部分，按其内容和作用的不同可分为室内给水排水施工图和室外给水排水施工图。

室内给水排水施工图是表示房屋内给水排水管网的布置、用水设备以及附属配件的设置等情况。

17.3 给水排水施工图的表达特点及参照标准

本节将简要介绍给水排水施工图的表达特点和参照标准。

17.3.1 表达特点

（1）给水排水施工图中的平面图、详图等图样采用正投影法绘制。

（2）给水排水系统图宜按45°正面斜轴测投影法绘制。管道系统图的布图方向应与平面图一致，并宜按比例绘制，当局部管道按比例绘制不易表示清楚时，可不按比例绘制。

（3）给水排水施工图中管道附件和设备等一般采用标准（统一）图例表示。在绘制和阅读给水排水施工图前，应查阅和掌握与图纸有关的图例及其所表示的设备。

（4）给水及排水管道一般采用单线表示，并以粗线绘制。而建筑与结构的图样及其他有关器材设备均采用中、细实线绘制。

（5）有关管道的连接配件，其属于规格统一的定型工业产品，在图中均可不予画出。

（6）给水排水施工图中，常用"J"作为给水系统和给水管的代号，用"P"作为排水系统和排水管的代号。

（7）给水排水施工图中管道设备的安装应与土建施工图相互配合，尤其在留洞、预埋件、管沟等方面对土建的要求必须在图纸上予以注明。

17.3.2 | 参照标准

给排水施工图的绘制主要参照《房屋建筑制图统一标准》（GB/T 50001—2017）、《建筑给水排水制图标准》（GB/T 50106—2010）、《暖通空调制图标准》（GB/T 50114—2010）等标准，其中对制图的图线、比例、标高、标注方法、管径编号和图例等都作了详细的规定。

17.4 给水排水施工图的表达内容

17.4.1 | 给水排水施工图设计说明

给水排水施工图设计说明，是整个给水排水工程设计及施工中的指导性文字说明。该图应主要阐述以下内容：给水排水系统采用何种管材、设备型号及其施工安装中的要求和注意事项；消防设备的选型、阀门符号、系统防腐、保温做法、系统试压的要求、其他未说明的各项施工要求，以及给水排水施工图尺寸单位的说明等。

17.4.2 | 室内给水施工图

1. 室内给水平面图的主要内容

室内给水平面图是室内给水系统平面布置图的简称，主要表示房屋内部给水设备的配置和管道的布置情况。其主要内容如下。

（1）建筑平面图。

（2）各用水设备的平面位置、类型。

（3）给水管网的各干管、立管和支管的平面位置、走向、立管编号和管道安装方式（明装或暗装）。

（4）管道器材设备（阀门、消火栓和地漏等）的平面位置。

（5）管道及设备安装预留洞位置、预埋件管沟等方面对土建工程的要求。

2. 室内给水平面图的表示方法

（1）建筑平面图。

室内给水平面图是在建筑平面图的基础上，根据给水设备的配置和管道的布置情况绘出的。因此，室内给水平面图中的建筑轮廓应与建筑平面图一致，

一般只抄绘房屋的墙、柱、门窗洞、楼梯等主要构配件（不画建筑材料图例），房屋的细部、门窗代号等均可省略。

（2）卫生器具平面图。

房屋卫生器具中的洗脸盆、大便器、小便器等都是工业产品，只需表示它们的类型和位置，按规定用图例画出即可。

（3）管道的平面布置。

通常以单线条的粗实线表示水平管道（包括引入管和水平横管）并标注管径，以小圆圈表示立管。底层平面图中应画出给水引入管。并对其进行系统编号，一般给水管以每一引入管作为一个系统。

（4）图例说明。

为使施工人员便于阅读图纸，无论是否采用标准图例，最好能附上各种管道及卫生设备的图例，并对施工要求和有关材料等用文字说明。

3. 室内给水系统图

给水系统图是给水系统轴测图的简称，主要用于表示给水管道的空间布置和连接情况。给水系统图和排水系统图应分别绘制。

（1）给水系统图的形成。

室内排水系统图即室内排水系统平面布置图，主要用于表达房屋内部排水设备的配置和管道的布置及连接的空间情况。

雨水排水系统图主要反映雨水排水管道的走向、坡度、落水口、雨水斗等内容。当雨水排到地下以后，若采用有组织的排水方式，则还应反映出排水管与室外雨水井之间的空间关系。

（2）给水系统图的图示方法。

①给水系统图与给水平面图采用相同的比例。

②按平面图上的编号分别绘制管道图。

③轴向选择，通常将房屋的高度方向作为z轴，房屋的横向作为x轴，房屋的纵向作为y轴。

④系统图中水平方向的长度尺寸可直接在平面图中量取，高度方向的长度尺寸可根据建筑物的层高和卫生器具的安装高度确定。

⑤在给水系统图中，管道用粗实线表示。

⑥在给水系统图中，出现管道交叉时，要判别可见性，将后面的管道线断开。

（3）给水系统图中的尺寸标注。

给水系统图中的尺寸标注主要包括管径、坡度、标度等几个方面的标注。

17.4.3 | 室内排水施工图

1. 室内排水平面图的主要内容

室内排水平面图主要用于表示房屋内部排水设备的配置和管道的平面布置情况。其主要内容如下。

（1）建筑平面图。

（2）室内排水横管、排水立管、排出管和通气管的平面布置。

（3）卫生器具及管道器材设备的平面位置。

2. 室内排水平面图的表达方法

（1）建筑平面图、卫生器具与配水设备平面图的表达方法，要求与给水管网平面布置图相同。

（2）排水管道一般用单线条粗虚线表示，以小圆圈表示排水立管。

（3）按系统对各种管道分别予以标识和编号。

（4）图例及说明与室内给水平面图相似。

3. 室内排水系统图

（1）室内排水系统图的图示方法。

①室内排水系统图仍选用正面斜等测图，其图示方法与给水系统图基本一致。

②排水系统图中的管道用粗线表示。

③排水系统图只需绘制管路及存水弯，卫生器具及用水设备可不必画出。

④排水横管上的坡度，因图例小可忽略，按水平管道画出。

（2）排水系统图中的尺寸标注。

排水系统图中的尺寸标注包括管径、坡度、标高等几个方面的标注。

17.4.4 | 室外管网平面布置图

1. 室外管网平面布置图的主要内容

室外管网平面布置图主要用于表明一个工程单位的（如小区、城市和工厂等）给水排水管网的布置情况。一般应包括以下内容。

（1）该工程的建筑总平面图。

（2）给水排水管网干管位置等。

（3）室外给水管网，需注明各给水管道的管径、消火栓位置等。

2. 室外管网平面布置图的表达方法

（1）给水管道用粗实线表示。

（2）在排水管的起端、两管相交点和转折点要设置检查井。在图上用2～3mm的圆圈表示检查井。两检查井之间的管道用直线表示。

（3）用汉语拼音字头表示管道类别。

简单的管网布置可直接在布置图中注上管径、坡度、流向、管底标高等几个方面的标注。

17.5 给水排水施工图的设计深度

该部分为摘录住建部颁发的文件《建筑工程设计文件编制深度规定》（2008年版）中给水排水工程部分施工图设计的有关内容，供读者学习参考。

17.5.1 | 总则

（1）民用建筑工程一般应分为方案设计、初步设计和施工图设计3个阶段。对于技术要求简单的民用建筑工程，经有关主管部门同意，并且合同中

有不做初步设计的约定，可在方案设计审批后直接进入施工图设计阶段。

（2）各阶段设计文件编制深度应按以下原则进行（具体应执行第2、3、4章条款，详见相关规范）。

① 方案设计文件应满足编制初步设计文件的需要。

② 初步设计文件应满足编制施工图设计文件的需要。

注意 对于投标方案，设计文件深度应满足标书要求。若标书无明确要求，设计文件深度可参照本规定的有关条款。

③ 施工图设计文件应满足设备材料采购、非标准设备制作和施工的需要。对于将项目分别发包给几个设计单位或实施设计分包的情况，设计文件相互关联处的深度应当满足各承包或分包单位设计的需要。

17.5.2 施工图设计

条文编排应遵从原文件的序号，以便于读者进行查阅。

1. 给水排水

（1）在施工图设计阶段，给水排水专业设计文件应包括图纸目录、施工图设计说明、设计图纸、主要设备表和计算书。

（2）图纸目录。先列新绘制的图纸，后列选用的标准图或重复利用图。

（3）设计总说明。

① 设计依据简述。

② 给水排水系统概况，包括主要的技术指标（如最高日用水量，最大时用水量，最高日排水量，最大时热水用水量、耗热量，循环冷却水量，各消防系统的设计参数及消防总用水量等）和控制方法。有大型的净化处理厂（站）或复杂的工艺流程时，还应有运转和操作说明。

③ 凡不能用图示表达的施工要求，均应以设计说明表述。

④ 有需要特别说明的可分别列在有关图纸上。

2. 给水排水总平面图

（1）绘出各建筑物的外形、名称、位置、标高、指北针（或风玫瑰图）。

（2）绘出全部给水排水管网及构筑物的位置（或坐标）、距离、检查井、化粪池型号及详图索引号。

（3）对于较复杂工程，给水、排水（雨水、污废水）总平面图应分开绘制，以便于施工（简单工程可以绘在一张图上）。

（4）给水管应注明管径、埋设深度或敷设的标高，宜标注管道长度，并绘制节点图，注明节点结构、闸站井尺寸、编号及引用详图（一般工程给水管线可不绘节点图）。

（5）排水管应标注检查井编号和水流坡向，标注管道接口处市政管网的位置、标高、管径、水流坡向。

3. 排水管道高程表和纵断面图

（1）绘制排水管道高程表时，应将排水管道的检查井编号、井距、管径、坡度、地面设计标高、管内底标高等写在表内。对于简单的工程，可将上述内容直接标注在平面图上，不再列表。

（2）对于地形复杂的排水管道以及管道交叉较多的给水排水管道，应绘制管道纵断面图，并且图中应标示出设计地面标高、管道标高（给水管道注管中心，排水管道注管内底）、管径、坡度、井距、井号和井深，并标出交叉管的管径、位置和标高。纵断面图比例宜为竖向 1：1000（或 1：50、1：200），横向 1：500（或与总平面图的比例一致）。

4. 取水工程总平面图

应绘出取水工程区域内（包括河流及岸边）的地形等高线、取水头部、吸水管线（自流管）、集水井、取水泵房、栈桥、转换闸门及相应的辅助建筑物、道路的平面位置、尺寸、坐标、管道的管径、长度和方位等，并列出建（构）筑物一览表。

5. 取水工程流程示意图（或剖面图）

一般工程可与总平面图合并绘在一张图上，而较大且复杂的工程应单独绘制。图中应标明各构筑物间的标高关系和水源地最高、最低、常年水位线和标高等。

6. 取水龙部（取水口）平面、剖面及详图

（1）绘出取水头部所在位置及相关河流、岸边的地形平面布置，图中应标明河流、岸边与总体建筑物的坐标、标高等。

（2）详图应详细标注各部分尺寸、构造、管径和引用详图等。

7. 取水泵房平面、剖面及详图

应绘出各种设备基础尺寸（包括地脚螺栓孔位置、尺寸），相应的管道、阀门、配件、仪表、配电，起吊设备的相关位置、尺寸、标高等，列出设备材料表，并标注出各设备型号和规格，管道、阀门的管径及配件的规格。

8. 其他建筑物平面、剖面及详图

内容应包括集水井、计量设备和转换闸门井等。

9. 输水管线图

在带状地形图（或其他地形图）上绘制出管线及附属设备、闸门等的平面位置、尺寸，图中应注明管径、管长、标高及坐标、方位。对于是否需要另绘管道纵断面图，应视工程地形的复杂程度而定。

10. 给水净化处理厂（站）总平面布置图及高程系统图

（1）应绘出各建（构）筑物的平面位置、道路、标高、坐标，连接各建（构）筑物之间的各种管线，管径，闸门井，检查井，堆放药物、滤料等堆放场的平面位置、尺寸。

（2）高程系统图应表示各构筑物之间的标高和流程关系。

11. 各净化建（构）筑物平面、剖面及详图

分别绘制各建筑物、构筑物的平面、剖面及详图，图中应详细标出各细部尺寸、标高、构造、管径及管道穿池壁预埋管管径或加套管的尺寸、位置、结构形式和引用的详图。

12. 水泵房平面、剖面图

 注意 一般指城市给水管网供水压力不足时设计的加压泵房、净水处理后的二次升压泵房或地下水取水泵房。

（1）平面图。

应绘出水泵基础外框、管道位置，列出主要设备材料表，标出设备型号和规格、管径、阀件，起吊设备、计量设备等位置、尺寸。如需设真空泵或其他引水设备时，需要绘出有关的管道系统和平面位置及排水设备。

（2）剖面图。

应绘出水泵基础剖面尺寸、标高，水泵轴线管道、阀门安装标高，防水套管位置及标高。简单的泵房能用系统轴测图交代清楚时，可不绘制剖面图。

13. 水塔（箱）、水池配管及详图

应分别绘出水塔（箱）、水池的进水、出水、泄水、溢水、透气等各种管道平、剖面图或系统轴测图及详图，标注管径、标高、最高水位、最低水位、消防储备水位及储水容积。

14. 循环水构筑物的平面、剖面及系统图

有循环水系统时，应绘出循环冷却水系统的构筑物（包括用水设备、冷却塔等）、循环水泵房及各种循环管道的平、剖面图及系统图（当已经绘制了系统轴测图时，可不绘制剖面图）。

15. 污水处理

如有集中或局部污水处理时，应绘出污水处理站（间）平面、高程流程图，并绘出各构筑物平面、剖面及详图，其深度可参照给水部分的相应图纸内容。

16. 建筑给水排水图纸

（1）平面图。

① 绘出与给水排水、消防给水管道布置有关各层的平面图，内容应包括主要轴线编号、房间名称、用水点位置，并且注明各种管道系统编号或图例。

② 绘出给水排水、消防给水管道的平面布置、立管位置及编号。

③ 当采用展开系统原理图时，应标注管道管径、标高（给水管安装高度应在变化处用符号表示清楚，并分别标出标高，排水横管应标注管道终点标高），如果管道密集，应在该平面图中绘制横断面图将管道布置定位表示清楚。

④ 底层平面应注明引入道、排出管、水泵接合器，以及建筑物的定位尺寸、穿建筑外墙管道的标高、防水套管形式等，还应绘出指北针。

⑤ 应标出各楼层建筑平面标高（如果卫生设备间平面标高有不同时，应另加标注）和灭火器放置地点。

⑥ 当管道种类较多，在一张图纸上表示不清楚时，可分别绘制给水排水平面图和消防给水平面图。

⑦ 对于给水排水设备及管道较多处，如泵房、水池、水箱间、热交换器站、饮水间、卫生间、水处理间、报警阀门和气体消防储瓶间等，当上述平面图不能表示清楚时，应绘出局部放大平面图。

（2）系统图。

① 系统轴测图。

对于给水排水系统和消防给水系统，一般宜按比例分别绘出各种管道系统轴测图。图中应标明管道走向、管径、仪表、阀门、控制点标高和管道坡度（设计说明中已表示的，图中可不标注管道坡度），各系统编号，各楼层卫生设备和工艺用水设备的连接位置。如果各层（或某几层）卫生设备及用水点接管（分支管段）情况完全相同，则可在系统轴测图上只绘一个有代表性楼层的接管图，其他各层注明同该层即可。复杂的边节点应绘制局部放大图。在系统轴测图上应注明建筑楼层标高、层数、室内外建筑平面标高差。卫生间管道应绘制轴测图。

② 展开系统原理图。

对于需要用展开系统原理图将设计内容表达清楚的，可绘制展开系统原理图。图中应标明立管和横管的管径、立管编号、楼层标高、层数、仪表及闸门、各系统编号、各楼层卫生设备和工艺用水设备的连接、排水管立管检查口、通风帽等距地（板）高度等。如果各层（或某几层）卫生设备及用水点接管（分支管段）情况完全相同，则可在展开系统原理图上只绘一个有代表性楼层的接管图，其他各层注明同该层即可。

③ 当自动喷水灭火系统在平面图中已将管道管径、标高、喷头间距和位置标注清楚时，可简化表示从水流指示器至末端试水装置（试水阀）等阀件之间的管道和喷头。

④ 简单管段可在平面图上注明管径、坡度、走向、进出水管位置及标高，不绘制系统图。

（3）局部设施。

当建筑物内有提升、调节或小型局部给水排水处理设施时，可绘出其平面图、剖面图（或轴测图），或注明已有的详图、标准图号。

（4）详图。

当特殊管件无定型产品又无标准图可利用时，应绘制详图。

17. 主要设备材料表

主要设备、器具、仪表及管道附件、配件可在首页或相关图上列表表示。

18. 计算书（内部使用）

根据初步设计审批意见进行施工图阶段的设计计算。

19. 设计依据

当进行合作设计时，应依据主设计方审批的初步设计文件，按所分工内容进行施工图设计。

17.6 行业法规及规范标准

行业法规和规范标准是工程设计的依据，贯穿于整个工程设计过程。作为一名专业人员，应首先熟悉专业规范的各相关条文，特别是一些强制条文。本节归纳列出了一些建筑给水排水工程设计中的常用规范标准，供读者选用、查询。

给水排水工程设计人员必须熟悉相关行业的国家法律法规及行业标准规范，并且在设计过程中严格执行相关条文，保证工程设计合理、安全、符合相关质量要求，特别是对于一些强制性条文，更应

提高警惕，严格遵守。职业工作中应注意以下几点法律法规。

（1）我国有关基本建设、建筑、城市规划、环保和房地产方面的法律规范。

（2）工程设计人员的职业道德与行为准则。

表17-1列出了给水排水工程设计中的常用法律法规及标准规范目录，读者可自行查阅，以便工程设计之用，其包含了我国勘察设计注册电气工程师考试推荐用的法律、规程、规范。

表17-1 相关职业法规及标准

序　号	文件编号	文件名称
法律法规		
1		《中华人民共和国城市房地产管理法》
2		《中华人民共和国城市规划法》
3		《中华人民共和国环境保护法》
4		《中华人民共和国建筑法》
5		《中华人民共和国合同法》
6		《中华人民共和国招标投标法》
7		《建设工程质量管理条例》

序　号	文 件 编 号	文 件 名 称
8		《建设工程勘察设计管理条例》
9		《中华人民共和国大气污染防治法》
10		《中华人民共和国水污染防治法》

规范标准

序号	文件编号	文件名称
1	GB 50014—2006（2016版）	《室外排水设计规范》
2	GB 50015—2010	《建筑给水排水设计规范》
3	CB 50016—2014	《建筑设计防火规范》
4	GB 50045—1995（2005版）	《高层民用建筑设计防火规范》
5	GB 50084—2017	《自动喷水灭火系统设计规范》
6	GB 50336—2018	《建筑中水设计规范》
7	CECS 14—2002	《游泳池和水上游乐池给水排水设计规程》
8	GB 50265—2010	《泵站设计规范》
9	GB 50102—2014	《工业循环水冷却设计规范》
10	GB 50050—2017	《工业循环冷却水处理设计规范》
11	GB 50109—2006	《工业用水软化水除盐设计规范》
12	GB 50219—2014	《水喷雾灭火系统设计规范》
13	CB 50067—2014	《汽车库、修车库、停车场设计防火规范》
14	GB 50098—2009	《人民防空工程设计防火规范》
15	GB 50140—2005（2010版）	《建筑灭火器配置设计规范》
16	GB 50096—2011	《住宅设计规范》
17	GB 50038—2005	《人民防空地下室设计规范》
18	GB 50268—2008	《给水排水管道工程施工及验收规范》
19	GB 50141—2008	《给水排水构筑物施工及验收规范》
20	GB 50242—2002	《建筑给水排水及采暖工程施工质量验收规范》
21	GB 50261—2017	《自动喷水灭火系统施工及验收规范》
22	GB 50319—2013	《建设工程监理规范》
23	CJ 3020—1993	《生活饮用水水源水质标准》
24	GB 5749—2006	《生活饮用水卫生标准》
25	CJ 94—2005	《饮用净水水质标准》
26	GB 3838—2002	《地表水环境质量标准》
27	GB 8978—1996	《污水综合排放标准》

设计手册

1	严煦世等. 给水工程[M]. 第4版. 北京：中国建筑工业出版社，1999.
2	孙慧修. 排水工程（上册）[M]. 第4版. 北京：中国建筑工业出版社，1999.
3	张自杰. 排水工程（下册）[M]. 第4版. 北京：中国建筑工业出版社，2000.
4	王增长. 建筑给水排水工程[M]. 北京：中国建筑工业出版社，1998.
5	上海市政工程设计研究院. 给水排水设计手册（第3册）——城镇给水[M]. 第2版. 北京：中国建筑工业出版社，2003.
6	华东建筑设计院有限公司. 给水排水设计手册（第4册）——工业给水处理[M]. 第2版. 北京：中国建筑工业出版社，2000.
7	北京市市政设计研究总院. 给水排水设计手册（第5册）——城镇排水[M]. 第2版. 北京：中国建筑工业出版社，2003.
8	北京市市政设计研究总院. 给水排水设计手册（第6册）——工业排水[M]. 第2版. 北京：中国建筑工业出版社，2002.
9	中国建筑标准化研究所等. 全国民用建筑工程设计技术措施（给水排水）[M]. 北京：中国计划出版社，2003.
10	严煦世. 给水排水工程快速设计手册（第1册）——给水工程[M]. 北京：中国建筑工业出版社，1995.
11	于尔捷等. 给水排水工程快速设计手册（第2册）——排水工程[M]. 北京：中国建筑工业出版社，1996.
12	陈耀宗等. 建筑给水排水设计手册[M]. 北京：中国建筑工业出版社，1992.
13	黄晓家等. 自动喷水灭火系统设计手册[M]. 北京：中国建筑工业出版社，2002.
14	聂梅生等. 水工业工程设计手册——建筑和小区给水排水[M]. 北京：中国建筑工业出版社，2000.
15	张自杰. 环境工程手册——水污染防治卷[M]. 北京：高等教育出版社，1996.
16	兰文艺等. 实用环境工程手册——水处理材料与药剂[M]. 北京：化学工业出版社，2002.
17	北京市环境保护科学研究院等. 三废处理工程技术手册废水卷[M]. 北京：化学工业出版社，2000.
18	顾夏声等. 水处理工程[M]. 北京：清华大学出版社，1985.
19	周本省. 工业水处理技术[M]. 北京：化学工业出版社，1997.
20	孙力平等. 污水处理新工艺与设计计算实例[M]. 北京：中国科学出版社，2001.
21	周玉文等. 排水管网理论与计算[M]. 北京：中国建筑工业出版社，2000.
22	唐受印等. 废水处理工程[M]. 北京：化学工业出版社，1998.

设计手册

23	徐根良等. 废水控制及治理工程[M]. 杭州：浙江大学出版社，1999.
24	李培红. 工业废水处理与回收利用[M]. 北京：化学工业出版社，2001.
25	王绍文等. 重金属废水治理技术[M]. 北京：冶金工业出版社，1993.
26	高廷耀等. 水污染控制工程（下册）[M]. 北京：高等教育出版社，1999.
27	秦钰慧等. 饮用水卫生与处理技术[M]. 北京：化学工业出版社，2002.
28	罗光辉等. 环境设备设计与应用[M]. 北京：高等教育出版社，1997.

17.7 给水排水施工图的制图标准

建筑给水排水工程的 AutoCAD 制图必须遵循我国颁布的相关制图标准，其主要涉及《房屋建筑制图统一标准》（GB/T 50001—2017）、《建筑给水排水制图标准》（GB/T 50106—2010）等多项制图标准，以及一些大型建筑设计单位内部的相关标准。读者可自行查阅，以获得详细的相关条文解释，也可查阅相关建筑设备工程制图方面的教材或辅助读物进行参考学习。本节主要以 AutoCAD 2020 应用软件为背景，针对建筑给水排水工程制图的各项基本规定，说明建筑给水排水工程在 AutoCAD 2020 中的制图操作过程，详细介绍 AutoCAD 在建筑给水排水工程制图方面的一些知识及技巧，以帮助读者迅速提高 CAD 工程制图的能力。

17.7.1 比例

《房屋建筑制图统一标准》（GB/T 50001—2017）及《给水排水制图标准》（GB/T 50106—2010）对建筑制图的比例、给水排水工程制图的比例都做了详细的规定，比例大小的合理选择关系到图样表达的清晰程度及图纸的通用性。

绘制排水专业的图纸种类繁多，包括平面图、系统图、轴测图、剖面图和详图等。在不同的专业设计阶段，图纸要求表达的内容及深度是不同的。工程规模的大小、工程的性质等都关系到比例的合理选择。建筑给水排水工程制图中的常见比例如表 17-2 所示。

表17-2 图纸比例

名 称	比 例
区域规划图	1：10000、1：25000、1：50000
区域位置图	1：2000、1：5000
厂区总平面图	1：300、1：500、1：1000
管道纵断面图	横向有 1：300、1：500、1：1000，纵向有 1：50、1：100、1：200
水处理厂平面图	1：500，1：200，1：100
水处理高程图	可无比例

名　称	比　例
水处理流程图	可无比例
水处理构筑物、设备间和泵房等	1∶30、1∶50、1∶100
建筑给排水平面图	1∶100、1∶150、1∶200
建筑给排水轴测图	1∶50、1∶100、1∶150
详图	1∶1、2∶1、1∶5、1∶10、1∶20、1∶50

其中，建筑给水排水平面图及轴测图宜与建筑专业图纸比例一致，以便于识图。另外，在管道纵断面图中，根据表达需要可在横向与纵向上采用不同的比例绘制。水处理的高程图及流程图及给水排水的系统原理图也可不按比例绘制。建筑给水排水的轴测图局部绘制表达困难时也可不按比例绘制。

填充图案样式等的灵活运用，可以使图样表达清晰、信息明确，使设计人员制图快捷。

《房屋建筑制图统一标准》（GB/T 50001—2017）、《建筑给水排水制图标准》（GB/T 50106—2010）中对线条作了详细的解释，应严格执行建筑给水排水工程涉及建筑制图方面的线条规定。另外，还有给水排水专业在制图方面关于线条表达的一些规定，应将二者结合。

17.7.2 线型

制图中的各种建筑、设备等多数图样是通过不同式样的线条来表现的，以线条的形式可以传递相应的表达信息，不同的线条即代表不同的含义。对线条的调整设置，包括线型及线宽等的设置，以及

图线的宽度 b 的选择，主要应考虑图纸的类别、比例、表达内容与复杂程度，给水排水图纸中的基础线宽一般取 1.0 mm 及 0.7 mm 两种。

表 17-3 列出了一些线型的用途。

表 17-3　线型的用途

名　称	线　宽	用　途
粗实线	b	新设计的各种排水及其他重力流管线
粗虚线		新设计的各种排水及其他重力流管线不可见轮廓线
中粗实线	0.75b	新设计的各种给水和其他压力流管线
		原有的各种排水及其他重力流管线
中粗虚线	0.75b	新设计的各种给水及其他压力流管线不可见轮廓线
		原有的各种排水及其他重力流管线不可见轮廓线
中实线	0.5b	给排水设备、零件的可见轮廓线
		总图中新建建筑物和构筑物的可见轮廓线
		原有的各种给水和其他压力流管线
虚实线	0.5b	给排水设备、零件的不可见轮廓线
		总图中新建建筑物和构筑物的不可见轮廓线
		原有的各种给水和其他压力流管线的不可见轮廓线
细实线	0.25b	建筑的可见轮廓线、总图中原有建筑物和构筑物的可见轮廓线
细虚线	0.25b	建筑的不可见轮廓线、总图中原有建筑物和构筑物的不可见轮廓线
单点长划线	0.25b	中心线、定位轴线

续 表

名 称	线 宽	用途
折断线	0.25b	断开线
波浪线	0.25b	平面图中的水面线、局部构造层次范围线、保温范围示意线

对于线型的选用及制图时应注意的细节，读者可参考有关制图标准及教科书。例如，相互平行的图线，其间隙不宜小于其中的粗线宽度，且不宜小于0.7mm；图线不得与文字、数字、符号等重叠、混淆，不可避免时，应首先保证文字等信息的清晰；同一张图纸中，相同比例的图样，应选用相同的线宽组等，这里不详细赘述。

17.7.3 图层命名

《房屋建筑制图统一标准》（GB/T 50001—2017）有关给排水部分的图层命名举例如表17-4所示。

表17-4 图层名举例（遵从原文件的编排序号）

类型	图层含义	英文名称	应用对象
冷热	给排-冷热	P-DOMW	生活冷热（Domestic Hot and Cold）水系统（Water Systems）
	给排-冷热-设备	P-DOMW-EQPH	生活冷热（Domestic Hot and Cold）水设备（Water Equipment）
	给排-冷热-热管	P-DOMW-HPIP	生活热水管线（Domestic Hot Water Piping）
	给排-冷热-冷管	P-DOMW-CPIP	生活冷水管线（Domestic Cold Water Piping）
排水	给排-排水	P-SANR	排水（Sanitary Drainage）
	给排-排水-设备	P-SANR-EQPM	排水设备（Sanitary Equipment）
	给排-排水-管线	P-SANR-PIPE	排水管线（Sanitary Piping）
雨水	给排-雨水	P-STRM	雨水排水系统（Storm Drainage System）
	给排-雨水-管线	P-STRM-PIPE	雨水排水管线（Storm Drain Piping）
	给排-排水-屋面	P-STRM-RFDR	屋面排水（Roof Drains）
	给排-消防	P-HYDR	消防系统（Hydrant System）

第18章

别墅建筑水暖设计

本章将以别墅水暖设计工程图为例，详细讲解水暖设计工程图的绘制过程。在讲解过程中，本书将逐步带领读者完成空调水系统图、风机盘管连接示意图、空调平面图、给排水平面图和给排水系统图的绘制，并讲解绘制水暖设计工程图的相关知识和技巧。本章包括水暖设计工程图绘制的知识要点、图例的绘制、管线的绘制以及尺寸标注、文字标注等内容。

知识点

- ➲ 空调水系统图
- ➲ 风机盘管连接示意图
- ➲ 给水排水平面图
- ➲ 给水排水系统图

18.1 空调设计总说明

1. 设计依据

（1）《采暖通风与空气调节设计规范》（GB 50019—2003）。

（2）《建筑设计防火规范》（GB 50016—2014）。

（3）甲方提供的外部条件及要求。

（4）建筑及其他专业提供的施工图资料。

2. 室内外设计参数

（1）室外计算参数。

① 夏季。

空调计算干球温度：33.2℃。

空调计算湿球温度：25.4℃。

空调计算日均温度：28.6℃。

② 冬季。

空调计算干球温度：-12.0℃。

采暖计算干球温度：-9.0℃。

（2）室内设计参数。

室内设计参数如表18-1所示。

表18-1 室内设计参数

房间名称	夏 季		冬 季		备 注
	温度/（℃）	相对湿度/（%）	温度/（℃）	相对湿度/（%）	
卧室	26		20		
客厅	26		20		
活动室	26		20		
卫生间（带洗浴）			25		

3. 空调与供暖

（1）本建筑采用风冷空调机组提供回水温度7～12℃的冷水供夏季使用，冬季则采用燃气壁挂炉供暖，其供回水温度为50～60℃。室内的冷、热负荷由风机盘管负担。

（2）空调冷负荷30kW，供暖热负荷33kW。

（3）风机盘管采用暗式吊装，由带三速开关的温度控制器控制其开关。

（4）空调水系统。系统干管及户内系统均采用双管异程式系统。

（5）空调冷热水管采用焊接钢管，冷凝水管采用热镀锌钢管。

（6）管道支架的最大跨距（公称直径）可采用DN20～DN25，DN32～DN50，（D57×3.5）。

（7）空调水管保温。冷热水供回水管及阀门均用耐高温的橡塑进行保温，燃烧级别为难燃，保温厚度为30mm，冷凝水管为15mm；冷热水管道穿越墙体和楼板时，保温层不能间断。

（8）防腐。暗装管道除锈后涂防锈漆两层；明装管道除锈后涂防锈漆两层，涂面漆两层。

（9）管道水压试验和冲洗。空调水系统最大工作压力为0.4MPa，冷热水管道安装完毕后应进行水压试验，系统试验压力为0.6MPa，在10min内压降不大于0.02MPa，降至工作压力，不渗不漏为合格；冷凝水管道应进行充水试验，以不渗不漏为合格。施压合格后，应对系统反复冲洗，冲洗时应先除去过滤器的滤网，冲洗结束后再重新装好。冲洗管路系统时，水流不得经过设备。

（10）水系统的最低点应配置泄水丝堵，最高处应安装E121型自动排气阀。

（11）本设计预留了地板辐射采暖的主干管，地板辐射采暖由专业厂家设计施工。

4. 除尘

设计采用中央真空吸尘系统主机一套，主机设于车库，每层均设一个吸尘口。

5. 其他

（1）管道标高相对于地面 ±0.000，以 m 计（指地面到管径中心）。

（2）其他未说明的按《通风与空调工程施工质量验收规范》（GB 50243—2016）和《建筑给水排水及采暖工程施工质量验收规范》（GB 50242—2002）执行，注意与其他工种密切配合，事先进行必要的预留或预埋。

18.2 绘制给排水图例

下面介绍一些简单的给排水图例的绘制方法。

1. 绘制相关的阀门

（1）单击"默认"选项卡"绘图"选项组中的"矩形"按钮 □，在图形空白区域绘制一个适当大小的矩形，如图 18-1 所示。

图 18-1　绘制矩形（1）

（2）单击"默认"选项卡"绘图"选项组中的"直线"按钮 ╱，在绘制的矩形内绘制矩形的对角线，如图 18-2 所示。

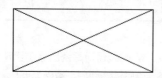

图 18-2　绘制对角线

（3）单击"默认"选项卡"修改"选项组中的"修剪"按钮 ⊁，对绘制的矩形进行修剪处理，如图 18-3 所示。

图 18-3　修剪矩形

（4）单击"默认"选项卡"绘图"选项组中的"直线"按钮 ╱，在绘制的图形底部适当位置绘制一条竖直直线，如图 18-4 所示。

（5）单击"默认"选项卡"修改"选项组中的"偏移"按钮 ⊂，选择绘制的竖直直线为偏移对象，将其向右进行偏移，完成平衡阀的绘制，如

图 18-5 所示。

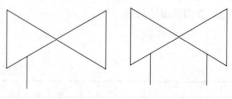

图 18-4　绘制竖直直线　　图 18-5　偏移竖直直线

利用上述方法完成闸阀的绘制，如图 18-6 所示。

利用上述方法完成截止阀的绘制，如图 18-7 所示。

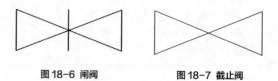

图 18-6　闸阀　　　　　图 18-7　截止阀

2. 绘制自动排气阀

（1）单击"默认"选项卡"绘图"选项组中的"矩形"按钮 □，在图形适当位置绘制一个适当大小的矩形，如图 18-8 所示。

（2）单击"默认"选项卡"修改"选项组中的"分解"按钮 ⬚，选择绘制的矩形为分解对象，按Enter 键确认进行分解。

（3）单击"默认"选项卡"修改"选项组中的"删除"按钮 ⬚，选择分解的矩形的下方水平边为删除对象，对其进行删除，如图 18-9 所示。

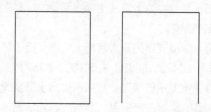

图 18-8　绘制矩形（2）　图 18-9　删除下方水平边

（4）单击"默认"选项卡"绘图"选项组中

的"圆弧"下拉按钮下的"三点"按钮 ⌒ ，选择矩形左侧竖直边下端点为圆弧起点、右侧竖直边下端点为圆弧端点，绘制一段半径适当的圆弧，如图18-10所示。

图18-10　绘制圆弧

（5）单击"默认"选项卡"绘图"选项组中的"直线"按钮 ╱ ，在绘制的图形上方选取一点为直线起点，向下绘制一条竖直直线，如图18-11所示。

（6）单击"默认"选项卡"修改"选项组中的"修剪"按钮 ↘ ，对绘制的竖直直线进行修剪处理，完成自动排气阀的绘制，如图18-12所示。

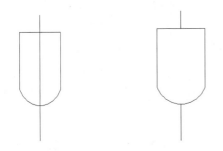

图18-11　绘制竖直直线（1）　　图18-12　修剪竖直直线

3. 绘制三通电动水阀

（1）单击"默认"选项卡"绘图"选项组中的"圆"按钮 ⊙ ，在图形空白位置任选一点作为圆的圆心，绘制一个半径适当的圆，如图18-13所示。

（2）单击"默认"选项卡"绘图"选项组中的"直线"按钮 ╱ ，在绘制的圆上选择一点作为直线起点，向下绘制一条竖直直线，如图18-14所示。

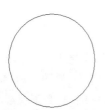　　

图18-13　绘制圆　　　　图18-14　绘制竖直直线（2）

（3）单击"默认"选项卡"绘图"选项组中的"多边形"按钮 ⬠ ，在绘制图形的适当位置绘制一个适当大小的三角形，如图18-15所示。

（4）单击"默认"选项卡"修改"选项组中的"旋转"按钮 ↻ ，选择绘制的三角形为旋转对象，对其进行旋转复制，如图18-16所示。

图18-15　绘制三角形　　　图18-16　旋转复制三角形

4. 绘制过滤器

（1）单击"默认"选项卡"绘图"选项组中的"直线"按钮 ╱ ，在图形适当位置选择一点作为直线起点，绘制一条水平直线，如图18-17所示。

图18-17　绘制水平直线

（2）单击"默认"选项卡"绘图"选项组中的"直线"按钮 ╱ ，在图形左侧位置绘制一条竖直直线，如图18-18所示。

图18-18　绘制竖直直线（3）

（3）单击"默认"选项卡"修改"选项组中的"复制"按钮 ⅗ ，选择绘制的竖直直线为复制对象，对其向右进行复制，如图18-19所示。

图18-19　复制竖直直线

利用上述方法完成过滤器的绘制，如图18-20所示。

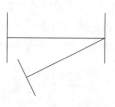

图 18-20 绘制过滤器

18.3 空调水系统图

系统图一般用于表示某系统整体结构和各个单元连接关系的网络图。建筑系统图一般使用轴测画法，主要目的是表达出一种空间的相对位置关系。本例所绘制的空调水系统图则表达了整个别墅各个房间所安装的空调热交换的水循环以及冷凝水流出的线路系统。本例采用中央空调，所以整个中央空调的水循环以及相应的地板辐射采暖系统的水循环将形成一个封闭循环的整体，整个系统采用干线分支系统，各个空调单元和地板辐射采暖单元保持相对独立，避免了出现相互干涉的情况。本节主要讲解空调水系统的绘制方法，如图18-21所示。

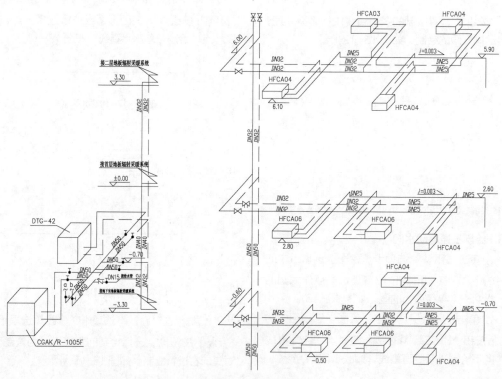

图 18-21 空调水系统图

18.3.1 绘制基础图形

本小节主要讲解基础图形的绘制方法，具体的绘制步骤如下。

（1）单击"默认"选项卡"绘图"选项组中的"直线"按钮／，在图形空白区域选取一点为直线起点，向下绘制一条竖直直线，如图18-22所示。

（2）单击"默认"选项卡"修改"选项组中的"偏移"按钮 ⊆，选择绘制的竖直直线为偏移对象，将其向右进行偏移，并将其线型修改为"DASHED"，如图18-23所示。

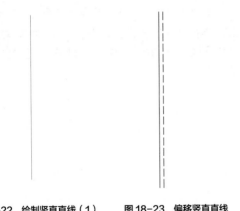

图 18-22　绘制竖直直线（1）　　图 18-23　偏移竖直直线

（3）单击"默认"选项卡"绘图"选项组中的"直线"按钮 ／，在绘制的图形右侧选取一点为直线起点，绘制连续直线，如图 18-24 所示。

（4）单击"默认"选项卡"绘图"选项组中的"直线"按钮 ／，在绘制的连续直线上选取直线起点，分别向下绘制 3 段相等的竖直直线，如图 18-25 所示。

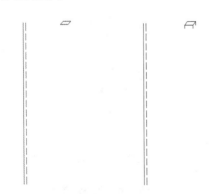

图 18-24　绘制连续直线　　图 18-25　绘制竖直直线（2）

（5）单击"默认"选项卡"绘图"选项组中的"直线"按钮 ／，绘制连接线连接步骤（4）中绘制的直线，如图 18-26 所示。

图 18-26　绘制连接线（1）

（6）单击"默认"选项卡"修改"选项组中的"复制"按钮 ，选择步骤（5）中绘制的图形为复制对象，对其进行连续复制，如图 18-27 所示。

图 18-27　连续复制图形

（7）单击"默认"选项卡"绘图"选项组中的"直线"按钮 ／，绘制连接线连接复制的图形，如图 18-28 所示。利用上述方法继续绘制剩余图形之间的连接线，如图 18-29 所示。

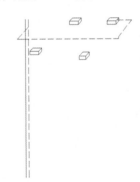

图 18-28　绘制连接线（2）

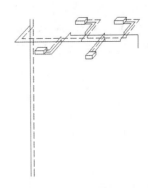

图 18-29　绘制剩余的连接线

（8）单击"默认"选项卡"修改"选项组中的"移动"按钮 和"旋转"按钮 ，选择 18.2 节中绘制的闸阀为操作对象，将其移到适当位置，如图 18-30 所示。

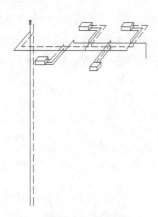

图 18-30　移动闸阀

（9）单击"默认"选项卡"修改"选项组中的
"复制"按钮，选择步骤（8）中放置的闸阀为复
制对象，对其进行复制，如图 18-31 所示。

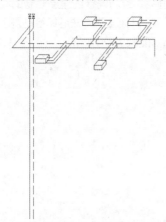

图 18-31　复制闸阀

（10）单击"默认"选项卡"修改"选项组中
的"移动"按钮，选择前面绘制的截止阀为移动
对象，将其移到适当位置，如图 18-32 所示。

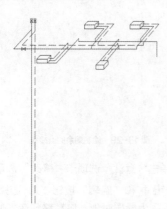

图 18-32　移动截止阀

（11）单击"默认"选项卡"修改"选项组中
的"修剪"按钮，选择步骤（10）中放置的截止
阀之间的线段为修剪对象，对其进行修剪处理，如
图 18-33 所示。

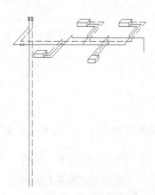

图 18-33　修剪线段

利用上述方法完成剩余相同图形的绘制，如
图 18-34 所示。

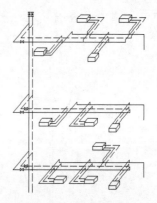

图 18-34　绘制剩余相同图形

（12）单击"默认"选项卡"绘图"选项组中
的"圆弧"按钮，在图形的底部绘制连续圆弧，
如图 18-35 所示。

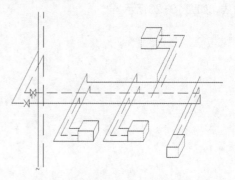

图 18-35　绘制连续圆弧

（13）单击"默认"选项卡"修改"选项组中的"复制"按钮，选择绘制的圆弧为复制对象，对其向右进行复制，如图18-36所示。

（14）单击"默认"选项卡"绘图"选项组中的"直线"按钮和"注释"选项卡"文字"选项组中的"多行文字"按钮 A，为绘制的图形添加标高，如图18-37所示。

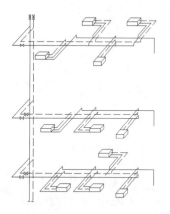

图18-36 复制圆弧

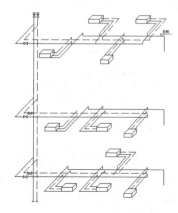

图18-37 添加标高

利用上述方法完成剩余标高的添加，如图18-38所示。

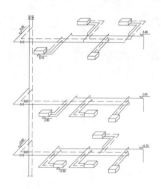

图18-38 添加剩余标高

（15）单击"默认"选项卡"绘图"选项组中的"直线"按钮，在图形适当位置绘制连续直线，如图18-39所示。

18.3.2 添加文字标注

添加文字标注的具体步骤如下。

（1）单击"注释"选项卡"文字"选项组中的"多行文字"按钮 A，在绘制的连续直线上添加文字标注，如图18-40所示。

（2）单击"默认"选项卡"修改"选项组中的"复制"按钮，选择步骤（1）中添加的文字标注为复制对象，对其进行连续复制，如图18-41所示。

（3）单击"注释"选项卡"文字"选项组中的"多行文字"按钮 A，继续为图形添加文字标注，如图18-42所示。

利用上述方法完成空调水系统图剩余部分图形的绘制，最终结果如图18-21所示。

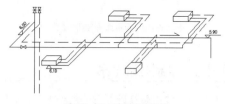

图18-39 绘制连续直线

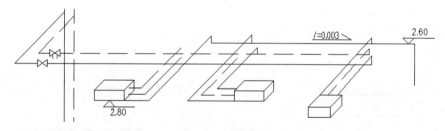

图18-40 添加文字

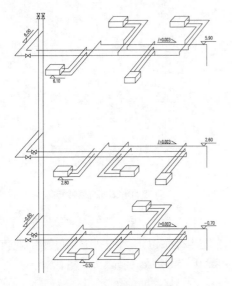

图 18-41　连续复制文字标注

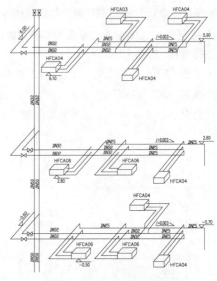

图 18-42　继续添加文字标注

18.4　风机盘管连接示意图

风机盘管连接示意图是用于表达单个风机盘管连接的局部详图。本节主要讲解风机盘管连接示意图的绘制方法，如图 18-43 所示。

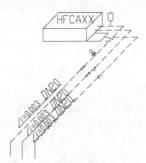

图 18-43　风机盘管连接示意图

18.4.1　绘制基础图形

本小节主要讲解基础图形的绘制方法，具体的绘制步骤如下。

（1）单击"默认"选项卡"绘图"选项组中的"直线"按钮 ，在图形空白区域绘制连续直线，如图 18-44 所示。

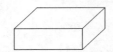

图 18-44　绘制连续直线（1）

（2）单击"默认"选项卡"绘图"选项组中的"直线"按钮 ，在图形底部绘制连续直线，如图 18-45 所示。

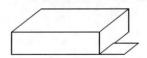

图 18-45　绘制连续直线（2）

（3）单击"默认"选项卡"绘图"选项组中的"直线"按钮 ，在绘制的图形上选取一点为直线起点，绘制连续直线，如图 18-46 所示。

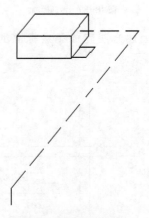

图 18-46　绘制连续直线（3）

（4）单击"默认"选项卡"绘图"选项组中的"直线"按钮／，在绘制图形的适当位置绘制连续直线，如图18-47所示。

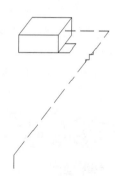

图18-47　绘制连续直线

（5）单击"默认"选项卡"修改"选项组中的"修剪"按钮，选择绘制的连续直线间的多余线段为修剪对象，对其进行修剪处理，如图18-48所示。

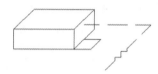

图18-48　修剪多余线段（1）

（6）单击"默认"选项卡"修改"选项组中的"移动"按钮✛，选择前面绘制的自动排气阀为移动对象，将其移到步骤（5）中绘制的图形的适当位置，如图18-49所示。

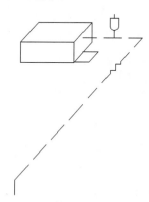

图18-49　移动自动排气阀

（7）单击"默认"选项卡"修改"选项组中的"移动"按钮✛，选择前面绘制的三通电动水阀为移动对象，将其移到图形的适当位置，如图18-50所示。

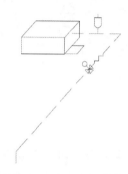

图18-50　移动三通电动水阀

（8）单击"默认"选项卡"修改"选项组中的"修剪"按钮，选择三通电动水阀内的多余线段为修剪对象，对其进行修剪处理，如图18-51所示。

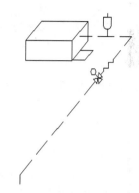

图18-51　修剪多余线段（2）

（9）单击"默认"选项卡"修改"选项组中的"移动"按钮✛，选择前面绘制的截止阀为移动对象，将其移到图形适当位置，如图18-52所示。

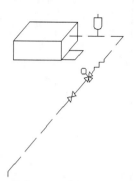

图18-52　移动截止阀

利用上述方法完成剩余部分图形的绘制，如图18-53所示。

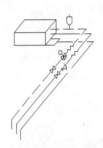

图 18-53　绘制剩余部分图形

18.4.2 | 添加文字标注

添加文字标注的具体步骤如下。

单击"默认"选项卡"绘图"选项组中的"直线"按钮／和"注释"选项卡"文字"选项组中的"多行文字"按钮 A，为绘制完成的风机盘管连接示意图添加文字标注，最终完成风机盘管连接示意图的绘制，如图 18-43 所示。

18.5 空调平面图

空调平面图表达了首层风机口的布置情况和水循环详图管线的布置情况。本节以首层空调平面图为例，讲解空调平面图的具体绘制方法。

本层在餐厅、客厅、客卧布置3个出风口，主循环水管线接到位于厨房的立管干线上，冷凝水管线接到客卧卫生间的地漏处。为了防止灰尘进入室内，还在楼道口设置了吸尘系统。本节主要讲解首层空调平面图的绘制过程，如图 18-54 所示。

18.5.1 | 调整平面图

调整图形是绘制图形的首要步骤，具体步骤如下。

（1）单击"快速访问"工具栏中的"打开"按钮 ，打开"源文件\首层装饰平面图"。

（2）单击"默认"选项卡"修改"选项组中的"删除"按钮 ，删除图中不需要的图形，并结合所学知识对打开的平面图进行调整，如图 18-55 所示。

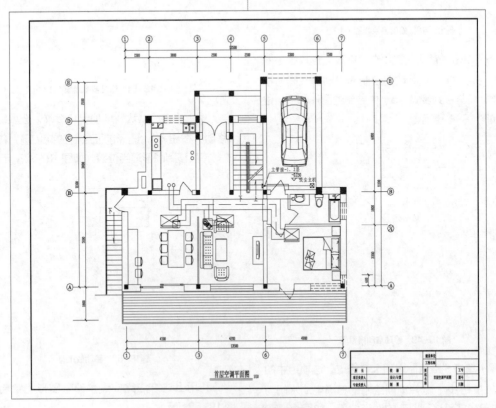

图 18-54　首层空调平面图

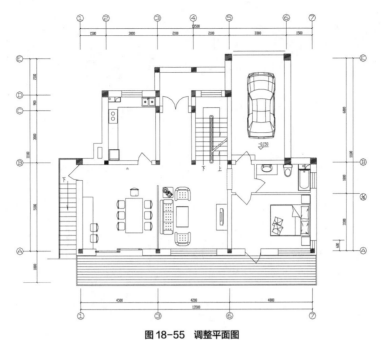

图 18-55　调整平面图

18.5.2 | 绘制给水图例

给水图例的绘制相对比较简单，具体的绘制步骤如下。

（1）单击"默认"选项卡"绘图"选项组中的"圆"下拉按钮下的"圆心，半径"按钮 ⊙，在厨房内任选一点为圆心，绘制一个半径为"93"的圆作为热水管，如图 18-56 所示。

（2）单击"默认"选项卡"修改"选项组中的"复制"按钮 ⊟，选择绘制的圆为复制对象，对其向下进行复制，复制间距为"305"，如图 18-57 所示。

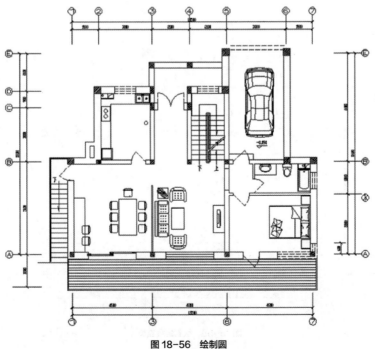

图 18-56　绘制圆

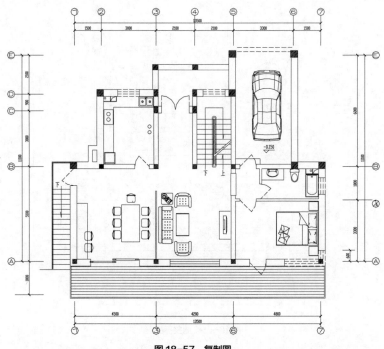

图 18-57　复制圆

　　利用上述方法完成图形中剩余立管的绘制，如图 18-58 所示。

　　（3）单击"默认"选项卡"绘图"选项组中的"矩形"按钮 ▭，在绘制的图形适当位置绘制一个"1064×566"的矩形，如图 18-59 所示。

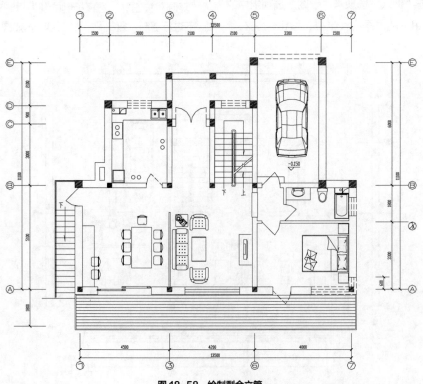

图 18-58　绘制剩余立管

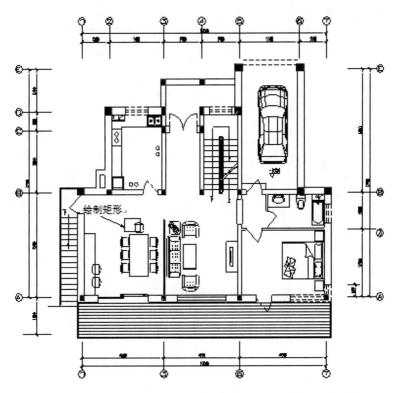

图 18-59　绘制矩形（1）

（4）单击"默认"选项卡"绘图"选项组中的"直线"按钮 ✎，在绘制的矩形内绘制对角线，如图 18-60 所示。

图 18-60　绘制对角线

（5）单击"默认"选项卡"绘图"选项组中的"矩形"按钮 ▭，在矩形下端绘制一个"1064×62"的矩形，如图 18-61 所示。

（6）单击"默认"选项卡"绘图"选项组中的"直线"按钮 ✎，绘制竖直直线连接步骤（5）中绘制的矩形，如图 18-62 所示。

（7）单击"默认"选项卡"修改"选项组中的

"复制"按钮 ❏，选择步骤（6）中绘制的图形为复制对象，对其进行连续复制，如图 18-63 所示。

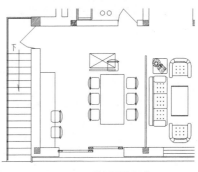

图 18-61　绘制矩形（2）

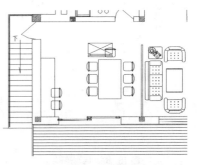

图 18-62　绘制竖直直线

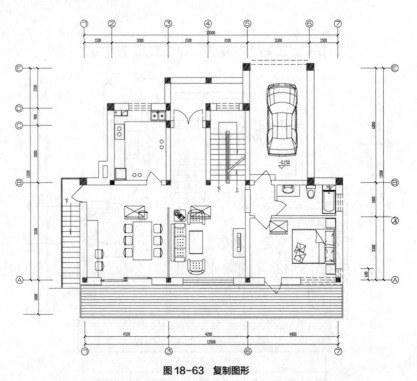

图 18-63　复制图形

（8）单击"默认"选项卡"绘图"选项组中的"矩形"按钮 □，在图形的适当位置绘制一个"22×238"的矩形，如图 18-64 所示。

（9）单击"默认"选项卡"绘图"选项组中的"直线"按钮 ╱，在绘制的矩形上绘制两条斜向直线，如图 18-65 所示。

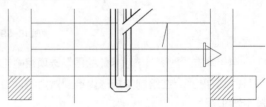

图 18-65　绘制斜向直线

（10）单击"默认"选项卡"绘图"选项组中的"圆"按钮 ⊙，在绘制的斜向直线的右侧绘制一个半径适当的圆，如图 18-66 所示。

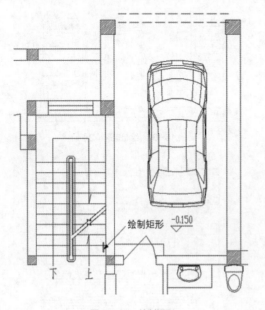

图 18-64　绘制矩形

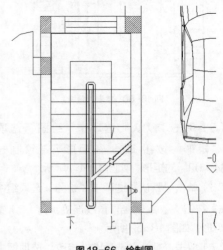

图 18-66　绘制圆

（11）单击"默认"选项卡"绘图"选项组中的"矩形"按钮 ▭，在图形右侧绘制一个"240×233"的矩形，如图18-67所示。

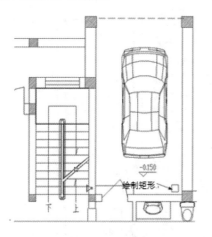

图 18-67　绘制矩形

（12）单击"默认"选项卡"绘图"选项组中的"直线"按钮 ╱，在绘制的矩形内绘制对角线，如图18-68所示。

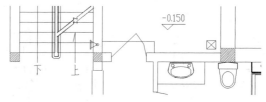

图 18-68　绘制对角线

（13）单击"默认"选项卡"绘图"选项组中的"直线"按钮 ╱，绘制连续直线连接绘制的各图形，如图18-69所示。

（14）单击"默认"选项卡"绘图"选项组中的"直线"按钮 ╱，在绘制的连续直线下方继续绘制连续直线，如图18-70所示。

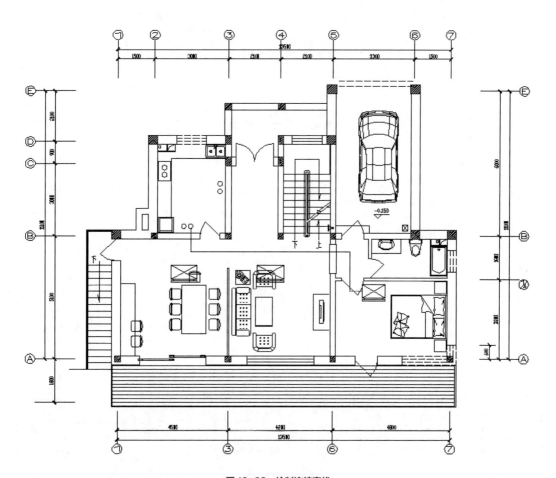

图 18-69　绘制连续直线

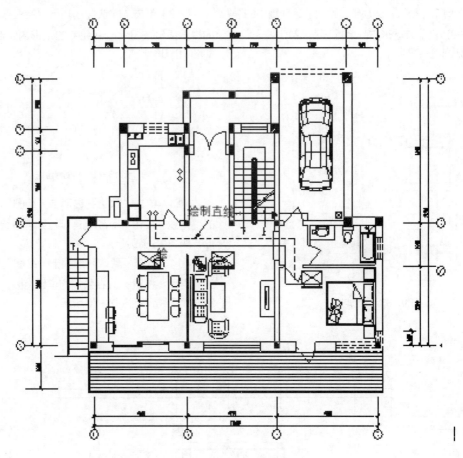

图18-70 绘制连续直线

（15）单击"默认"选项卡"绘图"选项组中的"圆"按钮⊙，在图形的适当位置绘制一个半径适当的圆，如图18-71所示。

利用上述方法完成剩余连接线的绘制，如图18-72所示。

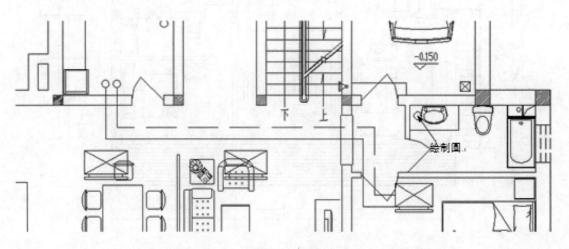

图18-71 绘制圆

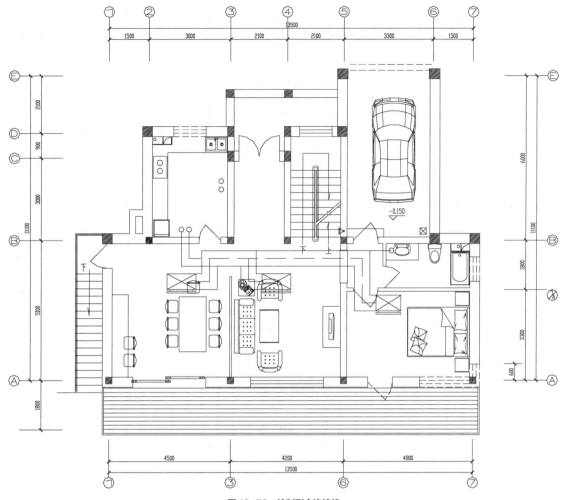

图 18-72　绘制剩余连接线

（16）单击"默认"选项卡"绘图"选项组中的"直线"按钮，连接前面布置的吸尘口及吸尘主机，如图 18-73 所示。

（17）单击"注释"选项卡"文字"选项组中的"多行文字"按钮 A 和"默认"选项卡"绘图"选项组中的"直线"按钮，为绘制完成的首层空调平面图添加文字标注，如图 18-74 所示。

（18）单击菜单栏"插入"选项卡"块选项板"，弹出"块"选项板，如图 18-75 所示。单击选项板右上侧的"浏览"按钮，弹出"选择图形文件"对话框，选择"源文件\图块\A2 图框"图块。双击图块，将其放置到图形适当位置，结合所

学知识为绘制的图形添加图形名称，最终完成首层空调平面图的绘制，如图 18-54 所示。

18.5.3 其他层空调平面图

地下室空调平面图和首层空调平面图类似，所不同的是，地下层设置有热交换终端（集水坑、锅炉和冷却塔），设计时要注意这些热交换终端与管线之间的连接关系。利用前面所学知识完成地下室空调平面图的绘制，如图 18-76 所示。

二层空调平面图和首层空调平面图类似，利用前面所学知识完成二层空调平面图的绘制，如图 18-77 所示。

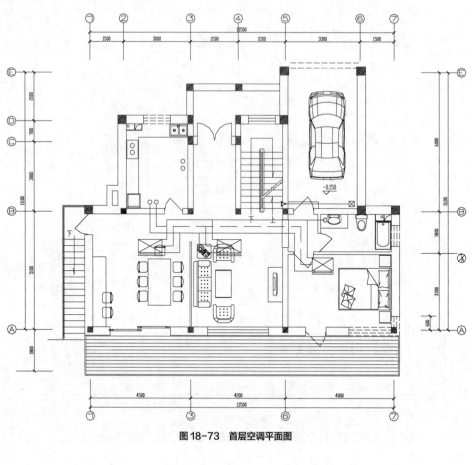

图 18-73 首层空调平面图

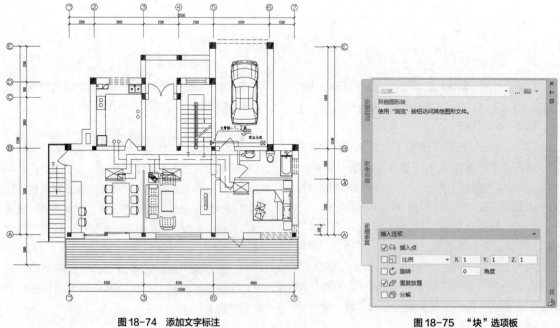

图 18-74 添加文字标注

图 18-75 "块"选项板

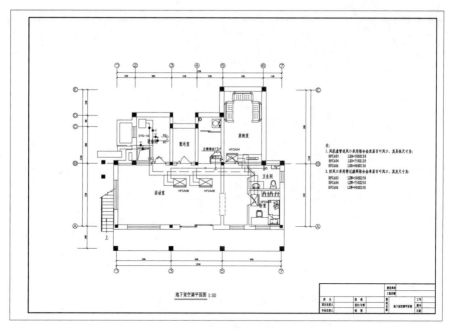

图 18-76 地下室空调平面图

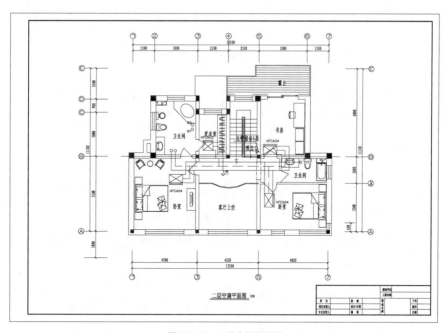

图 18-77 二层空调平面图

18.6 给水排水平面图

给水排水系统包括冷水给水系统、热水给水系统和排水系统。在平面图中，卫生间、厨房以及热交换终端等处需要绘制相关的管线及附属设备。利

用前面所学知识完成别墅各层给水排水平面图的绘制，如图 18-78～图 18-80 所示。

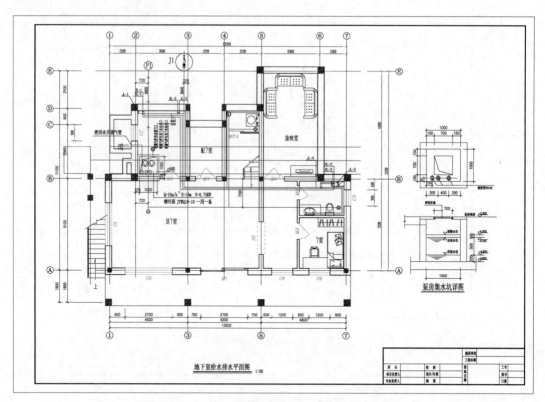

图 18-78　地下室给水排水平面图

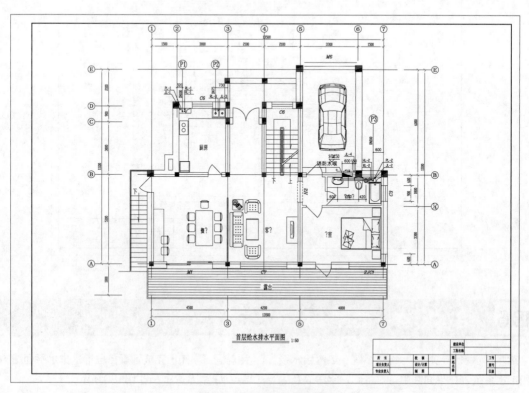

图 18-79　首层给水排水平面图

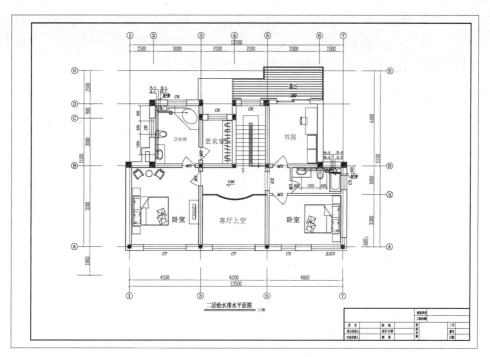

图 18-80　二层给水排水平面图

18.7 给水排水系统图

　　给水排水系统图分为冷水系统图、热水系统图、排水系统图和设备间集水坑排水系统图，绘制方法与空调水系统图类似。利用上述方法完成别墅给水排水系统图的绘制，如图 18-81 所示。

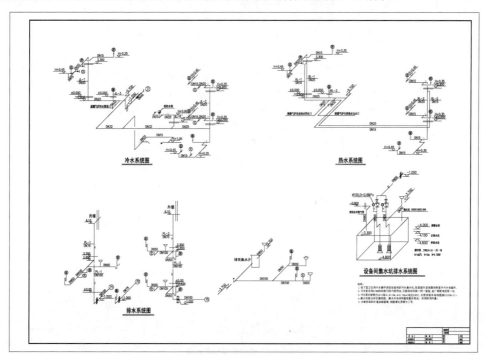

图 18-81　给水排水系统图

18.8 上机实验

【练习1】绘制图18-82所示的某教学楼空调局部平面图。

【练习2】绘制图18-83所示的某户型采暖系统图。

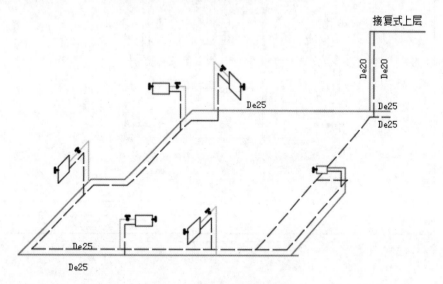

图18-82 某教学楼空调局部平面图

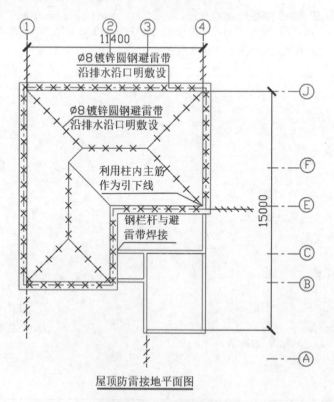

屋顶防雷接地平面图

图18-83 某户型采暖系统图